Applied Mineralogy
Technische Mineralogie

Edited by
Herausgegeben von

V. D. Fréchette, Alfred, N.Y.
H. Kirsch, Essen
L. B. Sand, Worcester, Mass.
F. Trojer, Leoben

11

Springer-Verlag
Wien New York 1977

E. H. Peter Wecht

Feuerfest-Siliciumcarbid

Springer-Verlag
Wien New York 1977

Dr. rer. nat. Ernst Heinrich Peter Wecht
Dynamidon-Koppers Industriekeramik GmbH, Düsseldorf

Mit 142 Abbildungen

Softcover reprint of the hardcover 1st edition 1977

Library of Congress Cataloging in Publication Data. Wecht, Ernst Heinrich Peter, 1928—. Feuerfest-Siliciumcarbid. (Technische Mineralogie; 11.) Includes index. 1. Silicon carbide. I. Title. TP245.S5W4. 666'.72. 77-17357

ISBN-13: 978-3-7091-7069-4 e-ISBN-13: 978-3-7091-7068-7
DOI: 10.1007/978-3-7091-7068-7

Vorwort

Es handelt sich bei diesem Buch nicht um eine theoretische Arbeit, sondern es wurden eigene Erfahrungen aus zwei Jahrzehnten zusammengetragen und durch Literatur weitgehend ergänzt.

Der Geschäftsführung der Dynamidon-Koppers Industriekeramik GmbH danke ich für die Erlaubnis zur Veröffentlichung, Herrn Dipl.-Ing. D. Kruse auch für seine persönliche Unterstützung. Ferner danke ich meinen Mitarbeitern Herrn Gorse, Herrn Molling sowie meiner Sekretärin und Frau Gerlach.

Nachstehend genannte Firmen haben dankenswerterweise Arbeitsmaterial, auch Bilder und Zeichnungen, zur Verfügung gestellt.

Bergbauforschung GmbH Forschungsinstitut des Steinkohlenbergbauvereins D-4300 Essen 13	[9]
Dynamidon-Koppers Industriekeramik GmbH D-4000 Düsseldorf 11	[30]
Elektroschmelzwerk Kempten GmbH D-8000 München 2	[31]
Karl August Heimsoth GmbH D-3200 Hildesheim	[51]
Koppers-Wistra-Ofenbau GmbH D-4000 Düsseldorf 11	[76]
Krupp-Koppers GmbH D-4300 Essen 1	[79]
Lonza-Werke Elektrochemische Fabriken GmbH D-7890 Waldshut (Baden) Lonza AG CH-4000 Basel	[87]
Dr. C. Otto & Comp., GmbH D-4630 Bochum-Dahlhausen	[100]
Preussag AG D-3380 Goslar 1	[107]
Verband der Deutschen Feuerfest-Industrie eV D-5300 Bonn	[146]
Hugo Wachenfeld D-4000 Düsseldorf	[147]
Roland Wachenfeld D-4000 Düsseldorf	[148]

Düsseldorf, November 1977

E. H. Peter Wecht

Inhaltsverzeichnis

1. Einleitung

1.1 Geschichtlicher Überblick

Siliciumcarbid gehört zur Keramik, da das Verarbeiten dieses Materials nach keramischen Methoden erfolgt. Aber auch, weil die Keramik als die Wissenschaft nichtmetallischer, anorganischer Feststoffe gekennzeichnet wird und damit das Siliciumcarbid beinhaltet.

Abb. 1 a. SiC-Stufe, natürliche Größe (Foto Schubarth [31])

Abb. 1 b. SiC-Stufe, Einzelkristalle, Vergrößerung 3 mal. (Nach [31])

Siliciumcarbid kommt in der Natur unter dem Namen Moissanit vor. Die natürlichen Vorkommen haben keinerlei technischen Nutzen, da das Siliciumcarbid in der Natur ausgesprochen selten ist und nur in geringen Mengen vorkommt.

Der erste Nachweis von synthetischem Siliciumcarbid wurde erbracht, lange bevor Siliciumcarbid in der Natur festgestellt wurde. So hat J. J. Berzelius [81] eine Mischung von Silicium und Siliciumcarbid, der die Formel C_8Si_3 gegeben wurde, herstellen können. R. S. Marsden [81] erhielt 1881 bei seinen Versuchen gelbe SiC-Kristalle, er hat sie fälschlicherweise als Graphit angesehen. Amorphes Siliciumcarbid stellte auch 1881 P. Schutzenberger [129] her. E. G. Acheson schließlich gelang 1891 die Darstellung von Siliciumcarbid, als er versuchte, Kohlenstoff in einer Aluminiumsilikatschmelze zu lösen[1]. Er erhielt bläuliche Kristalle und nahm an, es handle sich um eine Verbindung von Kohlenstoff und Al_2O_3. Daher stammt der auch heute noch oft gebrauchte Name Carborundum – zusammengesetzt aus Carbon und Corundum.

[1] Nach Hönigschmid [54] geschah die erste Darstellung von Siliciumcarbid durch Moissan, der allerdings nach Acheson veröffentlichte.

Dieser Name wurde zu einem Handelsnamen und heute sollte man ihn nur anwenden, wenn es sich um Materialien der gleichnamigen Firma – The Carborundum Company – handelt, die am 21. September 1891 von Acheson gegründet wurde [144]. Im folgenden wird immer von Siliciumcarbid oder SiC gesprochen.

Die besonderen physikalischen Eigenschaften des Siliciumcarbids wurden schnell erkannt und entsprechend folgten Patente.

1891 wurde Siliciumcarbid erstmals in großtechnischem Maße hergestellt, und zwar als erstes synthetisches Schleifmittel. Dieser Schritt ist eng mit dem Namen Acheson verbunden. Acheson war auch der Erbauer des ersten Ofens zur SiC-Herstellung. Dieser Ofentyp ist heute noch bekannt unter dem Namen Acheson-Ofen.

Das Siliciumcarbid hat eine so einmalige Kombination von physikalischen-elektrischen, mechanischen, optischen, thermischen und chemischen Eigenschaften, daß es bald einen ganz entscheidenden Platz in verschiedenen Industrien einnahm.

1.2 Statistische Zahlen

Die Bedeutung des Siliciumcarbids in der Wirtschaft läßt sich an einigen statistischen Zahlen demonstrieren. Um gleichzeitig einen Eindruck von dem derzeitigen Gesamtenergiebedarf, der zur SiC-Erzeugung notwendig ist, zu vermitteln, sind kWh hinzugefügt anhand der gegenwärtigen (1973) SiC-Kapazitäten (Tab. 1).

Tabelle 1

Westeuropa	160 000 t/a	1,3 Mrd. kWh	[44]
Comecon-Länder	250 000 "	2,0 " "	
USA/Canada	160 000 "	1,3 " "	
übrige Länder	30 000 "	0,25 " "	
	600 000 t/a	4,85 Mrd. kWh	

1960 betrugen die westeuropäischen SiC-Kapazitäten 75 000 t.

In den USA wurden in den letzten 15 Jahren im Durchschnitt etwa 15 000 t feuerfester SiC-Erzeugnisse pro Jahr hergestellt.

An feuerfestem SiC-Material werden in der Bundesrepublik Deutschland jährlich 21 000 t verbraucht; 15 000 t geformte und 6 000 t ungeformte Erzeugnisse [146]. Es gibt jedoch keine amtliche Statistik über die SiC-Produktion.

Der größte SiC-Verbraucher ist die Eisenmetallurgie. Siliciumcarbid wird eingesetzt zur Desoxidation des Stahls und um eine leichtere Bearbeitbarkeit des Stahls zu erzielen. Der SiC-Gehalt des hier eingesetzten technischen Siliciumcarbids beträgt etwa 90%, in einigen Fällen sogar weniger. Die im Falle der Eisenmetallurgie ausgenutzte Eigenschaft ist die leichte Reaktionsbereitschaft des Siliciumcarbids mit vielen Metallen wie Fe, Ca, Ni, Mn, Cr, V, Ti.

Der zweitgrößte Verbraucher ist die keramische Industrie, d. h. Schleifmittel- und Feuerfest-Industrie. Der SiC-Gehalt des verwendeten technischen Siliciumcarbids beträgt etwa 95 bis 99%, in seltenen Fällen auch nur 90%. Besondere Eigenschaften, die für diese Fälle ausgenutzt werden, sind die Härte, die Wärmeleitfähigkeit und die Feuerfestigkeit. Mit großem Abstand – tonnenmäßig – folgt die Herstellung elektrischer Heizelemente bzw. Widerstände aus Siliciumcarbid. Der SiC-Gehalt des technischen Siliciumcarbids beträgt etwa 99,5 bis 99,9%. Dabei macht man sich die besonderen elektrischen Eigenschaften zunutze.

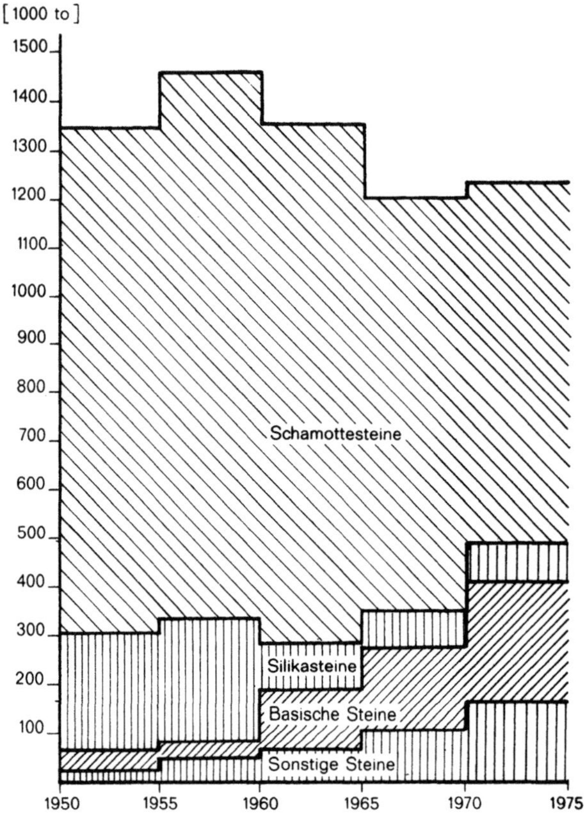

Abb. 2. Versand feuerfester Steine (ohne Dolomitsteine) aus den Feuerfest-Fabriken der Bundesrepublik Deutschland, in Tonnen pro Jahr. SiC-Steine fallen unter sonstige Steine. (Nach [25, 146])

Andere Verwendungszwecke mit noch höheren Reinheitsgraden, 99,9% und mehr, z. B. nukleare und besondere elektronische Anwendungen – hier vor allen Dingen Einkristalle – haben zur Zeit noch keine allgemeine wirtschaftliche Bedeutung. Auf wissenschaftlichem Gebiete wird allerdings gerade für die letztgenannten Anwendungsfälle sehr viel gearbeitet.

Verwendet wird Siliciumcarbid in Form von

Körnern und Pulvern,

selbstgebundenem Siliciumcarbid, wobei die Bindung aus sekundärem Siliciumcarbid besteht, auch reaktionsgebunden genannt, auch in Faserform,

Einkristallen, inklusive Whisker.

Der Einsatz von Siliciumcarbid für Sonderfälle, z. B. höchstreinem Material, Einkristallen und Whiskern, ist meistens durch die schwierige und wirtschaftlich noch nicht tragbare Herstellung beschränkt.

2. Das Mineral Siliciumcarbid

2.1 Natürliche Vorkommen

Über das natürlich vorkommende Siliciumcarbid steht in Klockmanns Lehrbuch der Mineralogie [70]: „In hexagonalen grünen Kristallen in Meteoriten, neuerdings auch in einer vulkanischen Breccie in Böhmen und in den sibirischen Kimberliten beobachtet. Härte 9 1/2 . . . kubisches Siliciumcarbid ist überraschenderweise im Green River-Vorkommen, USA, beobachtet worden. . . ."

Nur wenige natürliche Vorkommen von Siliciumcarbid – Moissanit – wurden in der Literatur beschrieben. Die erste Beschreibung von Moissanit als natürliches Mineral stammt von Moissan [95, 96]. Er fand Siliciumcarbid in dem Meteoreisen des Meteoriten des Cañon Diablo. Diese Beobachtungen blieben nicht unwidersprochen, denn seit diesem ersten „Fund" konnte Siliciumcarbid nicht wieder in exterrestrischem Material nachgewiesen werden [92]. Regis und Sand [112] fanden eine Moissanit-Tieftemperaturmodifikation in der Green River-Formation von Wyoming.

Die Hochtemperaturmodifikation wurde in irdischen Gesteinen erstmals aus den diamantführenden Kimberlitpipes von Jakutin in Sibirien durch Bobrievitsch et al. festgestellt [12]. Das zweite Vorkommen von α-SiC, das ebenfalls angeführt wird, in Böhmen, wurde unter anderem auch von Bauer et al. beschrieben [6]. Es handelt sich hier um ein Vorkommen in nichtkimberlitischen vulkanischen Breccien tertiären Alters.

Ein weiteres Vorkommen von α-SiC befindet sich in den wasserunlöslichen Rückständen des Carnallits aus dem Kalilager „Flöz Staßfurt" der Grube Giersleben I/II des VEB Kaliwerk Staßfurt. Eine ausführliche Beschreibung findet sich bei Rolf Mötzing [94]. Die Schlußfolgerung des Autors lautet: der Moissanit ist vermutlich vulkanischer Herkunft.

2.2 Technisches Siliciumcarbid, Eigenschaften

Weitere Angaben über das Mineral Siliciumcarbid beziehen sich fast ausschließlich auf technisches Siliciumcarbid, d. h. synthetisch hergestelltes Material (s. Kapitel 4).

2. 2. 1 Farbe

Reines Siliciumcarbid ist farblos, üblich technisches Siliciumcarbid ist grün, gelb, blau oder schwarz. Das für feuerfeste Zwecke verwendete Siliciumcarbid ist im allgemeinen schwarz, für feuerfeste Spezialprodukte grün. Der Grund der Färbung liegt im Einbau von Fremdatomen in das Gitter des Siliciumcarbids. Dieser ruft gleichzeitig eine deutliche Erhöhung der elektrischen Leitfähigkeit hervor. So ändert sich die elektrische Leitfähigkeit nach Carroll [18] durch den Einbau von N_2. Carroll erreichte eine Senkung des elektrischen Widerstandes um den Faktor 10^7 durch 5stündiges Erhitzen auf 1950°C in N_2. Nach Lely [84] kann der Einbau von Fremdatomen beherrscht werden. Beim Einbau von N_2 werden SiC-Kristalle gelb und grün, 3wertige Elemente erzeugen eine blau-schwarze Farbe. Die kubische Modifikation hat eine gelbe Eigenfarbe [144]. Faust [35] gibt folgende Zusammenstellung, die Farbe betreffend:

Tabelle 2

Reines	α -SiC	farblos
Al-dotiertes	α -SiC	blau, schwarz
B-dotiertes	α -SiC	braun, schwarz
Reines	3 C -SiC	gelb
N-dotiertes	3 C -SiC	gelb-grün
N-dotiertes	4 H -SiC	gelb-orange
N-dotiertes	6 H -SiC	grün
N-dotiertes	8 H -SiC	gelb-orange
N-dotiertes	15 R-SiC	orange-gelb
N-dotiertes	27 R-SiC	rot
N-dotiertes	24 R-SiC	purpur-grau

2.2.2 Chemismus und chemisches Verhalten

Das Mol-Gewicht beträgt 40.097 [20] (s. 4.2.5.1). Abweichungen von der Stöchiometrie Si : C = 1 : 1 sind nicht beobachtet worden. Es besteht zu 29,8% aus C, 70,2% aus Si. Daß die chemischen Analysen von technischem Siliciumcarbid davon abweichen, hat seine Ursache in den Verunreinigungen, die im technischen Produkt immer vorhanden sind. Sie sind aber nicht im Gitter eingebaut, was sich an mikroskopischen Präparaten eindeutig nachweisen läßt. Diese Verunreinigungen sind als „Fremdkörper" eingeschlossen, meist handelt es sich um Si und Fe-Si-Verbindungen sowie Kohlenstoff. Ebensogut können diese Verunreinigungen auch an den SiC-Kristallen bzw.-Körnern anhaften. Hierzu gehören neben den eben genannten im wesentlichen noch Silikate. Anhaftend, seltener eingeschlossen, wurden Quarz, Cristobalit und Mullit, ferner Kohlenstoff beobachtet.

Generell kann gesagt werden: Siliciumcarbid ist gegenüber den meisten chemischen Agentien inert. Von Laugen, Säuren und Salzlösungen wird Siliciumcarbid, unabhängig von der Konzentration, nicht angegriffen. Organische Lösungsmittel greifen Siliciumcarbid auch nicht an (Tab. 3).

Tabelle 3. *Chemisches Verhalten von Siliciumcarbid*

Schwefeldämpfe bis 1000°C	greifen Siliciumcarbid nicht an
kochende Salzsäure	greift Siliciumcarbid nicht an
Flußsäure	greift Siliciumcarbid nicht an
schwefelige Säure	greift Siliciumcarbid nicht an
Mischungen aus *Fluß- und Salpetersäure*	greifen Siliciumcarbid nicht an; bei 60°C anfangs Korrosion, die langsamer wird (s. 8.2.6)
Salpetersäure	greift Siliciumcarbid nicht an
Phosphorsäure	greift Siliciumcarbid nicht an
Schwefelwasserstoff	greift Siliciumcarbid an
Chloride	bis 600°C geringer Angriff, vollständige Zerstörung bei 1200°C, bei 800°C entstehen Kohlenstoff und Siliciumtetrachloride
Fluoride	bei 300°C starke Zerstörung ohne einen Rückstand zu hinterlassen
gasförmige Fluoride und geschmolzene Metalle	können als Ätzmittel angewendet werden
geschmolzene Alkalihydroxide, -carbonate, -sulfate und -borate und *geschmolzener Kryolith*	(Möglichkeit des Aufschlusses von Siliciumcarbid mit Alkalischmelze) greifen Siliciumcarbid an (s. 8.2.6)
Chlorate und *Nitrate von Kalium*	greifen Siliciumcarbid nicht an
Natriumsilikat	greift Siliciumcarbid in oxidierender Atmosphäre an

explosionsartige Reaktion kann stattfinden, wenn eine Mischung aus Siliciumcarbid, *Kaliumdichromat* und *Bleichromat* erhitzt wird

Bleiborat zerstört das Siliciumcarbid bei 1050° C vollständig, es wird deshalb in der quantitativen Analyse zur Bestimmung des Siliciumcarbids verwendet (nach DIN 51 075)

bei Rotglut wird Siliciumcarbid langsam durch $NaCO_3$, *kaustische Soda* und *Na-Peroxid* angegriffen

geschmolzenes *Bleichromat* greift Siliciumcarbid an

Silber- und *Bleioxide* werden durch Siliciumcarbid schnell zu Metallen reduziert und gleichzeitig wird oberhalb 800°C das Carbid oxidiert

Schwefel an O_2 gebunden verhält sich gegen Siliciumcarbid indifferent, dagegen greift der an *H_2 gebundene Schwefel* Siliciumcarbid an

Kupferoxid	reagiert mit Siliciumcarbid bei 800°C
Nickeloxid	reagiert mit Siliciumcarbid bei 1300°C
Manganoxid	reagiert mit Siliciumcarbid bei 1360°C
Chromoxid	reagiert mit Siliciumcarbid bei 1370°C
Eisenoxid	reagiert mit Siliciumcarbid bei 1000–1100°C
Calciumoxid	reagiert mit Siliciumcarbid bei 525°C
Magnesiumoxid	reagiert mit Siliciumcarbid bei 800°C, sehr stark mit MgO-Dämpfen

Allgemein wirken *Oxide, geschmolzene Metalle* und *Wasserdampf* ab 1000°C zerstörend auf Siliciumcarbid

Die Reaktionsfreudigkeit des Siliciumcarbids mit *geschmolzenen Metallen* gilt ganz generell, selbst *Pt* wird durch Siliciumcarbid angegriffen, nur *Zn* greift Siliciumcarbid kaum an

Gegen *geschmolzenes SiO_2* verhält sich Siliciumcarbid vollkommen indifferent

Siliciumcarbid ist nicht resistent gegen *Glasurbestandteile* wie $PbCrO_4$, CaO, MgO, K_2CO_3, CuO.

Nach [131] ist Siliciumcarbid resistent gegen *Säuren* und *Alkalien*, nicht resistent gegen *basische Schlacken* oder *geschmolzene Metalle*
Nach [22] greifen *NaCl*, $MgCl_2$, *KCl*, *LiCl*, *LiF*, $CaCl_2$ bei 900° C in der angeführten Reihenfolge zunehmend Siliciumcarbid an, diese Ergebnisse wurden ermittelt an sogenannten dichten SiC-Produkten ohne silikatische Bindung (Rohdichte 3,14 g/cm^3)
Siliciumcarbid ist resistent gegen *Sn* bei 400°C und *Pb* bei 600°C, mäßige Resistenz zeigt Siliciumcarbid gegen *Bi* bei 600°C und schlechte bei 750 bis 800°C gegen *Mg*.

Der Angriff durch *Al* wird in Laborversuchen von gut bis schlecht beurteilt. In der Praxis verhalten sich feuerfeste SiC-Erzeugnisse gegen geschmolzenes *Al* sehr gut.
Gegen CO_2 bei 1000° C ist Siliciumcarbid gut resistent
gegen H_2 (trocken) bei 1000°C ist Siliciumcarbid gut resistent
gegen *Luft* bei 1000° C ist Siliciumcarbid gut resistent
gegen O_2 bei 500° C ist Siliciumcarbid mäßig resistent
gegen Cl_2 (gasförmig) *trocken* ist Siliciumcarbid bis 500°C gut resistent
gegen Cl_2 (gasförmig) *naß* ist Siliciumcarbid bis 600°C gut resistent

2. 2. 3 Härte

Nach der Mohs'schen Härteskala beträgt die Härte des Siliciumcarbids 9,5 (9,5 bis 9,75) [128]. Sie ist also extrem hoch und wird nur von wenigen Mineralien übertroffen, wie z. B. Diamant = 10 und Bornitrid = 9,9. Bei der Verarbeitung von technischem Siliciumcarbid spielt die Härte dieses Materials eine große Rolle.

In der Mohs'schen Härteskala erscheint Siliciumcarbid nicht als gesonderte Stufe, die Skala lautet:

1. Talk 2. Gips 3. Kalkspat 4. Flußspat 5. Apatit
6. Orthoklas 7. Quarz 8. Topas 9. Korund 10. Diamant.

Diese Skala wurde bereits Anfang des 19. Jahrhunderts von F. Mohs aufgestellt. Später wurde sie erweitert, um auch einige synthetische harte Substanzen aufnehmen zu können, unter anderem auch Siliciumcarbid. Diese erweiterte Skala definiert [117]:

6. Orthoklas 7. Silikatglas 8. Quarz 9. Topas
10. Granat 11. geschmolzenes ZrO_2 12. Korund
13. Siliciumcarbid 14. Borcarbid 15. Diamant.

Durch diese Eigenschaft und durch das immer sehr scharfkantige Korn ist der Abrieb an allen Zerkleinerungsmaschinen bei der Aufbereitung des SiC-Rohmaterials sehr groß, was zu Verunreinigungen führt. Diese müssen durch Magnetscheider, Säure- bzw. Laugenwäsche usw. entfernt werden. Allerdings erleichtert die hohe Sprödigkeit die Zerkleinerung.

Mikrohärtemessungen haben auf den verschiedenen kristallographischen Flächen Unterschiede ergeben. Beim kubischen Siliciumcarbid, dem β-SiC, sind die Unterschiede gering. Die Werte liegen ähnlich wie bei den anderen Modifikationen, nur daß die Unterschiede bei den nicht-kubischen Modifikationen auf den verschiedenen kristallographischen Flächen deutlich größer sind.

Über die Mikrohärte von SiC-Kristallen ist mehrfach berichtet worden [124, 125]. Eine Abhängigkeit von der Orientierung wurde gefunden. Die Differenzen in der Knoop-Härte zwischen verschiedenen Flächen gehen bis über 800 kp/mm^2, zwischen der Fläche mit der größten und der kleinsten Härte (z. B. 2954 ± 27 und 2129 ± 45 kp/mm^2).

Der gleiche Autor berichtet [125] über die Mikrohärte von β-SiC. Er fand Härten zwischen 2500 und 2860 kp/mm^2 an nichtbehandeltem Siliciumcarbid und an poliertem 2580 bis 2970 kp/mm^2. Neueren Datums sind Angaben aus [91]

β-SiC	Mohs	9,2–9,3 bei 20°C	
α-SiC	Knoop (100 g)	∥ c-Achse	2130 kp/mm^2
		⊥ c-Achse	2755 kp/mm^2
β-SiC	Knoop (100 g)	∥ (100) poliert	2670 kp/mm^2
		∥ (111) poliert	2815 kp/mm^2.

Für die Schleifmittelindustrie ist von besonderer Bedeutung, daß die Härteunterschiede zwischen α- und β-SiC nicht wesentlich sind. Die kristallographisch bedingten Unterschiede in der Mikrohärte spielen für die Feuerfest-Industrie keine Rolle. Vergleichende Mikrohärten werden in Tab. 4 angegeben.

Tabelle 4

Rohstoff	Mikrohärte nach Knoop bei (50 g) [29] N/mm^2
Quarz	7100– 7900
Edelkorund	20000–23000
Hartmetall (TiC/Co)	21000
Siliciumcarbid	25000–30000
Borcarbid	34400
Diamant	80000
	Mikrohärte nach Vickers (100 g) [40, 121] N/mm^2
Stahl	7000– 8000
gehärteter Stahl	12000–15000
Chromoxid	bis 25000
Siliciumcarbid	45000
Bor	50000
Borcarbid	70000
Korund	30000
β-Korund	20000–22000

2. 2. 4 Spaltbarkeit

Schlägt man mit einem stumpfen Gegenstand auf Siliciumcarbid, und zwar auf die Fläche (0001), so kann eine unvollkommene Spaltbarkeit auftreten entlang der Prismenflächen (1$\bar{1}$00). Eine Spaltbarkeit, die in irgendeiner Art und Weise

Einfluß auf die Herstellung feuerfester Steine, z. B. bei der Zerkleinerung oder auf deren Verwendung Einfluß hätte, ist bis heute noch nicht festgestellt worden [124].

2.2.5 Wärmeleitfähigkeit

Siliciumcarbid, und damit die meisten daraus hergestellten feuerfesten Produkte, besitzt die weitaus höchste Wärmeleitfähigkeit aller feuerfesten Erzeugnisse. Dies ist wohl einer der Hauptgründe, weshalb so viele feuerfeste SiC-Materialien produziert werden. In vielen Anwendungsfällen, wo indirekte Beheizung verlangt wird, wie in der Sanitärindustrie oder in der Zinkindustrie, kann auf Grund der hohen Wärmeleitfähigkeit das teure SiC-Material um ein Beträchtliches wirtschaftlicher sein als alle anderen feuerfesten Materialien. Manche Prozesse sind sogar nur durch die Verwendung von SiC-Materialien mit ihrer guten Wärmeleitfähigkeit möglich geworden (s. Kapitel 6).

Die Wärmeleitfähigkeit von Siliciumcarbid nach Schoy [128] beträgt bei Zimmertemperatur 33, bei 1000°C 13 kcal/m h K[1], Gugel und Mitarbeiter [46] geben an: 36 bei Raumtemperatur, 13 kcal/m h K bei 1400°C.

Tabelle 5 [91]

Wärmeleitfähigkeit	α-SiC	0,410 W/cm°C	20°C
		0,335	600°C
		0,255	800°C
		0,213	1000°C
⊥(111)	β-SiC	0,255 W/cm°C	200°C
		0,155	1000°C
		0,121	1400°C
		0,125	2000°C
‖(111)		0,226 W/cm°C	200°C
		0,155	1000°C
		0,138	1400–2000°C

2.2.6 Reindichte

2.2.6.1 Natürliches Siliciumcarbid

Moissanit	3,25–3,26 g/cm³ (20°C)	[94]
	3,23–3,24 g/cm³	[6]

2.2.6.2 Technisches Siliciumcarbid [56]

SiC unsortiert	s = 3,218 g/cm³
SiC schwarz	s = 3,217 g/cm³
SiC grün	s = 3,214 g/cm³
SiC gelb	s = 3,219 g/cm³

Einige Werte, ermittelt an technischem Siliciumcarbid, wie es der Feuerfest-Industrie zur Verfügung steht, aus dem Jahr 1974 sind:

[1] S. Abschnitt 11.13

SiC-Gehalt	Reindichte
98/99 Gew.-%	3,252 g/cm³
98 Gew.-%	3,252 g/cm³
96/98 Gew.-%	3,220 g/cm³
82 Gew.-%	2,612 g/cm³

Schoy [128] gibt als allgemeinen Wert 3,21 g/cm³ an.

Nach [144]:

Pyknometer	3,210 g/cm³
Röntgendichte	3,215 g/cm³.

In [91] wird aufgeführt:

2 H-Modifikation	3,214 g/cm³ bei 20°C
6 H-Modifikation	3,211 g/cm³ bei 20°C
β -SiC	3,210 g/cm³ bei 20°C

und eine weitere Reihe

β-SiC	3,166 g/cm³ bei 20°C
	3,125 g/cm³ bei 1000°C
	3,075 g/cm³ bei 2000°C.

2.2.7 „Schmelzpunkt"

Ein eigentlicher Schmelzpunkt ist bei Siliciumcarbid nicht zu beobachten. Eine Dissoziation und Sublimation setzt in reduzierender Atmosphäre bei etwa 2000°C ein. Ab dieser Temperatur lassen sich Graphitinterferenzen röntgenographisch nachweisen. Üblicherweise werden 2300°C als Temperatur, bei der die Zersetzung beginnt, angegeben. Ruff [120] spricht von einer beträchtlichen Dissoziation bei 2700°C.

Bei der Dissoziation entsteht C_{fest} und $Si_{gasförmig}$. Der Zersetzungsbeginn kann schon – besonders unter Einfluß von Luft und Wasserdampf – bei etwa 900°C eintreten.

„Schmelzpunkt" (Zersetzung) für β-SiC bei 35 atm: 2840°C ± 40°C nach Marshall u. a. [91].

2.2.8 Weitere physikalische Daten

1. Druckfestigkeit	180 000 N/mm² (gemessen an 0-1 mm Fraktion) [44]	
2. Zugfestigkeit	25 000 N/mm²	
3. E-Modul	380 000 N/mm²	
	394 000 N/mm²	20°C
	393 000 N/mm²	200°C
	389 000 N/mm²	400°C
	383 000 N/mm²	600°C

	378 500 N/mm²	800°C	
	377 000 N/mm²	800°C	
	370 000 N/mm²	1000°C	
	368 500 N/mm²	1000°C	
	367 000 N/mm²	1100°C	
	362 000 N/mm²	1200°C	
	361 000 N/mm²	1200°C	Einkristall
	356 000 N/mm²	1250°C	
	350 000 N/mm²	1300°C	
	330 000 N/mm²	1350°C	
4. Schlagfestigkeit	1,12–1,59 kp.m/cm²		
5. Zähigkeit (nach Battelle)	lgz = 1,97 (Korn 8 = 2,4 mm)		
	lgz = 2,48 (Korn 10 = 2,0 mm)		
	lgz = 2,62 (Korn 16 = 1,2 mm)		
	lgz = 2,68 (Korn 46 = 0,35 mm)		
	(lgz = 10 g Zähigkeit)		

6. Linearer Ausdehnungskoeffizient [19] α-SiC 20–1400°C, $4{,}7 \cdot 10^{-6}$ grd^{-1}
linearer Ausdehnungskoeffizient β-SiC 25–1200°C, $5{,}94 \cdot 10^{-6}$ grd^{-1}

Die zuletzt bekannt gewordenen Daten lauten [66]:

α-SiC	$5{,}12 \cdot 10^{-6}$ cm/°C	25–1000°C
	$5{,}48 \cdot 10^{-6}$ cm/°C	25–1500°C
	$5{,}77 \cdot 10^{-6}$ cm/°C	25–2000°C
	$5{,}94 \cdot 10^{-6}$ cm/°C	25–2500°C
β-SiC	$3{,}8 \cdot 10^{-6}$ cm/°C	200°C
	$4{,}3 \cdot 10^{-6}$ cm/°C	400°C
	$4{,}8 \cdot 10^{-6}$ cm/°C	600°C
	$5{,}2 \cdot 10^{-6}$ cm/°C	800°C
	$5{,}8 \cdot 10^{-6}$ cm/°C	1000°C
	$5{,}5 \cdot 10^{-6}$ cm/°C	1400–1800°C

7. Heißbiegefestigkeit [123]

Heiß-Biegefestigkeit	Temperatur
4,2 kg/mm²	800°C
6,2 kg/mm²	1000°C
7,5 kg/mm²	1200°C
6,8 kg/mm²	1300°C

8. Die spezifische Wärme läßt sich laut Kelley [64] nach folgender Formel darstellen:

$$cp = 8{,}93 + 3{,}00 \cdot 10^{-3} \cdot T - 3{,}07 \cdot 10^{5}/T^{2} \text{ cal/mol °C (für 0–1425°C).}$$

Bei Zimmertemperatur beträgt sie 0,16, bei 1000°C 0,31 kcal/kg °C. Marshall [91] gibt an:

β-SiC	0,17	cal/gm°C	20°C
	0,22	cal/gm°C	200°C
	0,28	cal/gm°C	1000°C
	0,30	cal/gm°C	1400–2000°C
α-SiC	0,165	cal/gm°C	27°C
	0,27	cal/gm°C	700°C
	0,35	cal/gm°C	1550°C

9. Spezifischer elektrischer Widerstand $0{,}1 \cdot 10^6$ Ω cm, bis zu 6 Zehnerpotenzen abweichend je nach Dotierung [44].
   Siliciumcarbid gehört zu den Halbleitern (spannungsabhängige Widerstände).
10. Die Spannungscharakteristik [104] ist eine Funktion der im Gitter eingeschlossenen Begleitelemente. Siliciumcarbid kann n- oder p-Leiter sein.

11. Wärmekoeffizient des elektrischen Widerstandes [123]
    $+ 0{,}264/°C \cdot 10^3$ im Temperaturbereich 900–1500°C.

12. Supraleitung [123] Kritische Temperatur $T_C < 1{,}28$ K

13. Thermoelektrische Eigenschaften [123]
    Koeffizient der thermo-elektromotorischen Kraft (absoluter Wert):

    α-SiC = + 0,3 μV/Grad
    β-SiC = –105 μV/Grad

14. Magnetische Eigenschaften [123]
    Magnetische Suszeptibilität = $-12{,}8 \cdot 10^5$ pro mol bei 298 K

15. Wellenlänge der infraroten Absorptionsbande = 12,0 mm [123]

16. Enthalpie [123] $-\Delta H^\circ_{298K} = 18{,}0$ kcal/mol
    Abweichung $(\pm)\text{–}\Delta H^\circ_{298K} = 4{,}0$ kcal/mol

17. Entropie [123] $S^\circ_{298} = 3{,}95$ cal/K mol
    Abweichung (±) = 0,05 cal/K mol
    Entropie S°_{298K} bei Bildung des Siliciumcarbids aus den Elementen $S^\circ_{298K} = -1{,}91$ cal/ K mol

18. Freie Bildungsenergie [123] ΔF bei der Reaktion Si + C = SiC
    $\Delta F_1 = -12{,}770$ kcal + 1,66 T, Abweichung (±) = 3 kcal, Temperaturbereich = T = 2,98–1683 K,
    $\Delta F_2 = -24{,}01$ kcal + 8,33 T, T = 1683–2000 K, Abweichung (±) = 4 kcal

19. Verdampfungsgrad [123]

Temperatur	Verdampfungsgrad	Dampfdruck
1849 °C	$2{,}5 \cdot 10^{-5}$ g/cm³	$9{,}17 \cdot 10^{-6}$ atm
1851 °C	$3{,}64 \cdot 10^{-5}$ g/cm³	$11{,}6 \cdot 10^{-6}$ atm
1897 °C	$5{,}09 \cdot 10^{-5}$ g/cm³	$18{,}2 \cdot 10^{-6}$ atm
1915 °C	$2{,}58 \cdot 10^{-5}$ g/cm³	$9{,}08 \cdot 10^{-6}$ atm

Gleichung für Dampfdruck: $\lg P_{Si} = 17{,}414 - \frac{52420}{T}$

20. Oxydationsbeständigkeit [123]

Temperatur	Oxydationsdauer in Stunden	Gewichtsänderung in % Gesamtzeit	pro Stunde
1400°C	50	– 5,2	– 0,14
1400°C	100	+ 8,2	+ 0,082
1400°C	200	+ 9,2	+ 0,041
1400°C	500	+ 16,9	+ 0,032
1400°C	1200	+ 20,7	+ 0,017

21. Anwendungsgrenzen
    ~ 1500°C in O_2-haltiger Atmosphäre
    ~ 2000°C in Inertgas-Atmosphäre, stark abhängig von der Bindungsart

22. Brechungsindex [42]

Alle Varietäten des α-SiC sind einachsig positiv, zeigen sehr starke Dispersion und starke Doppelbrechung. Die Lichtbrechungsindices sind

λ (nm)	n_E	n_O	$n_E - n_O$
671 (Li)	2,667	2,627	0,040
589 (Na)	2,688–2,693	2,647–2,649	0,042–0,043
546 (Hg)	2,706–2,710	2,662–2,664	0,044–0,046
486 (F)	2,741–2,742	2,692–2,694	0,048

Dispersion (486 bis 671 nm) $n_E = 0{,}074$, $n_O = 0{,}066$, $n_E - n_O = 0{,}008$, $D_{rö} = 3{,}208$. Blaugefärbte Kristalle zeigen Pleochroismus: E = grünlich-blau, O = oliv-grün, auch E = tief indigoblau, O = hellblau.

2.3 Struktur

Das Tetraeder ist das Baumotiv des Siliciumcarbids: 4 C-Atome umgeben tetraedrisch ein Si oder umgekehrt. Die Tetraeder sind in den Ebenen (111) bzw. (0001) so angeordnet, daß jeweils 3 Si und 3 C-Atome gewinkelte Sechserringe bilden, die zu (111) bzw. (0001) in parallelen Schichten liegen. Die Schichtfolgen können sich entsprechend der kubisch oder hexagonal dichtesten Kugelpackung in den Rhythmen ABC oder AB wiederholen. Die hieraus resultierenden Strukturen entsprechen dem Zinkblende- respektive dem Wurtzit-Typ. Darüber hinaus kommt es, wie bei einigen dichtesten Kugelpackungen, auch beim Siliciumcarbid zur Ausbildung zahlreicher anderer Stapelabfolgen, die zu einer Vielzahl ähnlicher Modifikationen – Polytypen – führen [55]. Diese Polytypen kristallisieren alle hexagonal oder rhomboedrisch bzw. trigonal. Sie besitzen alle die gleiche Gitterkonstante α_0, während sich C_0 in Abhängigkeit von der Stapelfolge ändert.

Siliciumcarbid ist bekannt dafür, daß man besonders deutlich die häufig behandelten Wachstumsspiralen auf Kristalloberflächen sehen kann. Sie treten dann

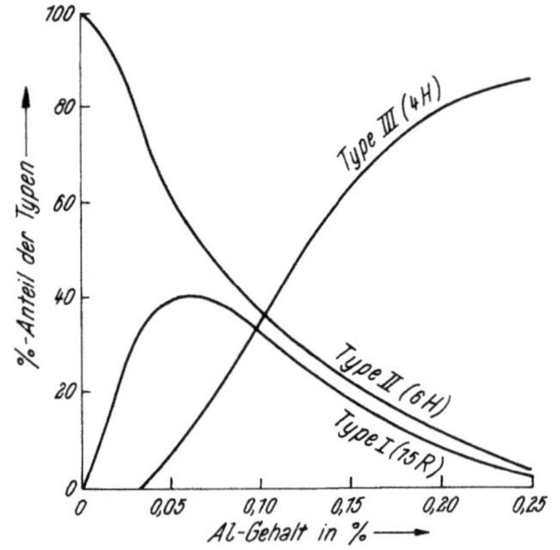

Abb. 3. Die Beziehungen zwischen Aluminiumgehalt und dem Auftreten von SiC-Polytypen. (Nach [19])

auf, wenn sich der Kristallaufbau als Folge einer Schraubenversetzung spiralenförmig vollzieht. Die Schraubenversetzung ist ein bekannter Begriff in der Kristallographie. Sie ist ein Kristallbaufehler.

Auch Überstrukturen treten beim Siliciumcarbid auf. Man erkennt in Röntgendiagrammen Überperioden – wie beim Tridymit – in der Schichtpackung. Es kann sich dabei auch um periodisch displazive Versetzungsfehler handeln [57]: Polytropie.

Zur weiteren Orientierung der Struktur des Siliciumcarbids sei auf die ausführlichen Arbeiten von Jagodzinski verwiesen [61, 62].

2.4 Modifikationen

Siliciumcarbid tritt in mehreren Modifikationen auf,
1. der kubischen (auch „amorphe" – extrem feinkristallin und neben α-SiC sehr schwer zu bestimmen – oder Tieftemperaturform = β-SiC genannt),
2. der hexagonalen und der rhomboedrischen (auch „kristalline" oder Hochtemperaturform = α-SiC genannt).

Die Entstehung von β-SiC konnte bereits bei 525°C beobachtet werden [7], wenn in niedrig schmelzenden Legierungen von Zink und Aluminium Silicium und Kohlenstoff erhitzt wird. Bei einfachen Mischungen von Silicium und Kohlenstoff bildet sich bei etwa 1450°C kubisches Siliciumcarbid.

Bei der Herstellung von feuerfesten Steinen kann unter bestimmten Voraussetzungen kubisches Siliciumcarbid schon unter 1450°C entstehen. Eine dieser Voraussetzungen ist, daß die Steine sehr dicht sind. Meist ist das Auftreten von kubischem – sekundärem Siliciumcarbid – mit der Erscheinung des „schwarzen Kernes" verknüpft. Zugabe von metallischem Silicium in feuerfeste Steinmassen erleichtert die Bildung dieses sogenannten sekundären β-SiC, ebenso eine reduzierende Atmosphäre beim Primärbrand. Nach Konopicky [72] ist die Modifikation β-SiC beständig bis etwa 2100°C. Bei dieser Temperatur wandelt sich β-SiC monotrop in α-SiC – die Hochtemperaturform – um. Diese Umwandlung verläuft rasch und vollständig bei 2400°C. Ruff [120] folgend, ist α-SiC unter reduzierenden Bedingungen bis etwa 2500°C oder sogar bis 2700°C beständig. Es zersetzt sich dann in die Bestandteile, ohne zu schmelzen.

Die hexagonale und die rhomboedrische Modifikation unterscheidet sich strukturell nur durch die Stapelfolge der Netze. L. S. Ramsdell [110] stellte eine Nomenklatur auf, in der er das hexagonale Siliciumcarbid mit H, das rhomboedrische Siliciumcarbid mit R bezeichnet; die Anzahl der SiC-Schichten in Richtung (0001) je Elementarzelle stellt er als Zahl voraus. Im technischen Siliciumcarbid haben I. Patzak, K. Wohlleben und K. Konopicky [103] – dies wurde durch weitere Untersuchungen bestätigt – drei Strukturtypen festgestellt: III–4 H, II–6 H und I–15 K und daneben kubisches Siliciumcarbid. Die unterschiedlichen α-SiC-Formen geben einen Hinweis auf die Bildungstemperatur und auf Verunreinigungen. Reines Siliciumcarbid II-6 H entsteht nur bei hohen Temperaturen und Siliciumcarbid III-4 H nur ab einem gewissen Gehalt an Aluminiumionen. Das kubische Siliciumcarbid bildet sich – wie erwähnt – bei wesentlich niedrigeren Temperaturen. Eine Rückumwandlung von α-SiC in β-SiC findet nicht statt (s. auch 8.2.6 und 8.3.5).

Tabelle 6. *Die wichtigsten SiC-Modifikationen* [26]

Modifikation	Stapelfolge	Zahl der Doppelschichten in der Elementarzelle	Kristallsystem	Idealwert von c/a
β-SiC (kubisch)	ABC ABC ...	3	kubisch	$\sqrt{6} = 2{,}450$
SiC I	ABC ABC ABC ABC ABC ABC ABC ... ABC BAC ABA CBC ACB ABC BAC ...	15	rhomboedrisch	$5\sqrt{6} = 12{,}2475$
SiC II	ABC ABC ABC ABC ABC ABC ABC ... ABC ACB ABC ACB ABC ACB ABC ...	6	hexagonal	$2\sqrt{6} = 4{,}899$
SiC III	ABAC ABAC ...	4	hexagonal	$4/3\sqrt{6} = 3{,}266$

Tabelle 7. *Eigenschaften der SiC-Polytypen* [19, 91]

Kristallform	Ott	Thibault	Ramsdell	Raumgruppe	Gitter-Parameter	Achsenverhältnis	Moleküle pro Zelle	errechnete Reindichte
rhomboedrisch	I	I	15 R	C_{3v}^5 – R 3 m	$a_0 = 3{,}073$ $c_0 = 37{,}70$	12,27 : 1	15	3,217
hexagonal	II	II	6 H	C_{6v}^4 – P 6_3mc	$a_0 = 3{,}073$ $c_0 = 15{,}07$	4,899 : 1	6	3,217
hexagonal	III	III	4 H	C_{6v}^4 – P 6_3mc	$a_0 = 3{,}073$ $c_0 = 10{,}053$	3,270 : 1	4	3,208
rhomboedrisch	–	IV	21 R	C_{3v}^5 – R 3 m	$a_0 = 3{,}073$ $c_0 = 52{,}78$	17,175 : 1	21	3,217
rhomboedrisch	–	VI	33 R	C_{3v}^5 – R 3 m	$a_0 = 3{,}073$	26,98 : 1	33	3,217
rhomboedrisch	V	V	51 R	C_{3v}^5 – R 3 m	$c_0 = 82{,}94$			
			2 H		$a_0 = 3{,}0763$ $c_0 = 5{,}0480$			
			66 H		$c_0 = 165{,}88$			
			126 R		$c_0 = 371{,}4$			
kubisch	IV	β	β	T_d^2 – F $\bar{4}$3 m	$a_0 = 4{,}349$ (4,3596)		4	3,210

Etwa 200 Polytypen sind mittlerweile bekannt geworden.

Tabelle 8. *Modifikationsverteilungen in einigen handelsüblichen SiC-Sorten (in Gew.-%)* [26]

Proben	1	2	3	4	5	6	7
SiC II	42	40	48	43	68	48	50
β-SiC	27	22	25	14	24	24	40
SiC I	9	10	9	11	4	10	10
SiC III	22	28	18	32	3	19	0

Tabelle 9. *Modifikationsverteilungen in einigen SiC-Ofenstücken (in Gew.-%, diff. = diffuse Linie)* [26]

		SiC II	β-SiC	SiC III	SiC I
Ofenstück 1	innen	66	34	0	0
(grün)	Mitte	67	29	0	3
	fast außen	52	37	5	6
	ganz außen	diff.	80	diff.	diff.
Ofenstück 2	innen	72	28	0	0
(grün)	Mitte	68	32	0	0
	fast außen	66	26	5	3
	ganz außen	42	42	8	8
Ofenstück 3	innen	75	25	0	0
(grün)	Mitte	61	30	4	5
	fast außen	58	21	7	14
	ganz außen	40	47	5	7
Ofenstück 4	innen	72	28	0	0
(grün)		68	32	0	Spur
		71	29	0	0
	Mitte	58	30	0	12
		63	28	2	7
		64	29	0	7
	fast außen	55	20	6	20
		54	26	3	17
		57	25	3	15
	ganz außen	53	27	9	12
		56	25	3	16
		56	25	3	16
Ofenstück 5	innen	72	28	0	0
(schwarz)		72	28	0	Spur
		71	29	0	0
	Mitte	72	22	5	1
		68	27	5	Spur
		67	29	4	Spur
	fast außen	18	8	69	5
		19	10	63	8
		20	13	60	7
	ganz außen	24	23	42	11
		28	11	46	15
		29	14	43	14

Die Unterschiede zwischen kubischem und hexagonalem Siliciumcarbid sind vielfältig: β-SiC ist in normalen feuerfesten Erzeugnissen immer poröser als α-SiC und deshalb wohl in erster Linie leichter zersetzbar. Dies ist vorwiegend durch die größere Oberfläche bedingt. Andererseits kann es beobachtet werden, wenn sich bei der Anwendung von SiC-Produkten das α-SiC zersetzt. Beide Typen unterscheiden sich im technischen Siliciumcarbid durch die Schleifhärte.

Für die Bildung des β-SiC im Achesonprozeß unter 2000°C ist vermutlich die Gasphase verantwortlich. Aus diesem primären β-SiC entsteht durch Umlagerung bei höheren Temperaturen die α-Form. Nach R. Kieffer, E. Gugel, P. Ettmayer und A. Schmidt [67] kann das primär entstandene β-SiC stabilisiert werden, wenn es gelingt, bei der Herstellung einen N_2-Partialdruck von mindestens 133 mbar aufrecht zu erhalten. Auf diesem Weg kann β-SiC großtechnisch hergestellt werden.

Beim Reaktionssintern ist beobachtet worden, daß β-SiC auf der Oberfläche von α-SiC aufwächst. Die ursprünglichen α-SiC-Partikel werden indirekt durch neugebildete β-Partikel miteinander verbunden. Beim Reaktionssintern kann α-SiC (4 H und 6 H) und neugebildetes β-SiC (3 C) beobachtet werden, die β-SiC-Kristalle sind zum Teil verzwillingt (s. auch Abschnitt 3).

Eine Unterscheidung zwischen α- und β-SiC durch unterschiedliche Säurelöslichkeit ist nach Krassotkina [77] möglich, und zwar wird festgestellt, daß die β-Modifikation im Dreisäuregemisch – H_2F_2, H_2SO_4 und HNO_3 – zersetzt wird. Vom Verfasser konnte dies nicht bestätigt werden. Es wurde keine nennenswerte Löslichkeit von β-SiC in Säuren festgestellt (s. Kapitel 8.2.6).

Weitere Daten siehe:

β-SiC	bis ca. 75 μm ϕ; Oktaeder- und Würfelform [115]
α-SiC 4 H	dihexagonal-pyramidal [8]
α-SiC 6 H	dihexagonal-pyramidal; Klasse C_{6v}-6 mm [101]
α-SiC 15 R	rein rhomboedrisch; ditrigonal-pyramidal; Klasse C_{3v}-3 m [101]
α-SiC 21 R	großer, gelbgrüner Kristall, wie 15 R rhomboedrische Flächenentwicklung, andere Pyramidenfolge; Klasse C_{3v}-3 m [141]
α-SiC 33 R	ditrigonal-pyramidal; Klasse C_{3v}-3 m [141]
α-SiC 51 R	ditrigonal-pyramidal; [142]
α-SiC 87 R	ditrigonal-pyramidal; Klasse C_{3v}-3 m [110]

Weitere Angaben in [91].

Bei der SiC-Herstellung werden noch weitere Typen beobachtet [19], und zwar bei Temperaturen über 2400°C. 6 H, 15 R sind hauptsächlich vorkommende Typen, zusätzlich treten auf 72 H, 130 H, 408 H, 213 R, 240 R, 288 R, 1080 R sowie 14 H.

2.5 Zustandsdiagramme

Knippenberg [71] hat hexagonales Siliciumcarbid in einer Graphit-Knudsen-Zelle zwischen 2149 K und 2316 K erhitzt, die wesentlichen Phasen, die gefunden wurden, waren: Si, SiC_2 und Si_2C. Untergeordnet traten auf: C, C_2, C_3, Si_2, Si_3, SiC, Si_2C_2, Si_2C_3 und Si_3C (Abb. 4, 5, 6, 7, 8).

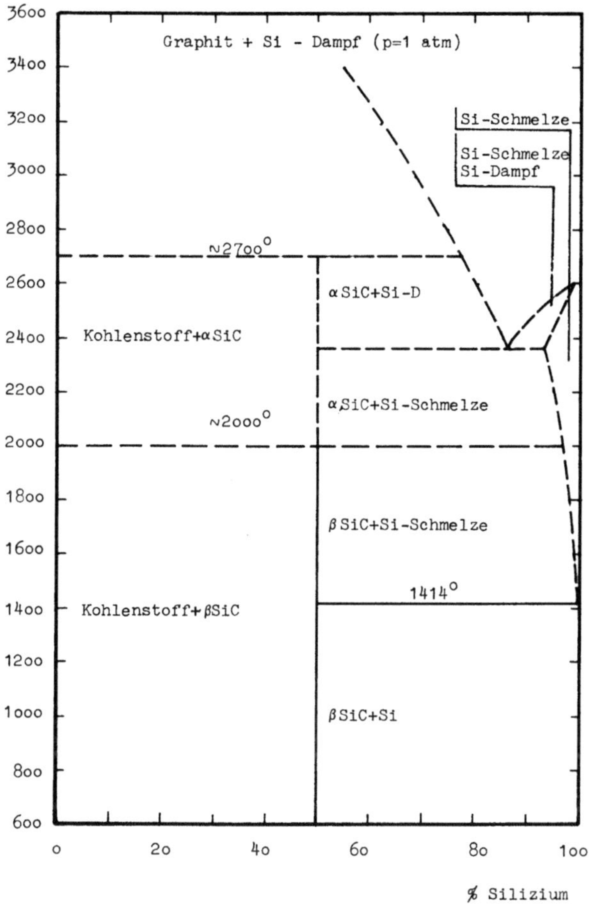

Abb. 4. Zustandsdiagramm des Systems Silicium–Kohlenstoff. (Nach [87])

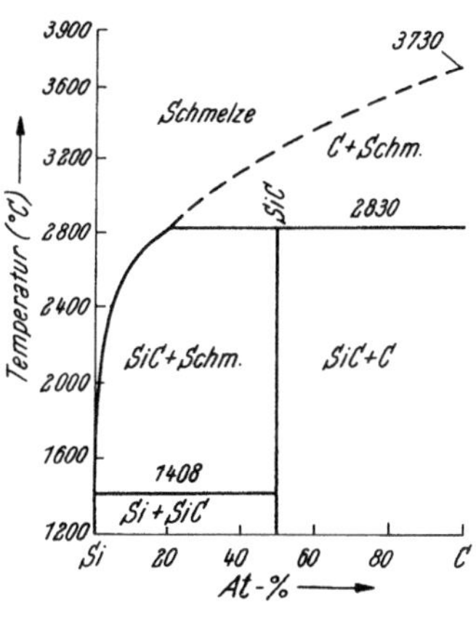

Abb. 5. System Silicium–Kohlenstoff (unter Ar-Druck von 35 atm). (Nach [99])

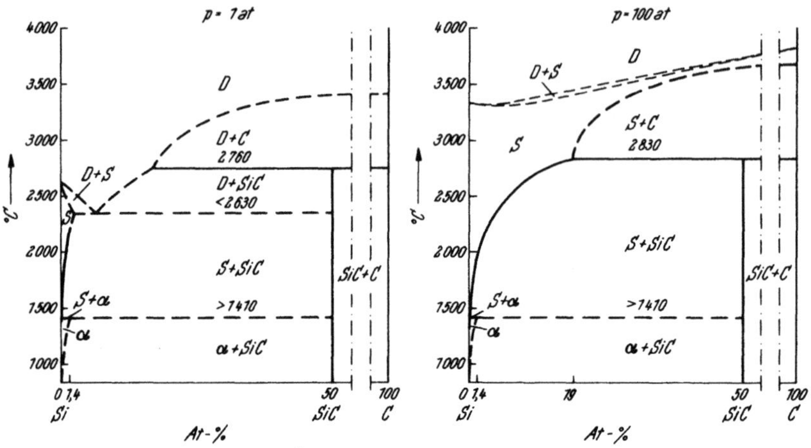

Abb. 6. Phasendiagramm Silicium–Kohlenstoff. Links: 1 atm, rechts: 100 atm. (Nach [68])

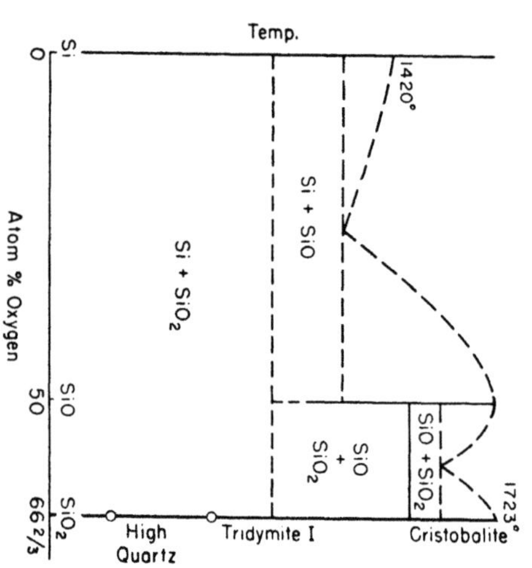

Abb. 7. System $Si–SiO_2$, bei niedrigem p, versuchsweise Darstellung. (Nach [134])

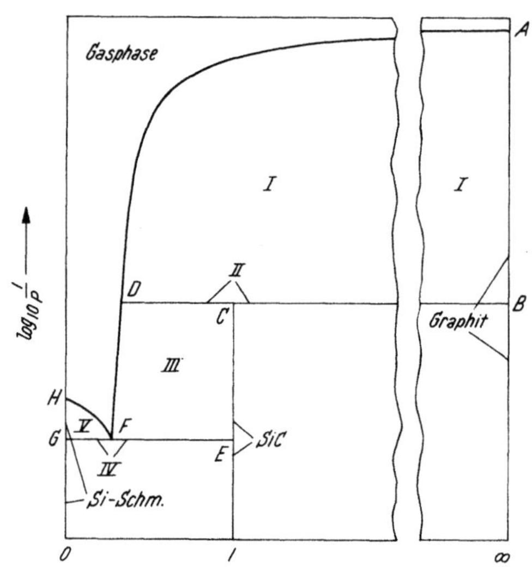

Abb. 8. Atomverhältnis Silicium–Kohlenstoff. (Nach [99]). Versuch eines isothermen Schnitts des Silicium–Kohlenstoff–Phasendiagrammes. *I* binäre Dampfphase und Graphit, *II* binäre Dampfphase, Siliciumcarbid und Graphit, *III* binäre Dampfphase und Siliciumcarbid, *IV* binäre Dampfphase, flüssiges Silicium und Siliciumcarbid, *V* binäre Dampfphase und flüssiges Silicium

3. Die Herstellung von Siliciumcarbid

3.1 Die Rohstoffe

Tabelle 10. *Zur Siliciumcarbidherstellung verwendete Rohstoffe*

Sand
Kohlenstoff (Petrolkoks)
Rücklaufmaterial
Sägespäne
Kochsalz
Stabilisierungszusätze

3. 1. 1 Sand

Verwendet werden Sande mit einem hohen Reinheitsgrad, keinesfalls unter 98% SiO_2. Die Korngröße ist nicht so entscheidend, im allgemeinen beträgt sie 0,5 mm. Nach Fuchs [44] werden folgende Sande verwendet:

SiO_2	%	99,1 –99,8
Fe_2O_3	%	0,01– 0,03
Al_2O_3	%	0,02– 0,45

3. 1. 2 Kohlenstoff

Petrolkoks, Pechkoks, Anthrazit mit möglichst geringem Aschegehalt (2 bis 3% Asche für Anthrazit ist das Maximum)werden mit einer Korngröße kleiner als 3 mm eingesetzt. Die Oberfläche des Kohlenstoffes ist ausschlaggebend, damit das Gemisch durchreagieren kann. Die Reinheit des angebotenen Kohlenstoffes bestimmt unter anderem die Qualität des Siliciumcarbids in bezug auf Reinheit. Nach Fuchs [44]:

		Petrolkoks roh	Petrolkoks calciniert
C_{fix}	%	93,7	99,5
flüchtige Bestandteile	%	6,2	0,4
Asche	%	0,1	0,1

Tabelle 11. *Abhängigkeit der SiC-grün-Ausbeuten vom Aschegehalt des Kokses* [93]

Ofenlänge m	Aschegehalt im Koks %	Mischungsverhältnis 3 C : SiO_2	NaCl-Mischung kg	SiO_2-Schicht kg	Belastung des Ofens kW	SiC-grün-Ausbeute %
14,5	0,31	0,6	80	396	2600	99,61
14,5	1,74	0,6	80	397	2600	62,02
14,5	2,90	0,6	80	395	2600	21,23

3.1.3 Rücklaufmaterial

Der SiC-Gehalt soll möglichst nicht unter 85% liegen, die Korngröße soll kleiner als 5 mm sein. Dieses Material kommt aus den äußersten Schichten der abgebrannten Öfen, es ist daher oft von relativ unterschiedlicher Qualität.

3.1.4 Sägespäne

Die Korngröße soll kleiner als 3 mm sein, es werden anteilmäßig bis zu 5% der Gesamtaufgabemenge zugegeben, besonders dann, wenn der Koks reaktionsträge ist und zu trockene Rohmaterialien aufgegeben werden, oder die Rohmaterialien zu feinkörnig sind. Die Zugabe des Sägemehls gewährleistet die Durchlüftbarkeit der Mischung.

3.1.5 Kochsalz

Ziel der NaCl-Beimischung ist es, Verunreinigungen in leicht verdampfende Chloride überzuführen. Über die Wirkungsweise bestehen mehrere sich unterscheidende Meinungen. Bei der Produktion von grünem Siliciumcarbid wird NaCl in größeren Mengen – bis 10% – zugegeben. Der Einfluß des NaCl auf den Energieverbrauch, SiC-Ausbeute, Ofengang, Korrosion der Ofenkonstruktion ist negativ, siehe Abb. 9.

Viele Versuche wurden gemacht, die Nachteile des NaCl zu eliminieren, vor allem, um die SiC-Ausbeute zu verbessern. Soweit bekannt, sind alle diese Versuche nicht zu einer erfolgreichen großtechnischen Ausnutzung gekommen.

3.1.6 Zusätze zur Stabilitätsverbesserung

Die nachteiligste Eigenschaft von Siliciumcarbid für feuerfeste Produkte ist die unter gewissen Umständen leichte Zersetzbarkeit dieses Materials. Man hat durch viele Zusätze versucht, die Stabilität des Siliciumcarbids zu erhöhen. Frank und Wilkendorf [41] schlugen vor, als Modifizierungskomponente Oxide von Bor, Titan u.a.m. zuzusetzen. Vorgesehen wurden Mengen von 0,1 bis 5%. Das Ziel war, die Oxidationsbeständigkeit des α-SiC unter Vermeidung des β-SiC-Anteils zu verbessern. Nach Mehrwald [93] hat sich der TiO_2-Zusatz sogar negativ auf die Oxidationsbeständigkeit ausgewirkt.

Der Zusatz von B_2O_3 (Acheson) hat sich auf die Härte und Zähigkeit des Siliciumcarbids positiv ausgewirkt. Erfolgreich durchgesetzt hat sich von den vielen vorgeschlagenen sogenannten Modifizierungszusätzen nur Al_2O_3.

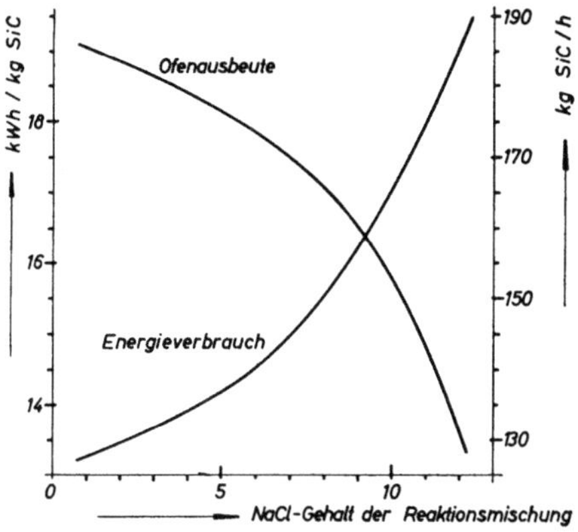

Abb. 9. Abhängigkeit der Ofenausbeute und des Energieverbrauchs vom NaCl-Gehalt der Reaktionsmischung. Diese Ergebnisse wurden in einem 11,5 m langen Versuchsofen erzielt. (Nach [93])

3.2 Zusammensetzung der Ofencharge

Die Zusammensetzungen der Ofenchargen gleichen sich weitgehend, ob schwarzes, grünes oder dotiertes – vorzugsweise Al_2O_3-dotiertes – Siliciumcarbid hergestellt werden soll.

Bei der Herstellung von schwarzem Siliciumcarbid wird nicht so sehr auf die Reinheit des Rohstoffes geachtet, dagegen aber bei der Produktion von grünem. Bei speziellen Anforderungen an das Endprodukt wird z. B. kein Rücklaufmaterial eingesetzt. Unterschiedliche Zusammensetzungen haben die einzelnen SiC-Hersteller, z. B. fährt der eine genau im stöchiometrischen Verhältnis, der andere dagegen mit einem gewissen Überschuß an Kohlenstoff. Rohstoffbedingt kann der eine Hersteller ohne Sägemehlzusatz fahren, der andere nicht.

Richtlinien für eine Zusammensetzung von Ofenchargen gibt Fuchs [44] an:

ca. 58 –65%	Quarzsand
ca. 35 –42%	Petrolkoks
ca. 0,5 – 1%	Sägemehl
ca. 1 – 2%	Kochsalz

3.3 Die Ofenanlagen

Das Prinzip des Acheson-Ofens – nach dem die erste Herstellung von Siliciumcarbid in technischem Maßstab gelungen ist – hat noch heute für die großtechnische

Produktion volle Gültigkeit, obwohl mittlerweile viele Jahrzehnte verstrichen sind, in denen in steigendem Maße Siliciumcarbid produziert wurde. Der erste Ofen wurde Acheson 1893 patentiert. Die wesentlichen Merkmale des Acheson-Ofens sind bei den heutigen „modernen" Öfen noch zu erkennen. Bei den meisten zur Zeit im Einsatz befindlichen Öfen nach Acheson handelt es sich um stationäre Öfen mit oder ohne Bodenentgasung. Im Gegensatz dazu werden auch fahrbare Öfen eingesetzt. Sie sind allein schon durch die aufwendigen Gleisanlagen teuer. Andererseits bieten sie den deutlichen Vorteil ortsfester Füllstationen, wodurch der Rohstofftransport und der dazu notwendige Aufwand geringer ist.

Kontinuierliche SiC-Öfen sind mehrfach beschrieben, besonders in der Patentliteratur [93]. Bis heute ist aber noch keine großtechnische Produktionsanlage bekannt geworden, die kontinuierlich Siliciumcarbid herstellt. Allerdings gibt es Hinweise, daß pulverförmiges Siliciumcarbid kontinuierlich erzeugt wird [93].

Das zur Zeit neueste Verfahren, das ESK-Verfahren, ist in 3.6 beschrieben.

3.3.1 Betriebsdaten der Öfen

Die Acheson-Öfen (Abb. 9 und 10) sind durch zwei feststehende Stirnwände gekennzeichnet, durch die die Stromzuführung erfolgt sowie durch bewegliche Seitenwände, die nur der äußeren Begrenzung des Aufgabegutes dienen. Die Breite der Öfen beträgt ca. 4 m, die Länge ist unterschiedlich, im allgemeinen 10 bis 25 m bei einer Höhe bis zu 4 m. In diesem Zusammenhang sei auf Abschnitt 3.6 verwiesen.

Das Fassungsvermögen eines modernen Ofens beträgt bis zu 400 t Rohmischung. Ein solcher Ofen bringt nach einer Laufzeit von etwa 40 Stunden eine Ausbeute von etwa 50 t technischem Siliciumcarbid. Es werden Temperaturen bis über 2500°C erreicht.

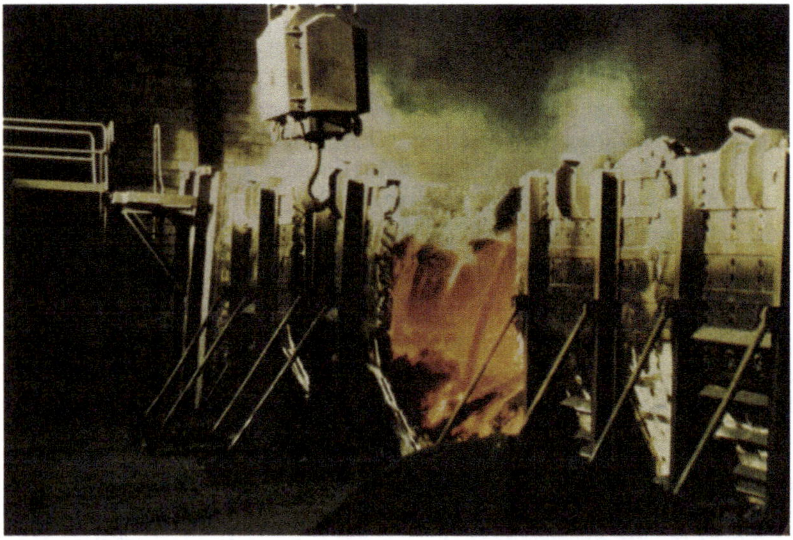

Abb. 10. Siliciumcarbidofen bei der Abnahme eines Seitenteiles (Acheson-Ofen). (Nach [87])

Abb. 11 zeigt ein schematisches Bild eines Acheson-Ofens vor und nach der Ofenreise. Der Energiebedarf für diese Öfen ist sehr hoch, weshalb die Siliciumcarbid herstellenden Werke nur in Gebieten, in denen relativ billig Energie angeboten wird, zu finden sind (Abb. 14). Eine Abhängigkeit des Energiebedarfs von der Ofenlänge gibt Abb. 15 wieder (Abb. 12, 13, 16).

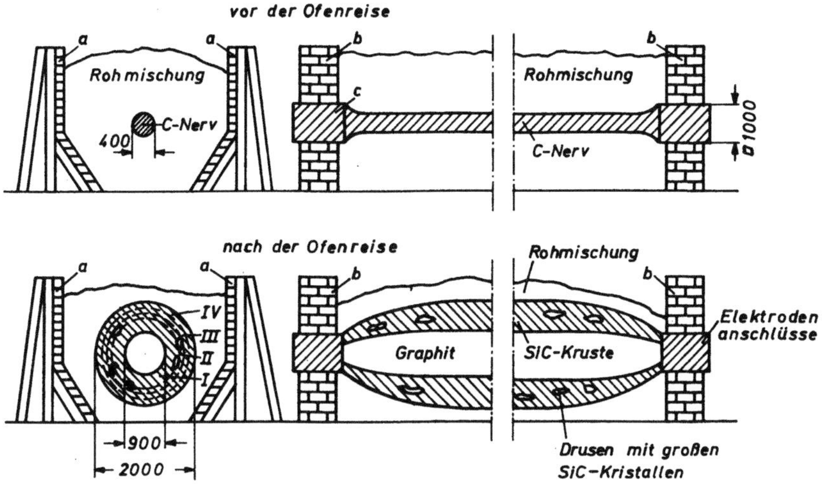

Abb. 11. Längs- und Querschnitt eines SiC-Ofens vor und nach der Ofenreise. *a* bewegliche Seitenwände aus feuerfesten Steinen (Schamotte), *b* feuerfeste Stirnwände, *c* Elektrode. (Nach [44])

Abb. 12. SiC-Walze nach Abnahme der Traglufthalle und Freiräumung (ESK-Verfahren). (Nach [31])

Abb. 13. Querschnitt durch eine SiC-Walze (s. Abb. 12), vorne links grobkristallisierte Zone sichtbar. (Nach [31])

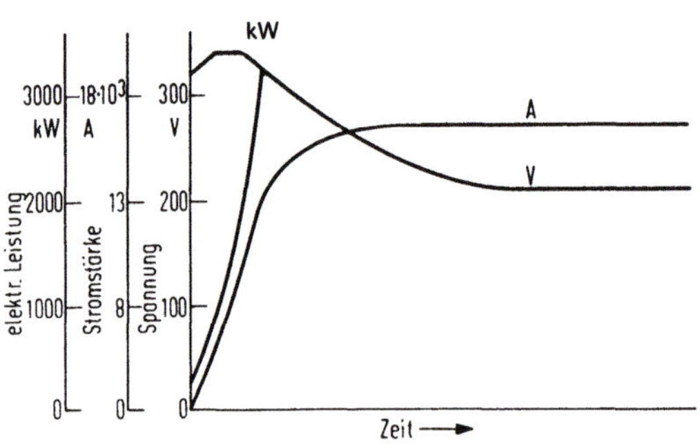

Abb. 14. SiC-Ofendiagramm. (Nach [44])

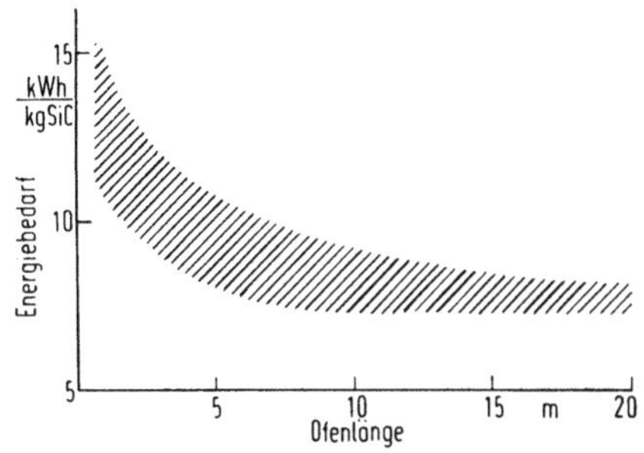

Abb. 15. Energiebedarf in Abhängigkeit von der Ofenlänge. (Nach [44])

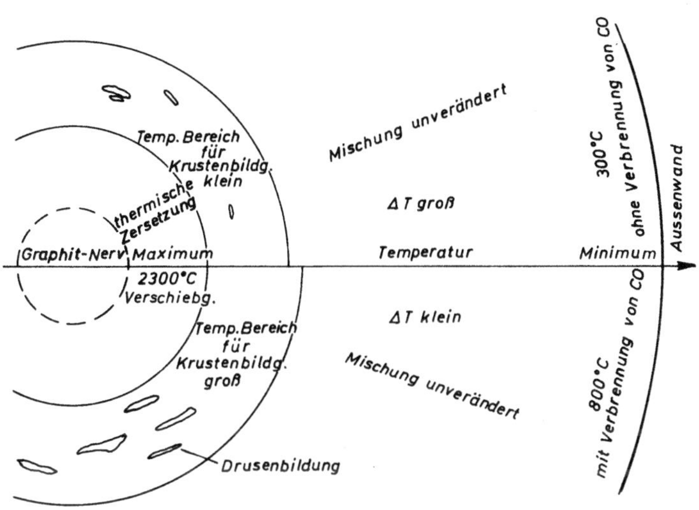

Abb. 16. Einfluß des Temperaturgefälles auf die Ausbildung der SiC-Kruste. (Nach [44])

3.3.2 Beschickung und Entleerung der Öfen

Der Untergrund der Öfen besteht aus einem Betonfundament, darauf befinden sich mehrere Lagen Ziegelsteine. Auf diese wird die gut durchgemischte Ofencharge bis zur Elektrodenhöhe aufgeschichtet und gestampft. Seitenwände werden durch einfach übereinandergeschichtete Schamottesteine in einem Trägerrahmen gebildet. Die Charge ist möglichst staubfrei und gleichkörnig aufzugeben. Ist die Elektrodenhöhe erreicht, so wird der eigentliche Heizwiderstand (Kohlenstoffnerv) eingebracht. Das ist ein Strang aus Kohlenstücken in Korngrößen von ca. 20 mm und feinkörnigem Kohlepulver bzw. Petrolkokspulver. Dieser so eingebrachte Heizwiderstand wird häufig noch mit Pappe und Holz umkleidet, damit er die gewünschte Form erhält. Es erfolgt dann die Weiterauffüllung bis etwas über die Höhe der Ofenköpfe.

Das Siliciumcarbid bildet am Ende der Ofenreise einen zylindrischen Hohlkörper, der je nach Ofengröße mit bis zu 2 m Durchmesser anfallen kann. Der Durchmesser des inneren Hohlraums ist von dem Durchmesser des Kohlenstoffnervs abhängig. Angegeben werden Innendurchmesser bis zu einem Meter. Infolge des Temperaturgefälles von innen nach außen nimmt bei dem Hohlzylinder der SiC-Gehalt und die Kristallitgröße von innen nach außen ab. Der gesamte Hohlzylinder wird gebrochen und zur Zerkleinerungs- und Sortieranlage gebracht. Dort werden zum größten Teil die für die Feuerfest-Industrie besonders gut brauchbaren, grobkristallinen, festen, kompakten und nicht zu stengeligen Stücke ausgesondert. Sie werden von Hand und mit Stechspaten – wie sie im Tonbergbau üblich sind – abgetrennt. Das ist die sogenannte Stückware, die so verkauft oder zur Körnungsherstellung verwendet wird. Diese Herstellung erfolgt meistens auf Kollergängen. Das zerkleinerte Material läuft dann über Magnetscheider und schließlich durch eine Säure- bzw. Laugenwäsche zur Entfernung von Verunreinigungen, wie metallisches Fe, Si, SiO_2 usw.

Anschließend folgt die Siebung bzw. die Schlämmung zur Erzeugung der geforderten gröberen und feineren Fraktionen. Die Fraktionen werden hauptsächlich nach den Vorschriften der FEPA (Federation Européenne des Fabricants de Produits Abrasifs) [38] für die Schleifmittelherstellung gewonnen oder spezielle Korngemische für feuerfeste Zwecke bzw. Gemische entsprechend der Forderung der Baustoffindustrie hergestellt.

3.4 Die Bildung von Siliciumcarbid

Die Bildung von Siliciumcarbid verläuft nach den Gleichungen [165]:

Startreaktion: $SiO_2 + C \rightarrow SiO + CO$

SiC-Bildung: $SiO + 2\,C \rightarrow SiC + CO.$

Weitere Reaktionen:

$$SiO + C \rightarrow Si + CO$$
$$SiC + 2\,SiO_2 \rightarrow 3\,SiO + CO$$
$$SiC + SiO \rightarrow 2\,Si_{gasförmig} + CO$$
$$C + Si \rightarrow SiC$$

$$SiO_2 + 3\,C \rightarrow SiC + 2\,CO - 126\ \text{kcal.}$$

Die Reaktion ist stark endotherm; je kg Siliciumcarbid werden rund 10 kWh benötigt. Über 1500°C wird Si gebildet.

Die Ausgangsstoffe werden meistens in beinahe exakt stöchiometrischem Verhältnis zusammengesetzt. Erst bildet sich ein feines gelb-grünes Kristallpulver zwischen 1500° und 1800°C. Dieses Siliciumcarbid ist nach Knippenberg [71] nicht brauchbar für die Schleifmittelindustrie.

Die brauchbare Form des Siliciumcarbids für Schleifmittel und feuerfeste Zwecke erzielt man durch Erhitzung auf über 2000°C. Die Bildung dieses grobkristallinen kompakten Siliciumcarbids erfolgt nach von Zeppelin [165] praktisch ganz aus der Gasphase. Die Intensität der Mischung – der Kohlenstoff muß möglichst nahe an das SiO_2 herangebracht werden – ist für den Beginn der Reaktion aber auch für deren Ablauf ausschlaggebend. Das anfänglich gebildete Material ist wohl β-SiC, welches bei höherer Temperatur übergeht in α-SiC, wie bereits angeführt. Harders Kienow [50] gibt die Bildungstemperatur mit 1840°C an, über 2000°C kann – hier spielt der Zeitfaktor eine deutliche Rolle – Siliciumcarbid wiederum zersetzt werden in C und Si. Beim Erhitzen von SiC auf 2000°C werden in Röntgenbeugungsaufnahmen C-Interferenzen erkennbar.

Entsprechend dem Aufbau der Chargen und der Stromführung entstehen Zonen um das Zentrum des Ofens mit verschiedenen SiC-Gehalten und unterschiedlicher Ausbildung des Siliciumcarbids. Am nächsten zur Ofenachse befindet sich eine Graphitschicht, der eine mehr oder weniger stark ausgebildete Zone folgt, die aus besonders grobkristallinem Siliciumcarbid besteht. Die folgende Zone enthält feiner kristallin werdendes Siliciumcarbid. Das Siliciumcarbid aus diesen beiden Zonen ist für die Feuerfest-Industrie geeignet. Sauber getrennt werden müssen die darauf folgenden Zonen, die schon einen beachtlichen Anteil an SiO_2 enthalten (s. Kapitel 3.5).

3.5 Zusammensetzung von Siliciumcarbid in Abhängigkeit vom Entstehungsort im Ofen

Die chemische und mineralogische Zusammensetzung von dem Austragsgut – mehr oder weniger konzentrische Blöcke – haben Patzak, Wohlleben, Konopicky [103] beschrieben. Nachstehend die tabellarischen Angaben (Tab. 12 bis 16).

Beim Ausräumen der Öfen werden immer Partien – Zonen – festgestellt, die weiße Anflüge aufweisen. Man unterscheidet „Schimmel" und „Weißkruste". Der „Schimmel" besteht im wesentlichen aus kleinen Kristallen von α- und β-Si_3N_4 und einem watteähnlichen Belag aus Si_2ON_2. Cristobalit kann in geringen Mengen beteiligt sein. Die Weißkruste tritt in tieferen Temperaturbereichen auf, etwa bei 1500°C. Bei dieser Temperatur hat sich β-SiC gebildet und darauf ein feiner Nadelfilz von weiß-grünlich gefärbten kleinen Kristallen, die als Pseudowollastonit identifiziert wurden (Ca SiO_3) [102].

Die Entstehung von α- und β-Si_3N_4 und von Si_2ON_2 erklärt I. Patzak [102] wie folgt: In der CO-haltigen Stickstoffatmosphäre der äußeren Schichten liegt neben freiem Siliciumcarbid freies Silicium bzw. SiO (in Dampfform) vor, das mit Stickstoff bei rund 1500°C in sehr kurzen Zeiten zu α-Si_3N_4 reagiert. Dieses α-Si_3N_4 geht bei längerer Stickstoffeinwirkung schließlich in β-Si_3N_4 über und dieses wiederum wird von eventuell vorhandenem Sauerstoff oder der umgebenden Luft in Si_2ON_2 weiter aufoxidiert. Es liegt dann in einem weißen, watteartigen Kristallfilz auf den hexagonalen SiC-Kristallen. Diese Si_2ON_2-Watte enthält im allgemeinen noch ganz geringe Mengen Cristobalit ($< 1\%$).

Vier bis fünf Qualitätsgruppen werden großtechnisch, entsprechend den einzelnen Zonen vom Kern bis zum Siloxikon[1], getrennt und in den Handel gebracht. Die beiden innersten Schichten mit möglichst grobkristallinem Siliciumcarbid werden bevorzugt in der Feuerfest-Industrie verwendet.

[1] Siloxikon ist ein veralteter Ausdruck für Weißkruste und Schimmel.

Tabelle 12. *Zusammensetzung zweier Blöcke aus grünem Siliciumcarbid* [103] (in Gew.-%).

Zonen	Röntgenographisch SiC-Formen	Röntgenographisch Si	Röntgenographisch C	Röntgenographisch Cristobalit	Mikroskopisch Si	Mikroskopisch FeSi	Mikroskopisch C	Si	Chemisch anhaftend C	aus der Oxidationskurve Si	aus der Oxidationskurve C
1 (heiß)	II, I	–	–	–	0,3	+	–	0,03	0,47	0,5	–
2	II, I	–	–	1–2	0,5	+	–	0,06	0,73	1,5	–
3 (kalt)	II, I	–	–	1–2	–	–	–	0,05	0,37	–	0,4
1 (heiß)	II	–	–	–	Spur	Spur	–	0,11	0,58	0,3	–
2	II, I	1,3	–	<1	0,9	+	–	1,05	0,59	1,0	–
3	II, I	1,3	–	<1	0,7	+	–	1,15	0,45	2,0	–
4 (kalt)	kubisch, sehr wenig II	–	–	–	–	–	–	0,13	0,82	–	1,5

Tabelle 13.1 *Zusammensetzung zweier Blöcke aus schwarzem Siliciumcarbid* [103] (in Gew.-%)

Zonen	Röntgenographisch SiC-Formen	Röntgenographisch Si	Röntgenographisch C	Röntgenographisch Cristobalit	Mikroskopisch Si	Mikroskopisch FeSi	Mikroskopisch C	Si	Chemisch anhaftend C	aus der Oxidationskurve Si	aus der Oxidationskurve C
heiß											
1 V (0–50 mm)	II	–	–	–	Spur	Spur	–	0,18	0,74	0,3	–
2 (50–150 mm)	II, I	–	–	–	2,0	+	–	0,96	0,35	0,6	–
3 (150–200 mm)	II, I	5,8	–	–	4,4	+	–	2,81	0,86	1,2	–
4 (200–300 mm)	II, I	3,9	–	–	3,2	+	–	0,72	0,54	0,9	–
5 (300–380 mm)	II, I	1,9	–	–	4,1	+	–	1,13	0,28	0,4	–
6 (380–420 mm)	II, I	–	–	vorh.	2,3	+	–	0,38	0,45	0,2	–
kalt											
7 (420–450 mm)	II (Spur) kubisch	–	–	vorh.	–	–	–	0,05	0,71	–	0,3

Tabelle 13.2. *Zusammensetzung eines Blockes aus schwarzem Siliciumcarbid* [103] (in Gew.-%)

Zonen	Röntgenographisch				Mikroskopisch					
	SiC-Formen	Si	C	Silikat-Mineral	SiC	Si	FeSi	Silikat-Mineral	C	Poren
1 (heiß)	II	0,7	–	–	98,78	1,04	0,18	Spur	Spur	1,09
2	II	3,2	–	–	98,43	1,47	0,07	0,03	Spur	1,08
3	II	1,3	–	–	97,22	2,74	0,02	0,02	Spur	1,20
4	II	1,9	–	–	96,91	3,02	Spur	0,07	Spur	0,81
5	I, II	2,6	–	–	98,37	1,58	Spur	0,05	Spur	1,12
6	I, II	1,3	–	–	98,37	1,56	Spur	0,07	Spur	1,58
7	I, II, III	3,2	–	–	97,39	2,40	Spur	0,21	Spur	1,59
8	I, II, III	1,3	–	–	98,08	1,80	0,08	0,10	Spur	1,69
9 (kalt)	I, II, III	2,6	–	Quarz	98,37	1,46	Spur	0,17	Spur	1,47

Tabelle 14. *Spektralanalytische Spurenanalysen (in Gew.-%) SiC-Block grün* [103]

Zonen	Fe Fe_2O_3	Al Al_2O_3	Ti TiO_2	Mg MgO	Ca CaO	V V_2O_5	Cu CuO	Mn MnO	Ni NiO	Cr Cr_2O_3	Zr ZrO_2	K_2O	Na_2O
1	0,013	< 0,001	0,009	0,001	0,001	0,005	0,043	< 0,001	0,005	0,001	0,004	0,02	0,09
(heiß)	0,018	< 0,001	0,019	0,002	0,002	0,005	0,054	< 0,001	0,006	0,002	0,006		
2	0,084	0,001	0,018	0,003	< 0,001	0,011	0,006	< 0,001	0,003	–	0,004	0,02	0,09
	0,120	0,001	0,030	0,006	< 0,001	0,020	0,007	< 0,001	0,004	–	0,005		
3	0,035	0,020	0,020	0,001	< 0,001	0,012	0,010	< 0,001	0,005	< 0,001	0,007	0,02	0,08
(kalt)	0,050	0,042	0,034	0,002	< 0,001	0,021	0,013	< 0,001	0,007	< 0,001	0,009		
1	0,069	~0,001	0,034	0,002	< 0,001	0,038	0,016	~0,001	0,004	0,003	0,007	0,02	0,08
(heiß	0,098	~0,001	0,056	0,003	< 0,001	0,072	0,020	~0,001	0,005	0,004	0,010		
2	0,038	0,001	0,017	0,002	0,001	0,008	0,026	< 0,001	0,005	0,001	0,002	0,03	0,10
	0,054	0,003	0,028	0,003	0,002	0,014	0,032	< 0,001	0,007	0,001	0,003		
3	0,120	0,001	0,016	0,001	0,001	0,009	0,011	0,001	0,004	0,001	0,003	0,02	0,09
	0,170	0,002	0,027	0,002	0,001	0,016	0,014	0,001	0,005	0,001	0,005		
4	0,396	1,043	0,013	0,766	2,609	0,013	0,017	0,012	0,004	0,003	0,004	0,07	0,94
(kalt)	0,510	1,970	0,021	1,270	3,650	0,025	0,021	0,016	0,005	0,004	0,006		

Tabelle 15. *Spektralanalytische Spurenanalysen (in Gew.-%) SiC-Block schwarz* [103]

Zonen	Fe Fe_2O_3	Al Al_2O_3	Ti TiO_2	Mg MgO	Ca CaO	V V_2O_5	Cu CuO	Mn MnO	Ni NiO	Cr Cr_2O_3	Zr ZrO_2	K_2O	Na_2O
1	0,091	0,074	0,016	0,002	<0,001	0,011	0,003	~0,001	0,002	~0,001	0,003	0,01	0,03
(heiß)	0,130	0,140	0,026	0,003	<0,001	0,021	0,004	~0,001	0,004	~0,001	0,004		
2	0,371	0,079	0,023	0,002	<0,001	0,012	0,001	~0,001	0,014	~0,001	0,004	0,01	0,03
	0,530	0,150	0,039	0,003	<0,001	0,022	0,001	~0,001	0,016	~0,002	0,005		
3	0,210	0,111	0,011	0,001	<0,001	0,008	0,025	~0,001	0,009	<0,001	0,003	0,01	0,05
	0,300	0,210	0,018	0,002	<0,001	0,016	0,031	~0,001	0,010	<0,001	0,004		
4	0,203	0,298	0,034	0,003	0,020	0,012	0,017	0,012	0,013	0,002	0,005	0,01	0,06
	0,290	0,500	0,054	0,005	0,028	0,022	0,021	0,016	0,017	0,003	0,006		
5	0,152	0,292	0,016	0,003	0,014	0,007	0,009	0,019	0,011	0,002	0,001	0,01	0,06
	0,260	0,490	0,026	0,005	0,019	0,013	0,012	0,030	0,014	0,003	0,002		
6	0,874	0,360	0,270	0,030	0,179	0,080	0,040	0,017	0,064	0,005	0,018	0,02	0,19
	1,250	0,680	0,450	0,044	0,250	0,140	0,050	0,020	0,082	0,007	0,024		
7	0,378	0,905	0,095	0,766	1,387	0,015	0,043	0,016	0,011	0,003	0,004	0,03	0,50
(kalt)	0,540	1,710	0,158	1,270	1,940	0,026	0,054	0,020	0,014	0,005	0,004		

Tabelle 16. *Flußmittelgehalte von der heißen zur kalten Seite eines Blockes aus schwarzem Siliciumcarbid (in Gew.-%)* [103]

Proben	Na_2O	K_2O	Al_2O_3	Fe_2O_3	CaO
Zone 1	0,03	0,01	0,14	<0,001	0,13
Zone 2	0,03	0,01	0,15	<0,001	0,53
Zone 3	0,05	0,01	0,21	<0,001	0,30
Zone 4	0,06	0,01	0,50	0,028	0,29
Zone 5	0,06	0,01	0,49	0,019	0,26
Zone 6	0,19	0,015	0,68	0,25	1,25
Zone 7	0,50	0,03	1,71	1,94	0,54

3.6 Neue Entwicklungen in der Technologie der SiC-Erzeugung

Alle bisher angewandten Technologien zur großtechnischen Herstellung von Siliciumcarbid basieren im Prinzip auf geringfügig modifizierten Acheson-Öfen. Naturgemäß ist bei diesem Prozeß der SiC-Bildung durch die Umsetzung von Quarzsand mit Petrolkoks nach $SiO_2 + 3\,C \rightarrow SiC + 2\,CO$ mit einer hohen Umweltbelastung zu rechnen, denn die Erzeugung von 1 t Siliciumcarbid führt zu einem Anfall von 1,4 t $\hat{=}$ 1,120 Nm^3 Kohlenmonoxyd; daneben sind insbesondere bei Verwendung von grünem Petrolkoks und Sägemehl erhebliche Mengen an flüchtigen Bestandteilen des Kokses sowie Schwefel-Wasserstoff, Kohlenoxysulfid und Mercaptane in den Ofengasen enthalten.

Der Abbrand der Reaktionsgase auf der Ofenoberfläche und an den Seitenwänden der üblichen Acheson-Öfen ist erwiesenermaßen sehr unvollständig, so daß Ofenhallen-Atmosphäre und Umwelt in erheblichem Maße belastet werden. Desweiteren führen der in Ofenhallen beschränkt zur Verfügung stehende Raum und das Bestreben, diesen bis zur Grenze auszunutzen, zu kurzen Abkühl- und Abräumzeiten der Öfen, was neben der hohen thermischen Belastung der Arbeitsplätze in der Regel auch zu erheblichen Staubemissionen führt.

Im Laufe der zwangsläufig auftretenden Entwicklung zu größeren Ofeneinheiten und damit auch der Ofenbelastung sind zwischenzeitlich die mechanischen und thermischen Belastungsgrenzen für Ofenkopf-, Elektroden- und Wandmaterialien erreicht, so daß von dieser Seite her einer weiteren Entwicklung auf Basis der bestehenden Technologien Grenzen gesetzt sind.

Die eben aufgeführten nachteiligen Erscheinungen der SiC-Produktion nach der ursprünglichen Acheson-Technologie werden durch eine von der Elektroschmelzwerk Kempten GmbH [31] entwickelte neuartige Technologie weitgehendst vermieden. Die wesentlichen Merkmale sind wie folgt zu charakterisieren:

Transformatoren und Öfen befinden sich unter freiem Himmel und nicht mehr in geschlossenen Hallen (Abb. 12, 13). ESK-Öfen haben keine Stirn- und Seitenwände mehr, der Ofenmöller wird nur noch seinem natürlichen Schüttkegel folgend aufgefüllt. Die Stromzufuhr zum Widerstandskern des Ofens erfolgt durch Bodenelektroden, die erheblich höheren Belastungen als bisher ausgesetzt werden können.

Unterhalb des Ofenbodens ist ein mit porösem Material gefülltes Bett installiert, die Abdeckung des Ofens wird mit einer flexiblen, gasundurchlässigen Plastikfolie vorgenommen. Diese Anordnung ermöglicht es, mit Hilfe von Ventilatoren aus der porösen Unterschicht und unterhalb der den gesamten Ofenmöller bedeckenden Folie das entstehende Ofengas abzuziehen. Eine Regelautomatik hält einen Druck von einigen mm WS unter der Folie aufrecht. Dieser Überdruck reicht aus, um die Folie nach dem Prinzip einer Traglufthalle aufzublähen und damit stärksten Windbeanspruchungen standzuhalten. Bei der Anwendung dieses Verfahrens ist ein praktisch 100%iges Auffangen der Reaktionsgase möglich.

Parallel zu diesen Entwicklungen hat eine erhebliche Vergrößerung der Ofeneinheit sowie eine Verlängerung des Ofenzyklus stattgefunden; damit stehen Abkühl- und Abräumzeiten zur Verfügung, durch die die vorstehend geschilderten Nachteile weitgehendst eliminiert werden.

Mit diesem von der Elektroschmelzwerk Kempten GmbH entwickelten Ofentyp sind neue Dimensionen in der SiC-Ofentechnologie geschaffen und Möglichkeiten aufgezeigt worden, den Ansprüchen des Umweltschutzes gerecht zu werden.

3.7 Pyrolytisches Siliciumcarbid

Es sind im wesentlichen zwei Möglichkeiten bekannt geworden, Siliciumcarbid pyrolytisch abzuscheiden (s. Kapitel 9.1.4 und 10.5),

1. mittels siliciumorganischen Verbindungen,
2. mittels Mischung aus SiX_4 (X=H, Cl, Br), Wasserstoff und Kohlenwasserstoffen.

Verfahren:

a) Kaltwandanordnung mit induktiv beheizten Graphitsubstraten
b) Heißwandanordnung mit Fluidkokspartikeln in einer Wirbelschicht.

Bei der Pyrolyse der verschiedenen Methylchlorsilane erhält man SiC-Abscheidung mit freiem Kohlenstoff zwischen 0 und 65%.

Die direkte Reaktion zwischen Kohlenstoff und Silicium erlaubt die Herstellung von besonders reinem Siliciumcarbid, wie es in der Elektrotechnik verwendet wird. Für die Feuerfest-Industrie hat es – schon wegen des Preises – keine praktische Bedeutung. Die Abscheidung von Siliciumcarbid aus der Dampfphase, an z. B. heißen Graphitoberflächen, kann für Raketensysteme, Turbinenschaufeln u.a.m. verwendet werden, also auch an Stellen, an denen hohe Zersetzungsresistenz vorliegen muß.

Bei der pyrolytischen Bildung von Siliciumcarbid liegt in der Gasphase SiO_2–SiO vor oder es wird eine Si-Verbindung, wie z. B. $SiCl_4$, mit niedrigem Siedepunkt eingesetzt. Laufen diese Reaktionen unter 1800°C ab, so erhält man mehr oder weniger reines β-SiC, bei Temperaturen über 1800°C entsteht fast ausschließlich α-SiC.

Diese Verfahren, z. B. Siliciumcarbid als Schutzschicht auf Graphit entstehen zu lassen, oder für die Elektronik extrem reine SiC-Kristalle herzustellen, werden wirtschaftlich kaum angewendet (s. Kapitel 3.8) [48, 71, 84].

3.8 Siliciumcarbid aus Reisschalen

Die Reisschalen enthalten Cellulose, die für die SiC-Herstellung als Kohlenstofflieferant dient, und zudem 15 bis 20 Gew.-% SiO_2. Es liegt eine extrem innige Verbindung der SiC-bildenden Komponenten vor bei gleichzeitig extrem großen Oberflächen. Bei einer thermischen Behandlung der Reisschalen zwischen 1290°C und 1600°C kann Siliciumcarbid entstehen, als Katalysator wird Fe verwendet. Das entstehende Siliciumcarbid ist entsprechend der Herstellungstemperatur kubisch und liegt in sehr feinen Partikeln, im allgemeinen um 0,1 μm, vor. Etwa 10% dieses so hergestellten Siliciumcarbids sind Whisker. Es soll sich hierbei um eine wirtschaftlich tragbare SiC-Herstellung handeln [83].

Die Zusammensetzung so hergestellten technischen Siliciumcarbids [148] kann in etwa angegeben werden mit

75% α-SiC,
25% β-SiC,
Spuren Siliciumnitrid.

3.9 Zufällige Bildung von Siliciumcarbid

3.9.1 SiC-Bildung bei der Herstellung von „FeSi“

Bei der Herstellung von FeSi in Niederschachtöfen tritt in der Schlacke unter Umständen auch SiC auf. Es sind zwar keine wesentlichen Mengen, aber in sehr vielen Schlackenstücken ist es mikroskopisch oder röntgenographisch nachzuweisen. Diese Schlacke ist im allgemeinen recht heterogen aufgebaut. Unter dem Mikroskop sind häufig fünf oder mehr verschiedene Phasen erkennbar. Es wurde eine Untersuchung durchgeführt, bei der Feldspat in zwei verschiedenen Varietäten mengemäßig am häufigsten auftrat, daneben war Glasphase zu beobachten. Ferner waren α-SiC und β-SiC vorhanden. α-SiC skelettförmig und β-SiC in der oft zu beobachtenden koksähnlichen Form. Zwischen diesen genannten Phasen traten in Form von Entmischungstropfen metallisches Si und FeSi auf, daneben auch metallisches Fe sowie Graphit. Röntgenographisch sind bei dieser Untersuchung nachgewiesen worden: α-SiC, Graphit, Anorthit, Silicium und geringe Mengen von $FeSi_2$.

3.9.2 SiC-Bildung an Graphitheizstäben [10]

Bei der Herstellung von Kieselgur tritt an Graphitstäben stets SiC-Bildung und Korrosion auf. An den nicht korrodierten Stäben treten meist gelblich-grüne SiC-Kristalle mit kubischer Kristallform auf. In der Nähe von Korrosionsstellen bilden sich dendritische SiC-Kristalle mit hexagonalen Umrissen.

3.9.3 SiC-Bildung bei der Reduzierung von SiO_2 in Anwesenheit von Kohlenstoff

Durch H_2 wird über 1200°C leicht SiO_2 als Si oder SiO aus dem feuerfesten Auskleidungsmaterial herausreduziert, und zwar zuerst SiO_2 aus der Glasphase und nachfolgend auch aus z. B. Mullit. Meistens bleibt ein Gesteinskelett aus Korund übrig oder es tritt eine völlige Steinzerstörung ein. Befindet sich in einem solchen Ofen bei 1200°C oder darüber Kohlenstoff, z. B. Kohlenstoffschiffchen als Brennhilfsmittel, so kann auf diesen Kohlenstoffteilen Siliciumcarbid ausgeschieden werden. Die Kohlenstoffteile erhalten einen glänzenden Kristallrasen aus β-SiC. Es handelt sich hier also auch um eine Art pyrolytisches Siliciumcarbid.

3.10 Herstellung von Einkristallen

Einkristalle werden bei 2500°C durch Sublimation erzeugt. Meistens sind viele Stunden bei dieser Temperatur notwendig, um auch nur kleine Kristalle zu erzeugen. Die Reinheit kann über 99,5% gesteigert werden. Bei dieser Herstellungsart handelt es sich um Größenordnungen, die in einzelnen Gramm ausdrückbar sind, keineswegs in Kilogramm.

3.11 Herstellung von SiC-Fasern und Whiskern (s. Kapitel 9)

4. Technisches Siliciumcarbid als Rohstoff für die Feuerfest-Industrie

4.1 DIN-Normen des Deutschen Normenausschusses (DNA) [28] für Siliciumcarbid-Bestimmung

DIN 51075 Prüfung keramischer Roh- und Werkstoffe
Chemische Analyse von Siliciumcarbid

Blatt 1: Begriff, Zweck und Anwendungsbereich, Probennahme, Probenvorbereitung, Bestimmung des Gehaltes an Siliciumcarbid (SiC), Prüfbericht

Blatt 2: Bestimmung des Gehaltes an anhaftendem Kohlenstoff

Blatt 3: Bestimmung des Gehaltes an Gesamtkohlenstoff

Blatt 4: Bestimmung des Gehaltes an anhaftendem Silicium

DIN 51076 Prüfung keramischer Roh- und Werkstoffe
Chemische Analyse von Siliciumcarbid als Haupt- oder Nebenbestandteil von Werkstoffen

4.2 Prüfung der Verwendbarkeit von Siliciumcarbid für feuerfeste Erzeugnisse

4.2.1 Körnungen

Die SiC-Hersteller können je nach Wunsch des Erzeugers feuerfester Produkte stückiges Material und auch Körnungen liefern. Eine Vielzahl von eng begrenzten Körnungen sind im Handel, vor allem weil die Hersteller von Schleifscheiben solche vorschreiben. So liefert z. B. ein Werk unter anderem die in der Abb. 17 aufgeführte Körnung.

Als grobe Faustregel für die Kornzusammensetzung eines feuerfesten Steines kann folgendes angenommen werden:

50%	Körnung	1–3 mm
20%	Körnung	0–1 mm
30%	Körnung	0–0,5 mm.

Gelegentlich wird die Körnung 1 bis 3 mm aufgeteilt in 1 bis 2 und 2 bis 3 mm. Eine sehr weitgehende Fraktionierung des Feinanteils wird ab und zu durchgeführt.

Bei Anlieferung von stückigem Siliciumcarbid übernimmt der Feuerfest-Hersteller die Zerkleinerung und Fraktionierung, was bei der Härte des Materials keine leichte Aufgabe ist. Zwangsweise kommen bei jeder Zerkleinerung so harten Mate-

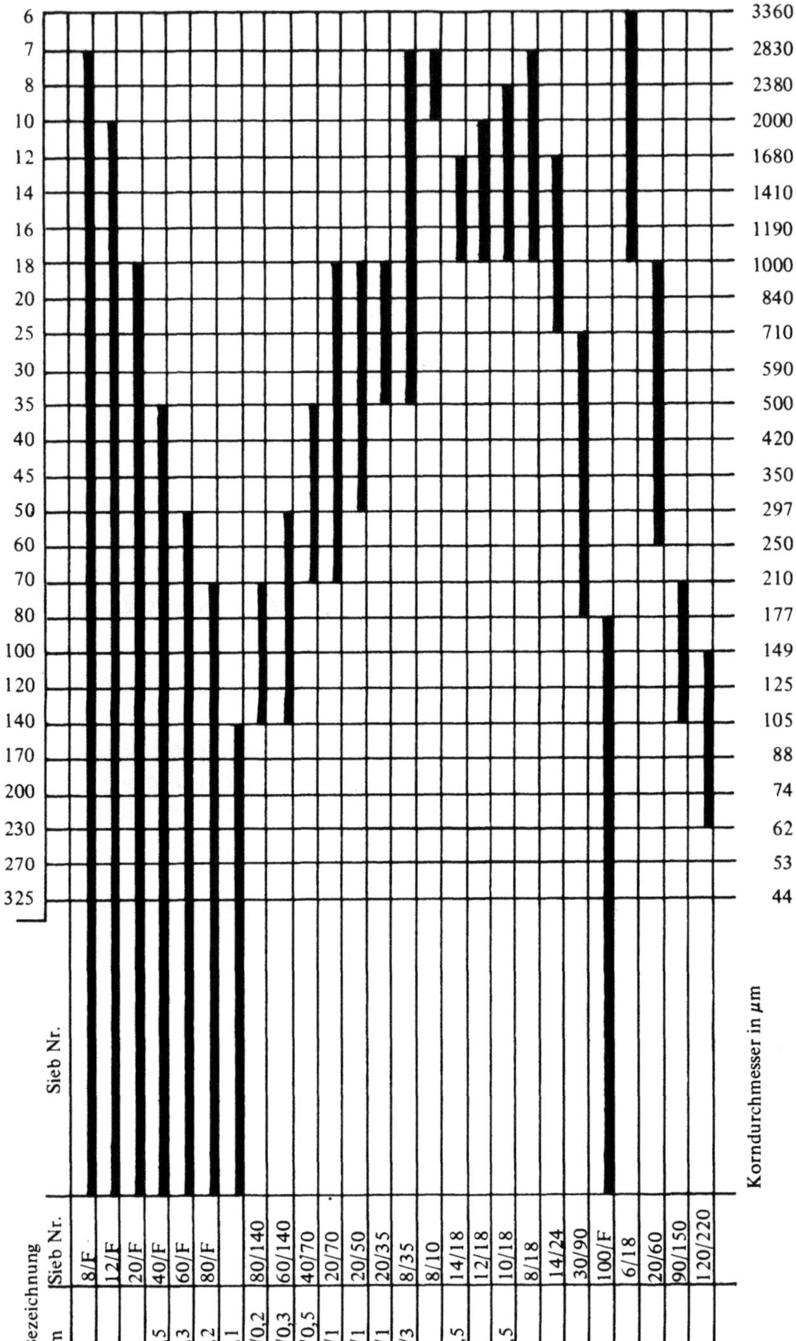

Abb. 17. Handelsübliche SiC-Korngemische. (Nach [87])

rials Verunreinigungen in die Körnungen. Extrem wichtig ist daher die anschließende Reinigung. Vor allem muß das Eisen, das bei der Zerkleinerung in die Körnungen gelangt, entfernt werden. Magnetscheider allein genügen nicht, weshalb eine Laugen- bzw. Säurewäsche nachgeschaltet werden muß.

4.2.2 Homogenität und Form der Körner, Kornrohdichte

Bei unterschiedlicher Vermahlung ist sehr auf die Kornform zu achten. Sie beeinflußt die Dichte der Erzeugnisse sowie die Festigkeit in kaltem und heißem Zustand u.a.m. Nicht zuletzt ist auch die Verarbeitbarkeit von der Kornform abhängig. Dies liegt daran, daß gerade Siliciumcarbid oft ganz unterschiedlich bricht. So findet man extrem stengelige neben rundlichen („kompakten") SiC-Körnern. Hinzu kommt, daß die Brechwerkzeuge, wie Brecher verschiedenster Art und Kollergänge, auch unterschiedliche Kornformen erzeugen.

Wesentlich für die Herstellung von feuerfesten Erzeugenissen ist, daß beim Brechen wenige SiC-Körner Risse bekommen, die die Oberfläche und damit natürlich auch die Angriffsfläche beim späteren Gebrauch vergrößern. Hier ist ein Kriterium für die Auswahl von Siliciumcarbid gegeben. SiC-Körner, die durch die Zerkleinerung viele Risse erhalten, sind nicht erwünscht.

Kriterien für die Beurteilung sind:

Homogenität des einzelnen SiC-Kornes

a) Risse im Korn, vor allem durch die Zerkleinerung entstanden,

b) Fremdeinschlüsse, z. B. Silicium,

c) Kornränder, je unrunder sie sind, desto größer ist die angreifbare Oberfläche.

Kornform

a) stengelige Körner, große Angriffsfläche (spezifische Oberfläche), geringe Festigkeit des einzelnen Kornes, richtungsabhängig, bessere Verfilzung im feuerfesten Erzeugnis,

b) rundliche kompakte Körner, geringere Angriffsfläche (spezifische Oberfläche), höhere Festigkeit des einzelnen Kornes, höhere Packungsdichte.

Erfahrungsgemäß haben rundliche Körner wegen ihrer geringeren spezifischen Oberfläche eine bessere Oxidationsbeständigkeit (Abb. 18). Ferner werden mit rundlicheren Körnern höhere Rohdichten und damit bessere Wärmeleitfähigkeiten erreicht, auch oft deutlich bessere Druckfeuerbeständigkeiten. Nach J. Lukacs [89] erzielen kompakte Körner in feuerfesten Erzeugnissen auch eine bessere Temperaturwechselbeständigkeit. Zweifelsohne soll hier nicht die Kornform als alleiniges Kriterium für eine mehr oder weniger bessere Temperaturwechselbeständigkeit herangezogen werden. Auch die Art der Bindung sowie die Dichte der Steine spielen eine mindestens ebenso bedeutsame Rolle. In der eben angeführten Arbeit [89] wird über „kompakte" SiC-Körner ausgesagt: Kompaktes, sogenanntes kubisches Siliciumcarbid (die Kornbegrenzung, nicht die Kristallographie ist gemeint), wird durch entsprechende mechanische Nachbehandlung hergestellt. Dabei werden außer den Spitzen und Kanten die offenen und geschlossenen Hohlstellen im Korn ab- bzw. aufgebrochen. Infolgedessen verringert sich die

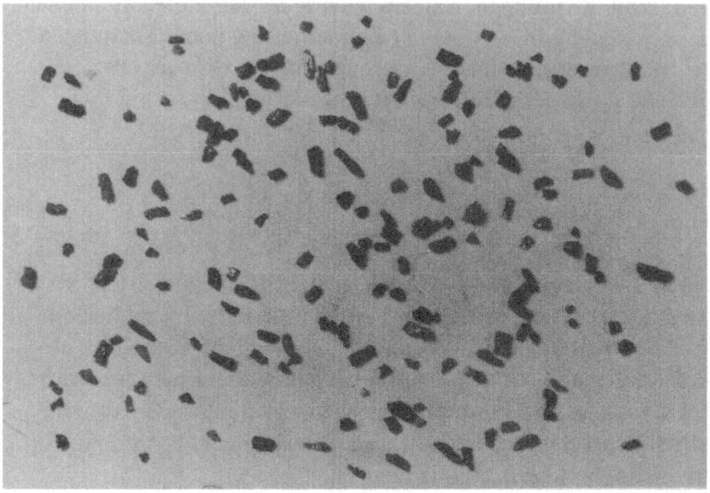

Abb. 18 a. Kompakte SiC-Körner, Körnung 1–3 mm

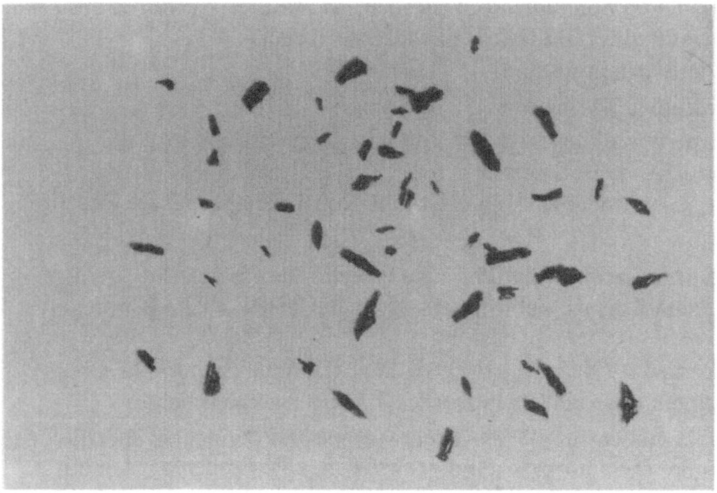

Abb. 18 b. Stengelige SiC-Körner, Körnung 1–3 mm

spezifische Oberfläche. Diese Nachbehandlung bringt zweifelsohne technische Vorteile. Folgende Argumente sprechen allerdings gegen sie:

a) man muß, um einen gleich großen Körper herstellen zu können, mehr Material einsetzen (Mahlverlust),

b) die mechanische Nachbehandlung zur Erzielung von kompakten Körnern verteuert das Siliciumcarbid.

Diese Beobachtungen der Kornform können leicht mit Lupe oder Binokular vorgenommen werden.

Die Kornrohdichte ist bei den verschiedenen im Handel befindlichen Qualitäten deutlich unterschiedlich. Stengelige Körner haben die niedrigeren Kornrohdichten, kompakte die höheren (s. Kapitel 11.2.2).
Einige Beispiele von Kornrohdichten:

		Kornrohdichte der Körnung 1–3 mm
Qualität I	kompaktes Korn	2,97 g/cm³
Qualität II	kompaktes Korn	2,94 g/cm³
Qualität III	stengeliges Korn	2,59 g/cm³

Diese Werte sind untereinander vergleichbar, sie wurden nach einer Methode ermittelt; nach anderen Methoden ermittelte Werte können in ihren absoluten Größen davon deutlich abweichen.

4. 2. 3 Korngrößenverteilung

Die Korngröße allein sagt wenig aus. Es kommt bei fast allen feuerfesten Erzeugnissen neben der Korngröße ganz entscheidend auf die Korngrößenverteilung – den Kornaufbau – an. Über diesen gibt es die unterschiedlichsten Auffassungen. Der eine Hersteller will diesen, der andere jenen haben. Der Kornaufbau wird in Form einer Siebanalyse dargestellt.

Erfahrungsgemäß bieten Siebanalysen oft Anlaß zu Mißverständnissen. Selbst bei Verwendung gleicher Siebdrahtweiten fällt die Siebanalyse je nach angewandter Siebtechnik unterschiedlich aus. Eine eingehendere Diskussion hierüber erscheint sinnlos, da jeder Feuerfest-Hersteller selbst die für seine Verarbeitung und für die spätere Verwendung günstigste Siebanalyse mit seiner Methode ausarbeiten muß.

Trotzdem sollen – aber nur als Richtlinien – nachstehend einige typische Siebanalysen aufgeführt werden. Es handelt sich um Beispiele von Körnungen, wie sie von SiC-Herstellern an die Feuerfest-Industrie geliefert werden. Die nachstehenden Werte entstammen einer statistischen Erfassung von Siebanalysen bei der Eingangskontrolle von SiC-Rohstoffen. Es handelt sich um Lieferungen von zwei Herstellern über einen Zeitraum von mehreren Monaten (Sackmaterial).

Die Höhe der s-Werte zeigt an, daß solche Körnungen zwangsweise beträchtliche Schwankungen in den Körnungsaufbau eines Steines bringen.

Zum Teil sind die hohen s-Werte das Ergebnis der problematischen Probennahme, wenn Lieferungen in 50 kg-Säcken erfolgen. Entmischungen beim Absacken, beim Transport und nicht zuletzt die Probennahme aus Säcken – alles das zusammen ergibt größere Schwankungen als die Körnungen nach Angaben der Hersteller beinhalten. Der Hersteller feuerfester Steine ist häufig gezwungen – stets z. B. bei der Herstellung besonders hochwertiger Steine – das Sackmaterial in großen Partien vorzumischen. Das trifft nicht nur für die SiC-Körnung zu, sondern für alle als Sackmaterial dem Feuerfest-Hersteller angelieferten Körnungen – hochwertige Schamotte, synthetische Mullite, synthetische Korunde usw., hohe s-Werte sind für eine gleichmäßige Produktion untragbar. Durch das Vormischen sind s-Werte reduzierbar.

Tabelle 17. *Siebanalysen von handelsüblichen SiC-Körnungen (n = 10)*

		5	4	3	2	1	0,5	0,2	0,09	0,06	<0,06 mm
SiC I	$\bar{X}$[1]				15	76	8	1			
1–2,5	s[2]				7	5	3	3			
0,5–1	$\bar{X}$					2	94	4			
	s					1	3	3			
0–0,5	$\bar{X}$						3	60	26	6	5
	s						2	9	5	2	2
0–0,2	$\bar{X}$							2	31	11	56
	s							1	2	1	1
SiC II	$\bar{X}$				15	79	6				
1–3	s				1	2	1				
1–2,5	$\bar{X}$				7	84	9				
	s				5	4	4				
0,5–1	$\bar{X}$					2	87	8			
	s					1	2	4			
0–0,5	$\bar{X}$						1	59	22	9	9
	s						1	6	3	4	2

[1] $\bar{X}$ Mittelwert oder Durchschnitt, beschreibt die mittlere Lage der Einzelwerte
[2] s Standardabweichung, gibt ein Maß für die Schwankung der Einzelwerte an

4. 2. 4 Packungsdichte

Es bedarf keiner näheren Erläuterung, daß die Packungsdichte mit der Kornform stark variiert. Stengeliges Korn packt sich ganz anders als rundliches, gleiches spezifisches Gewicht der Körner, vorausgesetzt. Die Verdichtungsfähigkeit des Materials – das Packungsvermögen – kann in erster Annäherung durch das Schüttgewicht der einzelnen Fraktionen bzw. von Fraktionsgemischen bestimmt werden. Das Schüttgewicht wird am einfachsten mit dem Oestrich-Trichter ermittelt. Dieses Gerät besteht aus einem Trichter und einem darunter befindlichen Meßgerät. Die Körnungen werden in den unten verschlossenen Trichter bis zu einer Marke eingefüllt. Danach wird der Verschluß geöffnet und das Material läuft in das Meßgerät. Es wird glattgestrichen und gewogen. Das Schüttgewicht wird dann aus dem Gesamtgewicht bzw. dem Gewicht des leeren Meßgefäßes und dessen Volumen berechnet.

$$\text{Schüttgewicht} = \frac{G_1 - G_2}{V} = \text{g/cm}^3$$

G_1 = Gewicht von Meßgefäß und Korn, G_2 = Gewicht des Meßgefäßes, V = Volumen des Meßgefäßes (innen). Die Schüttgewichtswerte der Fraktion 1–3 (1–2,5) mm von Siliciumcarbid schwanken nach Siebanalyse, Kornform usw. zwischen 1,25 und

1,80 g/cm³. Für die Feuerfest-Industrie wird im allgemeinen nur Siliciumcarbid mit Schüttgewicht über 1,4 g/cm³ verwendet.

Die Packungsdichte von Kornfraktionen kann mittels eines Rütteltisches festgestellt werden. Das ist ein Tisch, auf dem ein Meßzylinder steht, der durch einen Exzenter langsam gehoben und plötzlich gesenkt werden kann. Der Meßzylinder wird gefüllt und der Füllstand abgelesen. Der Tisch wird mehrfach gehoben und plötzlich gesenkt. Durch die schlagartige Absenkung wird das Korngemisch zusammengestaucht. Es erfolgt eine zweite Ablesung. Die Differenz ergibt ein Maß für die Verdichtung. So läßt sich sehr einfach das Korngemisch mit dem günstigsten Verdichtungswert ermitteln. Diese Methode ist einfach und schnell und wird deshalb sehr oft angewendet. Sie darf natürlich nicht dann herangezogen werden, wenn sichtbare Entmischungen beim Rütteln auftreten.

Das Arbeiten mit Oestrich-Trichter und nach dieser Rüttelmethode kann nur eine relative Auslese verschiedener Korngemische geben. Was das Schüttgewicht und Verdichtungsverhalten angeht, bleibt letzten Endes nur der endgültige Preß- oder Stampfversuch mit verschiedenen Korngemischen und Tonzugaben sowie Zugabe verschiedener Gleit-, Klebe- und Preßhilfsmittel.

Bei der Feststellung der Packungsdichte ist man auf solche und ähnliche recht primitive Versuche angewiesen. Eine mathematische Ermittlung wird immer noch zweifelhaftere Werte ergeben. Die geometrische Gestalt der Körner bei handelsüblichen SiC-Sorten ist zu unterschiedlich, um sie irgendwie in ein mathematisches Schema einzupassen. Mit feuerfesten Körnungen ist eine Raumerfüllung bei normaler Kornform ohne zusätzliche Verdichtung der Körnungen von maximal 55% zu erreichen [89]. Bei abgerundeter Kornform ist eine Raumerfüllung von 57% erzielbar.

Die sehr unterschiedliche geometrische Gestalt ist auch – wie schon erwähnt – ein Grund, weshalb Siebanalysen bei SiC-Körnungen mit größter Vorsicht zu beurteilen sind. Dies ist nicht der Fall bei den meisten anderen feuerfesten Erzeugnissen, z. B. bei Schmelzkorund oder natürlichen sowie synthetischen Magnesiten. Ähnlich schlecht bzw. noch schlechter ist die Auslegung der Siebanalysen bei plättchenförmigen Rohstoffen, wie z. B. Vermiculit.

Das Schüttgewicht, ermittelt mit dem Oestrich-Trichter, beträgt bei kompakten Körnern 1,55 bis 1,80 g/cm³. Stengelige Körner erzielen geringere Werte, nämlich 1,25 bis 1,45 g/cm³. Die Schwankungsbreite innerhalb einer Qualität sollte nicht größer sein als ± 0,05 g/cm³.

4.2.5 Chemische Analyse

Die chemische Analyse von technischem Siliciumcarbid erfolgt nach DIN 51075 „Prüfung keramischer Roh- und Werkstoffe, Chemische Analyse von Siliciumcarbid".
Blatt 1: Begriff, Zweck und Anwendungsbereich, Probennahme, Probenvorbereitung, Bestimmung des Gehalts an Siliciumcarbid (SiC), Prüfbericht.
Blatt 2: Bestimmung des Gehaltes an anhaftendem Kohlenstoff
Blatt 3: Bestimmung des Gehaltes an Gesamtkohlenstoff
Blatt 4: Bestimmung des Gehaltes an anhaftendem Silicium
DIN 51076 ist die Norm für „Prüfung keramischer Roh- und Werkstoffe Chemische Analyse von Siliciumcarbid als Haupt- oder Nebenbestandteil von Werkstoffen".

Einige Werke, besonders SiC-Hersteller, praktizieren auch andere Verfahren für schnell durchzuführende Serienanalysen.

4.2.5.1 Chemische Charakterisierung des technischen Siliciumcarbids

Das Hauptkriterium bei der Beurteilung von Rohstoffen ist der SiC-Gehalt. Bei guten Qualitäten liegt er bei 98%, Qualitäten mit 90 bis 95% sind im allgemeinen von nur untergeordneter Bedeutung für die Feuerfest-Industrie.

Der Kohlenstoffgehalt – gemeint ist der anhaftende – ist unvermeidbar. Es ist aber wichtig zu wissen, ob er lokal angereichert oder mehr oder weniger fein und gleichmäßig verteilt ist. Meist ist letzteres der Fall; denn der extrem weiche Kohlenstoff wird beim Transport von den scharfkantigen, extrem harten SiC-Körnern feingerieben. Die anderen Bestandteile werden nur ab und zu bei Anlieferung bestimmt, da sie bei den einzelnen Herstellern erfahrungsgemäß – mit gewissen Schwankungsbreiten – immer gleich sind.

Analysenwerte von Siliciumcarbid sind in den Tab. 18, 19, 20 wiedergegeben. Die unter „grob" aufgeführten Analysenwerte gelten für alle Gemische, welche über 0,2 mm Korngröße hinausgehen, z. B. 0–1, 0–2, 0–3, 0,2–1, 0,2–0,5 usw., während die unter „fein" genannten Werte für die ausgesprochenen Feinkorngemische bis 0,2 mm in Frage kommen.

Tabelle 18 a. *Gebräuchliche Qualitätsgruppen* [87]

Qualitäten		SiC %	fr.C %	SiO_2 %	$Al_2O_3 + Fe_2O_3$ %
I	grob	min. 98,0	0,1–0,3	0,5–1,0	max. 0,6
I	fein	min. 97,5	0,1–0,5	1,0–1,5	max. 1,0
II	grob	min. 98,0	0,1–0,3	ca. 0,1	max. 1,0
II	fein	min. 97,5	0,2–0,5	ca. 1	max. 1,0
III	grob	min. 95,0	max. 2,5	max. 1,5	max. 1,5
III	fein	min. 94,5	max. 3,0	max. 2,0	max. 1,5
IV	grob	min. 93,5	2–3	2–2,5	max. 1,5
IV	fein	min. 93,0	2–4	2–3,0	max. 2,0

Tabelle 18 b. *Handelsübliches, hochwertiges Siliciumcarbid mit einem SiC-Gehalt über 96% gibt es in farblich unterschiedlichen Qualitäten, dunkelgrau bis schwarz und grün, wobei die dunkle Färbung auf erhöhten Al_2O_3-Gehalt zurückzuführen ist* [44]

Typische Zusammensetzungen	SiC %	fr.C %	SiO_2 %	Al_2O_3 %	Fe_2O_3 %
SiC dunkel	98,75–99,2	0,10–0,15	0,50–0,70	0,25–0,35	0,10–0,20
SiC grün	99,00–99,4	0,05–0,10	0,40–0,60	0,05–0,10	0,10–0,15

Tabelle 19. *Außer den farblichen Unterschieden gibt es noch andere prozeßbedingte Qualitätsunterschiede* [44]

Prozeßbedingte Unterschiede	SiC %	fr.C %	SiO_2 %
I	98,5–99,5	0,1–0,3	0,5–1,0
II	97,0–98,5	0,2–0,5	0,7–1,5
III	95,0–97,0	1 –2,5	1,5–2,5
IV	90,0–95,0	2,0–4,0	2,0–4,0

Spektralanalytische Untersuchungen führten A. Dietzel, H. Jagodzinski und H. Scholze [26] und K. Konopicky, K. Wohlleben und I. Patzak [73] durch.

Tabelle 20. *Verunreinigungen im Siliciumcarbid (Spektralanalyse)*

	45 Proben [26] Gew.-%	Einzelprobe [73] Gew.-%
Fe	0,04 –0,60	0,29
Al	0,044–0,85	0,15
Ti	0,008–0,24	0,01
Zr	0,001–0,28	0,001
Ca	0,02 –0,18	0,001
Mg	0,008–0,45	0,003
Cu	0 –0,004	0,026
V	0 –0,003	0,004
Ni	0 –0,01	0,009
Cr	0 –0,03	0,002

4.2.5.2 Chemische Bestimmungsmethoden

Das Verfahren der chemischen Analyse ist genormt nach DIN 51075 und DIN 51076.

1. Siliciumcarbid als Hauptbestandteil von Werkstoffen (wenn die Probe außer anhaftendem Kohlenstoff keine sonstigen Stoffe enthält, die im Dreisäuregemisch unlöslich sind). Man geht nach DIN 51076, Abschnitt 1–6, unter Zuhilfenahme von DIN 51075, Blatt 2, vor.

$$\text{SiC-Gehalt} = A - C_{\text{anh}}, \quad C_{\text{anh}} = \frac{G \cdot 0{,}2729}{E} \cdot 100, \quad A = \text{Abrauchrückstand} = \frac{m_A}{m_E} \cdot 100,$$

m_E = Einwaage der vorgeglühten Probe in g

m_A = Auswaage des Abrauchrückstandes in g

G = Gewichtszunahme des Absorptions-U-Rohres

E = korrigierte Einwaage in g.

Im Fall oxidationsfördernder Stoffe (etwa Vanadin) nimmt man für Einwaage den Abrauchrückstand, trifft dies nicht zu, dann den Glührückstand.

2. In der betrieblichen Praxis wird die Abrauchmethode in einer vereinfachten

Form angewendet und der anhaftende Kohlenstoff nicht abgezogen, wodurch man etwas zu hohe Werte erhält. Das stückige Gut wird in Eisenmörsern grob vor- und anschließend in einer Achatmühle fertig zerkleinert, und zwar so weit, daß das ganze Material durch ein 0,16 mm Sieb fällt. Es wird mehrfach abgesiebt, um nicht zu feines Korn zu erhalten. Der Abrieb des Achatmörsers gleicht in etwa den unberücksichtigten anhaftenden Kohlenstoff aus. Diese Methode kann innerbetrieblich befriedigende Werte liefern, als Schiedsanalyse ist sie natürlich unbrauchbar.

10 g der bei 110°C getrockneten Probe werden in eine Platinschale eingewogen, mit 40 ml H_2F_2, 15 Tropfen H_2SO_4 und 15 Tropfen HNO_3 versetzt und auf dem Sandbad dreimal mit dem Säuregemisch abgeraucht. Es werden 15 ml konzentrierte HCl hinzugefügt und mit etwa 25 ml H_2O wird die Restprobe in ein Becherglas übergespült, 15 Minuten lang gekocht und über Blaubandfilter abfiltriert. Der Filterrückstand wird mit heißem Wasser abgewaschen, Filterpapier mit Rückstand in einem ausgewogenen Pt-Tiegel verascht und zurückgewogen.

$$\text{SiC} = \frac{A}{E} \cdot 100\%; \; A = \text{Auswaage}, E = \text{Einwaage}.$$

3. SiC-Bestimmung, wenn Siliciumcarbid Nebenbestandteil von Werkstoffen ist (d. h., die Probe außer Siliciumcarbid und C_{anh} noch andere Stoffe, die im Dreisäuregemisch nach Abschnitt 5 der DIN 51076-Vorschrift unlöslich sind, enthält). Während die Bestimmungsmethoden nach Punkt 1 bzw. 2 nur beim SiC-Rohstoff in Betracht kommen, müssen keramisch hergestellte, tongebundene SiC-Werkstoffe nach DIN 51076 und DIN 51075 auf SiC-Gehalt untersucht werden. Es müssen Glührückstand und Abrauchrückstand nach DIN 51076 und der anhaftende sowie der Gesamtkohlenstoff nach DIN 51075 bestimmt werden. Daher ist besonders auf die geforderte Korngröße zu achten (für Glüh- und Abrauchrückstand 0,5 mm Korn, falls oxidationsfördernde Stoffe vorliegen, sonst 0,16 mm Korn).

$$\text{SiC-Gehalt} = (C_{ges} - C_{anh}) \cdot 3{,}3386 \cdot \frac{A}{100} - G$$

3,3386 Umrechnungsfaktor von C auf SiC

A = Abrauchrückstand

G = Glührückstand = $\left(1 - \frac{m_A}{m_E}\right) \cdot 100$

m_A = Auswaage des Glührückstandes in g

m_E = Einwaage der bei 110°C getrockneten Probe

$$C_{ges} = \frac{0{,}2729 \cdot (G - b)}{E} \cdot 100;$$

C_{anh} = anhaftender Kohlenstoff, nach DIN 51075, Blatt 2 bestimmt

0,2729 = Umrechnungsfaktor von CO_2 auf C

G = Gewichtszunahme in g des Absorptions-U-Rohres

b = CO_2-Blindwert in g

E = Einwaage in g.

4. Die auf 0,16 mm zerkleinerte Probe wird in ein Schiffchen eingewogen und geglüht, für C_{anh} bei 750°C, für C_{ges} bei 1050°C. Man erhält empirische Werte, die bis zu 3% Abweichung gegenüber denen nach Methode Punkt 3 ermittelten vorweisen.

Bei Routineuntersuchungen wird meistens auf die Bestimmung des Glüh- und Abrauchrückstandes verzichtet.

5. Coulometrische Bestimmung des SiC-Gehaltes. Da die chemische Analyse nach DIN zeitraubend und dadurch auch kostspielig ist, suchte man für die Überwachung der großtechnischen SiC-Produktion nach neuen guten Schnell-Methoden. Es ist ein Gerät im Handel, das diesen Anforderungen entgegenkommt. Das Verfahren (Oelsen-Abzehl) beruht auf vollautomatischer coulometrischer Titration des im Verbrennungsofen freigesetzten Kohlenstoffs mit Bariumperchloratlösung [53]. Das Verfahren wird in der Stahl- und Eisenindustrie bereits als Schiedsanalyse akzeptiert.

Gesamtkohlenstoff: Die Probe wird auf unter 0,16 mm zerkleinert (möglichst unter Vermeidung des zu feinen Schluffanteils). Die Einwaage in ein unglasiertes Verbrennungsschiffchen beträgt 40 mg und wird mit 1 g Bleiborat überdeckt. Die Verbrennungstemperatur ist schon vorher auf 1050°C ± 40°C einzuregulieren. Die Sauerstoffzufuhr wird auf 50 l/h eingestellt. Es wird mit Gasteilung gearbeitet, indem man nur 1/10 des Analysengases zuführt. Eine Bestimmungsdauer beträgt nur 3 Minuten, die Meßwerte werden digital angezeigt. Bei dieser Einwaage und Gasteilung entspricht ein Impuls 0,065% Kohlenstoff. Zwischendurch muß der Blindwert ermittelt und vom Analysenwert abgezogen werden.

Anhaftender Kohlenstoff: Die vorher eingestellte Verbrennungstemperatur des Ofens beträgt 950°C ± 30°C, die Probeneinwaage 200 mg. Es wird ohne Gasteilung gearbeitet, wenn der freie Kohlenstoff nicht zu hoch ist. Die Gaszufuhr ist 50 l/h. Ein Impuls entspricht bei dieser Einwaage (ohne Gasteilung) 0,0001% C. Auch hier muß man den Blindwert bestimmen und in die Rechnung einbeziehen. Als Eichsubstanz wird Standard Nr. 112 des NBS [98] verwendet.

Die Bestimmung des SiC-Gehaltes bei einem 97%igen technischen Siliciumcarbid sollte auf eine Genauigkeit von ± 0,5% kommen. Bei Steinen – 90% Siliciumcarbid – wird eine Genauigkeit von ± 1% vorausgesetzt (s. 6.1.2.1).

4.2.6 Optische Charakterisierung des technischen Siliciumcarbids

Unter dem Binokular sind zu beobachten: Kornform, Oberfläche, Farbe – anhaftender Kohlenstoff – Verteilung des Kohlenstoffs – andere Verunreinigungen – Homogenität der Körner.

Unter dem Mikroskop sind zu beobachten: Kornform – Kornränder – Spalten und Risse in den Körnern (Homogenität der Körner) – Poren in den Körnern – Nebenbestandteile und ihre Verteilung in und am Siliciumcarbid.

4.2.6.1 Binokularuntersuchung

Diese Untersuchungsmethode hat den großen Vorteil, daß sie sehr schnell ist und keine oder nur ganz geringe Probevorbereitung erfordert. Im Binokular werden beim Siliciumcarbid Kornoberflächen, Kornformen und -farben beobachtet. Ferner ist das Auftreten von Kristall-Aggregaten deutlich erkennbar und auch die Art der Verwachsung, was für die technische Beurteilung, nämlich die Festigkeit der Körner und für die Kornbildung bei Weiterzerkleinerung von Wichtigkeit ist. An den erkennbaren Farben der einzelnen SiC-Kristalle kann in manchen Fällen schon auf die in der Probe auftretenden SiC-Typen geschlossen werden. So sind z. B. oft grüne Körner dem Typ II (6 H) zuzuordnen. Die verschlackt aussehenden grau-schwarzen sind kubisch. Letztgenannte Körner sind immer mit Cristobalit und Graphit vergesellschaftet. Der Graphit ist im Binokular deutlich erkennbar. Aber nicht nur an diesen Körnern kann er beobachtet werden, sondern er bildet auch selbständige Körner, mit Durchmessern – je nach Zerkleinerung des Siliciumcarbids – bis zu 3 mm und mehr. In Körnungen von technischem Siliciumcarbid tritt er auch als schlierig ausgebildete Kuppen auf stengeligen SiC-Aggregaten auf (4.2.6.2.3), Abb. 24, 25.

Als weitere im Binokular feststellbare Besonderheit am technischen Siliciumcarbid müssen weißlich-grünliche Körner erwähnt werden, die im wesentlichen aus Quarz, Cristobalit und Glas bestehen. Einzelne Körner davon wurden eingehender untersucht. Man fand bis zu 70% Quarz sowie Cristobalit und Glas. Ferner sind Körner zu beobachten, die nur aus schaumig-poriger Glasmasse bestehen [153]. Für die Beurteilung der Verwendbarkeit einer SiC-Qualität für feuerfeste Zwecke sind die im Binokular schnell erkennbaren porösen Körner, solche mit anhaftendem Graphit und solche aus fast reinem Graphit wichtig. Dasselbe gilt für Körner mit außerordentlich geringem SiC-Anteil bei hohem Quarz-, Cristobalit- und Glasgehalt. Alle diese genannten Kornarten sind für die Herstellung feuerfester SiC-Produkte natürlich schlecht geeignet.

4.2.6.2 Mikroskopische Untersuchung an technischem Siliciumcarbid

4.2.6.2.1 Keramikmikroskopie

In der Keramik hat man es über Jahrzehnte hin – mit wenigen Ausnahmen – versäumt, sich das Mikroskop so zunutze zu machen, wie es die Mineralogen schon seit langer Zeit für ihre allgemeinen Gesteinsuntersuchungen tun. Dies trifft in verstärktem Maße für die mikroskopische Untersuchung von SiC-Rohstoffen und SiC-Fertigprodukten zu. Eine der ersten heute noch brauchbaren zusammenfassenden mikroskopischen Darstellung keramischer Materialien, ohne Arbeiten von Trojer, Konopicky u. a., die mehr Einzelobjekte behandeln, zu vergessen, stammt aus dem Jahre 1955 [59]. Unter der Überschrift „Refractories" werden in einem Abschnitt SiC-Fertigerzeugnisse behandelt. Es wird hier auf die großen Schwierigkeiten, die bei der Herstellung der Präparate entstehen, hingewiesen. Wertvolle Hinweise auf eine gute Präparation von SiC-Schliffen gibt Trojer [143] ebenso wie H. Schneiderhöhn [127]. In beiden Büchern, ganz generell bei Schneiderhöhn, werden die für die Mikroskopie notwendigen Grundlagen aufgeführt: Apparaturen für die Auflichtmikroskopie, optische Untersuchungsmethoden, Gefügebeurteilung sowie qualitative und quantitative Bestimmungsmethoden. Trojer, wie auch der Verfasser vertreten die Ansicht, daß die Auflichtmikroskopie – Beobachtungen in reflektierendem Licht an Anschliffen, dem Vorläufer Erzmikroskopie folgend – nützlichere Anwendung in der Keramik haben als die Beobachtungen im Durchlichtmikroskop, d. h. die Untersuchungen in durchfallendem Licht an Dünnschliffen.

Bei der Präparation und der Untersuchung von Anschliffen kann immer auf die Erfahrung der Erzmikroskopie zurückgegriffen werden. Selbstverständlich beschäftigt sich die Erzmikroskopie meist mit ganz anderen Fragestellungen als die

Mikroskopie in der Keramik – die Keramikmikroskopie. Die Erzmikroskopie will als eine ihrer wesentlichen Aufgaben die Genese aufklären. Die Keramikmikroskopie will aber vielmehr die Verwendbarkeit eines bestimmten Produktes für einen bestimmten technischen Zweck feststellen. Es ist aber ebenso wichtig, nach dem Gebrauch des keramischen Materials in der Praxis, die Vorgänge während des Gebrauchs zu rekonstruieren.

Der zweite Teil von Schneiderhöhn „Erzmikroskopisches Praktikum" [127], u. a. nämlich die Anfertigung von Anschliffen, umfaßt leider nicht die Anfertigung von Anschliffen aus keramischen Materialien, dagegen gibt Trojer [143] sehr gute Hinweise.

Die Schleifmittel waren lange Zeit fast ausschließlich Korund bzw. Tonerde und eben Siliciumcarbid. Insley und Fréchette [59] erwähnen 1955 bereits die Herstellung von SiC-Anschliffen mit Diamant. Abgesehen von der Verwendung des Siliciumcarbids in der allgemeinen Schleifmittelindustrie ist die Verwendung des Siliciumcarbids als Schleifmittel zur Herstellung mikroskopischer Präparate natürlich nie groß ins Gewicht gefallen. Die Verwendungsart war von großer Bedeutung und sie ist es auch heute noch für Forschung in Wissenschaft und Industrie. Die Mehrzahl der hergestellten Dünn- oder Anschliffe wurde lange Zeit mit Hilfe von Siliciumcarbid angefertigt.

Die Hauptschwierigkeiten bei der Herstellung von mikroskopischen Präparaten aus Siliciumcarbid, im Gegensatz zu den üblichen mikroskopischen Präparaten, liegt in der großen Härte des Siliciumcarbids und in den großen Härteunterschieden der in und am SiC-Korn zu findenden Begleiter.

Im folgenden Abschnitt wird eine Möglichkeit der Präparation angeführt, die erfahrungsgemäß zu guten Anschliffen führt.

4.2.6.2.2 Herstellung von Anschliffen

Bei der Herstellung von Anschliffen von SiC-Körnungen bettet man diese in Kunststoff (Epoxyharz) unter Vakuum ein. Nach dem Aushärten des Kunststoffes wird das Präparat durchgesägt und in der Sägefläche weiter behandelt. Der Sägevorgang muß mit einer Diamantsäge erfolgen. Eine Schnittstufe oder ähnliches kann bei der Härte des Siliciumcarbids beim Schleifen nicht mehr ausgeglichen werden.

Bei der Herstellung von Anschliffen SiC-haltiger feuerfester Erzeugnisse ist das Einbetten eines geschnittenen SiC-Steinstückes ebenfalls notwendig. Bei diesem Vorgang muß Vakuum angewendet werden, denn jede Blase in dem Einbettmittel wirkt störend und eine vollständige Durchtränkung des anzuschleifenden Steines ist wünschenswert, denn je weniger Kunststoff sich im Steinstück befindet, desto eher kann beim nachfolgenden Schleifprozeß ein Körnchen Siliciumcarbid oder Begleitmineral herausbrechen, das seinerseits die Schlifffläche zerkratzt. Um auch die Randpartien des SiC-Steinstückes im Anschliff scharf und vor allen Dingen in eine Ebene zu bekommen, hat es sich als günstig erwiesen, den Kunststoff mit SiC-Körnungen, etwa in der Korngröße 0,5 bis 1 mm, zu versetzen. So kann der Härteunterschied Kunststoff zu Siliciumcarbid etwas ausgeglichen werden. Der Kunststoff wird dann nicht mehr so stark herausgeschliffen oder poliert wie ohne Zusatz von SiC-Körnung.

Die Probleme, die bei der Herstellung von polierten Anschliffen aus SiC-haltigem feuerfesten Material auftreten, sind wie schon erwähnt, begründet in a) der großen Härte des Siliciumcarbids, b) den großen Unterschieden der verschiedenen Minerale in bezug auf ihre Härte.

Die unterschiedliche Härte der in Frage kommenden Minerale umfaßt den größten Teil der Mohs'schen Härteskala:

Graphit Härte 1
SiC Härte > 9

Dazwischen liegen Mullit, Quarz und Cristobalit, mit allen Zwischenstufen des Übergangs Quarz zu Cristobalit und Korund, Graphit, Si sowie Glas.

Diese großen Härteunterschiede sind auch der Grund, weshalb solche Anschliffe nur mit Diamantschleifmitteln brauchbar hergestellt werden können. Es gibt verschiedene Ansichten darüber, mit welcher Korngröße und wie lange auf welcher Scheibe geschliffen und anschließend poliert werden und aus welchem Material die Scheibe bestehen sollte. Z. B. schlägt Trojer [143] das Arbeiten auf einer Lindenholzscheibe auch für Siliciumcarbid vor. Man kann diese Punkte ausarbeiten und vorgeben und trotzdem bei genauer Nachahmung keine guten Anschliffe bekommen. Es ist leider bei der Anschliffherstellung, ganz speziell bei der Herstellung von SiC-haltigen Anschliffen, immer noch so, daß man auf die sogenannte Erfahrung und das Fingerspitzengefühl des Präparators angewiesen ist.

Nachstehend sei eine der vielen Möglichkeiten, wie sie z. B. vom Verfasser praktiziert wird, angeführt, die im allgemeinen zu guten Anschliffen führt.

Das gewünschte Präparat sollte eine Größe von 2 × 1 cm haben. Die Dicke des Präparats soll so gering wie möglich gehalten werden, etwa 4 mm, um eine möglichst gute Durchdringung durch den Kunststoff zu erhalten. Es erfolgt die erste Einbettung im Kunststoff unter Vakuum. Sollte das Präparat noch zu dick sein, kann es dann mit dem Kunststoff zusammen nochmals abgeschliffen werden. Diese maximal 4 mm dicke Probe wird noch einmal mit Diamanttrennsäge (Sägeblatt 0,5 mm) durchgeschnitten. Es folgt die zweite Durchtränkung im Vakuum und anschließend die Einbettung, wobei die Schnittfläche nach unten zu liegen kommt. Nach Aushärtung sollen wenigstens 100 bis 200 μm der Probe grob weggeschliffen werden, denn erst dann gelangt man zu dem einigermaßen „wahren" Bild des Gefüges. Es ist immer zu berücksichtigen, daß die Trennsäge bis zu einer gewissen Tiefe Gefügestörungen hervorrufen kann.

Die Zugabe von arteigenem Material oder Fremdkörpern zu Epoxyharz hat folgende Gründe:

a) Epoxyharz ist teuer, man kann mit 10 ml Harz 10 Prüfkörper einbetten; man kann aber auch 20 einbetten, indem man Siliciumcarbid oder Sand zugibt.

b) In der Anschliffmikroskopie ist man bei der Beurteilung ganz allgemein und speziell bei der Diagnose auf geringe Unterschiede des Reflexionsvermögens und der Reflexionsfarben angewiesen. Versetzt man den zum Einbetten um den Schliff herum notwendigen Kunststoff mit Vergleichsmineralien, so wird, da ein direkter Vergleich möglich ist, die Diagnose wesentlich erleichtert.

c) Arteigenes Material in dem den Schliff umgebenden Kunststoff ermöglicht ein einwandfreies Schleifen ohne abgerundete Ränder des Schliffs; Schliff und umgebendes Einbettmittel bilden zwangsweise eine Ebene.

Grobschleifen

Das Grobschleifen erfolgt meistens mit Leitungswasser auf einer kunstharzgebundenen Schleifscheibe mit Diamantauflage. Die Umdrehungsgeschwindigkeit einer Scheibe von 25 cm ϕ liegt etwa bei 500 U/min. Diese Geschwindigkeit gilt nur für homogene Proben, bei weniger homogenen muß sie deutlich reduziert werden, etwa bis 100 U/min. „Weniger homogen" in diesem Zusammenhang heißt: Proben, die weniger dicht sind und viele Poren aufweisen, oder Proben, die stark unterschiedliche Korngrößen enthalten. Zu dieser Gruppe gehören auch die meisten feuerfesten Erzeugnisse mit geringen SiC-Gehalten, 90%ige SiC-Steine lassen sich in fast allen Fällen mit 500 U/min schleifen. Das Grobschleifen auf Diamantscheibe, 120 bis 200 μm, darf natürlich nur mit „leichter" Hand, also mit wenig Druck ausgeführt werden. Man beginnt das Schleifen mit einer Korngröße des Schleifmittels von 200, möglichst von 120 μm. Die Schleifdauer mit 120 μm beträgt etwa 5 Minuten, mit 60 μm etwa 150 Minuten. Auch hier darf nicht mit zu hohem Druck gearbeitet werden, damit das weiche Bindemittel erhalten bleibt. Das Grobschleifen sollte möglichst mit Schleifautomaten vorgenommen werden.

Vorschleifen

Der weitere Schleifvorgang erfolgt auf Nylontüchern mit Diamantpasten. Als Schleifflüssigkeit hat sich stark verdünnter Alkohol bewährt, wobei die Auswahl der Flüssigkeit selbstverständlich von der Art der verwendeten Schleifpaste abhängig ist. Die Korngröße der ersten Paste beträgt 40 μm und die Schleifdauer ca. 60 Minuten.

Feinschleifen

Die dabei verwendete Paste hat eine Korngröße von 20 μm. Bei dieser Paste hat es sich als vorteilhaft erwiesen, mit Hand zu schleifen und damit ist auch eine Angabe über die Zeit nicht möglich, denn das Schleifen von Hand ist von dem Präparator zu stark abhängig, ist er groß oder klein, kräftig oder weniger kräftig. Als Richtlinie kann gesagt werden: solange das Grobkorn 100 μm und größer in dem Präparat nicht glatt in der Schliffläche ist, muß weitergeschliffen werden. Das bedeutet, bis die Rauhigkeit der Oberfläche der großen Körner für das Auge oder für das mit der Lupe bewaffnete Auge verschwunden ist.

Vorpolieren

Ist durch das Feinschleifen eine gewisse Glätte erreicht, wird mit einer Paste von 7 μm, etwa 30 Minuten, möglichst auch automatisch, weitergeschliffen. Ebenso mit der nächsten Korngröße von 3 μm. Auch hier sollte die Vorpolierdauer von 30 Minuten nicht unterschritten werden. An diesem Punkt müssen sämtliche Kratzer und alle Ausbrechungen verschwunden sein. Das Einbettmittel darf nicht mehr als 2 bis 3 μm vom Kornrand liegen. Die Kornfraktion von 25 μm muß im Präparat zum Vorschein kommen. Wenn sich jetzt, unter dem Mikroskop betrachtet, herausstellt, daß die Bindung noch nicht richtig in der Schliffläche erscheint, oder, was relativ häufig bei SiC-Steinen der Fall ist, zwischen der Bindung und dem Korn immer noch eine Art Kanal vorhanden ist, muß der Schliff von Hand noch so lange bearbeitet werden, bis diese Fehler behoben sind. Dieses Nachschleifen kann 30 bis 60 Minuten in Anspruch nehmen. Der hierbei angewandte Anpreßdruck sollte erfahrungsgemäß zunächst noch normal bleiben, in den letzten 10 Minuten gering sein, wesentlich geringer als beim Schleifen mit der 20 µm-Paste. Bei schlecht präparierten Schliffen sieht man oft „Kanäle" wo eigentlich gar keine vorhanden sind.

Feinpolieren

Das Feinpolieren geschieht mit einer Paste mit Diamantkorngröße von 1 µm, möglichst von Hand. Die Polierdauer beträgt ca. 10 Minuten.

Aus dem Gesagten wird ersichtlich, wieviel Erfahrung und Fingerspitzengefühl für die Herstellung von SiC-Anschliffen erforderlich sind. Auch die verwendeten automatischen Schleifmaschinen unterscheiden sich stark, je nach Hersteller. Es geht nicht nur um die Umdrehungszahl oder den Scheibendurchmesser, auch die Belastung des Schliffes während des Schleifens ist von großer Bedeutung.

Damit ist nur eine Art des Anschleifens beschrieben, es gibt jedoch mit Sicherheit mehrere Wege, gute Anschliffe herzustellen.

Eine vieljährige Erfahrung in der Herstellung von Anschliffen von feuerfesten Erzeugnissen läßt den Schluß zu, daß angelernte Kräfte fast immer nur einen Typ keramischen Materials anschleifen können, aber selten alle.

E. H. Kraus und C. B. Slawson [78] haben festgestellt, daß sich beim Anschleifen von Diamant unterschiedliche kristallographische Flächen unterschiedlich polieren lassen. Ähnliches trifft auch auf Siliciumcarbid zu, ohne daß bisher die Flächen genauer definiert werden konnten (s. 2.2.3).

Zwei Grundsätze, die bei allen mikroskopischen Arbeiten immer berücksichtigt werden müssen, sollen hier noch angeführt werden:

1. Die Herstellung der Präparate ist von dem Mikroskopierenden streng zu überwachen ! In besonderen Fällen ist sie sogar von ihm selbst durchzuführen.

2. Ein gutes Präparat hilft Fehlschlüsse zu vermeiden und spart Zeit beim Mikroskopieren.

4.2.6.2.3 Charakterisierung der Bestandteile des technischen Siliciumcarbids unter dem Mikroskop

1. Siliciumcarbid. Nur bei sorgfältiger Präparation kratzerfrei und porenfrei zu polieren.

Schleifhärte	höher als bei allen anderen im technischen Siliciumcarbid auftretenden Phasen
Spaltbarkeit	unter dem Mikroskop keine beobachtbar
Reflexionsvermögen	hoch, unterscheidet sich deutlich von dem der Begleiter, z. B. Si reflektiert stärker, auch stärker als Fe, FeO, Fe_2O_3 und Fe_3O_4
Farbeindruck	grau-weiß, bei gekreuzten Nicols schwarz-blau, auch blau-grün und durchscheinend bis glasklar, Andeutungen zonarer Verfärbungen sind häufig
Verhalten in Öl	ganz ähnlich wie in Luft
Anisotropie-Effekte	unterschiedlich, von sehr stark bis nicht beobachtbar beim hexagonalen Siliciumcarbid, besonders stark in stengligen Aggregaten mit Graphitkuppen. Meistens handelt es sich um graue bis blaue Farbtöne
Wachstumsformen	wie makroskopisch auch mikroskopisch oft sichtbar [71]

Ätzverhalten	allen üblicherweise angewandten Ätzmitteln gegenüber negativ [34]
Gefüge der Kristallaggregate	ganz unregelmäßig, geradlinig aneinandergrenzend, oft aber auch lappig miteinander verwachsen
Form der Einkristalle	meistens xenomorph mit unregelmäßigen Rändern, in Einzelfällen idiomorphe Kristalle zu beobachten

Die Diagnose des Siliciumcarbids im Anschliff bedarf keiner weiteren Erläuterung. Reflexionsvermögen, Verhalten unter gekreuzten Nicols, Ätzverhalten und nicht zuletzt die Härte gestatten immer eine einwandfreie Diagnose (Abb. 19, 20).

Von sehr großer Wichtigkeit für den Einsatz in der Technik sind die Poren in den SiC-Kristallaggregaten und Einkristallen sowie die Korn- bzw. Kristallbegrenzungen. Die Poren treten in allen nur denkbaren Formen auf: rundlich, kugelig, schlauchförmig, haarfein und auch sehr grob, zum Teil orientiert. Es wurden schon SiC-Kristallaggregate beobachtet, die volumenmäßig aus mehr Porenraum als aus Siliciumcarbid bestanden, auch skelettähnliche Einzelkristalle sind relativ häufig. Diese Poren sind innen meistens mit einer dünnen aber doch feststellbaren Graphitschicht „tapeziert". Der Graphit ist zwar nicht ohne weiteres an diesen Stellen erkennbar, läßt sich aber unter dem Mikroskop mit einer Nadel von den Wandungen der Poren abkratzen und so sichtbar machen. In der eigentlichen polierten Schliffoberfläche ist er schwer zu sehen infolge der lockeren Bindung zum Siliciumcarbid

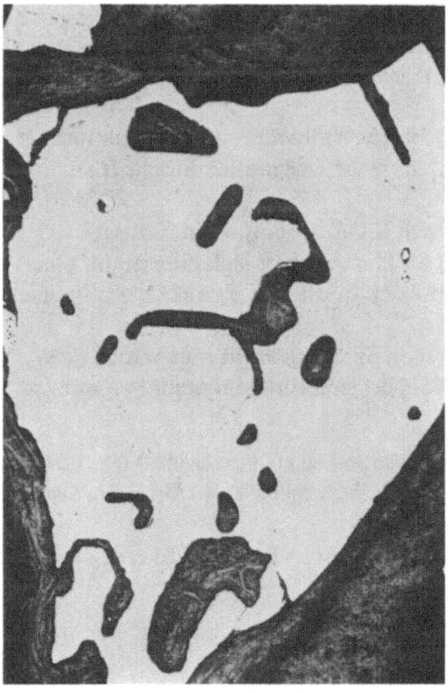

Abb. 19. Das Bild zeigt ein SiC-Korn, optisch einheitlich orientiert mit großen und kleinen Poren, die zum Teil eine Orientierung abbilden. Die Kornbegrenzung ist sehr unregelmäßig (Vergrößerung 45 mal). (Nach [155])

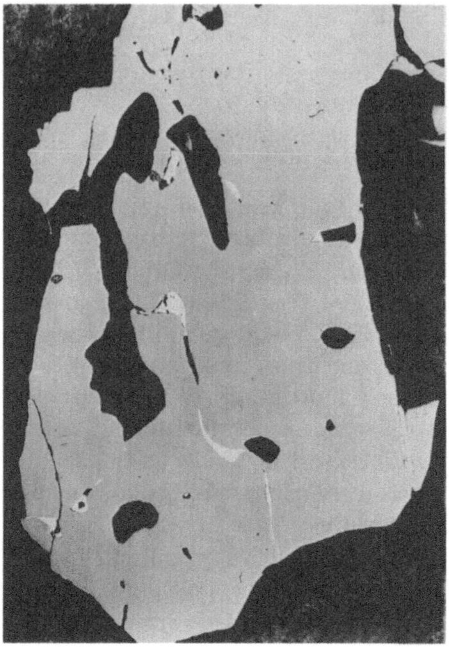

Abb. 20. Es handelt sich um ein optisch einheitlich orientiertes Korn, das völlig unregelmäßig begrenzt ist und sehr ungleich große Poren aufweist, ferner sind ebenfalls unregelmäßig begrenzt Einschlüsse von Silicium zu erkennen (Vergrößerung 45 mal). (Nach [155])

sowie wegen der zu extrem unterschiedlichen Härte. Wird während des Gebrauchs von SiC-Steinen sehr viel Kohlenstoff angeboten, so ist er dann im Anschliff auch deutlich sichtbar.

Im technischen Siliciumcarbid befinden sich SiC-Körner mit einer ausgesprochenen Koksstruktur. Es war bisher nicht zu klären, ob es sich hierbei um eine Reliktstruktur handelt. Röntgenographisch läßt sich in diesen „Kokskörnern" neben Graphit nur β-SiC nachweisen (Abb. 21).

2. Freies Silicium. Es ist mengenmäßig neben Siliciumcarbid immer am stärksten im technischen Siliciumcarbid vertreten (Si läßt sich röntgenographisch einwandfrei bestimmen).

Polierverhalten	neben Siliciumcarbid schwer zu polieren, Schleifkratzer treten häufig auf und eine relieffreie Politur an der Grenze zu Siliciumcarbid ist schwer möglich
Schleifhärte	wie auch die Härte nach Mohs ist sie bedeutend geringer als die von Siliciumcarbid
Spaltbarkeit	wurde nie beobachtet
Reflexionsvermögen	viel höher als bei Siliciumcarbid
Farbeindruck	weiß-gelblich gegen Siliciumcarbid, gelegentlich auch bläulich
Anisotropie-Effekte	keine
Verhalten in Öl	der Farbeindruck gleich wie in Luft, das Reflexionsvermögen etwas herabgesetzt

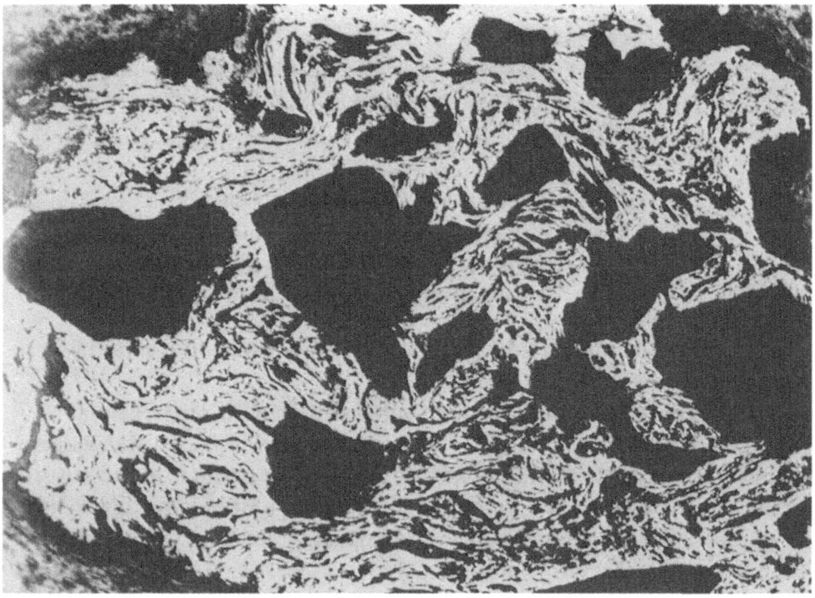

Abb. 21. Es handelt sich um SiC-Korn, das eine deutliche Koksstruktur aufweist. Es ist nach röntgenographischem Befund kubisches Siliciumcarbid (Vergrößerung 120 mal). (Nach [155])

Eine Verwechslung unter dem Mikroskop im Siliciumcarbid mit anderen Mineralien ist ausgeschlossen, so daß sich die Ausarbeitung eines Ätzmittels für diagnostische Zwecke erübrigt.

Das Si tritt hauptsächlich im Siliciumcarbid auf, in wenigen Fällen wurden auch SiC-Skelett-Kristalle und kleinere, normal auskristallisierte SiC-Kristalle im Si beobachtet.

Si tritt immer xenomorph auf. Es konnte beobachtet werden, daß Si, wenn es bis zur Kornoberfläche durchdringt (in der Schliffebene), randlich nach zweistündigem Erhitzen auf 1400°C im Luft- oder O_2-Strom zu Quarz oxidiert wird. Cristobalit wurde in solchen Fällen überraschenderweise nur in Spuren beobachtet bzw. erst nach längerem oder mehrfachem Glühen.

Die Diagnose des Si im Auflichtmikroskop ist in dieser Vergesellschaftung sehr einfach. Das Reflexionsvermögen, der Farbeindruck und das Fehlen jeder Eigengestalt ermöglichen ein einwandfreies Erkennen (Abb. 20, 22, 23).

3. Graphit. Wegen des extremen Härteunterschiedes zum Siliciumcarbid sehr schwer einwandfrei in die Schliffebene zu bekommen.

Polierverhalten	wegen der geringen Härte und der bekannten Neigung zum Verschmieren in blättrigen Aggregaten oft schlecht, Polieren ist aber bei sorgfältiger Präparation möglich
Schleifhärte	sie scheint größer zu sein als die Ritzhärte; denn wenn größere Graphitaggregate vorhanden sind, so lassen sie sich auch oft ohne stärkeres Relief polieren

Reflexionsvermögen	nicht sehr hoch
Reflexionspleochroismus	auffallend hoch
Farbeindruck	grau, dunkler als Siliciumcarbid, häufig auch gelblich, goldfarben
Anisotropie-Effekt	stark, der Farbumschlag ist deutlich erkennbar
Verhalten in Öl	Farbe ähnlich wie in Luft, Reflexionsvermögen deutlich herabgesetzt
Ätzverhalten	gegen jedes angewandte Ätzmittel negativ
Gefüge	ist in allen diesen Zusammenhang betreffenden Fällen schlierig-faserig sobald größere Aggregate vorliegen, sonst tritt der Graphit fast ausschließlich in dünnen Schichten auf

In dem technischen Siliciumcarbid konnte der Graphit nur an drei verschiedenen aber typischen Stellen beobachtet werden.

a) Als bis zu mehreren mm starke Kuppen auf stengeligen SiC-Aggregaten, schlierig-faserig, meist hohlraumschließend. Das Siliciumcarbid in diesen stengeligen Aggregaten ist in auffallender Weise immer stark anisotrop, wesentlich stärker als an jeder anderen beobachteten Stelle. Ferner ist die längste Erstreckung der SiC-Kristalle nicht parallel der Längserstreckung der Aggregate. Sie ist im Gegenteil direkt am Graphit gerade senkrecht zu der Längserstreckung der Aggregate orientiert (Abb. 24, 25).

b) Zwischen Siliciumcarbid und dem von diesem ganz eingeschlossenen Si: hier schwer zu polieren. Wenn Graphit auftritt, so handelt es sich immer um eine ganz dünne Trennschicht.

c) Als tapetenartige Auskleidung der Poren innerhalb der SiC-Kristallaggregate und Einzelkristalle.

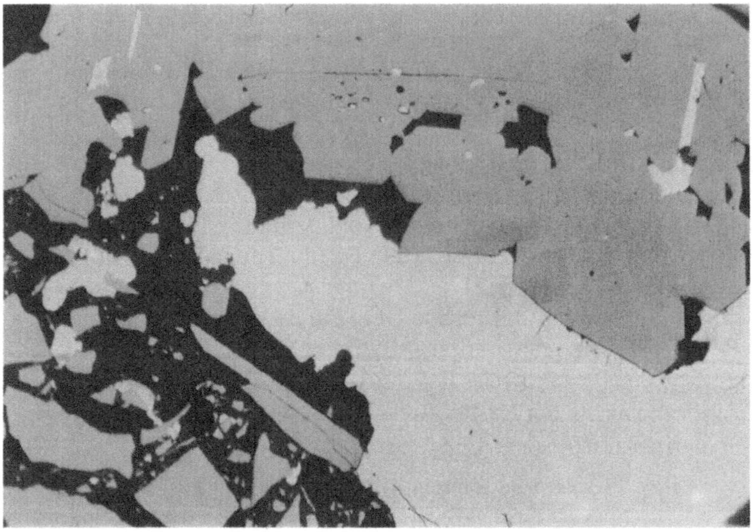

Abb. 22. SiC-Stein. Ein großes SiC-Korn zeigt orientierte Einlagerungen von metallischem Silicium, das am Kornrand einer Reaktion mit dem Bindemittel unterliegt

(Vergrößerung 100 mal). (Nach [155])

Abb. 23. Ähnlich der Abb. 22. Es kommt hinzu, daß das Silicium sich auch von innen heraus umwandelt (Vergrößerung 165 mal). (Nach [155])

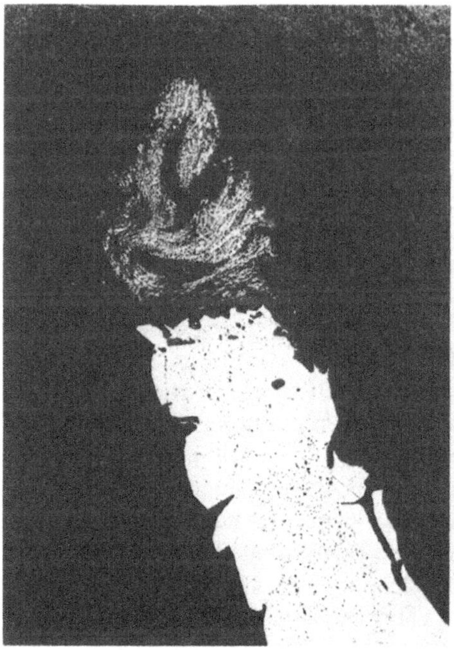

Abb. 24

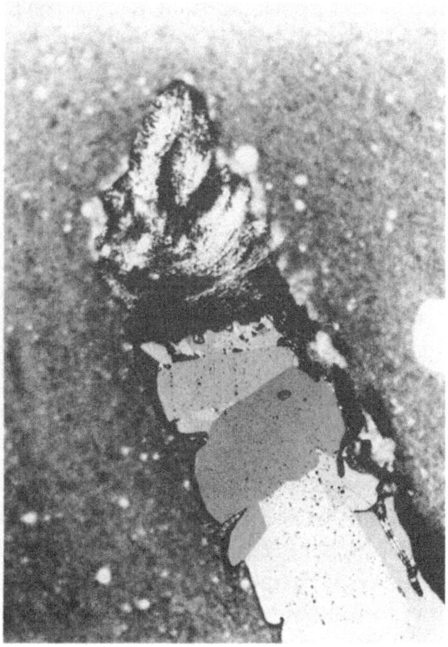

Abb. 25

Abb. 24. Der Durchmesser des gezeigten SiC-Stengels beträgt etwa 1 mm. Das Bild zeigt ein stengeliges Aggregat aus SiC-Kristallen mit einer schlierigfasrigen Graphitkuppe. (Nach [155])
Abb. 25. Wie Abb. 24, hier aber Nicols gekreuzt. (Nach [155])

Die Diagnose des Graphits im technischen Siliciumcarbid ist einfach. Das Reflexionsvermögen ist niedrig, der Reflexionspleochroismus und die Anisotropie-Effekte sind sehr hoch.

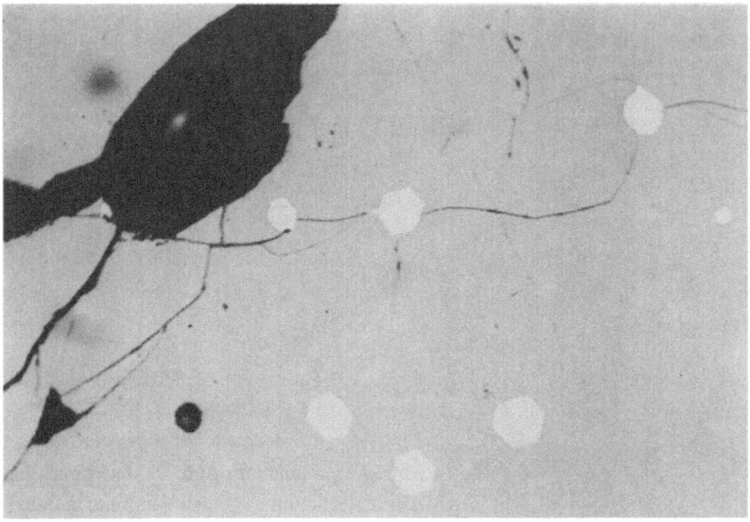

Abb. 26. SiC-Korn mit typischen hexagonalen Si-Einschlüssen. Spannungsrisse, zum Teil mit Silicium und Glas ausgefüllt, Risse, die vom Einschluß ausgehen (Glas von niedrigem spezifischen Gewicht und entsprechendem Ausdehnungsvermögen als Ursache (Vergrößerung 45 mal)

Die mikroskopische Bestimmung des freien oder besser nach Konopicky „anhaftenden Kohlenstoffs" wird auf Grund seines unterschiedlichen Auftretens stets auf große Schwierigkeiten stoßen, vor allem wird auch der porenauskleidende Graphit mittels der bisher bekannten Bestimmungsmethoden nie 100%ig erfaßt werden können. Weitere Hinweise siehe Ramdohr [109].

4. Weitere kristalline Phasen. In dem freien Silicium befindet sich oft ein unter dem Mikroskop gelb erscheindendes Mineral, stets in enger Verwachsung mit einer hellgrauen Phase. Das gelbe Mineral ist reflexionspleochroitisch und stark anisotrop mit Farben von braungelb bis blau. Die Härte beider Phasen ist etwa gleich, sie beträgt ca. 7 nach Mohs. Das Polierverhalten ist bei beiden gleich, etwas besser als bei Si. Eine Schleifspaltbarkeit wurde nicht beobachtet. Das Ätzverhalten ist noch nicht näher bestimmt worden. Eine einwandfreie Diagnose war bis jetzt noch nicht möglich, dem optischen Verhalten nach könnte es sich um Eisencarbide handeln. Nach K. Konopicky, I, Patzak, H. Dohr [74] handelt es sich um Ferrosiliciumlegierungen der Zusammensetzung 58% Si und 42% Fe + Mn (Ti) + Ni (Ti). Man findet diese Phase auch im Zusammenhang mit sehr kieselsäurereicher Glasphase, unter Umständen in anorthitischen Ausscheidungen oder Gläsern anorthitischer Zusammensetzung mit Ausscheidungen von Mullit (Abb. 27).

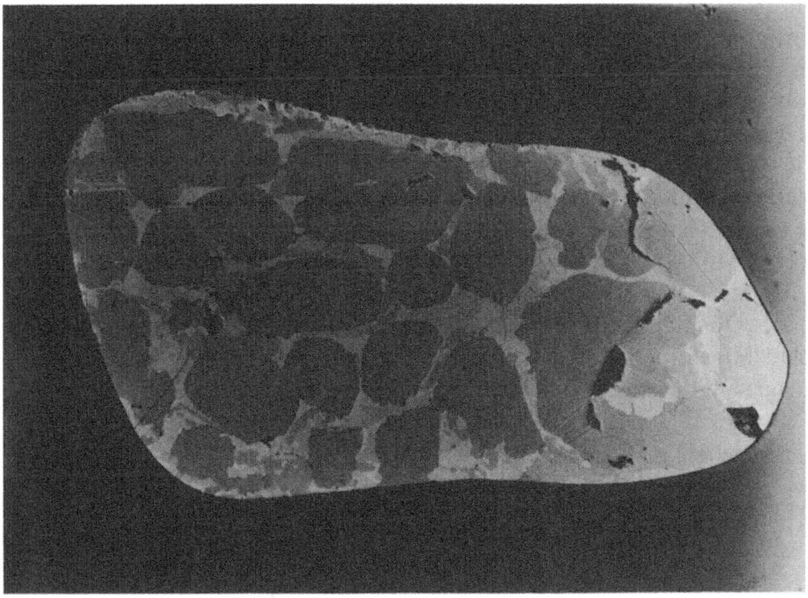

Abb. 27. Grundmasse ist Siliciumcarbid (schwarz), darin ein rundlicher Einschluß von Silicium. Zwischen den Si-Partikeln ist die sogenannte graue und gelbe Phase in großer Menge vorhanden. Die graue Phase ist dunkelgrau (etwas heller als Si), die gelbe Phase erscheint mittel- bis hellgrau (Reflexionspleochroismus). Zwischen dem Einschluß und Siliciumcarbid ist an einer Stelle Kohlenstoff zu erkennen (Vergrößerung 300 mal). (Nach [155])

Am Rande dieser vermutlichen Legierungen tritt ab und zu Calciumcarbid auf. Es war bisher nicht direkt sichtbar, sondern konnte nur röntgenographisch in sehr kleinen Mengen nachgewiesen werden. Es ist anzunehmen, daß es an dieser erwähnten Stelle auftritt, da hier ein deutliches Aufbrausen bei Wasserätzung beobachtet werden kann, selbstverständlich nur bei frischen Schliffen und nach wasserfreier Präparation. Es zeigen sich an diesen Stellen schon Ätzerscheinungen, wenn Schliffe kürzere Zeit frei an der Luft stehen.

5. SiO_2 und Silikate. Als weitere Phasen des technischen Siliciumcarbids sind SiO_2 und Silikate zu erwähnen. Quarz und Cristobalit können im Siliciumcarbid auf Klüften beobachtet werden, an SiC-Kristallen oder Kristallaggregaten angewachsen, ferner auch in selbständigen Körnern. An stückigem Siliciumcarbid können cristobalitreiche Partien, meistens in Form von Überzügen, schon mit bloßem Auge festgestellt werden. Selbstverständlich ist auch eine Glasphase zusammen mit diesen Silikaten vorhanden. Über ihre Zusammensetzung liegen noch keine Angaben vor.

Auffallend häufig sind sehr feinporige SiC-Körner und Körner, die aus sehr vielen kleinen SiC-Kristallen bestehen, deren Poren bzw. Zwischenräume mit einer glasartigen Substanz ausgefüllt sind. In dieser glasartigen Substanz kann oft ein idiomorph auskristallisiertes, stengeliges Mineral beobachtet werden, das nach Kristallform, Härte, Reflexionsvermögen und Ätzverhalten Mullit ist.

4.2.6.2.4 Quantitative mikroskopische Untersuchungen

Quantitative mikroskopische Auswertungen sind auch an technischem Siliciumcarbid möglich. Voraussetzung ist in jedem Falle aber die mehrfach betonte Qualität der Präparation, nicht zuletzt auch die einwandfreie Probenahme, die gerade beim Siliciumcarbid immer wieder auf besonders große Schwierigkeiten stößt (z. B. durch die Abhängigkeit von der Aussortierung beim Ofenaustrag bei der SiC-Herstellung). Quantitative mikroskopische Untersuchungen der verschiedenen Zonen, wie sie bei der Herstellung von Siliciumcarbid im Ofen entstehen, sind vorgenommen worden [154]. Der Feuerfest-Hersteller erhält aussortierte Zonen des Ofenaustrags. Der SiC-Hersteller sortiert nach rein makroskopischen Gesichtspunkten, die bestimmte Qualitäten charakterisieren, die neben unterschiedlichen SiC-Gehalten unterschiedlichen Mineralbestand haben können.

Nachstehend sind die einwandfrei erfaßbaren Phasen zusammengestellt, und zwar mit den Schwankungen der Einzelwerte von Integrationsanalysen einiger SiC-Lieferungen gleicher Qualität:

	Vol.-%
SiC	97,3–99,9
Si	0,1– 2,5
gelbes Mineral	Spur– 0,5 (einschließlich graue Phase)
Silikatphase	Spur– 1,0
Poren in SiC-Kristallen	5,3– 0,5

Hierbei sind relativ statistische Fehler von ca. ± 20% der Einzelwerte einzusetzen. Da der Fehler von der Größe und Zahl der integrierten Bestandteile abhängig ist, läßt er sich aber durch mehrere bzw. längere Integrationen herabsetzen. Die Menge an Nebenbestandteilen erscheint, in diesen Zahlen ausgedrückt, gering. Das Si kommt aber in mehr als 10% aller SiC-Körner vor und darin das „gelbe Mineral" einschließlich der grauen Phase.

Silikate sind auch in jedem Anschliff zu ca. 5 bis 10% aller Körner der verschiedenen technischen Körnungen vorhanden. Graphit ist in den weitaus meisten Körnern bzw. Kristallen vorhanden, besonders als Auskleidung der Poren. Über 50% aller SiC-Kristalle enthalten Poren. Durch die Untersuchung im Auflicht ist also die Heterogenität des technischen Siliciumcarbids erkennbar und allein damit läßt sich manche Erklärung für das oft so schwer erklärbare Verhalten des Rohstoffs geben.

4.2.7 Röntgenographische Untersuchung des Siliciumcarbids

Bis zu der 18. Lieferung der ASTM-Kartei [5] sind darin nur 7 Typen datenmäßig erfaßt:

Tabelle 21. *Die hauptsächlichsten SiC-Typen* (Abb. 142)

β-SiC		kubisch	α-SiC Typ IV	21 R	rhomboedrisch
α-SiC Typ III	4 H	hexagonal	α-SiC Typ VI	33 R	rhomboedrisch
α-SiC Typ II	6 H	hexagonal	α-SiC Typ V	51 R	rhomboedrisch
α-SiC Typ I	15 R	rhomboedrisch			

Bis heute wurden nach Literaturangaben [71, 91] 200 polytype Formen von Siliciumcarbid registriert.

Die in der täglichen Praxis anfallenden Untersuchungen an Proben von technischem Siliciumcarbid haben ergeben, daß überwiegend α-SiC als Typ II die Hauptkomponente bildet. Dabei wurde beobachtet, daß in der Regel das nach der ASTM-Kartei für α-SiC II geforderte theoretische Intensitätsverhältnis Reflex d = 1,54 Å $>$ d = 2,51 (Verhältnis 100 : 85) nicht vorliegt. Es tritt vielmehr Reflex d = 2,51 $\gg$ d = 1,54 Å auf, was auf die Anwesenheit weiterer Modifikationen hinweist, die in diesem Bereich ihren Hauptreflex haben (unter anderem β-SiC). Daneben treten untergeordnet mit unterschiedlicher Intensität Reflexe auf (vor allem im Bereich 2θ = 33 bis 39°), die dem α-SiC Typ I oder III zuzuordnen sind. Eine eindeutige Identifizierung ist in den meisten Fällen nicht möglich. Besonders deutlich treten diese beiden Formen I und III in Beugungsdiagrammen von Proben gebrauchter SiC-Steine nach Vorbehandlung mit 10%iger H_2F_2-Lösung auf.

Stellt man die Verteilung der Reflexe der 7 SiC-Grundtypen im Bereich 2θ = 33 bis 73° als Punktlagen gegen die 2θ Winkelpositionen graphisch dar, so erhält man einen Überblick über gemeinsame Punktlagen und eventuelle Unterscheidungsmerkmale. Hierbei ist noch die natürliche Profilbreite der Reflexe (~ 2 bis 3 mm Halbwertsbreite) zu berücksichtigen. Es ist erkennbar, daß sowohl β-SiC als auch die α-SiC-Typen I bis VI gemeinsame Punktlagen in den Bereichen 2θ ~ 35 bis 36° entsprechend d = 2,51 Å, 2θ ~ 60° entsprechend d = 1,54 Å und 2θ ~ 72° entsprechend d = 1,31 Å aufweisen. Solche Reflexe jedoch, die für eine bestimmte SiC-Form typisch und eindeutig sind, haben relative Intensitäten von $<$ 50. Es hängt somit von der anteilmäßigen Verteilung der SiC-Formen ab, ob sie erkennbar sind (Abb. 142).

Praxisorientierte Einzelfälle

β-SiC neben α-SiC II: In genannten Winkelbereichen kann nur aus dem Intensitätsverhältnis d = 2,51 : d = 1,54 = 100 : 63 für β-SiC und 85: 100 für α-SiC auf die Anwesenheit von β-SiC geschlossen werden. In einzelnen Fällen kann der Reflex 2θ = 75,4°/d = 1,26 Å als Merkmal herangezogen werden. Voraussetzung ist jedoch, daß die Phasen α I, III, IV, V, VI nicht in nennenswertem Umfang vorhanden sind. D. h.: wenn Reflexe dieser Phasen mit relativen Intensitäten von 60–80 im Bereich bis 2θ ~ 60° nicht auftreten, so kann davon ausgegangen werden, daß sie an einem auftretenden d = 1,26 Å-Reflex intensitätsmäßig nicht beteiligt sind. Geringe Anteile der Formen α IV bis VI, die wie β-SiC den Hauptreflex im Bereich 2θ ≈ 35 bis 36° haben, können nie ausgeschlossen werden.

α-SiC I neben α-SiC II: Die Unterscheidung ist über die Reflexe d = 2,66/2,58/2,40/2,32 für α I möglich. Bei Anwesenheit von α III (s. unten).

α-SiC III neben α-SiC II: Die Unterscheidung ist über die Reflexe d = 2,67/2,59/2,08/1,83/1,61 für α III möglich (in Anwesenheit von α-Korund und Mullit fallen die letzten drei Reflexe wegen Koinzidenz aus).

α-SiC I neben α-SiC III mit α II als Hauptkomponente: Eine eindeutige Aussage kann bei SiC III nur dann gemacht werden, wenn die Reflexe d = 2,08/d = 1,83 oder d = 1,61 zur Identifizierung herangezogen werden können. Dies trifft in der Praxis nur selten zu. Der Typ α I ist in der betrachteten Kombination durch die Anwesenheit der Reflexe d = 2,40/d = 2,32 oder d = 1,59 eindeutig bestimmt.

Treten die Reflexe $d = 2{,}67$ und $d = 2{,}59$ deutlich auf, die Reflexe $d = 2{,}40$ und $d = 2{,}32$ aber nicht, so kann auf die Anwesenheit von α-SiC Typ III geschlossen werden.

Die übrigen rhomboedrischen Formen α-SiC IV bis VI neben SiC II eindeutig zu erkennen, ist nur dann möglich, wenn die relativ schwachen Reflexe (Intensität 10 bis 20) auftreten. Ein solcher Fall wurde bisher nicht beobachtet.

5. Verarbeitung von technischem Siliciumcarbid zu feuerfesten Produkten

5.1 Verschiedene Bindungen

Das Hauptkriterium für die Auswahl von SiC-Erzeugnissen für einen bestimmten Verwendungszweck ist neben dem SiC-Gehalt die Art der Bindung. SiC-Gehalt und Bindung bestimmen weitgehend die physikalischen und chemischen Prüfwerte der Produkte. Die gebräuchlichsten Bindemittel – Bindungen – sind Tone und andere Materialien aus dem System $SiO_2-Al_2O_3$. Viele weitere Bindemittel oder auch sogenannte Zusätze sind vorgeschlagen worden. Sie werden aber nur in speziellen Fällen verwandt, selten für feuerfeste Zwecke. Lea [81] gibt eine Zusammenstellung dieser Zusätze, ebenso Searle [133].

Neben Ton werden dort erwähnt: Natriumsilikat, Borax, Borsäure, Kalk oder Gips, Portlandzement, Aluminiumsulfat, Mullit, Spinell und Oxide solcher Metalle, die bei der Reaktion mit Siliciumcarbid Silicide ergeben wie Eisen, Chrom, Nickel, Mangan, Vanadium, ferner Kupferoxid. Hinzufügen kann man noch Barium in verschiedenen Verbindungen. Von diesen Substanzen werden viele allerdings nur als sogenannte Zuschlagstoffe in ganz geringen Mengen den Mischungen beigegeben. Dies trifft in besonderem Maße auf die angegebenen Schwermetalle zu.

Die Auswahl des Bindemittels ist weitgehend von dem Gebrauch, d. h. der Verwendung des SiC-Steins abhängig. Nur einige der angeführten Bindemittel werden heutzutage verwendet. Hierzu gehören z. B. Natriumsilikat, geringe Zusatzmengen von Borsäure, Aluminium- und Bariumsulfat sowie auch Metalloxide. PbO wird hier bevorzugt, wenn auch nur sehr geringe Mengen zugesetzt werden, vorausgesetzt, daß die Fertigerzeugnisse bei relativ niedrigen Temperaturen eingesetzt werden. Bei Verwendung der Steine über 1250°C (1300°C) beschleunigt Blei in allen seinen Verbindungen die Zersetzung des Siliciumcarbids. Ähnlich wirkt auch Barium.

Extrem hochprozentige SiC-Steine werden ohne oder mit geringen Mengen permanenter Bindemittel hergestellt „direkt gebundenes Siliciumcarbid". Reaktionen SiC–SiC bzw. Rekationen über eine Oxidhaut werden durch Heißpressen oder durch den Brand eingeleitet. Natriumsilikatgebundene Steine, nitrid- oder oxinitridgebundene Steine gehören fast ausschließlich zu der Gruppe mit 90 oder mehr Prozent Anteil an technischem Siliciumcarbid. Die größte Menge von SiC-Steinen mit SiC-Gehalten von 95 und weniger Prozent sind aber mit Ton, also silikatisch gebunden. Steine mit 70% Siliciumcarbid enthalten hauptsächlich als Bindung Ton und Tonerde oder Sinterkorund, Schmelz- oder Sintermullit, Sillimanit, Andalusit oder Cyanit. Das gleiche trifft auch zu für 50%ige Steine und auf Steine mit noch niedrigerem SiC-Gehalt. Angeboten werden auch Steine mit 70% und weniger SiC-Anteil, die nur mit Schamotte und Ton gebunden sind; meist handelt es sich um eisenarme Schamotte. Dadurch wird aber einer der Vorzüge des Siliciumcarbids – die hohe Temperaturbeanspruchbarkeit – aufgehoben.

Manche SiC-Steine enthalten auch Zirkonsilikat. Es kann noch als solches vorliegen, kann sich aber auch durch Begleitsubstanzen oder/und durch die Brenntemperatur in ZrO_2 und SiO_2 zersetzt haben. Im kalten Zustand liegt das ZrO_2 dann in monokliner Form vor.

Selbstverständlich ist die Menge an ZrO_2 – entsprechend die Menge an Zirkon – allein schon durch die völlig abnormale Wärmedehnkurve des monoklinen ZrO_2 in bezug auf die Verwendung des Produktes begrenzt [156] (s. 5.2.6.2).

Tabelle silikatischer Bindungsarten:
a) Tonbindung
b) Schamottebindung
c) „sillimanitische" Bindung/mullitische Bindung durch Zugabe von Sillimanit, Cyanit, Andalusit, durch Zugabe von Tonerde und Ton in mullitischem Verhältnis, durch Zugabe von synthetischen Mulliten
d) hochtonerdehaltige Bindung inklusive Korundbindung
e) Sonderbindungen (s. 5.1.2)

5. 1. 1 Silikatische Bindung

Das System $SiO_2-Al_2O_3$, das wichtigste System für die Keramik (s. Abb. 28), hat auch bei der SiC-Steinherstellung seine Gültigkeit. Rechnet man das Siliciumcarbid als nicht mitreagierendes Mineral, so trifft das System auf die Bindung zu. Das Siliciumcarbid ist der eine Teil des Steines, die Bindung, dem System $Al_2O_3-SiO_2$ folgend, der andere Teil. Mit nur meist kleinen Korrekturen, die aus den mitreagierenden Anteilen des technischen Siliciumcarbids stammen, kann das System auf die Bindung angewendet werden. Von den hier „mitreagierenden" Komponenten des technischen Siliciumcarbids ist vor allen Dingen freies SiO_2 zu erwähnen, die Menge ist bei allen technischen SiC-Qualitäten bekannt bzw. ist chemisch und röntgenographisch bestimmbar. Ferner ist die Menge Si und Al_2O_3 feststellbar. Letzteres ist meist in sehr untergeordneten Mengen vorhanden. Es läßt sich also eine klare Rechnung aufstellen, was und wieviel theoretisch als Bindung nach dem Primärbrand im SiC-Stein vorliegen muß. Bei Berücksichtigung der weiteren Nebenbestandteile wie Fe-Verbindung und Alkalien stimmt die Theorie erfahrungsgemäß in Annäherung mit der Praxis überein. Die Verwendbarkeit eines SiC-Erzeugnisses und seine chemischen und physikalischen Prüfdaten sind demnach aus dem Masseversatz vorhersagbar. Voraussetzung ist selbstverständlich, daß eine ordnungsgemäße Aufbereitung stattgefunden hat und ein dem Material entsprechender Brand durchgeführt wurde (Abb. 28).

5.1.1.1 Reine Tonbindung

5.1.1.1.1 SiC-Gehalte über 90%

In Fällen, in denen auch die letzte Möglichkeit einer Erhöhung der Wärmeleitfähigkeit ausgenutzt werden muß, werden in feuerfesten Produkten auch über 90%

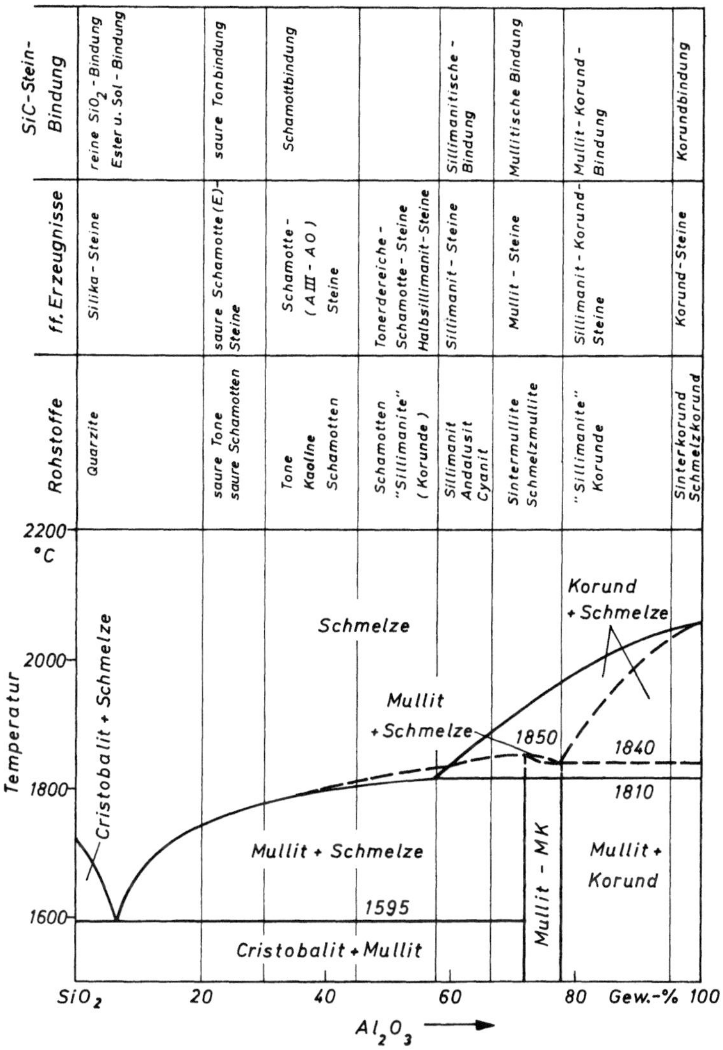

System $SiO_2 - Al_2O_3$ mit inkongruent (———) oder kongruent (– – – – –) schmelzendem Mullit.

Abb. 28. Phasendiagramm $SiO_2-Al_2O_3$. (Nach [122])

Siliciumcarbid verwendet. In solchen Erzeugnissen kommen entsprechend geringe Tonmengen, darunter auch Bentonite, zum Einsatz. Im Extremfall werden 99% technisches Siliciumcarbid mit nur 1% Bentonit verarbeitet. Entsprechend dieser Zusammensetzung sind solchen Mischungen organische Binder in relativ großen Mengen zuzusetzen, damit eine ausreichende Grünfestigkeit erreicht wird. Auch die Siebanalyse ist entsprechend einzustellen, d. h. es muß sehr fein gemahlenes Siliciumcarbid zugegeben werden. In vielen Fällen ist dies nur mit einer gesonderten

Feinmahlung von technischem Siliciumcarbid zu bewerkstelligen. Stearate dienen häufig als Gleit- bzw. Preßhilfsmittel. Durch den hohen Anteil an feinem und feinstem Siliciumcarbid sind diese Produkte besonders wenig resistent gegen eine eventuell eintretende SiC-Zersetzung. Zersetzungshemmende Zuschläge – Glasurbildner usw. (s. Kapitel 8) – sind in solchen Fällen notwendig.

5.1.1.1.2 SiC-Gehalte 90% und weniger

Bei der Herstellung von sogenannten 90%igen SiC-Steinen verwendet man 90 Teile technisches Siliciumcarbid und 10 Teile Ton, eventuell unter Einbeziehung von geringen Mengen Bentonit und Feldspat. Diese 10 Teile sind die für die üblichen keramischen Verformungsverfahren notwendige Menge an plastischen Bestandteilen. In der Hauptsache werden wohl saure Tone mit weniger als 35% Al_2O_3 verwendet.

Entsprechend diesen Zusammensetzungen entsteht bei solchen Steinen im Bindungsbereich fast ausschließlich Glas (röntgenamorpher Anteil). Häufig tritt dabei noch etwas Quarz auf bzw. es entsteht Cristobalit. Mullit kann in geringen Mengen vorkommen. Die Benetzung oder besser gesagt die Umhüllung der einzelnen SiC-Körner ist hierbei immer recht gut, selbstverständlich in Abhängigkeit von beigegebenen Benetzungsmitteln und vor allem in Abhängigkeit von der Qualität der Aufbereitung. Die besten Benetzungsmittel sind nutzlos, wenn eine schlechte Aufbereitung vorangeht.

5.1.1.2 Schamotte-Bindung

Bei 70 und weniger Prozent SiC-Anteil in Steinen muß ein anderer Füllstoff beigegeben werden. Das einfachste und billigste Material ist Schamotte mit unterschiedlichem Al_2O_3-Gehalt. Im allgemeinen liegt er zwischen 30 und 42%, gelegentlich auch bei 45 bis 47%, z. B. bei südafrikanischer Schieferschamotte. Die Menge an Ton resultiert aus dem vorgesehenen Verformungsverfahren.

5.1.1.3 Mullitische Bindung

Der Begriff „mullitische Bindung" wird im allgemeinen Sprachgebrauch nicht nur auf die eigentliche Mullitzusammensetzung angewendet. Ganz allgemein nimmt man diesen Begriff für eine Bindung von etwa 60 bis 80% Al_2O_3, entsprechend 40 bis 20% SiO_2. Die theoretische Berechnung des Mineralbestandes gestattet, die Mengen Mullit, Korund und Glas genau einzustellen. Die Herabsetzung der Feuerfestigkeit, die bei der Zugabe von Schamotte zu Siliciumcarbid entsteht, tritt selbstverständlich nicht auf, wenn höher Al_2O_3-haltige, also feuerfestere Materialien verwendet werden, wie z. B. ein Rohstoff aus der Sillimanit-Gruppe oder gar synthetischer Mullit plus entsprechender Bindetonmenge.

Der Mullit $3\,Al_2O_3 \cdot 2\,SiO_2$ enthält theoretisch 71,8% Al_2O_3 und 28,2% SiO_2. Die Minerale der Sillimanitgruppe (Sillimanit, Cyanit und Andalusit) dagegen, wie sie als Rohstoff auf dem Markt sind, haben 60 bis 64% Al_2O_3 mit selbstverständlich etwas mehr Verunreinigungen als synthetische Mullite. Es sind im wesentlichen Verunreinigungen durch Fe_2O_3 und TiO_2 sowie durch Alkalien vorhanden. Es werden SiC-Steine unter Verwendung dieser natürlichen Materialien hergestellt. Auch synthetisierte Zusammensetzungen kommen zum Einsatz, z. B. aus Kaolin und Tonerde. Dabei wird unter Berücksichtigung der chemischen Zusammensetzung des technischen Siliciumcarbids das gewünschte Verhältnis Al_2O_3 zu SiO_2 eingestellt. Im Falle der synthetisierten, nicht vorgebrannten Bindung ist selbstverständlich der Brand für die Mullitbildung besonders wichtig. Der Brand entscheidet, ob man wirklich hauptsächlich Mullit erhält und ferner, ob der Mullit feinnadelig oder mehr säulenförmig vorliegt. Der Mineralbestand bei diesen Zusammensetzungen sollte, was die Feuerfestigkeit betrifft, möglichst weitgehend aus Siliciumcarbid + Mullit und wenig Glasphase bestehen. Meist tritt aber noch etwas Cristobalit und oft auch Korund auf.

Heutzutage, wo gute synthetische Mullite auf dem Markt sind, zieht man häufig vor, den Steinen den fertigen Mullit beizugeben und ihn nicht erst beim Herstellungsbrand entstehen zu lassen. Allerdings ist nicht jeder synthetische Mullit gleich gut geeignet. Im Zusammenhang mit der so definierten mullitischen Bindung sei auch auf das Diagramm des Systems $SiO_2-Al_2O_3$ hingewiesen.

5.1.1.4 Hochtonerdehaltige Bindung

Eine solche Bindung wird im allgemeinen nur bei relativ niedrigen SiC-Gehalten von etwa 40 bis 60% angewendet. Die Hauptkomponente der Bindungen ist dann meist Al_2O_3 in Form von mehr oder weniger reinem Sinter- oder Schmelzkorund. Der Vorteil dieser „Mischungen" liegt auf der Hand. Der Feinanteil eines solchen SiC-Steines besteht aus Korund. Der Stein enthält nur grobe SiC-Körner, hat also geringe SiC-Oberfläche und damit entsprechend geringere Neigung zur Zersetzung. Dennoch ist die Wärmeleitfähigkeit höher als bei reinen Korundsteinen. Man hat es also in der Hand, die Wärmeleitfähigkeit ziemlich genau einzustellen, indem man die Anteile Siliciumcarbid gegenüber Korund abwägt. Zu berücksichtigen ist aber die Gasdurchlässigkeit solcher Steine im Hinblick auf die Einwirkung von z. B. Ofenatmosphäre auf das einzelne SiC-Korn.

5.1.2 Sonderbindungen (s. Kapitel 9)

5.1.2.1 Reaktionsgebundenes Siliciumcarbid

5.1.2.2 Heißgepreßtes Siliciumcarbid

5.1.2.3 Nitridgebundenes Siliciumcarbid

5.1.2.4 Oxinitridgebundenes Siliciumcarbid

5.2 Rohstoffe zur SiC-Stein-Herstellung (außer Siliciumcarbid)

Die Nicht-SiC-Rohstoffe, die bei der Herstellung von SiC-Steinen Verwendung finden, werden ausführlich beschrieben, da ihre Eigenschaften und ihr Verhalten zwangsweise auf die Eigenschaften und das Verhalten der SiC-Steine genauso viel Einfluß haben wie das Siliciumcarbid selbst. Man kann das eine nicht ohne das andere betrachten.

5.2.1 Ton/Kaolin

Bei der Herstellung der verschiedensten feuerfesten Produkte werden Tone (insbesondere Kaoline) als plastische Anteile verwendet. Dadurch wird die Verformung erleichtert bzw. oft erst ermöglicht. Ferner werden die feinen Partikel von Tonen am Hartstoff benötigt, um leichter Reaktionen und damit Bindung und Homogenität in den Steinen hervorzurufen. Dies gilt für das Trocknen und ganz speziell für den Brand.

Da die „Kaoline" meistens reiner sind als die ganz allgemein als „Tone" bezeichneten Substanzen, werden sie für die Verarbeitung in der Feuerfest-Industrie für SiC-Erzeugnisse vorgezogen. Vielfach werden gemahlene Kaoline verwendet. Die Hauptbestandteile der Tone sind Kaolinit, Illit und Montmorillonit, ferner treten Quarz, Glimmer und Feldspäte auf, wobei die verwendeten Tone so feinkörnig sind, daß die Feldspäte nur sehr selten beobachtet werden können.

Der CaO-Gehalt kann bei der SiC-Verarbeitung eine nicht zu unterschätzende Rolle spielen. Bis 4% CaO können in einem Ton vorhanden sein, ab 4% und mehr spricht man nicht mehr von normalem Ton – die richtige Bezeichnung ist dann mergeliger Ton und solcher kommt für die Herstellung von SiC-Erzeugnissen nicht in Betracht.

Eisen spielt als Verunreinigung in zwei Beziehungen eine bedeutende Rolle: Es beeinflußt die Brennfarbe und liegt in Tonen oft als FeS_2, Markasit oder Pyrit vor. Beide genannten Mineralien können in solchen Mengen auftreten, daß es im Stein, und zwar schon beim Primärbrand zu Ausschmelzungen kommt.

Aber auch in einer anderen Hinsicht muß gerade bei SiC-Steinen auf Fe-haltige Tone geachtet werden. Durch längere oder kürzere Transportwege bei der Entstehung der Tone kann es zu unterschiedlichen Anreicherungen von Eisenmineralien in bestimmten Fraktionen dieses Rohstoffs kommen. Auch können dann die Fe-Verbindungen nach der Korngröße getrennt werden. Will man ein SiC-Erzeugnis mit einer aus ihm selbst stammenden Glasur – dies wird oft bei hochprozentigen SiC-Erzeugnissen angestrebt – versehen, sollte man den Brand nach der Feinheit, in der Fe-Mineralien im Ton vorliegen, einrichten. Diese Aussage bezieht sich weniger auf die Höhe der Brenntemperatur als auf die Brenndauer.

Für die Verarbeitung von Tonen sind folgende Eigenschaften der einzelnen Mineralien von Wichtigkeit:

a) ihre Partikelform, d. h. kleine dünne pseudohexagonale Plättchen mit Durchmessern von 0,2 bis 1 μm und Dicken von unter 0,1 μm,

b) der gegenseitige Ersatz von Kationen in der Struktur der Tonmineralien, (Fe^{3+} kann anstelle von Al und Fe^{2+} kann anstelle von Mg oder auch von Mn treten), als Folge von Kationenaustausch tritt u. a. neben K auch Na, Ca und Mg auf.

Alkali- und Erdalkalioxide sind im allgemeinen mit etwa einem Gewichtsprozent in den Tonmineralien vertreten. Sie sind an den Oberflächen locker gebunden und lassen sich deshalb in Wasseraufschlämmung gegen andere Kationen austauschen. Damit diese für die keramische Industrie ganz allgemein vorteilhafte Eigenschaft richtig zum Tragen kommt, muß Tonmineralien Zeit gegeben werden, um reagieren zu können. Außerdem erfolgt in der Wasser-Ton-Suspension eine Dispergierung der Tone in feinere Partikel. Der Keramiker spricht von Mauken;

Tabelle 22. *Daten von Schichtsilicaten* [122]

Zahl der Einzel-schichten	Besetzung di- oktaedrisch	Besetzung tri- oktaedrisch	Mineralname	Formel (idealisiert)
2	×		Kaolinit	$Al_2[(OH)_4/Si_2O_5]$
	×		Dickit	$Al_2[(OH)_4/Si_2O_5]$
	×		Nakrit	$Al_2[(OH)_4/Si_2O_5]$
	×		Halloysit	$Al_2[(OH)_4/Si_2O_5] \cdot nH_2O$
		×	Antigorit	$Mg_3[(OH)_4/Si_2O_5]$
3	×		Pyrophyllit	$Al_2[(OH)_2/Si_4O_{10}]$
	×		Montmorillonit	$Al_2[(OH)_2/Si_4O_{10}] \cdot nH_2O$
		×	Talk	$Mg_3[(OH)_2/Si_4O_{10}]$
		×	Saponit	$Mg_3[(OH)_2/Si_4O_{10}] \cdot nH_2O$
	×		Muskowit	$KAl_2[(OH)_2/AlSi_3O_{10}]$
		×	Phlogopit	$KMg_3[(OH)_2/AlSi_3O_{10}]$
	×	×	Illit	$(K, H)\,Al_2[(OH)_2/AlSi_3O_{10}]$
		×	Vermikulit	$Mg_{0.33}(Mg, Al)_3[(OH)_2/AlSi_3O_{10}] \cdot nH_2O$
4		×	Chlorit	$3\,Mg(OH)_2 \cdot Mg_3[(OH)_2/Si_4O_{10}]$

Alle hier angeführten Mineralien zeigen monokline Symmetrie mit Ausnahme des triklinen Kaolinits.

Maukvorgänge müssen vorgenommen werden, um eine gute Verarbeitbarkeit der Tone zu erzielen. Da SiC-Körner von Ton bzw. den Tonmineralien besonders gut umhüllt sein müssen, ist das Mauken unbedingt lange genug durchzuführen. Ein Mauken der fertig gemischten Masse von 24 Stunden erweist sich meist als notwendig. Die Bildsamkeit der plastischen Anteile einer SiC-Masse wird dadurch erhöht [49]. Haase definiert folgendermaßen: „Bildsamkeit ist das Vermögen einer festen Substanz, auf von außen einwirkende Kräfte mit bleibenden Formänderungen zu reagieren, ohne daß dabei der Zusammenhang der die Substanz bildenden Teilchen verlorengeht." Hersteller, die besondere Qualität liefern wollen, lassen Tone Tage und Wochen mauken, denn erst dann kommt das positive Verhalten von Tonen bzw. Kaolinen in feuerfesten Massen richtig zur Wirkung.

Tabelle 23. *Ionenaustauschvermögen von Tonmineralien* [122]

Tonmineral	Kationen- austauschvermögen mval/loo g	Anionen- austauschvermögen mval/loo g
Kaolinit	0 – 15	7–20
Halloysit	5 – 50	80
Montmorillonit	60 – 150	20–30
Vermikulit	100 – 150	4
Chlorit	3 – 40	
Illit	3 – 40	

Nachstehend einige Feinschlämmanalysen von Tonen und gemahlenen Kaolinen, wie sie für die Herstellung von SiC-Steinen Verwendung finden:

	auf 63	36	20	<20 µm
1. Ton	7	11	1	81
2. Ton	10	7	2	81
3. Ton	3	1	1	95
1. Kaolin	–	1	1	98
2. Kaolin	–	–	–	100

Die sogenannte Hofmeister-Reihe gibt die unterschiedliche Neigung des Austausches von Kationen wieder. Das links stehende Kation wird leichter ausgetauscht als das rechts stehende [122]:

$$Li–Na–K–NH_4–Mg–Ca–Sr–Ba–Al–H.$$

5.2.2 Bentonite

Bentonite werden getrennt von den Tonen abgehandelt, wie es in der Feuerfesttechnik üblich ist. Ferner erscheint ein eigener Absatz wegen ihrer besonderen Eigenschaften gerechtfertigt, auch wenn üblicherweise SiC-Massen nur 1 bis 2% Bentonit zugesetzt werden. Diese geringen Mengen sind eventuell ausschlaggebend für die Verarbeitbarkeit der Massen.

Bentonite sind eine Tonart, die durch einen hohen Montmorillonitgehalt gekennzeichnet und primär aus Verwitterung vulkanischer Aschen und Tuffe entstanden sind. Diese Tonart wird auch als Walk-, Bleich- oder Fuller-Erde bezeichnet. Sie hat eine hohe Plastizität und ein hohes Ionenaustauschvermögen. Im Gegensatz zu Kaolin können die Bentonite z. B. die fünf- bis sechsfache Menge Wasser unter Volumenvermehrung aufnehmen.

Bentonite besitzen auch die Eigenschaft der Thixotropie: ihre im Ruhezustand steif werdenden wäßrigen Aufschlämmungen gehen durch mechanische Bearbeitung (Schütteln, Ultraschall) vom festen wieder in den flüssigen Zustand über, ohne dabei ihren Wassergehalt zu verändern. Unbewegt werden sie wieder fest.

Die reichsten Bentonitlagerstätten befinden sich in USA (Wyoming und Texas), in der BRD z. B. in Niederbayern.

Die Formel des Montmorillonits ist wie folgt anzugeben:

$$Al_2[(OH)_2/Si_4O_{10}] \cdot nH_2O.$$

Hierbei wird Na^+ als austauschfähiges Kation angegeben. Es wird in der Natur oft neben Ca^{2+}-Ionen beobachtet. Aus diesem Grunde spricht man in der Praxis von Natrium-Montmorilloniten und Calcium-Montmorilloniten. Die „Beladung" der Bentonite mit bestimmten Kationen kann auch industriell erfolgen. Das sehr hohe Kationenaustauschvermögen spielt für die Verarbeitbarkeit der Massen eine große Rolle. In lufttrockenem Zustand beträgt der H_2O-Gehalt etwa 20%. Dies entspricht ungefähr der Formel $Al_2O_3 \cdot 4\ SiO_2 \cdot 5\ H_2O$. Unter Wassereinwirkung gelagert – Mauken – kann der Montmorillonit weiteres Wasser in Abhängigkeit von der Kationenbeladung in die Zwischenräume der Silikatschichten aufnehmen. Die Schichtabstände werden dadurch größer. Beim Erhitzen wird das Wasser wieder abgegeben. Bis 550°C ist die Wasseraufnahme reversibel. Man bezeichnet diese Art der Wasseraufnahme als innerkristalline Quellung. Beim Calcium-Montmorillonit bildet sich schließlich unter Wassereinwirkung ein konstanter Schichtabstand aus – 19,4 Å. Der Natrium-Montmorillonit quillt noch stärker auf, die Schichtpakete trennen sich voneinander, so daß die Teilchenzahl dadurch wesentlich erhöht wird. Dies kann bei der Aufbereitung zur Herstellung von SiC-Erzeugnissen von Vorteil sein, weil es auf eine gute Umhüllung der SiC-Körner durch feinste Tonpartikel ankommt. Die für die Grobkeramik wie auch für die Feinkeramik so wichtige Eigenschaft der Bentonite beruht weitgehend auf ihrem starken Quellvermögen. Aus diesem Grunde ist das Mauken von grundlegender Bedeutung.

5. 2. 3 „Sillimanit"

Eine Bemerkung zur Nomenklatur voraus: Die Begriffe Sillimanit und Sillimanit-Steine haben sich, obwohl sie in den meisten Fällen im Grunde genommen nicht zutreffend sind, praktisch in der ganzen Welt als Handelsbegriffe eingebürgert. Dies kommt sicherlich daher, daß der ursprüngliche Rohstoff zur Herstellung solcher Steine tatsächlich Sillimanit aus Indien war. Ferner war es bis in die vierziger Jahre nicht in allen Werken der Feuerfest-Industrie ohne weiteres möglich, Sillimanit und Mullit zu trennen. Vielfach wurde der beim Brand von Sillimanit entstehende Mullit fälschlicherweise auch als Sillimanit bezeichnet. Obwohl in den Steinen aus Sillimanit, Cyanit und Andalusit im gebrannten Zustand wesentlich mehr Mullit vorliegt und nur Reste der Ausgangsmaterialien noch zu identifizieren sind, wird die ganze Stein-Gruppe als „Sillimanit-Steine" bezeichnet. Dies hat sich seit etwa 1925 eingebürgert und läßt sich jetzt kaum mehr ändern [145].

Die wesentlichen Merkmale dieser Steingruppe sind ein Al_2O_3-Gehalt, der zwischen 56 und 70% (formelmäßig 62,9%) liegt, die hohe Festigkeit, die Zähigkeit des Materials sowie das günstige Verhalten gegenüber Angriffen durch Schmelzen. Die Brenntemperatur von Sillimanit-Steinen beträgt im allgemeinen 1500°C, um die Reaktionen zu Mullit ablaufen zu lassen. Der Hauptbestandteil der Steine soll nach dem Brand Mullit sein. Die Steine sehen je nach ihrem Gehalt an Verunreinigungen weiß bis braun aus. Wie schon erwähnt, sind die verschiedenen Rohstoffe, die zur Herstellung dieser Steine dienen: Sillimanit, Cyanit (Synonyme: Kyanit, Disthen), Andalusit neben unterschiedlichen Mengen an Tonen als plastische Anteile. Neben diesen drei Hauptmineralien können ferner noch Dumortierit und auch Topas verwendet werden. Man kann diese Mineralien vorcalcinieren oder auch ohne Calcination einsetzen und nimmt dann eine etwas höhere Porosität im Stein in Kauf. Die Dehnung der genannten Mineralien beim Primärbrand ist unterschiedlich.

Neben der Verwendung dieser Mineralien für feuerfeste Steine werden sie auch für andere Zwecke, wenn auch untergeordnet, z. B. zur Herstellung von verschiedenen Porzellantypen, eingesetzt.

Sillimanit, Cyanit und Andalusit haben die gleiche chemische Formel,

$$Al_2SiO_5 \quad \text{oder } Al_2O_3 \cdot SiO_2,$$

besitzen aber unterschiedliche Kristallstrukturen. Da die drei Mineralien, unterschiedliche Bildungsbedingungen haben, kommen sie auch auf unterschiedlichen Lagerstätten vor. Auch ihr Verhalten bei der Steinherstellung ist verschieden.

Die Umwandlung zu Mullit erfolgt nach der Gleichung:

$$3\,(Al_2O_3 \cdot SiO_2) \rightarrow 3\,Al_2O_3 \cdot 2\,SiO_2 + SiO_2.$$

Tabelle 24. *Die wichtigsten mineralogischen Daten der Verbindungen der Zusammensetzung* $Al_2O_3 \cdot SiO_2$ [161]

	Cyanit	Andalusit	Sillimanit
Kristallsystem	triklin	rhombisch	rhombisch
Kristallklasse	pinakloidal	dipyramidal	dipyramidal
Raumgruppe	$P\bar{1}$	Pnnm	Pbnm
$a:b:c$	0,917:1:0,720	0,982:1:0,703	0,979:1:0,757
Gitterkonstanten	a_0 = 7,10 Å b_0 = 7,74 Å c_0 = 5,57 Å α = 90°05 1/2 β = 101°02′ γ = 105°44 1/2	a_0 = 7,78 Å b_0 = 7,92 Å c_0 = 5,57 Å	a_0 = 7,44 Å b_0 = 7,60 Å c_0 = 5,75 Å
Z	4	4	4
Koordination des Al	AlO_6	AlO_6, AlO_5	AlO_6, AlO_4
Spaltbarkeit	(100) sehr vollkommen (010) vollkommen (001) faserig	(110) gut	(010) gut
Härte	(100) 4,5 (010) 7 (110) 7	7–7,5	6–7
Brechungsindex	n_x = 1,712–1,717 n_y = 1,720–1,722 n_z = 1,728–1,729	1,632 1,638 1,643	1,657–1,660 1,658–1,661 1,677–1,682
Doppelbrechung	0,016–0,012, negativ	0,009, negativ	0,020–0,022, positiv
Winkel d. opt. Achse	$2\,V_x$ = 82 1/2°	$2\,V_x$ = 83–85°	$2\,V_z$ = 21–30°
Dichte [g/cm³]	3,56–3,57	3,16–3,20	3,23 3,24

Tabelle 25 [161]

	Glühverlust %	SiO_2 %	Al_2O_3 %	TiO_2 %	Fe_2O_3 %	CaO %	MgO %	K_2O %	Na_2O %
Indischer Cyanit Analyse, gesamt, ungebrannt:	1,32	33,43	62,92	1,35	1,40	0,40	0,36	0,07	0,05
Khasi-Sillimanit Analyse, gesamt, ungebrannt:	3,37	31,95	64,31	2,01	1,16	0,36	0,30	0,11	0,03
Südafrikanischer Sillimanit (Pella), Korund-Sillimanit Analyse, gesamt, ungebrannt:	2,01	19,15	76,32	3,00	0,96	0,28	0,24	0,08	0,03

5.2.3.1 Andalusit

Andalusit, benannt nach Andalusien/Spanien, ist ein weitverbreitetes Mineral in Schiefern, Graniten, Gneisen usw. Es kommt auch an einigen Stellen abbauwürdig vor. Bekannte Vorkommen sind z. B. Ingo Range/Californien, Südafrika, Spanien und die Bretagne. Auf diesen Lagerstätten bildet Andalusit hauptsächlich säulenförmige Kristalle; einige mm bis cm im Querschnitt und einige mm bis mehrere cm Länge. Meist handelt es sich um stengelig-strahlige Aggregate.

Chiastolith, oder seltener auch Hohlspat, werden Andalusite genannt, die in langen Kristallen vorkommen und einen häufig durch eingelagerte kohlige Substanz deutlich abgegrenzten schwarzen Kern enthalten. Der Kern ist meistens kreuzförmig ausgebildet, daher der Name nach dem griechischen Buchstaben chi (χ). Die im Handel befindlichen Andalusite – Handelsnamen sind z. B. Kerphalit, Macle, Lebowit, Krügerit – haben zwei große Nachteile gegenüber Cyaniten und Sillimaniten:

1. Es läßt sich meist daraus nur schwer eine gute Körnung herstellen,
2. Die Verunreinigungen sind größer als bei den üblichen Cyaniten und Sillimaniten.

Fast immer muß Andalusit nach dem Abbau durch irgendeine Aufbereitungsart gereinigt werden. Je nach Verwachsungsart mit dem Nebengestein bedeutet dies eine Zerkleinerung, häufig auf unter 1 mm Korngröße. Man ist bemüht, weniger verunreinigte Rohstoffe auf den Markt zu bringen.

5.2.3.2 Cyanit

Cyanit ist allgemein bekannt geworden durch seine schöne blaue Farbe, die dieses Mineral häufig aufweist. Daher auch der Name: kyanos = blau. Die Härte beträgt in der einen Richtung 4 bis 4 1/2, senkrecht dazu 6 bis 7 nach Mohs. Davon ist der zweite Name dieses Minerals abgeleitet: Disthen (griechisch: zwei Kräfte).

Die bekanntesten Vorkommen befinden sich in Brasilien. Hier werden die schönsten blauen Cyanite gefunden. Die Cyanite sind dort besonders grobkristallin, sie heißen deshalb Fingercyanite. Weitere Vorkommen von Fingercyaniten befinden sich z. B. in Südafrika, Rhodesien.

Die für die Feuerfest-Industrie wichtigsten Vorkommen befinden sich in Indien. Der Cyanit kommt dort vor allen Dingen als Geröll vor. Bei der Entstehung der Gerölle wurden alle weichen Bestandteile (fast alle Verunreinigungen sind weicher und wesentlich weniger zäh) weitgehend durch Erosion entfernt. Diese Vorkommen enthalten demnach besonders reines Material, obwohl noch Glimmernester gelegentlich in den Geröllen zu finden sind. In diesen Geröllen ist der Cyanit meistens extrem feinfaserig.

Bei etwa 1200°C beginnt die Umwandlung zu Mullit, sie ist mit einer Volumenvergrößerung von 14% bis zu 17% verbunden. Schon deswegen muß der Cyanit calciniert werden, bevor er zur Steinherstellung Verwendung finden kann.

5.2.3.3 Sillimanit (Korund-Sillimanit)

Wie erwähnt, hat dieses Mineral der ganzen Steingruppe den Namen gegeben. Der Sillimanit wurde 1824 nach Prof. Benjamin Silliman benannt [143]. Es ist ein relativ weitverbreitetes Mineral. Es kommt z. B. recht häufig in Gneisen und Glimmerschiefern vor. Sillimanit ist in den technisch wichtigen Lagerstätten ausgesprochen feinst-faserförmig und tritt nie in großen Einzelkristallen auf.

Die Korund-Sillimanit-Vorkommen in Südafrika werden für SiC-Erzeugnisse im allgemeinen nicht genutzt.

Ausdehung (bleibende Dehnung) beim Brand:

Andalusit	Cyanit	Sillimanit
4–6%	14–17%	4–6%

5.2.3.4 Stabilität von Andalusit, Cyanit, Sillimanit in feuerfesten Steinen

In vielen Veröffentlichungen wird die Stabilität dieser drei für die Feuerfest-Industrie so sehr wichtigen Mineralien vergleichsweise beschrieben. Ohne den Wert solcher Untersuchungen bestreiten zu wollen, muß aber gesagt werden, daß die Herstellungsmethoden und die daraus resultierenden Eigenschaften der feuerfesten Steine oft die Unterschiede zwischen den Mineralien überdecken. Man kann bei der Beurteilung für feuerfeste Zwecke nicht einfach sagen, daß Sillimanit oder Andalusit stabiler als Cyanit ist. Denn die Art des Vorkommens, die Verwachsungen usw. spielen neben der Herstellungsmethodik zur Erreichung bestimmter Eigenschaften eine nicht zu unterschätzende Rolle. So sind zwar die Sillimanite aus Indien gegen geschmolzenes Glas als stabiler zu bezeichnen als andere, ausschlaggebend ist dennoch die Herstellung der Steine. Selbstverständlich ist nur mit einem guten Rohstoff ein guter Stein herzustellen.

5.2.3.5 Weitere, gelegentlich verwendete Mineralien auf Basis $SiO_2-Al_2O_3$

Topas (Topaz) $Al_2[F_2/SiO_4]$ oder auch $Al_2SiO_4(OH, F)_2$. Der Topas ist durch seine Härte ($H = 8$) und sein oft sehr schönes Aussehen allgemein als Edelstein bekanntgeworden. Er wird aber auch für technische Zwecke abgebaut. Seine typische Zusammensetzung ist 33% SiO_2, 55 bis 57% Al_2O_3 und 16 bis 18% F_2. In technisch abbauwürdigen Vorkommen ähnelt er in seiner äußeren Erscheinung stark dem Andalusit. Beim Calcinieren wird Fluor bei 850 bis 900°C fast vollständig ausgetrieben, und zwar im wesentlichen als SiF_4. Dabei geht der Topas in Mullit und Korund über. Der Fluorgehalt schränkt die Verarbeitung von Topas mit Rücksicht auf den Umweltschutz weitgehend ein. Es kommt hinzu, daß der Gesamtgewichtsverlust beim Calcinieren im allgemeinen zwischen 16 bis 21% beträgt. Andererseits erzeugt Topas in feuerfesten Steinen eine besonders gute Bindung. Deswegen wird er uncalciniert und gelegentlich auch calciniert Sillimanitsteinen beigegeben. Die Zugabe zu SiC-Steinen ist nicht bekanntgeworden, außer bei Versuchen. Technisch nutzbare Vorkommen sind in den USA, Malaya, Nigeria und Brasilien.

Dumortierit $Al_7[O_3/BO_3/(SiO_4)_3]$ oder auch $(Al, Fe)_7B\,Si_3O_{18}$. Es handelt sich um ein basisches Aluminium-Borosilikat. Der Al_2O_3-Gehalt schwankt zwischen 64 und 69%. SiO_2 28 bis 32% und B_2O_3 tritt bis zu 5% auf. Meist kommt Dumortierit in dünnfaserigen, strahligen Aggregaten vor. Bei starkem Glühen geht Dumortierit in Mullit unter Abgabe von B_2O_3 und H_2O über. Der Gewichtsverlust beträgt bei 1250°C ca. 6,6%. Als keramischer Rohstoff wird Dumortierit in Rochester und Oreana, Nevada sowie in Riverside, Kalifornien gewonnen. Ein Vorteil für die Verwendung in der Keramik besteht darin, daß Dumortierit fast immer weiß brennt.

Pinit. Nur an einer Stelle der Erde ist Pinit für die keramische Industrie als abbauwürdiges Vorkommen vorhanden, nämlich in Rochester, Nevada. Pinit wird vor allen Dingen für mullitreiche feuerfeste Steine abgebaut. Pinit entsteht bei der Umwandlung von Cordierit, $Mg_2Al_3(AlSi_5O_{18})$, wenn dieser Wasser und Kali aufnimmt und dafür SiO_2 und MgO abgibt. Dabei bildet sich ferner Biotit und Chlorit. Pinit stellt bei dieser Umwandlung ein Zwischenstadium dar. Die Zusammensetzung ist 50,42% SiO_2, 37,41% Al_2O_3, 5,44% $K_2O + Na_2O$; der Glühverlust beträgt 5,62%. Es handelt sich hierbei um eine Analyse eines im Handel befindlichen Pinits.

5.2.4 Mullit

Die Formel des Mullits wird selbst in modernen Büchern oft noch mit einem Fragezeichen versehen. Hingewiesen wird auf seine große Ähnlichkeit mit Sillimanit, die praktisch alle Eigenschaften betrifft, einschließlich der des Gitters. Die weitgehende Übereinstimmung des Gitters bedingt auch die große Ähnlichkeit der Röntgendiagramme von Sillimanit und Mullit. Dies führte – wie bereits ausgeführt – zu der Bezeichnung „Sillimanit" für die ganze Steingruppe. Besser wäre die Bezeichnung Mullit-Steine gewesen. Der Begriff Mullit-Steine ist mittlerweile für eine neue Steingruppe in Gebrauch, nämlich für Steine, die aus synthetischen Mulliten hergestellt werden. Das Mineral Mullit kommt in der Natur nur an wenigen Stellen vor. Der Name, gegeben von Bowen, Greig und Zies 1924, stammt von dem Vorkommen auf der Insel Mull in Schottland [122].

Ein theoretisches Studium des Systems $Al_2O_3 \cdot SiO_2$ führte zur Entdeckung der Zusammensetzung $3Al_2O_3 \cdot 2SiO_2$ „Mullit" genannt. Es scheint, daß der synthetische Mullit (im angelsächsischen Sprachgebrauch auch β-Mullit bezeichnet) existenzfähig ist als eine Serie fester Lösungen mit den Grenzzusammensetzungen $3Al_2O_3 \cdot 2SiO_2$ und $2\,Al_2O_3 \cdot 1\,SiO_2$. Die theoretische Zusammensetzung ist entsprechend: 71,79% Al_2O_3, 28,21% SiO_2($3\,Al_2O_3 \cdot 2\,SiO_2$) und 77,24% Al_2O_3 mit 22,76% SiO_2 ($2\,Al_2O_3 \cdot 1\,SiO_2$). Das Phasendiagramm von Aramaki und Roy [4] gibt einen Schmelzpunkt von 1850°C an. Das Diagramm wurde vielfach überarbeitet und ist auch heute noch nicht in allen Einzelheiten gesichert. Angaben des Schmelzpunktes schwanken zwischen 1830°C–1950°C.

Abbauwürdige Vorkommen gibt es nicht. Mullit ist in den verschiedensten keramischen Materialien bekannt geworden – Porzellan, Steingut und vor allem in feuerfestem Material.

Keramite, Porcelainite, Porzite – dies sind Synonyme für Mullit, die im angelsächsischen Sprachgebrauch manchmal noch auftreten.

Nachdem man erkannt hatte, daß beim Primärbrand aus Sillimanit, Cyanit, Andalusit stets Mullit entstand und daß dieser für das positive Verhalten feuerfester Steine gegenüber Schmelzen und Schlacken, Gasen usw. bei hohen Temperaturen maßgebend war, lag es nahe, den Mullit zu synthetisieren. Dies erforderte eine Arbeit vieler Jahre. Soweit bekannt, war es die Firma Heinrich Koppers GmbH mit der Firma Lurgi, und etwas später auch die Firma Dr. C. Otto, die sich mit diesem Problem eingehend beschäftigte. Der Krieg 1939/1945 unterstützte auf der einen Seite den Wunsch nach Mullit, bremste aber andererseits die Forschung. Noch gab es natürliche Rohstoffe, deshalb sah man auch nach dem letzten Krieg noch keine dringende Notwendigkeit, Mullit synthetisch herzustellen. Durch die Verhältnisse in den Ländern, in denen Cyanit abbauwürdig vorliegt, ist heute die Notwendigkeit wesentlich größer geworden, auf synthetisches Material überzugehen. Hinzu kommt, daß manche der bekannten Lagerstätten erschöpft sind. Erst etwa 1960 kam in großtechnischem Maßstab synthetischer Mullit auf den Markt.

Heute müssen zwei Hauptgruppen von synthetischen Mulliten unterschieden werden:

a) Sintermullite

b) Schmelzmullite.

Beide Typen gibt es mit unterschiedlicher Reinheit (Tab. 26).

Tabelle 26. *Einige der zur Zeit auf dem Markt verfügbaren Sinter- und Schmelzmullite*

	SiO_2 %	Al_2O_3 %	TiO_2 %	Fe_2O_3 %	CaO %	K_2O %	Na_2O %	Mullit %	Korund %	Glas %
Sintermullit	25,5	73	0,15	0,6	0,1	0,7	0,15	85	8	7
Sintermullit	25,5	73	0,2	0,35	0,1	0,4	0,20	90	0–5	10
Sintermullit	27,5	71	0,14	0,45	0,05	0,13	0,20	85	Spur	10
Schmelzmullit	24,5	75	< 0,1	< 0,1	<0,1	<0,1	0,18	90	Spur	10
Schmelzmullit	26	71	1,7	1,7	0,1	0,1	0,22	90	Spur	10

5. 2. 5 Korund (α-Korund)

Naturkorund: Härte 9, spezifisches Gewicht 3,9 bis 4,1 (γ-Al_2O_3 = 3,65), Al 53,04%, Schmelzpunkt 2050°C. Von Säuren nicht angegriffen, von Kaliumbisulfat gelöst, kommt häufig in der Natur vor, in magmatischen Ausscheidungen auf pegmatitischen Gängen, als Produkt von Metamorphosen, auf Seifen (lose Anhäufung von natürlich aufbereitetem Material). Häufig handelt es sich dann um sogenannte Edelsteinseifen. Im Gegensatz dazu steht der „gemeine" Korund, unreine kristalline Körner, meistens mehr oder weniger schmutzig gefärbt. Dieser Korund kommt als Schleifmittel bedingt in Frage [70].

Smirgel ist ein kleinkörniges Gemenge von Korund und Magnetit, Hämatit, Quarz u.a.m. An einigen Stellen abbauwürdig (z. B. Naxos).

Der Naturkorund wird nur selten in der Feuerfest-Industrie eingesetzt. Der Gehalt an Verunreinigungen ist zu groß und deren Schmelzpunkt meistens so niedrig, daß schon bei Temperaturen unter 1400°C Schmelzen auftreten. Hinzu kommt, daß der Korund eine so große Härte hat, die seine Zerkleinerung auf verwendbare Korngrößen extrem schwierig macht. Man hat deshalb schon vor vielen Jahren synthetischen Korund erzeugt, weit früher, als man Mullit synthetisch herstellte. Wie auch beim Mullit werden mehrere Typen unterschieden.

5.2.5.1 Synthetischer Korund

Zwei Haupttypen sind zu unterscheiden:

a) gesinterter Korund niedrig gesindert $< 1400°C$, hoch gesintert $> 1800°C$
b) geschmolzener Korund

Korund wird zum größten Teil aus Bauxit (einem natürlichen Gemisch wasserhaltiger Aluminiumoxide) gewonnen. Der Bauxit wird zu Al_2O_3 verarbeitet und entweder über die Kryolith-Schmelze zu Al reduziert (Aluminiumproduktion) oder durch Sinter- bzw. Schmelzprozesse in synthetischen Korund übergeführt.

Von den Tonerden (Al_2O_3) finden die zwei hauptsächlichsten Modifikationen für die Feuerfest-Industrie Verwendung: die α-Form und die γ-Form. α-Al_2O_3 ist die Hochtemperaturform, γ-Al_2O_3 die Tieftemperaturform. Letztere geht beim Erhitzen leicht in die α-Form über. Dieser Vorgang ist nicht reversibel, außer bei Anwendung sehr hoher Temperaturen ($> 2050°C$) und extrem schneller Abkühlung, wie sie z. B. beim Flammspritzen vorkommen [157].

α-Al_2O_3 wird hergestellt durch Entwässern von Hydraten (ca. 500°C). Beim Übergang in α-Al_2O_3, ab 750°C, je nach Prozeßführung auch bei höherer Temperatur, tritt eine Schwindung von ca. 13% ein.

β-Al_2O_3 ist keine eigene Modifikation des Al_2O_3, sondern hat eine andere Zusammensetzung, nämlich $Na_2O \cdot 11\ Al_2O_3$ oder $Na_2O \cdot 12\ Al_2O_3$ (K_2O, Fe_2O_3). Es entsteht in feuerfesten Steinen während des Gebrauchs bei hohem Na_2O-Angebot aus α-Al_2O_3 oder beim Zerfall des Mullits in Gegenwart von Na_2O. Ferner entsteht β-Al_2O_3 auch bei der Herstellung von α-Schmelzkorund. Es gibt auch schmelzgegossene Steine, die zu über 95% aus β-Al_2O_3 bestehen.

5.2.5.1.1 Tonerde (Sammelname für Al_2O_3)

Die zwei Modifikationen calcinierter Tonerde, α- und γ-Al_2O_3, werden bei der Herstellung von feuerfesten Produkten verwendet, wenn z. B. gefordert wird, daß Mullit in den Steinen vorhanden ist. Dies ist vielfach bei SiC-Steinen mit SiC-Gehalt unter 80% erwünscht. Das γ-Al_2O_3 reagiert schneller als das α-Al_2O_3 mit Tonen und wird deshalb – in geringen Zusatzmengen – zur leichteren, schnelleren Einleitung von Reaktionen genommen. Der allgemeine Al_2O_3-Träger ist immer α-Al_2O_3.

Auf dem Markt sind viele unterschiedliche Tonerden zu haben. Welche dieser Tonerden, α- oder γ-Tonerde, für die SiC-Produkte am günstigsten ist, kann nicht ohne weiteres gesagt werden. Der Alkaligehalt, besonders Na_2O, der bei der Herstellung von reinen Korundsteinen eine so große Rolle spielt, ist hier nicht so ausschlaggebend. Dagegen ist wegen der Reaktionen, die beim Primärbrand ablaufen sollen, und auch wegen der Reaktionen, die im Gebrauch nachträglich eintreten, die Korngröße bzw. die Oberfläche von großer Bedeutung. Weitere Punkte, auf die bei dem Einsatz von Tonerden geachtet werden muß, sind z. B. Glühverlust, Schüttdichte und nicht zuletzt auch die Kornverteilung. Gerade die Kornverteilung im Bereich unter 60 μm – dies gilt ganz allgemein – ist oft von ausschlaggebender Bedeutung. Häufig wird diesen Werten nicht genügend Beachtung geschenkt.

Tonerden werden von verschiedenen Firmen angeboten. Tab. 27 gibt ein Herstellerangebot wieder (Auszug).

Tabelle 27

Richtwerte *		Typ 1	Typ 2	Typ 3
Al_2O_3	%	98,9	99,5	99,6
SiO_2	%	0,02	0,08	0,12
Fe_2O_3	%	0,03	0,03	0,03
Na_2O	%	0,45	0,10	0,04
Glühverlust (1100°C)	%	0,6	0,2	0,2
Gesamtwassergehalt (gemäß Sorptions-Glühanalyse)**	%	1	0,3	0,3
Schüttdichte, lose	kg/m³	880	960	1008
Schüttdichte, gepreßt	kg/m³	1088	1280	1328
Spezifisches Gewicht	g/cm³	3,6–3,8	3,8–3,9	3,8–3,9
Garantiewerte ***				
SiO_2 (max)	%	0,03	0,12	0,20
Fe_2O_3 (max)	%	0,05	0,05	0,05
Na_2O (max)	%	0,60	0,13	0,05
Gesamtwassergehalt (gemäß Sorptions-Glühanalyse) (max)	%	2,5	0,5	0,5

* Die Angaben beziehen sich auf ungemahlene Tonerden.

** Calcinierte Tonerde kann kleinere Mengen von Wasser aufnehmen. Die Sorptions-Glühanalyse (calcinierte Tonerde wird einer 50%igen relativen Feuchtigkeit ausgesetzt und anschließend geglüht) bezweckt eine relative Angabe derjenigen Wassermenge, die calcinierte Tonerde in einer feuchten Umgebung aufnehmen kann.

*** Die Analysenmethoden müssen beim Hersteller erfragt werden.

5.2.5.1.2 Aluminiumhydrat

In einigen Fällen greift man sogar, um Reaktionen schneller einleiten zu können, auf Aluminiumhydrat zurück, d. h. auf $Al_2O_3 \cdot 3\,H_2O$ oder $Al(OH)_3$. Für hochwertige Produkte – wie es SiC-Steine fast immer sind – werden synthetische Stoffe verwendet, weniger natürliche Al-Hydrate wie Boehmit, Diaspor, Gibbsit, um nur die wichtigsten zu nennen. Im Handel werden Hydrate in einer ziemlichen Vielfalt angeboten, und zwar mit unterschiedlichen chemischen Analysen, Korngrößen und Oberflächen (Tab. 28).

Tabelle 28. *Analysenbeispiele von industriell hergestellten Tonerdehydraten*

Richtwerte		Typ 1	Typ 2
Al_2O_3	%	64,9	64,9
SiO_2	%	0,008	0,008
Fe_2O_3	%	0,003	0,005
Na_2O	%	0,25	0,25
Feuchtigkeitsgehalt (bei 110°C)	%	0,04	0,04
Schüttdichte, lose	kg/m³*	960–1120	1120–1280
Schüttdichte, gepackt	kg/m³	1200–1360	1440–1600
Spezifisches Gewicht	g/cm³	2,42	2,42
Garantiewerte **			
Al_2O_3 (min)	%	64,5	64,5
SiO_2 (max)	%	0,02	0,02
Fe_2O_3 (max)	%	0,005	0,008
Na_2O (max)	%	0,35	0,35
Feuchtigkeit (max)	%	0,10	0,10
auf 200 mesh (max) bis 6400 Maschen/cm²	%	15	–
auf 325 mesh (min) bis 16000 Maschen/cm²	%	–	85

* Auf Wunsch wird ein Material mit unterschiedlichen Siebanalysen geliefert.
** Der Hersteller stellt die Analysenmethoden zur Verfügung.

5.2.5.1.3 Hochcalcinierte Tonerde

Im Gegensatz zu den üblichen Tonerden, die bei 1200 bis 1400°C calciniert worden sind, gibt es auch solche, die bei 1800°C und höher gebrannt (calciniert) werden. Angaben der Händler über die Brenntemperatur lauten sogar oft 2040°C und „etwas unter 2040°C". Da der Schmelzpunkt von reinem Al_2O_3 bei 2050°C liegt, dürften solche Angaben zweifelhaft sein. Zur besseren Kristallisation würden Brenntemperaturen von 1900 bis 1950°C richtiger sein, wobei die Verweilzeit im Hochtemperaturbereich eine nicht zu unterschätzende Rolle spielt. Es handelt sich hierbei um grobkristalline Tonerde mit meistens gut ausgebildeten tafelförmigen Kristallen (tabular im angelsächsischen Sprachgebrauch). Die Bezeichnung „Tabular" wurde zu einem Handelsnamen und gleichzeitig zu einem Sammelbegriff für diese grobkristallinen Tonerden, man spricht deshalb von Tabular-Tonerden.

Ein ganz entscheidender Vorteil dieser Tonerden ist die geringe Schwindung beim Brand. Auch hier ist als Beispiel das Angebot eines Herstellerwerkes in einer Tabelle wiedergegeben (Tab. 29). Als besondere Kennzeichen dieser hochcalcinierten Tonerden ist folgendes festzustellen:

1. chemische Reinheit,
2. sehr große Härte, 9 nach Mohs, 20000 N/mm^2 nach Knoop,
3. Dichte von 3,96 g/cm^3,
4. Kornrohdichte von bis zu 3,8 mit schwankenden Anteilen von 3,5–3,8 g/cm^3,
5. chemische Trägheit,
6. gute Temperaturwechselbeständigkeit,
7. hoher elektrischer Widerstand auch bei hohen Temperaturen,

8. geringe Schwindungswerte bei der Weiterverarbeitung,
9. große tafelförmige Kristalle.

Tabelle 29. *Beispiel für die Kennzeichnung hochgesinterter Tonerde (Auszug)*

Richtwerte		Typ 1	Typ 2	Typ 3
Al_2O_3	%	99,5 +	99,5 +	99,5 +
SiO_2	%	0,04	0,04	0,04
Fe_2O_3	%	0,06	0,06	0,06
Na_2O	%	0,13	0,02	0,03
Schüttdichte gepackt	kg/m^3	1920	1920	1400
Dichte	g/cm^3	3,65–3,8	3,65–3,8	3,65–3,8
offene Porosität	%	5	5	30–50
Wasseraufnahme	%	2	2	15–25
Garantiewerte				
Na_2O (max)	%	0,20	0,03	0,05
offene Porosität	%	13 (max)	13 (max)	30 (min)
Wasseraufnahme	%	4 (max)	4 (max)	13,5 (min)

5.2.5.1.4 Schmelzkorund (s. 5.2.5.1)

Entsprechend den Ausgangsrohstoffen gibt es mehr oder minder reine Schmelzkorunde. Die zum Teil voraufbereiteten Rohstoffe werden im elektrischen Ofen (oft Dreiphasenlichtbogenofen) erschmolzen.

Ein Unterschied im Schmelzprozeß besteht in der Auskleidung der Schmelzgefäße. Einmal werden diese Gefäße mit feuerfesten Steinen ausgemauert bzw. mit Masse ausgestampft. Die Zusammensetzung dieser Auskleidungsmaterialien entspricht weitgehend dem zu erschmelzenden Produkt, um Verunreinigungen zu vermeiden. Etwas von der Auskleidung gelangt selbstverständlich immer in die Schmelze, zumindest bei der ersten Schmelze im neuzugestellten Gefäß. Nach dem ersten Schmelzen hat sich eine Kruste auf der Auskleidung gebildet, d. h. man trägt Sorge, daß sie sich bildet, und die folgenden Chargen werden dann praktisch auf Korund erschmolzen.

Im zweiten Prozeß verzichtet man auf die feuerfeste Zustellung der Gefäße und kühlt den Stahltopf mit Wasser. Es wird also die Charge aus sich selbst eine Auskleidung bilden. Damit sind Verunreinigungen durch fremdes Material ausgeschlossen. Auch ungeschmolzenes Schmelzgut kann nicht in die zu verkaufende Ware gelangen, da das sich bildende Auskleidungsmaterial durch die hohen Temperaturen fest versintert, aber infolge der Wasserkühlung nicht flüssig werden kann. Beim Entleeren der Gefäße gelangt nur das Material zur Weiterverarbeitung, das wirklich flüssig ist.

Welches dieser Verfahren das beste Material erbringt, sei dahingestellt und ebenso, welches Verfahren wirtschaftlicher ist. Ein häufig zitierter Ausspruch besagt, daß Wasser das teuerste feuerfeste Material ist.

Beim Abkühlen der Schmelze – aus jedem Schmelzgefäß läßt man einen Block entstehen – konzentriert sich im Blockinneren ein mehr oder weniger großer Anteil von β-Al_2O_3; denn ganz alkalifrei ist wohl kein Ausgangsmaterial. Der durch den Kristallisationsdruck des β-Al_2O_3 auftretenden Berstgefahr kann man durch Auflegen von schweren Ketten begegnen. Auch kontinuierliches Schmelzen wird praktiziert. Es werden dabei kleinere Blöcke abgegossen.

Der nächste Arbeitsgang zur Herstellung feuerfesten Rohmaterials ist die Zerkleinerung. Diese muß mit außerordentlichem Aufwand betrieben werden. Die Hauptmenge des Korundes geht in die Schleifmittelindustrie, die hohe Ansprüche an exakte Kornklassierung stellt. Die Feuerfest-Industrie stellt heute noch geringere Ansprüche. Landläufig sind Körnungen von 3 bis 5 mm, 1 bis 3 mm, 0,5 bis 1 mm und 0–0,5 mm und Feinmehl, z. B. mit der Maßgabe 80% $< 60\ \mu m$. Andererseits werden gerade bei dem feinen Material besondere Reinheiten verlangt. Das kann soweit gehen, daß säuregewaschenes Feinmehl mit einem bestimmten Maximalanteil an löslichem Fe gefordert wird. Den Herstellern feuerfester SiC-Produkte ist die Schädlichkeit von metallischem – säurelöslichem – Fe bekannt. Für besondere SiC-Produkte muß säuregewaschener Korund eingesetzt werden.

Tab. 30 bringt zwei Beispiele im Handel befindlicher Schmelzkorunde, wobei solche Korunde mit hohen TiO_2-Gehalten für SiC-Produkte erfahrungsgemäß von vornherein ausscheiden.

Tabelle 30. *Schmelzkorund* Al_2O_3 (Beispiele)

		Edelkorund, weiß hart und spröde Dichte 3,92 g/cm³	Normalkorund hart und zäh Dichte 3,97 g/cm³
Al_2O_3	%	99,68	95,80
SiO_2	%	0,10	0,70
Fe_2O_3	%	0,02	0,15
TiO_2	%	0,008	3,10
CaO	%	0,02	0,20
Na_2O	%	0,2	0,02
Lineare Ausdehnung		$8{,}6 \cdot 10^{-6}/°C$	Lineare Ausdehnung $8{,}6 \cdot 10^{-6}/°C$

Tabelle 31. *Beispiel einer ausführlichen Analyse von synthetischem Edelkorund (Schmelzkorund)*

Edelkorund

SiO_2	%	0,005–0,014
Fe_2O_3	%	0,015–0,043
MgO	%	0,002
Ga_2O_3	%	0,006–0,007
CaO	%	0,020–0,024
V_2O_5	%	0,001
TiO_2	%	0,003–0,005
Cr_2O_3	%	max. 0,01
Na_2O	%	0,21 –0,40
C	%	max. 0,02
F	%	0,003–0,0125
Rest Al_2O_3	%	im allgemeinen >99,6

Schmelzkorund – α-Al_2O_3 – mit möglichst geringem Anteil an β-Al_2O_3 hat viele Eigenschaften, die ihn für die Feuerfest-Industrie bzw. deren Abnehmer außerordentlich wichtig erscheinen lassen. Er gehört zu den stabilsten und am vielfältigsten eingesetzten Rohstoffen. Die daraus hergestellten keramischen Materialien haben eine besonders gute Temperaturwechselbeständigkeit, nach Siliciumcarbid und SiO_2 (geschmolzenes SiO_2) wohl die beste. Die Einsatztemperatur geht bis 1800°C, in einigen Fällen bis über 1900°C.

Reine Korundmaterialien werden durch Wasserstoff nicht angegriffen, auch nicht bei Temperaturen über 1250°C. 1250°C ist die äußerste Temperaturgrenze des Einsatzes von SiO_2-haltigen Mineralien wie Mullit und Sillimanit unter H_2-Atmosphäre. Bis 1800°C wird Korund auch von Kohlenstoff nicht angegriffen. Vanadium, Niobium und Tantal kann in feuerfestem Material aus Al_2O_3 bis auf 1700°C erhitzt werden; Mangan, Eisen, Kobalt und Nickel können in Al_2O_3-Tiegeln erschmolzen werden, ohne daß durch das Tiegelmaterial Verunreinigungen in die Schmelze gelangen. Ferner ist Al_2O_3 resistent gegenüber den meisten Chloriden, Sulfaten, Phosphaten und Nitraten. Nicht resistent ist Al_2O_3 gegenüber geschmolzenen Fluoriden oder heißer konzentrierter Schwefelsäure. Ebenso nicht gegen Lösungen und Schmelzen von freiem Alkali. Hier ist mit einer β-Korund-Bildung, die unter Volumenvermehrung vor sich geht, zu rechnen.

Al_2O_3, α-Korund, wird auch benutzt für feinkeramische Artikel (technisch-keramische Artikel), wie Pyrometerschutzrohre und Isolationsrohre, die bei sehr hohen Temperaturen gebraucht werden, sowie für Gefäße zum Schmelzen von Metallen und anorganischen Verbindungen. Ein Nachteil ist, daß reines gesintertes Al_2O_3 (Feinkeramik) nicht leicht zu metallisieren und damit seine Anwendung in der Elektroindustrie begrenzt ist. Oft ist diese Industrie wegen der Metallisierung besser mit nicht so reinem Al_2O_3-Material bedient. Alle diese zum Teil unter den anderen feuerfesten Materialien hervorragenden Eigenschaften machen Korund zu einem bevorzugten Zuschlagstoff zum SiC-Stein. Man kann die Vereinigung zweier sehr guter feuerfester Baustoffe von zwei Seiten sehen: Entweder Korund-Steine mit SiC-Zusatz oder SiC-Steine mit Korund-Zusatz.
Allein die Einstellung der Wärmeleitfähigkeit durch Korund- bzw. SiC-Zusatz bedingt für beide Stein-Qualitäten einen oft ausgenutzten Vorteil, wobei die Standfestigkeit bis zu hohen Temperaturen beim SiC-Stein durch Korund keinesfalls beeinträchtigt wird, ganz im Gegenteil. Ebenso wird die chemische Resistenz nur in seltenen Fällen durch das eine oder andere Material negativ beeinflußt.

Da die Zersetzung von Siliciumcarbid in vielen Anwendungsfällen den Einsatz dieses Materials begrenzt, sie aber hauptsächlich von dem feinen SiC-Anteil in feuerfesten Steinen ausgeht, wird gerne die feine Fraktion für den Ausgangsversatz in Form von Korund festgelegt. Dies ist in vielen Fällen ein glücklicher Kompromiß zwischen zwei Steindaten, z. B. der Wärmeleitfähigkeit und der Lebensdauer der feuerfesten Steine.

Al_2O_3 ist einer der Hauptpartner von Siliciumcarbid in feuerfesten Steinen. Neben den fast immer verwendeten tonigen Rohstoffen wird Al_2O_3 in Form von Aluminiumhydroxiden bzw. Hydraten und γ-Al_2O_3 zur schnelleren Einleitung der Reaktionen sowie α-Al_2O_3 in Form von Tonerde zur Bildung einer mullitischen

Matrix beigegeben. α-Al_2O_3 in Form von Schmelzkorund oder hochgesinterter Tonerde dient in SiC-Steinen als chemisch resistentes Material, das auch hohe Anwendungstemperaturen gestattet.

5.2.6 Sonstige Roh- bzw. Hilfsstoffe

Eine Vielzahl von weiteren Rohstoffen ist vorgeschlagen worden (s. 5.1). Sie können nicht alle beschrieben werden. Nur zwei Materialien sollen noch erwähnt werden.

5.2.6.1 Elementares Silicium, Ferrosilicium

Im allgemeinen wird ein handelsübliches Silicium mit ca. 90% Si verwendet. Ein Hauptgrund, daß man Si vorzugsweise bei hochprozentigen SiC-Steinen einsetzt, ist die Unterdrückung des sogenannten schwarzen Kernes. Wenn auch etwas schwer zu erklären ist, warum Si den schwarzen Kern unterdrückt, so bestätigen doch viele Versuche diese Aussagen. Allerdings tritt fast immer das Gegenteil ein bei Zugabemengen, die über 2% Si liegen (s. 5.6.2 und 8.3.8). In der Patentschrift [162] wird ein Beispiel angeführt. Eine Mischung wird mit verschiedenen Si-Zugaben versehen.

1. 4% metallisches Si in Pulverform
   8% Ton
   88% Siliciumcarbid in verschiedenen, üblichen Körnungen
2. 6% metallisches Si in Pulverform
   8% Ton
   86% Siliciumcarbid in verschiedenen Körnungen
3. 8% metallisches Si in Pulverform
   8% Ton
   84% Siliciumcarbid in verschiedenen Körnungen

Nach dem Brand ergaben die Mischungen:

1. 2% Steine mit schwarzem Kern
2. 5% Steine mit schwarzem Kern
3. 10% Steine mit schwarzem Kern.

Diese unter Umständen nachteilige Wirkung der Si-Zugabe zu SiC-Steinen ist in vielen Fällen bewiesen worden. Lukacs und Abrecht [88] haben sich eingehend mit diesem Problem beschäftigt und vermuten, daß eine SiC-Neubildung bei den üblicherweise angewendeten Brenntemperaturen eintritt. Heute besteht über die Bildung von sogenanntem sekundären Siliciumcarbid kein Zweifel mehr. In der Praxis – gerade im Zusammenhang mit dem schwarzen Kern – kann sekundäres Siliciumcarbid gelegentlich beobachtet werden. Dies auch schon bei Temperaturen unter 1400°C.

Ferrosilicium mit 30 bis 50% Si aktiviert in 90%igen SiC-Steinen die SiC-Zersetzung unter CO-Entwicklung, d. h. es kommt zu Aufplatzungen [13]. Bosch, Wohlleben und Patzak erhielten diese Ergebnisse nach Versuchen mit FeSi und $FeSi_2$. Veränderungen dieser Substanzen durch thermische Behandlung unter verschiedenen Atmosphären und ihre Veränderungen als Zusatzmittel zu SiC-Steinen zeigen die Tab. 32 bis 34.

Abrecht und Lukacs [2] haben anhand von Versuchen festgestellt, daß eine Braunverfärbung eintreten kann, wenn Al_2O_3 und SiO_2 mit stark reduzierenden Zusätzen versetzt werden. Sie vermuten, daß eine Verbindung $x\ SiO_n \cdot y\ Al_2O_3$ existiert. Sie haben den Einfluß von Si-Zusätzen in diesem Zusammenhang untersucht und dabei festgestellt, daß sich die Gebrauchseigenschaften durch den Zusatz von Si-Metall zum Bindemittel von SiC-Steinen verbessern lassen.

Tabelle 32. *Röntgenographische Untersuchungsergebnisse verschiedener Sorten Ferrosilicium mit 45%, 75% und 90% Si vor und nach Behandlung mit N_2 (1200°C) und H_2O-Dampf sowie Gewichtsveränderungen* [13]

Proben	45%	75%	90%
Anlieferung	FeSi + $FeSi_2$	$FeSi_2$ + Si	$FeSi_2$ + Si
2 h/1200°C im N_2-Strom geglüht	FeSi + $FeSi_2$ Spur α-+ β-Si_3N_4	$FeSi_2$ + Si viel α-+ β-Si_3N_4 Spur Cristobalit	$FeSi_2$ + Si viel α + β-Si_3N_4
Gewichtszunahme	+ 15,7%		
2 h/1200°C im N_2-Strom und 5 h/900°C in H_2O-gesättigter Luft geglüht	FeSi + $FeSi_2$ + Fe_2Si_5 + Si (viel) viel α-+ β-Si_3N_4 Spur Cristobalit und Fe_2O_3	$FeSi_2$ + Fe_2Si_5 wenig α-Si_3N_4, Si_2ON_2 wenig Fe_2O_3	$FeSi_2$ + Si wenig α + β-Si_3N_4
Gewichtszunahme	+ 6%		

Tabelle 33. *Röntgenographische Untersuchungsergebnisse und Gewichtsveränderungen von Probekörpern aus verschiedenen Mischungen; Brenntemperatur 1200°C* [13]

Proben	20% Ton + 80% FeSi (45% Si)	80% SiC + 10% Ton + 10% FeSi (45% Si)
Anlieferung	FeSi + $FeSi_2$ α-+ β-Si_3N_4 + Si_2ON_2	FeSi + $FeSi_2$ SiC I, II, III Si_2ON_2 Mullit, Quarz, Cristobalit
2 h/1200°C im N_2-Strom geglüht	FeSi + $FeSi_2$ + Fe_2Si_5 Mullit, Quarz, Cristobalit α-+ β-Si_3N_4 + Si_2ON_2	FeSi Mullit, Quarz, Cristobalit SiC I, II, III Si_2ON_2
Gewichtszunahme	+ 7,3%	+ 1,3%
2 h/1200°C im N_2-Strom und 5 h/900°C in H_2O-gesättigter Luft geglüht	zerfallen Mullit, Quarz, Cristobalit Si_2ON_2 Fe_2O_3	zerfallen Mullit, Cristobalit SiC I, II, III Fe_2O_3

Tabelle 34. *Gewichtszunahme von bei SK 19 im Tunnelofen nachgebrannten Probekörpern während der Wasserdampfbehandlung bei 900°C* [13]

Mischung	45%iges FeSi	75%iges FeSi	90%iges FeSi	
80% FeSi + 20% Ton	+ 1,64%	+ 1,92%	+ 2,18%	keine Veränderung
10% FeSi + 10% Ton + 80% SiC	Probekörper nach dem Brand zerfallen	+ 0,3%	+ 0,5%	etwas weiß
10% FeSi + 40% Ton + 50% SiC	+ 0,2%	+ 0,2%	+ 0,1%	

Untersucht wurden unter anderem:

1. Oxidationsbeständigkeit: mit steigendem Si-Zusatz tritt eine bessere Resistenz ein.

2. Temperaturwechselbeständigkeit: auch hier ist eine Verbesserung mit steigendem Si-Zusatz zu erkennen.

3. Druckfeuerbeständigkeit: die Kurven zeigen eine deutliche Verbesserung mit steigendem Si-Zusatz.

Die Praxis der SiC-Stein-Herstellung erweist, wie angeführt, daß den Si-Zusätzen Grenzen gesetzt sind. Selbstverständlich ist die mögliche Menge des Zusatzes an Si-Metall zu den Steinen sehr stark abhängig von der Brennkurve, denen die Steine ausgesetzt werden. Generell kann gesagt werden, daß bei normaler Produktion bei Zusätzen von über 2% sehr viel häufiger schwarze Kerne auftreten[1].

5.2.6.2 Zirkonsilikat

Die besonderen chemischen Eigenschaften und die hohe Härte des Minerals Zirkon – $ZrSiO_4$ – machen es geeignet als Zuschlagstoff zu SiC-Erzeugnissen. Zirkon hat die Härte 7, Reindichte 3,9 bis 4,8 g/cm^3. Als „saures" Mineral ist es besonders widerstandsfähig gegen saure Schlacken und Schmelzen. Die in der Feuerfest-Industrie meist gebrauchten Zirkonsande kommen aus West- und Ostaustralien. Zirkon kommt dort mit anderen Schwermineralien in Küstensanden vor. Die chemische Analyse der Sande, die für die Feuerfest-Industrie verwendbar sind, zeigt nur relativ geringe Schwankungen. Beispiele geben folgende Analysen:

Tabelle 35

		Angabe eines Lieferanten	Ausfallmuster
ZrO_2	%	>65	66,4
SiO_2	%	<34	32,6
TiO_2	%	$<$ 0,35	0,12
Fe_2O_3	%	$<$ 0,15	$<$ 0,1
Al_2O_3	%	$<$ 1	0,6

[1] Da Siliciumcarbid beim Einsatz vornehmlich von O_2 und O^{2-} liefernden Stoffen gefährdet werden kann, ist es ganz natürlich, wenn man Metalle, die O_2 sehr schnell aufnehmen, in die Versätze gibt, um Siliciumcarbid vor der Oxidation zu schützen. Si ist darüber hinaus amphoter. Eine generell positive Wirkung dieses metallischen Zusatzes kann nicht bestätigt werden.

Kriterien für die Qualität der Zirkonsande sind z. B.:

a) Die chemische Analyse: es sollen möglichst wenig andere Bestandteile neben SiO_2 und ZrO_2 auftreten.

b) Der Mineralbestand: es darf nur möglichst wenig freier Quarz vorhanden sein.

c) Das mikroskopische Bild: Die Körner sollen möglichst wenig Spaltrisse aufzeigen und die Anzahl der Körner mit hohem Brechungsindex soll möglichst gering sein.

Reines technisches Zirkonsilikat zersetzt sich bei 1640°C, wobei die Zersetzung abhängig ist von der Zeit, etwas auch von der Korngröße, in der Zirkon vorliegt. Diese genannte Zersetzungstemperatur reduziert sich, wenn kein technisch reines $ZrSiO_4$ verwendet wird. In Anwesenheit von Al_2O_3 – z. B. in sogenannten AZS-Steinen (Al_2O_3–ZrO_2–SiO_2) – auch Zirkonmullit-Steine genannt – tritt schon bei 1500°C eine Zersetzung ein.

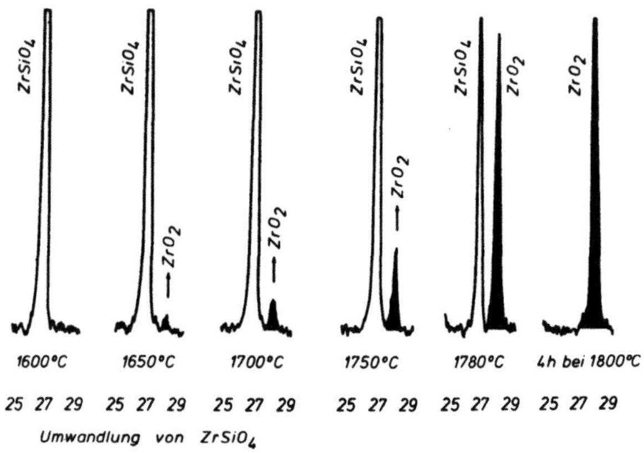

Abb. 29. Ein Zirkonfeinmehl wurde mit Dextrin als Bindemittel zu Pillen verpreßt ohne weitere Zusätze. Nach dem Trocknen wurden die Pillen in einen Ofen so eingesetzt und gebrannt, daß ohne Unterbrechung des Brennvorganges einzelne Pillen entnommen werden konnten. Die Aufheizung erfolgte geradlinig, mit etwa 100°C/Stunde bis zur ersten Entnahme bei 1600°C, ab 1600°C mit etwa 50°C/Stunde bis 1750°C, von da ab mit etwa 20°C/Stunde bis 1800°C. Die letzte Pille wurde erst entnommen, nachdem der Ofen 4 Stunden auf 1800°C war. Die in der Abbildung wiedergegebene Röntgenbeugungsaufnahme zeigt die Umwandlung von Zirkonsilikat in ZrO_2. (Nach [156])

Über die mineralogische Zusammensetzung der AZS-Steine bestehen zwei Meinungen:

a) Die Steine sollen nur so hoch gebrannt werden, daß $ZrSiO_4$ erhalten bleibt, d. h. also maximal auf 1500°C,

b) die Steine müssen so hoch gebrannt werden, daß ZrO_2 entsteht, also über 1500°C.

Steine beider Kategorien sind auf dem Markt, beide mit guten Ergebnissen. Bei der Zersetzung entsteht monoklines ZrO_2 und SiO_2, letzteres meist glasförmig. Die bekannte, außergewöhnliche Wärmedehnkurve von monoklinem ZrO_2 macht sich dann schon bei geringen Zusatzmengen deutlich bemerkbar (Abb. 29, 30, 31). Die

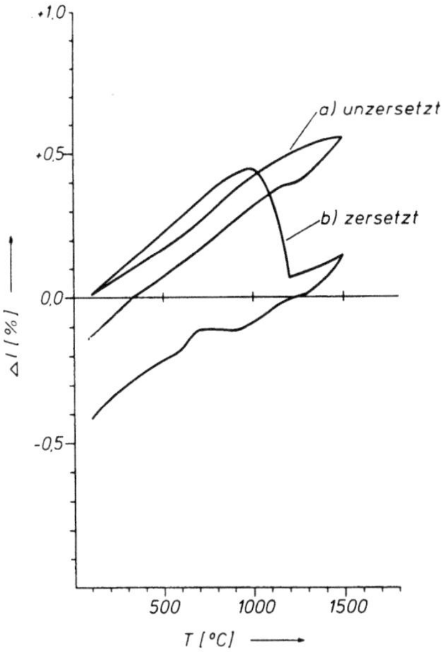

Abb. 30. Wärmedehnkurve von reinen Zirkon-Steinen. Abgebildet ist die Kurve eines normal gebrannten Steines und eines bei 1750°C (6 Stunden Haltezeit) gebrannten Steines. Beide Steine stammen aus einer Ausgangsmischung. Man erkennt sofort den großen Unterschied der beiden Kurven, abhängig von der Zersetzung des Zirkonsilikats. (Nach [156])

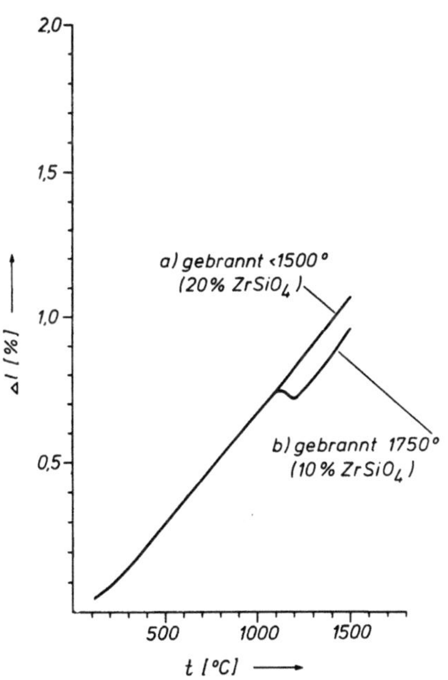

Abb. 31. Wärmedehnungskurve von zirkonhaltigen Steinen. Auch hier ist deutlich die Zersetzung bei dem hochgebrannten Stein, selbst bei geringer Zirkonzugabe in die Ausgangsmischung zu erkennen. (Nach [156])

Zugabemenge von Zirkon in SiC-Massen ist also begrenzt. Mehrfaches Aufheizen auf 1500°C wird in vielen Fällen zur Zerstörung des silikatisch gebundenen SiC-Steines führen. Die Wärmedehnung von $ZrSiO_4$ und SiC ist dagegen sehr ähnlich [156]. Als Beispiel sei eine Zusammensetzung mit Zirkonsilikat angeführt:

50% SiC	1 –3,5 mm	
10% SiC	0,5–1 mm	
10% SiC	0 –0,5 mm	Der Anteil dieser Fraktion < 0,02 mm kann durch Zirkon ersetzt werden

30% Al_2O_3 und SiO_2 aus Tonerde und Sand bzw. Ton gemischt, und zwar
im Verhältnis 72 : 28 (Mullitverhältnis)
Al_2O_3 soll in einer Korngröße < 0,04 mm vorliegen und SiO_2 < 0,06 mm.

5.3 Die Aufbereitung von SiC-Mischungen

Es sind viele Vorschläge gemacht worden, wie SiC-Massen am vorteilhaftesten aufbereitet werden und es werden auch verschiedene Verfahren in den einzelnen Feuerfest-Werken praktiziert. Alle Vorschläge und durchgeführte Verfahren haben zum Ziel

1. die SiC-Körner bestmöglich mit Bindemittel zu umhüllen,
2. die für den Verwendungszweck günstigste Rohdichte und entsprechend günstigste Porosität im Fertigerzeugnis zu erhalten.

Es werden mindestens drei SiC-Fraktionen eingesetzt:

SiC 1–3 mm (1–2,5 mm) SiC 0,5–1 mm SiC < 0,5 mm (häufig noch unterteilt in 0,2–0,5 und 0–0,2 und < 0,06 mm)	mit bekannten Siebanalysen
Schamotte Tonerde und Korund Zirkonsand Zirkonmehl usw. Ton (üblicherweise 2 Sorten)	vorzugsweise als Anteil < 0,5 mm, meistens sogar < 0,1 mm

Wasser
Klebemittel
Gleitmittel (Preßhilfsmittel)

Die günstigsten Siebanalysen zur Erzielung der erwarteten Rohdichte müssen vorab ermittelt worden sein; denn danach richtet sich der prozentuale Anteil der einzelnen Korn-Fraktionen.

Bei niedrigen SiC-Gehalten muß die andere Körnung, z. B. aus Korund oder Mullit, in die Gesamt-Siebanalyse eingebaut werden. Man wird bemüht sein, die feinen SiC-Fraktionen, kleiner als 0,5 mm oder auch kleiner als 1 mm, durch andere Hartstoffe zu ersetzen.

Nur durch eine optimale Kornpackung kann eine hohe Rohdichte im Fertigerzeugnis erreicht werden. Zu berücksichtigen ist dabei die Kornform, die ja gerade beim Siliciumcarbid je nach Qualität und Zerkleinerungseinrichtung sehr unterschiedlich sein kann. Man unterscheidet stengelige (z. B. für Platten) oder mehr rundliche „kompakte" Körner für hochverdichtete Steine (Abb. 18 a und 18 b).

Eine rechnerische Ermittlung der optimalen Packungsdichte ist bei SiC-Körnern aufgrund der ungleichen Kornform und der ungleichen Oberfläche nicht möglich. Sie ist rein empirisch – mit dem Östrich-Trichter durch Ramm- oder Preßversuche – zu ermitteln. Einen gewissen Anhaltspunkt können die Siebkurven geben.

Der Verwendungszweck des SiC-Erzeugnisses ist letzten Endes ausschlaggebend für die Zusammensetzung der Rohmischung. In erster Linie bezieht sich diese auf den SiC-Gehalt, aber auch auf die Bindung, die Korngrößenabstufung und auf die

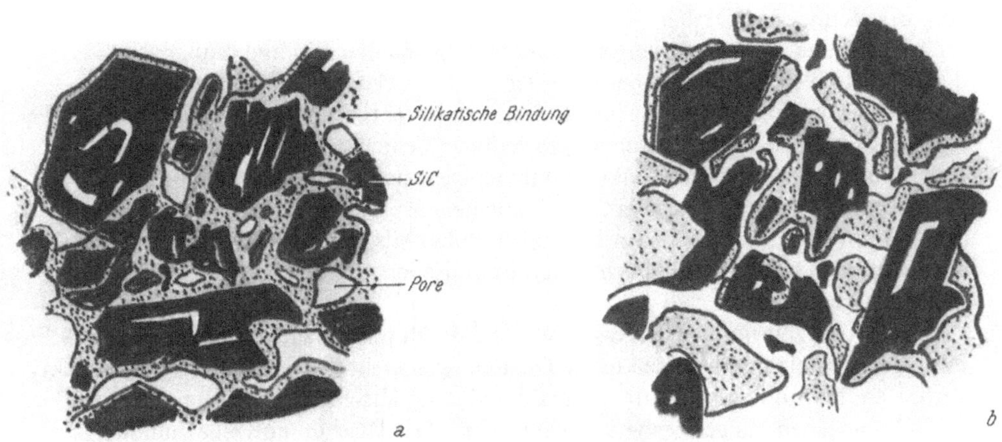

Abb. 32a. Die Schicht um jedes SiC-Korn ist die primäre Schutzschicht, durch das tonige Bindemittel verstärkt. Die primäre Schicht ist so dünn, daß sie bei dieser schematischen Darstellung nicht gezeichnet werden kann

Abb. 32b. 2 Fehler: 1. SiC-Körner liegen isoliert, nicht verbunden, 2. SiC-Körner sind nicht vom Bindemittel umhüllt. Die primäre Schicht ist dennoch vorhanden, aber die Verstärkung durch die sekundäre fehlt

Rohdichte. So kann z. B. eine gute Wärmeleitfähigkeit nur in einem Stein vorhanden sein, wenn er viel Siliciumcarbid enthält und eine hohe Dichte besitzt.

Die Abriebfestigkeit der einzelnen SiC-Körner kann nur zur Wirkung kommen, wenn die Körner fest genug eingebunden sind. Schließlich wird die gute Feuerfestigkeit des Siliciumcarbids nur ausgenutzt, wenn die Bindung mindestens ebenso feuerfest eingestellt wird, d. h. die Bindung bestimmt ausschlaggebend die Feuerfestigkeit des Erzeugnisses. Je nach der Zusammensetzung ist selbstverständlich auch die Aufbereitung – Mischfolge und Mischzeit – zu variieren. Die angeführten Hauptziele der Aufbereitung müssen aber in jedem Fall gewahrt bleiben: Die Umhüllung der Körner und die optimale Rohdichte. Ferner ist es Aufgabe der Aufbereitung, dafür zu sorgen, daß die Rohmischung gut verarbeitbar und trockenbar ist. Feines und feinstes Siliciumcarbid sind in Fertigerzeugnissen nur dann empfehlenswert, wenn gleichzeitig ein „Glasbildner" der Masse beigegeben wird (s. Kap. 8).

Ausschlaggebend für die Qualität sind genau zu ermittelnde Mischfolge und Mischzeiten. Hier bewirken kleine Abweichungen, Nichteinhaltungen der Vorschriften, oft schon deutlich erkennbare Differenzen in der Rohdichte und in der Umhüllung des SiC-Kornes im fertigen Produkt. Eine nicht gleichmäßige Verteilung der Bindemittel oder anderer Komponenten kann zu einer minderwertigen Qualität des fertigen Produktes führen. Häufig wird so vorgegangen, daß die grobe Körnung in den laufenden Mischer eingegeben wird. Nach 2 bis 3 Minuten Mischzeit wird das Korngemisch mit Wasser angefeuchtet, dann erfolgt die Tonzugabe. Das ist ein ganz entscheidender Zeitpunkt in der Aufbereitung. Das SiC-Korn muß weitgehend umhüllt werden, damit die Reaktionen während des Primärbrandes möglichst nach der Theorie ablaufen, d. h. die Mineralausbildung so vor sich geht, wie man sie vorausberechnet hat. Deshalb darf der Ton auch nicht einfach in den Mischer geschüttet werden, er muß vorher getrocknet und gemahlen sein und muß, das ist der sicherste Weg, in den Mischer eingesiebt werden. Auch die Zugabe von vorher geschlickertem Ton, der Tage gemaukt hat, wird praktiziert. Bei besonders vorsichtiger Aufbereitung wird in zwei Mischern gearbeitet. In einem wird das SiC-Korn gemischt, in dem anderen die Tonkomponente, eventuell unter Zusatz von feinem SiC-Korn. Es wird jede Fraktion für sich angefeuchtet, der Ton usw. in entsprechenden Mengen eingesiebt, und zwar in den laufenden Mischer, und die so vorgemischten Fraktionen werden schließlich in den Endmischer zur endgültigen Mischung der Charge aufgegeben.

Die Mischzeit muß so bemessen sein, dies ist durch Versuche einfach zu ermitteln, daß der Feinanteil partiell in die Umhüllungsschicht des Grobanteils eingedrückt wird. Damit kommt zum Ausdruck, daß nicht jeder Mischer den exakten und vor allem homogenen Mineralbestand gewährleistet. Der Mischer muß eine gründliche Durchmischung bieten, gleichzeitig aber auch – und das besonders in den letzten Minuten der Aufbereitung – einen gewissen Druck auf die Körnung und deren Umhüllung ausüben. Der Mischer wird nach Abschluß des eigentlichen Mischvorganges entleert, die Masse ist auch dann immer noch nur bedingt preßbar. Eine Maukzeit ist erfahrungsgemäß, einerlei welche Menge Ton zugegeben wurde, unerläßlich. Bei Zugabe von verschlickertem Ton ist diese Maukzeit im allgemeinen geringer als bei Verwendung von nicht verschlickertem Ton. Auffallend ist, daß das Mauken auch bei tonfreien Massen zu einer besseren Verarbeitbarkeit führt.

5.3.1 Verunreinigungen der Massen durch die Aufbereitung

Schon bei der Lagerung von Siliciumcarbid können Verunreinigungen in das Material kommen, die das Fertigerzeugnis unverkäuflich machen. Hier ist in erster Linie das Lagern auf Beton zu erwähnen. Dieser Vorgang ist vorzugsweise bei stückig angeliefertem Siliciumcarbid zu beobachten. Beim Lagern auf Beton und Abtransport mit Schaufelladern läßt sich kaum vermeiden, daß kleine Betonstückchen in das Siliciumcarbid gelangen. Man findet sie wieder im Fertigerzeugnis als Ausschmelzungen bzw. Löcher. In den hellen Randzonen der Löcher ist der CaO-Gehalt deutlich erhöht.

Eine weitere Verunreinigung die zu Ausschuß führt, ist Eisen. Es kommt oft in das Siliciumcarbid durch die Zerkleinerung. Bemerkbar wird solches Eisen durch dunkelbraune bis schwarze Schmelzflecke und Löcher. Eine Verunreinigung durch Eisen tritt weiterhin beim Verformen von SiC-Massen durch Formenabrieb, d. h. Anreicherung von Fe auf der Außenfläche der Steine ein. Eine Glasur auf diese Art und Weise erzeugen zu wollen, ist möglich, aber etwas kostspielig. Sie entsteht auch nur an den Stellen, an denen ein Reibeffekt beim Preßvorgang eintritt. Soll eine solche „Glasur" auf den Steinen erscheinen, muß Fe – z. B. als $FeSO_4$ – der Masse gezielt zugegeben werden.

MgO, nicht extrem gleichmäßig verteilt und dazu in Mengen von über 0,5%, wirkt im allgemeinen ähnlich wie CaO. Die Lagerung von Siliciumcarbid in der Nähe von Magnesit führt meistens zu schweren Schäden, denn Magnesitstaub wirkt auf Siliciumcarbid beim Brand zerstörend. Im Zusammenhang mit Magnesit sei auch die korrosive Wirkung von MgO-Dämpfen auf feuerfeste SiC-Erzeugnisse erwähnt. Dies läßt sich anhand eines einfachen Versuches beweisen: Wenn ein SiC-Erzeugnis, einerlei ob mit 90, 75 oder 50% SiC-Gehalt, durch einen Ofen geschickt wird, in dem üblicherweise Magnesitsteine gebrannt werden, kommt auch bei einem Brand $< 1500°C$ in jedem Falle eine schaumig-porige Masse aus dem Ofen. Das Format des SiC-Steines, den man in den Ofen gegeben hat, ist je nach Länge des Ofens und der Brenntemperatur kaum mehr wiederzuerkennen.

5.4 Die Verformung

5.4.1 Allgemeines

Die Verformung kann nach ganz unterschiedlichen Arten erfolgen; Pressen, Rüttelpressen, Stampfen, Gießen u.a.m. Welche Art angewendet wird, ist von vielen Faktoren abhängig, z. B. von der herzustellenden Stückzahl. Nur bei relativ großen Stückzahlen ist die Herstellung einer Preßform wirtschaftlich. Bei geringerer Stückzahl wird man billigere Handformen bauen. Das sind Holzformen, die an den Flächen mit Blech beschlagen sind die mit der Masse in Berührung kommen. Je nach der zu verformenden Stückzahl variiert die Blechstärke. Nur bei sehr geringen Stückzahlen kann ohne Blechbeschlag verformt werden.

Durch die große Härte und die scharfkantigen Körner ist der Formenverschleiß bei der Herstellung von SiC-haltigen Erzeugnissen natürlich extrem groß. Man kann ihn nicht mit dem Verschleiß bei anderen Feuerfest-Materialien, z. B. Magnesit oder Schamotte, vergleichen. Ferner ist der Verschleiß der Preßformen auch deutlich abhängig von dem verwendeten Preßdruck; niedriger Druck bringt niedrigen Verschleiß. Bei Stückzahlen von einigen Tausend kann eine Preßform aus Hartmetall wirtschaftlich sein.

Welches Verformungsverfahren angewendet wird, hängt ferner weitgehend vom Format ab. Komplizierte Formate wird man zum Teil wegen der teuren Preßform besser handformen. Formsteine lassen sich oft aus geometrischen Gründen, Durchführungen, Rundungen usw. gar nicht pressen, manche nicht einmal im Handformverfahren herstellen. Dann muß je nach der zu verarbeitenden Masse im einfachen

Schlickerguß oder im Rüttelgießverfahren gegossen werden. Bei letzterem wird während des Gießens die Masse in der Gipsform – der billigste Formenbau – gerüttelt. Das Rüttelpressen wird auch oft dann angewendet, wenn hohe Rohdichten verlangt werden.

Die Art der Verformung hat selbstverständlich auf die technischen Daten des Fertigerzeugnisses einen wesentlichen Einfluß. Beim Pressen, besonders wenn hohe Drücke angewendet werden, tritt häufig auch eine Nachzerkleinerung der Körner ein, wie bei den meisten feuerfesten Materialien. Beim Siliciumcarbid kann die Nachzerkleinerung aber je nach Kornform im allgemeinen vernachlässigt werden. Das einzelne Korn ist an sich zu fest, außer, wenn durch die vorherige Zerkleinerung schon Risse vorgebildet waren. Aber auch dieser Fall spielt beim Siliciumcarbid in diesem Zusammenhang eine relativ untergeordnete Rolle. Viel wichtiger für die technischen Daten bzw. die spätere Verwendung ist die durch die Verformung erzielte Verteilung der Körner und des Bindemittels, ganz besonders bei plattenförmigen Steinen. Von der Aufbereitung her ist jedes SiC-Korn mit tonigem nicht SiC-haltigen oder nur mit feinstem Siliciumcarbid versetzten Material weitgehend umhüllt. Selbstverständlich werden beim Pressen und Handstampfen diese Hüllen beschädigt. Bei ausreichendem Preßdruck wird das tonige Material so zwischen die SiC-Körner gepreßt, daß die Körner dennoch umhüllt sind. Bei nicht ausreichendem Preßdruck bleiben Beschädigungen der Hüllen erhalten. Der einzustellende Verformungsdruck ist bei Preß- und Rüttelpreßmassen einfach zu ermitteln, schwierig wird dies bei Verformung durch Hand. Hier muß Erfahrung helfen, die Verdichtung in g/cm^3 muß vorgegeben werden. Bei den Gießverfahren bestehen diese Probleme nicht. Hier ist die Klebewirkung und Umhüllung der Körner besonders durch den meistens hohen Tonanteil immer gegeben.

5.4.2 Massen, die nicht verformt werden („Ungeformte Erzeugnisse")

Ein beachtlicher Anteil der feuerfesten SiC-Produktion wird nicht verformt. Die Massen mit 90% bis herunter zu geringen Prozentsätzen an Siliciumcarbid werden aufbereitet wie bei den geformten Erzeugnissen (Körnungsaufbau – Bindemittel – Klebemittel usw.), dann aber ohne weitere Verformung verpackt oder unverpackt, angefeuchtet oder trocken, zur Verwendungsstelle gebracht.

Die Stampf-, Gieß- oder Spritzmassen werden auf der Baustelle erst verformt. Die Bezeichnungen sagen schon aus, wie sie verformt, d. h. eingebracht werden. Bei den beiden erstgenannten Verfahren ist in fast allen Fällen eine Verschalung, wie bei der Betonverabeitung, nötig.

Im Falle der Spritzmassen werden die Massen mit einer Spritzmaschine mittels Preßluft aufgespritzt.

Die Massen unterscheiden sich untereinander vor allem im Wassergehalt und in der Art der Bindemittel, die sie enthalten. Entsprechend ist im Gebrauch mit unter Umständen ganz unterschiedlichen Ausbildungen des Mineralbestandes, der Mineralien und der Porosität zu rechnen, ganz abgesehen von der Dichte und den anderen physikalischen Daten.

Die ungeformten feuerfesten Erzeugnisse werden üblicherweise nach dem Verwendungszweck eingeteilt:

1. Mörtel – Verfugungsmaterial
2. Anstrichmassen
3. Bau- und Reparaturmassen

3.1 Stampfmassen
3.2 Plastische Massen (meist vorgeformte Batzen)
3.3 Spritz-, Anwurf- und Schüttmassen
3.4 Hydraulisch abbindende Massen (Feuerbetone)

Eine weitere Einteilung erfolgt nach der Art des Abbindens bzw. Erhärtens: Keramische Bindung – hydraulische Bindung – chemisch-keramische Bindung – organische Bindung.

Ungeformte SiC-Erzeugnisse sind im wesentlichen Mörtel, Stampfmassen, Spritz- und Anwurfmassen mit keramischer, chemisch-keramischer und gelegentlich auch organischer Bindung. Bei der Art und Menge der Bindung, die verwendet wird, ist zu berücksichtigen, daß diese Massen im Gegensatz zu den geformten Erzeugnissen ungebrannt eingesetzt werden. Dadurch treten selbstverständlich im Temperaturgefälle, von der Feuerseite zur kalten Seite, große Eigenschaftsunterschiede auf. Ganz speziell sei hier an die Rohdichte und die Festigkeit im Vergleich zu gebrannten Steinen erinnert. Die Art und Menge der Bindung muß dementsprechend eingestellt sein. Ein Beispiel einer SiC-haltigen Masse wird in der Auslegeschrift [113] angeführt:

Stampfmasse für Hochofenabstichrinnen und -füchse

20–60	%	Pyrophyllit
5–30	%	Siliciumcarbid
6–20	%	plastischer Ton
5–25	%	Quarzit
5–15	%	Hartpech als kohlenstoffhaltiger Binder, ohne die Bestandteile, die bei Betriebstemperatur flüchtig werden,
		Wasser in zur Erzielung optimaler Dichte geeigneter Menge

Wie andere feuerfeste Steine, so werden auch SiC-Steine in der Regel mit Mörtel verlegt; selten trocken, d. h. fugenlos. Die Mörtel sollen möglichst eine Zusammensetzung haben, die der Steinzusammensetzung nahekommt. Vielfach wird der Mörtel etwas tiefer sinternd als die Steine gewählt, um eine möglichst innige und auch weitgehendst abdichtende Verbindung zu erhalten. Im Falle des SiC-Mörtels ist das nicht immer möglich, denn feines Siliciumcarbid – die maximale Korngröße von Mörtel ist im allgemeinen unter 1 mm – wird schneller zersetzt, besonders auch dann, wenn die Ofengase leicht an die einzelnen Körner gelangen können. Der Mörtel ist ja nicht verdichtet wie ein Stein und deshalb wesentlich gasdurchlässiger. Aus diesen Gründen wird Siliciumcarbid vielfach mit Sillimanit-Mörtel oder gar mit Sillimanit-Kitten vermauert. Der Nachteil dabei ist, daß die Wärmeleitfähigkeit des Mauerwerks gemindert wird, was aber in den meisten Fällen nicht sehr ins Gewicht fällt.

Im Kornaufbau unterscheiden sich ungeformte Erzeugnisse teilweise von den geformten Erzeugnissen. Oft muß ein Kompromiß geschlossen werden zwischen der Anforderung an die Masse während des Gebrauches und der Verarbeitungsart (Einbringungsart).

5.4.3 Pressen (maschinelles Verformen, diskontinuierlich)

Die in der Feuerfest-Industrie üblichen Pressen sind: Hydraulische Pressen – Friktionsspindel-Pressen – Kniehebel-Pressen – Rüttel-Pressen – Ramm-Pressen.

Für das Verpressen von SiC-Massen werden sie alle eingesetzt. Es kann gesagt werden, daß Rüttel-Pressen höchste Verdichtung ergeben und ferner, daß gerade bei Siliciumcarbid der maximal mit der Presse erreichbare Preßdruck nicht immer der günstigste ist. Das Maximum entspricht wie so oft nicht dem Optimum.

Wichtig ist beim Pressen, die in die Masse eingeschlossene Luft entweichen zu lassen, sei es durch langsamen Druckanstieg oder durch ein- oder mehrmaliges Vorpressen (Entlüftung). Wird dies nicht beachtet, entstehen häufig Preßlagen und Risse. Wird die Masse zu trocken verpreßt, entsteht kein Zusammenhang, die Steine sind dann zu locker. Bei zu nasser Masse entstehen Lagenrisse; das sind alles Preßfehler, die die Steine unverwendbar machen. Hohe Feuchte ergibt auch leichte Knotenbildung in der Masse.

Von Bedeutung ist die Gleichmäßigkeit der Rohdichte der Steine. Die Beziehung zu den anderen technischen Daten ist einfach, so ergibt eine unterschiedliche Verdichtung Spannungen im Stein und damit schlechtere Temperaturwechselbeständigkeit. Besonders bei großformatigen Steinen muß mit Ungleichmäßigkeiten gerechnet werden. Großformatige Steine werden deshalb gerne gerüttelt, d. h. eine Masse wird während des Preßvorganges zusätzlich vibriert. Die Gefahr der Lagenbildung ist dabei geringer als bei einfachem Pressen.

Die Dosierung der Masse für die einzelnen Steine zum Pressen kann volumetrisch, aber auch, und das ist wohl bei den hochwertigen Materialien wie Siliciumcarbid meistens der Fall, gravimetrisch erfolgen.

Das Pressen ergibt die maßgenauesten Steine, weil infolge der niedrigen Feuchte kaum eine Trockenschwindung eintritt und die Steine wiederum infolge der niedrigen Feuchte keine oder nur geringe Elastizität aufweisen (Durchbiegung). Beim Handstampfen kann es sein, daß eine Form etwas überstampft wird und ferner die obenliegende Fläche – die Abstrichfläche – nicht glatt und gerade wird.

Für komplizierte Formate empfiehlt sich im allgemeinen das Rüttelpressen. Die Qualität ist vielfach besser – gleichmäßiger – als bei der Verformung von Hand.

5.4.3.1 Rüttelpressen

Es ist ein für die Verformung von SiC-Erzeugnissen häufig angewendetes Ververfahren. Rüttelstärke (Amplitude und Frequenz) und Rüttelzeit sind auch hier auf die jeweilige Masse einzustellen. Es gibt ein deutliches Optimum. Aus zu geringer Rüttelzeit resultiert eine zu geringe Verdichtung, aus zu langer Strukturfehler im Stein. Diese machen sich oft bemerkbar durch Schichtungen im Gefüge, in extremen Fällen treten sogar klaffende Spalten auf.

5.4.4 Strangpressen (maschinelles Verformen, kontinuierlich)

Die fertig aufbereitete Masse wird durch die Strangpresse, eine kontinuierliche Presse, verdichtet und durch das Austrittsende der Presse, das sogenannte Mundstück, auf eine bestimmte Form gebracht. Vor der eigentlichen Strangpresse werden die Massen, wenn hohe Dichten erreicht werden sollen, evakuiert. Nach dem Austritt aus dem Mundstück wird der geformte Strang in die gewünschten Längen geschnitten. Wird über einen Dorn gezogen, so können Rohre produziert werden. Durch den Ziehvorgang – langes Gleiten an der Preßwand – entstehen leicht Texturen in den keramischen Scherben. Die oft etwas tafeligen SiC-Körner neigen dazu, sich zu orientieren. Sie richten sich parallel zur Ziehrichtung ein und liegen häufig blank außen auf den Strängen, die schützende Tonhülle ist abgerieben.

Dieses Verformungsverfahren wird z. B. angewendet zur Herstellung von Rekuperatorrohren mit unterschiedlichen SiC-Gehalten sowie auch zur Herstellung von kleinen Röhrchen, wie sie in der Meß- und Regeltechnik gebraucht werden. Daß der Formenverschleiß hier eine ganz wesentliche Rolle spielt, bedarf keiner besonderen Erwähnung. Es muß daher je nach dem Material des Mundstücks mit mehr als üblich Eisen auf dem SiC-Erzeugnis gerechnet werden. Die Folge davon ist die leichtere Glasurbildung, die einerseits einen Schutz darstellt, andererseits je nach Verwendung eine SiC-Zersetzung fördern kann. Oft ist die Glasur unerwünscht. Es gibt Anwendungsfälle, bei denen mit Flugstaub gerechnet werden muß. Bei höheren Temperaturen kann die Glasur für den Flugstaub wie ein „Fliegenfänger" wirken, der sich auf dem SiC-Material, d. h. auf der Glasur, aufbaut. In Rekuperatoren kann dies zu Verstopfungen der Rohre führen.

5. 4. 5 Stampfen (Verformung von Hand)

Heutzutage werden SiC-Handformsteine mit Vibrationshämmern oder sogenannten Hupfern verformt. Die Vibrationshämmer erzeugen eine Vibration, die zur Verdichtung führt. Der Hupfer ist der eigentliche Stampfhammer, der durch wenige, aber höhere und festere Schläge die Masse verdichtet. Die Stampf- und Vibrationsfüße haben eine Größe, die sich nach dem herzustellenden Format richtet: bei SiC-Platten sind es im allgemeinen 5 mal 5 cm. Bei der Herstellung von dünnwandigen Teilen sind die Hämmer – Füße – entsprechend kleiner, z. B. 1 mal 5 cm. Bei der Herstellung dünnwandiger Rohre müssen sie auch noch entsprechend dem Rohrumfang gekrümmt sein. Daß diese Art der Verdichtung nicht die Gleichmäßigkeit bringen kann wie ein maschinelles Verfahren, ist bekannt. Die Handverformung erfordert in jedem Falle, und gerade bei hochwertigen Erzeugnissen wie Siliciumcarbid, eine große Erfahrung des Formers.

5. 4. 6 Gießen

Viele Formate lassen sich aus verschiedenen Gründen nicht pressen und nicht handstampfen. Gelegentlich sind die geforderten Stückzahlen so klein, daß sich die Anfertigung einer Preßform nicht als wirtschaftlich erweist oder es muß unter allen Umständen eine besonders glatte Oberfläche des Erzeugnisses vorliegen. In allen diesen Fällen werden auch SiC-haltige Produkte im Schlickergießverfahren hergestellt. Meist handelt es sich um dünnwandige Teile wie Tiegel, Rekuperatorrohre oder ähnliches sowie um komplizierte Formen.

Der Körnungsaufbau der Gießmassen entspricht etwa dem der Massen für andere Verformungsarten, mit der Einschränkung, daß meistens ein höherer Tonanteil in diesen Gießmassen vorliegt, nämlich 20 bis 30%. Diese großen Mengen an Ton beeinträchtigen natürlich die Stein-Eigenschaften. In letzter Zeit war man deshalb bestrebt, mit viel geringeren Tonmengen Schlicker herzustellen (z. B. unter 10%).

Der Wassergehalt in den Gießmassen richtet sich nach dem Tonanteil und nach der Viskosität, mit der vergossen werden soll. Um möglichst wenig Wasser zu gebrauchen, werden Verflüssigungsmittel zugegeben. Die am meisten verwendeten Verflüssigungsmittel sind wohl Wasserglas und Soda, letzteres um die Stabilität des Schlickers zu erhöhen.

Beim Gießen ist natürlich die bei der Verarbeitung von Siliciumcarbid immer wieder gestellte Forderung an die Aufbereitung, jedes SiC-Korn möglichst gut mit Ton bzw. mit Bindemittel zu benetzen und somit zu umhüllen, am ehesten zu erfüllen. Andererseits erreichen die Rohdichten natürlich nicht die Höhe der von gepreßten Erzeugnissen. Zwei 70%ige Erzeugnisse sind in Tab. 36 gegenübergestellt.

Tabelle 36

		gepreßt	gegossen
Rohdichte	g/cm^3	2,40– 2,45	2,30– 2,35
Gesamtporen	%	18 –20	23 –26
Wasseraufnahme	%	7 – 8	9 –11
offene Poren	%	17 –19	22 –25
TWB (s. auch Tab. 38)		gut	gut

Die Unterschiede der Rohdichten rühren zum Teil auch von den anderen Nicht-SiC-Komponenten her, z. B. kann es Schamotte sein, dann wird die Rohdichte niedrig, es kann aber auch Korund sein, dann wird die Rohdichte hoch sein. Gerade aus diesem Grunde und weil die Brenntemperatur einen ganz wesentlichen Einfluß hat auf die technischen Prüfdaten sind in obigem Fall keine Festigkeitswerte angeführt.

Beim Gießen feuerfester SiC-Teile kommen zwei Verfahren hauptsächlich zur Anwendung:

a) das einfache Schlickergießen,

b) das Rüttelgießen.

Siliciumcarbid selbst, als völlig unplastischer Rohstoff, muß als Feststoff bezeichnet werden, im Gegensatz zu den plastischen, erst das Schlickergießen ermöglichenden Materialien. Zu letzteren gehören Tone (Kaoline). Ferner hat man heute eine große Auswahl von Verflüssigungsmitteln zur Verfügung, die ganz entscheidend die Verflüssigung der Massen bestimmen bzw. sie erst ermöglichen. Die Verflüssigungsmittel, zum Teil auch Plastifizierungsmittel, sind auf die verwendeten Tone (Kaoline) abzustimmen bzw. umgekehrt. Es gibt sehr viele verschiedene solcher „Hilfsmittel". Hauptgrundstoffe sind häufig Humine.

Die Fließeigenschaften der Tone sind ausschlaggebend beim Schlickergießen. Eine auch für den Praktiker gute Zusammenstellung der wichtigsten Fakten der Rheologie gibt Salmang/Scholze [122].

Für beide angeführte Gießverfahren gilt das eben Gesagte in gleicher Weise. Das einfache Gießverfahren basiert auf einer leicht laufenden, mehr oder weniger flüssigen Masse, das Rüttelgießverfahren dagegen auf einer mehr zähen, breiigen. Letztere muß, um eben die Gießform auszufüllen, noch zusätzlich gerüttelt – vibriert – werden. Sie ist so zäh, daß das Rütteln nötig ist, um auch den letzten Winkel der Gießform auszufüllen und um einen bestimmten Dichtewert im Fertigerzeugnis zu erreichen.

Wann welches Verfahren angewendet wird, bleibt dem Hersteller solcher Teile überlassen bzw. ist abhängig unter anderem von der zugesetzten Menge an plastischem, gießfähigem Material. Es kann nur ganz generell gesagt werden: bei Verwendung von viel Ton wird man das Schlickergießverfahren vorziehen. Ist der Ton im Fertigprodukt von Nachteil, sollte man das weniger Ton erfordernde Rüttelgießverfahren anwenden.

Die Tonmenge geht selbstverständlich zu Lasten des SiC-Gehaltes. Man kann heute schon den Anteil der Tonsubstanz durch verschiedene Hilfsmittel auf unter 10% reduzieren. Diese Feststellung gilt ganz allgemein, nicht nur für SiC-Massen. So werden z. B. heute mit den zur Verfügung stehenden Verflüssigungsmitteln Massen vergossen mit Tongehalten von 3,5%. Das ist von großer Bedeutung, wenn man bedenkt, daß durch entsprechende Reduzierung des Tonanteils der SiC-Gehalt erhöht werden kann und damit Eigenschaften wie Wärmeleitfähigkeit usw. verbessert werden.

Beim Gießen, besonders beim Rüttelgießen, muß der glatten Korn- bzw. Kristalloberfläche des Siliciumcarbids Rechnung getragen werden. Das SiC-Korn muß möglichst vom Bindemittel eingehüllt bleiben, was gerade beim Rüttelgießen schwierig ist. Es sitzen oft glänzende SiC-Körner außen auf dem Gießstück. Sillimanit, Schamotte und andere feuerfeste Grundstoffe haben rauhere und porösere Körner, wodurch ein Haften des Bindemittels leichter gegeben ist.

Der Begriff des Maukens spielt bei den Gießmassen eine noch wichtigere Rolle als bei den Handform- und Preßmassen. Die Plastizität und das Fließverhalten werden durch Mauken unter Umständen ganz entscheidend beeinflußt. Die besten Plastifizierungs- und Verflüssigungsmittel können den noch nicht bis in alle Einzelheiten bekannten Maukprozeß keineswegs ersetzen. Verflüssigungswerte, ermittelt mit dem Auslaufviskosimeter, geben Aufschluß darüber, ob eine Charge vergießbar ist oder nicht. Es wird bei der Ermittlung der Verflüssigungswerte die Zeit bestimmt, die eine bestimmte Menge Ton oder fertige Masse benötigt, um durch eine genau dimensionierte Düse zu laufen. Die so ermittelten Zeiten unterscheiden sich je nach Eigenschaften der Tone und Tonmengen oft sehr deutlich. Selbstverständlich können hier keine allgemeingültigen Zahlen angegeben werden, um die Brauchbarkeit solcher Viskosimeterversuche zu demonstrieren. Als Beispiel sei angegeben: Ein Ton mit 8 sec Durchlaufzeit ist vergießbar, wobei aus Erfahrung ein zulässiger Bereich von 6 bis 10 sec bekannt ist, hat der Ton Durchlaufzeiten, die darunter oder darüber liegen, so ist er nicht vergießbar.

Die Herstellung von SiC-Gießmassen erfolgt im wesentlichen in drei Stufen:

1. Mauken der Tone (Kaoline)
2. Herstellung des Schlickers – Zusatz von Verflüssigungsmitteln usw.
3. Zugabe des fertigen Schlickers zu der SiC-Körnung bzw. umgekehrt und

nochmaliges gutes Durchmischen. Jedes SiC-Korn, ob groß oder klein, muß vom Schlicker gut umhüllt sein.

Es ist nahezu unerläßlich, daß die SiC-Körnungen schon vorher gründlich durchgemischt werden.

Das Vergießen erfolgt in Gipsformen. Der Gips saugt das Wasser aus den Massen und bringt das Formstück auf eine Feuchte, die ein Ausformen, d. h. ein Abnehmen der Gipsform nach Stunden oder Tagen gestattet. Bei dem Absaugen des Wassers tritt zwangsweise eine Erscheinung ein, die gerade für SiC-Formteile von Bedeutung ist. Das von der Gipsform eingesogene Wasser transportiert feinste Masseteilchen an die Oberfläche des Formlings. Diese Oberfläche wird dadurch besonders glatt und reich an tonigen oder anderen extrem feinen Teilchen. Die Oberfläche wird also arm an Siliciumcarbid bzw. anders ausgedrückt, das Siliciumcarbid befindet sich selten an der Oberfläche gegossener Teile, seltener als bei gepreßten oder gestampften Formstücken. Es wird somit im Gebrauch nicht so unmittelbar Ofengasen ausgesetzt, die unter Umständen zersetzend wirken können.

Gegossene Steine haben in bezug auf die SiC-Zersetzung einen weiteren Vorteil. Durch das Gießverfahren bedingt, entstehen im Formling vorzugsweise runde, geschlossene Poren, im Gegensatz dazu treten beim Stampf- oder Preßverfahren hauptsächlich offene Poren auf, die kanalartig sein können und ein Eindringen der Ofengase sehr leicht ermöglichen.

Die Kehrseite ist natürlich, daß geschlossene Poren schon beim Primärbrand einen Austausch der Ofengase mit den im Stein entstehenden Reaktionsprodukten nicht zulassen. Deshalb entsteht viel leichter ein Kern – der „schwarze" Kern – im Formling.

Die Eigenschaften gegossener feuerfester Teile unterscheiden sich von denen gepreßter und gestampfter Teile. So ist die Verdichtung nicht so hoch, entsprechend ist die Porosität höher. Die angeführte Tabelle (s. Tab. 36) gibt einige Daten an. Der Verdichtungseffekt, der beim Pressen und Stampfen sehr deutlich zu einem Optimum geführt werden kann, bleibt beim Vergießen weitgehend aus.

Das Rüttelgießen, besonders mit Tonanteilen unter 10%, zeigt schon wieder einen Verdichtungseffekt, und sei es nur durch das bessere Ineinandergleiten der einzelnen SiC-Körner. Andererseits treten hier dann die geschlossenen Poren zurück. Das kann soweit gehen, daß beim Rüttelgießen das Verhältnis der geschlossenen Poren zu der Gesamtporosität sich dem gepreßter und gestampfter Formteile nähert. In den sonstigen physikalischen Eigenschaften muß der gegossene Stein den gepreßten, abgesehen von sehr hoch verdichteten, bei gleichem SiC-Gehalt um nichts nachstehen.

5.5 Trocknung

Die Feuchte beläuft sich bei den gepreßten und gerüttelten Steinen auf 2 bis 4%, bei gestampften Steinen auf 5 bis 8% und bei gegossenen bis auf 20% und mehr. Die Steine sind im allgemeinen hoch verdichtet und haben auch mit Feuchtigkeit angereicherte geschlossene Poren, insbesondere gegossene Steine. Bei Temperatureinwirkung entsteht in solchen Fällen ein Überdruck, der zum Bersten der Erzeugnisse führen kann und in den meisten Fällen führen wird, d. h. die Feuchtigkeit muß vor dem Brand durch Trocknung entfernt werden. Je nach Dichte der Steine darf die Restfeuchte nach dem Trocknen nur 0,5–2% betragen. Die Rohdichte der Steine ist nur ein Richtwert, maßgebend ist der Betrag an Volumen geschlossener Poren. Hinzu kommt, daß ungetrocknete Steine oft nicht die Festigkeit besitzen, die für die Handhabung,wie das Setzen auf die Ofenwagen notwendig ist. Die Festigkeit steigt in den meisten Fällen mit der Trocknung.

Beim Trocknen sind Temperaturanstieg, Haltezeit auf maximaler Trockentemperatur und die relative Luftfeuchtigkeit zu beachten. Bei zuviel trockener Warmluft kann es leicht zu einem starken Austrocknen der Außenzonen einzelner Steine kommen und damit zu unterschiedlichen Trockenschwindungen zwischen Stein außen und Stein innen. Risse zwischen diesen Zonen sind das Ergebnis.

Oft tritt auch durch wandernde Klebemittel, z. B. Sulfitablauge, eine starke Abdichtung an der Steinaußenseite ein, besonders wenn die Steine lange luftgetrocknet wurden. Dann ist ein weiteres Austrocknen, wenn nicht ganz verhindert, so doch stark gebremst. Jedenfalls verlängert sich damit die Trockenzeit nicht unerheblich.

Eine gründliche Trocknung ist bei Siliciumcarbid von besonderer Bedeutung, weil eine gewisse Restfeuchtigkeit die Bildung des „schwarzen Kerns" fördert, in jedem Fall begünstigt Feuchtigkeit die Zersetzung des Siliciumcarbids. Die Endtrocknung hat bei über 110°C zu erfolgen.

Aber noch ein weiterer „schwarzer Kern" tritt bei schlechter Trocknung auf. Dieser „Feuchtigkeitskern" ist nicht auf SiC-Materialien beschränkt. Er betrifft alle schlecht getrockneten Feuerfest-Erzeugnisse. Bei weißen Steinen, z. B. Korund, ist er besonders gut zu beobachten. Es handelt sich um Rückstände aus den Klebe- bzw. Bindemitteln. Gelegentlich ist er kombiniert mit einem Riß im Steinzentrum, verschwindet aber beim Glühen unter Luftzutritt auf 1050°C (Abb. 33).

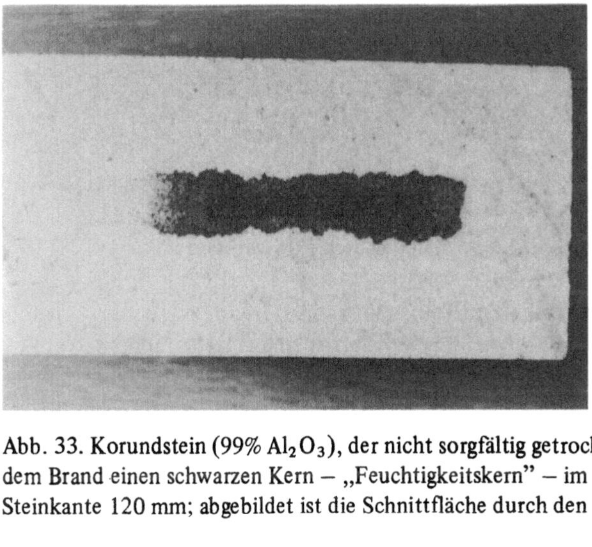

Abb. 33. Korundstein (99% Al_2O_3), der nicht sorgfältig getrocknet wurde und deshalb nach dem Brand einen schwarzen Kern – „Feuchtigkeitskern" – im Steininneren aufweist. Kurze Steinkante 120 mm; abgebildet ist die Schnittfläche durch den Stein

Nur am Rande sei eine „Kernbildung" in Magnesitsteinen erwähnt. Hier liegt ein reines Trockenproblem vor. Nur geht es hier nicht um freies Wasser, sondern um Magnesiumhydroxid, das sich bei unsachgemäßer Trocknung aus $MgO + H_2O$ schnell bilden kann. Dieses Hydroxid zerfällt und kann bei ca. 500°C zur Explosion der Steine führen.

5.6 Brand

Eine Vielzahl unterschiedlicher Typen von Brennaggregaten steht in der Feuerfest-Industrie zum Brennen der Erzeugnisse zur Verfügung. Es sind aber nicht alle Aggregate zum Brennen von Siliciumcarbid geeignet. Für die meisten feuerfesten Steine ist die Brennatmosphäre während des ganzen Brandes, was die Qualität des Fertigproduktes betrifft, nicht so kritisch, wie gerade für SiC-Produkte.

Durch den Brennverlauf und die Atmosphäre wird der Mineralbestand, die Ausbildung der Mineralien sowie die Benetzung der SiC-Körner durch die Silikate, besonders durch den röntgenamorphen Anteil, der zum Teil aus dem Siliciumcarbid entsteht, sehr stark beeinflußt.

Nach erfolgter Trocknung muß aus zwei Gründen bis ca. 1100°C langsam, das heißt weniger als 50°C/Stunde gefahren werden (Abb. 34):

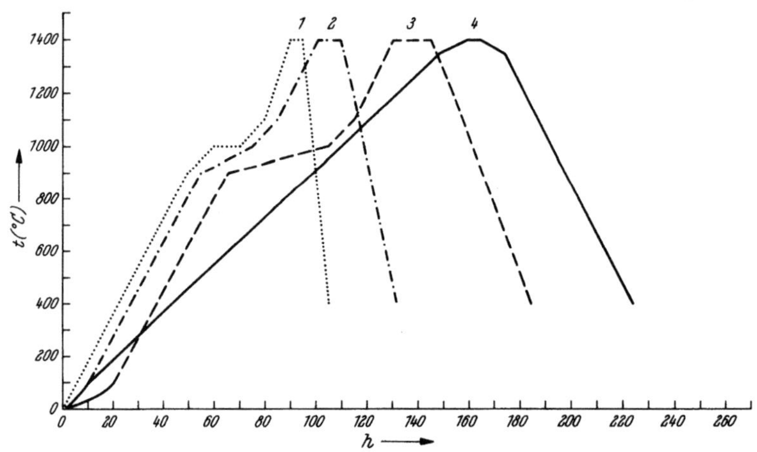

Abb. 34. Typische Brennkurven für SiC-Erzeugnisse. Alle Brennkurven sind deutlich abhängig vom verwendeten Brenner- bzw. Ofentyp. *1* für dünnwandige Teile, *2* für Teile mit mittlerer Wandstärke, *3* für dicke Teile, *4* zur besonderen Ausbildung der Begleitsubstanzen

1. Bildet sich häufig aus den Zusatzmitteln, trotz sorgfältiger Trocknung eine relativ dichte Außenhaut auf den Steinen. Diese Schicht verhindert eine vollständige Austrocknung. Die noch im Stein vorhandene Feuchte entweicht dann beim Beginn des Brandes unter Umständen explosionsartig; denn durch die erhöhte Temperatur entstehen, wenn Wasser vorhanden, beachtliche Drücke. Ganze Ofenwagenaufbauten können dadurch zusammenfallen. Was übrig bleibt, sind Teile dünner Außenpartien der Steine, das Steininnere ist zerkrümelt.

2. Der vom Siliciumcarbid als Rohstoff in die Steine eingebrachte Kohlenstoff – ebenso der durch die Bindemittel in die Steine eingebrachte – soll möglichst entweichen. Erfolgt das nicht, so sind später am fertigen Stein innere Zonen verschiedener Färbungen zu erkennen, das sind unterschiedliche Anreicherungen von Kohlenstoff. Im Extremfall treten starke Anreicherungen in sehr eng begrenzten Zonen auf, die dann auch zu Gefügestörungen führen. Das gleiche gilt für den Kohlenstoff und mit Einschränkung auch für das Si, die sich bei der SiC-Zersetzung bilden.

Vielfach wird der Temperaturanstieg bei 900°C bis 1000°C gestoppt und eine Haltezeit – um den Kohlenstoff auszubrennen – eingelegt. Dies ist nicht notwendig, wenn bis 1000°C ein entsprechend langsamer Temperaturanstieg eingehalten wird. Beide Prinzipien werden in der Praxis angewendet.

Bei der weiteren Brennführung über 1200°C ist darauf zu achten, daß die Auskristallisation der verschiedenen Mineralien wie gewünscht verläuft. Je nach den Ausgangsrohstoffen liegen die Mineralbildungsstadien in verschiedenen Temperaturbereichen.

Ein häufig beobachteter Bereich der Mullitbildung in entsprechenden Rohstoffkombinationen liegt zwischen 1350 und 1400°C. Durchläuft ein SiC-Produkt diesen Bereich relativ schnell, mit etwa 30°C pro Stunde, so erhält man fast immer einen feinnadeligen Mullit. Es sei hier eingefügt, daß gerade dieser Mullit – unter dem Mikroskop deutlich erkennbar – ein sogenannter Hohlkanal-Mullit (Abb. 41) ist [154]. Unter dem Mikroskop sieht man diesen inneren Kanal sehr oft. Er ist immer mit röntgenamorpher Phase ausgefüllt, die mit der den Mullit umhüllenden Glasphase in Verbindung steht. Setzt man den Temperaturanstieg in diesem Bereich geringer an, z. B. 5°C pro Stunde, so bildet sich der Mullit anders aus. Man erhält so mehr säulenförmig, prismatisch ausgebildete Kristalle.

Was nun für die Qualität eines SiC-Produktes günstiger ist, kann nicht generell entschieden werden. Will man, daß sich der Silikatanteil im SiC-Stein während des Gebrauches später stark verändert, so wird man die erste Brennkurve wählen, nämlich den Ofen zwischen 1350 und 1400°C schnell betreiben. Sieht man dagegen vor, daß sich die Silikatphase im Gebrauch weniger verändert, so wird man die zweite Brennkurve, die langsamere, wählen.

Die Maxima von SiC-Brennkurven schwanken entsprechend der verwendeten unterschiedlichen Rohstoffe. Auf jeden Fall liegen die Spitzen über 1300°C und unter 1600°C. Die weitaus meisten Steine werden mit Spitze zwischen 1350 und 1450°C gebrannt. Bei fast allen silikatisch gebundenen SiC-Produkten tritt etwa ab 1470°C ein „Aufkochen" der Oberfläche ein. Es entstehen dünnwandige Blasen, die im kalten Zustand abgerieben werden müssen. Ebenso ist die Haltezeit bei der Maximaltemperatur von verschiedenen Faktoren abhängig. Die Hauptrolle spielt hier die äußere Abmessung des Steines und der SiC-Gehalt. Ein dicker Stein benötigt mehr Zeit um durchgebrannt zu werden, als ein dünner. Auch der Abstand der einzelnen Steine untereinander auf dem Ofenwagen oder ganz generell die Menge an Steinmaterial im Ofen ist zu berücksichtigen (s. 6.1.2.1). Zu eng gesetzte Steine zeigen in diesem Fall die Auswirkung wie ein großer Stein.

Schließlich ist auch die Abkühlung wichtig. Die Mineralausbildungsbereiche werden hierbei „rückwärts" durchlaufen. Es kann dabei zu Wiederauflösungen oder zu verstärktem Wachstum von Mineralien kommen. Von besonderer Bedeutung ist beim Abkühlen in jedem Fall der röntgenamorphe Anteil, der als eine Art Glas betrachtet werden kann. Vom Glas her ist die Bedeutung des Abkühlens weithin bekannt. Nicht umsonst baut die Glasindustrie oft recht teure Kühlöfen, in denen das Abkühlen, vielfach verbunden mit einem Wiedererhitzen, genau gesteuert wird. Gerade wegen der sehr hohen Wärmeleitfähigkeit des Siliciumcarbids ist die Abkühlung von besonderer Bedeutung.

Den Extremfall beim Abkühlen von Glas stellt eine Glaskugel dar, die gleichmäßig von allen Seiten abgekühlt wird. Es entsteht zwangsläufig eine kalte äußere Hülle, darin befindet sich ein noch heißer Kern, der eventuell noch flüssig ist. Durch die Wärmedehnung muß das in den Zonen des unterschiedlich heißen Glases zu Rissen führen. Rasch, aber gleichmäßig abgekühltes Glas besitzt eine sehr hohe mechanische Festigkeit. Bei Verletzung der Außenhaut aber verliert es diese Festigkeit, es kann sogar zerfallen. Dabei bilden sich rundliche Körner. Man macht technisch von dieser Möglichkeit Gebrauch. Wichtig ist auch, die Spannungen in einem Glas zu erkennen, die durch das Kühlen entstehen. Sie müssen nicht unbedingt gleich zum Zerfall des Glases führen. In mancher Hinsicht lassen sich einige Erfahrungen aus der Glasindustrie auf den röntgenamorphen Anteil im SiC-Stein übertragen. Man muß nur berücksichtigen, daß beim Brand von SiC-Steinen in den Öfen eine sehr große Wärmemenge vorhanden ist, also die Abkühlung zwangsweise „langsam" vor sich geht. Es ist aber auch daran zu denken, daß eine Steinkante oder gar eine Steinecke immer schneller abkühlen muß als der Kern des Steines. Es wird keinesfalls immer erwünscht sein, einen daraus resultierenden unterschiedlichen Mineralbestand bzw. eine unterschiedliche Mineralverteilung zwischen Stein außen und Stein innen zu haben. Unterschiede im Mineralbestand bzw. in der Mineralverteilung – in Kantenzonen und Innenzonen der Steine – sind auch in anderen feuerfesten Materialien bekannt geworden [152].

Aus diesen Hinweisen geht hervor, daß ein Abkühlen oft ein Herunterheizen oder ein Abschrecken sein muß. Nach Erreichen des Endes der Haltezeit bei Maximaltemperatur darf der Ofen nicht einfach nur abgestellt werden. Das Abkühlen hat entscheidenden Einfluß auf die technischen Prüfdaten der Qualitäten und deren Haltbarkeit im Gebrauch. Dem letzten Teil der Brennkurve muß soviel Sorgfalt gewidmet werden wie den anderen Teilen.

5.6.1 Brennatmosphäre

Die Atmosphäre beim Brand von SiC-Erzeugnissen wird meist oxidierend mit einem Sauerstoffüberschuß von bis zu 4% eingestellt, seltener wird reduzierend gebrannt. Es bedarf keiner besonderen Erwähnung, daß die Atmosphäre wie auch die Temperatur über den ganzen Ofen gleich sein muß. Das Brenngut muß so gesetzt sein, daß die Brenngase überall gleichmäßig durchstreichen können, d. h. der Ofen muß, was Temperatur und Atmosphäre betrifft, vollkommen ausgeglichen sein. Ist das nicht der Fall, so können mehrere Fehler in den Steinen auftreten. Z. B. werden Steine unterschiedliche Mineralausbildung und Mineralverteilung erhalten. Ferner, und das ist typisch für SiC-Steine, wird der „schwarze Kern" auftreten. Dieser „schwarze Kern" ist zweifelsohne ein Fehler. Er ist ein Zeichen, daß bei der Produktion – nicht unbedingt vom Brand allein herrührend – etwas nicht nach Vorschrift verlief. Es soll aber auch betont werden, daß dieser „schwarze Kern" nicht zwangsläufig die Haltbarkeit der Steine im Gebrauch beeinträchtigen muß.

Ein silikatisch gebundener SiC-Stein muß eine glänzende Bruchfläche haben. Von dieser Faustregel gibt es nur wenige Ausnahmen. Durch Kohlenstoff oder auch – allerdings seltener zu beobachten – durch ungewöhnlich stark auskristallisierten röntgenamorphen Anteil, Cristobalit, kann ein matter, grauer Eindruck des ganzen Gefüges entstehen. Beides ist keinesfalls positiv für die Qualität zu werten. Diese Erscheinungen trennen das SiC-Korn von der eigentlichen Bindung oder stören die Umhüllung durch Risse. Die Festigkeit im kalten und heißen Zustand leidet darunter. Hat dieses Auskristallisieren des Glases zu Cristobalit schon beim Primärbrand eingesetzt, so kann mit einer gewissen Sicherheit vorausgesagt werden, daß die Steine im Gebrauch, besonders bei wechselnden Temperaturen, nicht die übliche Haltbarkeit erreichen werden. Es kommt dann zu einer rein mechanischen Zerstörung des einzelnen SiC-Kornes sowie der Bindung und damit des Steines.

Die Oberfläche des Siliciumcarbids spielt hier eine Rolle. Ein SiC-Korn hat z. B. durch die Kornzerkleinerung eine Spalte erhalten, in der sich Glas bildet (röntgenamorpher Anteil). Dieses kann beim Gebrauch des Erzeugnisses zu Cristobalit auskristallisieren (Volumenvermehrung). Kommen dann noch Temperaturschwankungen dazu, so wird durch die Wärmedehnung des Cristobalits die Spalte zwangsweise, wie durch einen Keil, weiter geöffnet, d. h. aufgetrieben (s. Kap. 8). Je nach der Verwendung und den Einsatzbedingungen (Temperatur) ist es demnach nicht immer richtig, unbedingt eine starke röntgenamorphe SiO_2-Schutzschicht um jedes SiC-Korn zu erzeugen. Ein zu langes Brennen kann durch die Bildung von mehr als üblich Cristobalit und sekundärem Siliciumcarbid – β-SiC – auch zu Gefügestörungen führen.

5.6.2 Der „schwarze Kern"

Das Aussehen von SiC-Steinen nach dem Brand kann sehr unterschiedlich sein. So sind 90%ige SiC-Steine meist dunkelgrau bis schwarz. In vielen Fällen wird eine dünne braune Glasur die Steine bedecken, im Inneren sind sie schwarzglänzend. Steine mit 70% Siliciumcarbid sind grau und haben selten eine Glasur (Abb. 35). Steine mit geringeren SiC-Gehalten dagegen entsprechen in der Farbe meist den anderen Hauptkomponenten, Schamotte oder Korund, und zwar innen und außen. Das Siliciumcarbid zeigt sich in seiner üblichen Farbe als grau-blaue bis schwarze Komponente. Zerschlägt man SiC-Steine, so ist gelegentlich eine Erscheinung bei allen SiC-Gehalten anzutreffen, nämlich die schon erwähnte Kernbildung. Das ist in erster Annäherung eine unterschiedliche Verfärbung des Steininneren gegenüber einer oder mehrerer Außenzonen. Den dunklen Innenteil des Steines nennt man „schwarzen Kern". Es treten verschiedene Farbtöne auf, von ganz matt schwarz bis braun und mehr oder weniger hellgrau. Die grauen Kerne sind meistens nur Andeutungen eines Kernes, die braune Farbe dagegen tritt häufig dann auf, wenn ein „schwarzer Kern" vorhanden war, der beim Abkühlen bzw. Abheizen oder auch bei einem zweiten Brand wieder ausgebrannt wurde (Oxidationsstufen von Eisenoxiden).

Die Farbe des Kernes (Abb. 36) ist bedingt durch freien Kohlenstoff und metallisches Silicium. Beides, Kohlenstoff und Silicium, sind Zerfallsprodukte des Siliciumcarbids. Schon durch den Primärbrand beim Hersteller tritt immer ein gewisser Abbrand an Siliciumcarbid ein. Es muß bei 90%igen SiC-Produkten mit einem SiC-Verlust von ca. 3% im Steininneren gerechnet werden. Diese Zahl ist stark abhängig vom Brand, der Brenndauer und der Temperatur.

Abb. 35. Bruchfläche eines SiC-Steines mit 75% Siliciumcarbid. Der Stein zeigt einen deutlich ausgeprägten „schwarzen Kern". Kurze Steinkante 65 mm

Abb. 36. Platte mit 90% Siliciumcarbid. Die Platte war senkrecht zur Schubrichtung des Tunnelofens gesetzt und dicht an dicht auf dem an drei Seiten umlaufenden Rand an andere Platten geschichtet. Am rechten Bildrand sind deutlich pockige Ausschwitzungen zu erkennen, d. h. die Platte ist überbrannt worden (rechte Bildseite = Brennernähe). Der weiße Belag ist faserig, sehr voluminöse Kieselsäure, ein Zeichen dafür, daß im Ofen zeitweise stark reduzierende Bedingungen herrschten. Diese Platte, obwohl nur 20 mm stark, zeigte einen deutlichen „schwarzen Kern". Kurze Plattenseite 250 mm

Im Auflichtmikroskop läßt sich einwandfrei in dem „schwarzen Kern" Kohlenstoff nachweisen. Der Nachweis von metallischem Silicium ist schon schwerer und meistens nur wegen der Feinheit der Partikel in Ölimmersion möglich. Vor allem aber auch, weil sich nicht immer mit Sicherheit das sekundäre Silicium unterscheiden läßt von dem im technischen SiC-Rohstoff primär vorhandenen. Die chemische Analyse hilft hier, wie in so vielen Fällen in der Keramik, nicht weiter. Das sekundäre Si sitzt vorzugsweise direkt am Rand der SiC-Körner, in der umhüllenden Glasphase eingebettet. Der Kohlenstoff im „schwarzen Kern" liegt als eine Art Tapete auf den Porenwänden und fein eingesprengt im röntgenamorphen Anteil vor.

Über die Ursache des „schwarzen Kerns" ist schon sehr viel diskutiert und veröffentlicht worden [26]. Grundsätzlich gilt: das Siliciumcarbid geht über in C und Si oder C und Si in Verbindung mit Sauerstoff (CO, CO_2, SiO, SiO_2). Bei allen auflichtmikroskopischen Untersuchungen konnte in den sogenannten schwarzen Kernen immer wieder freier Kohlenstoff als färbende Substanz und metallisches Silicium im „Glas" im weitesten Sinne nachgewiesen werden. Freier Kohlenstoff und Silicium sind praktisch in allen SiC-Steinen, die silikatisch gebunden sind, vorhanden, d. h. auch in Steinen ohne Kern. Dann aber nur in entsprechend geringen Konzentrationen.

In den Randzonen um diese Kerne, zu dem gesunden Steingefüge hin, kann hin und wieder makroskopisch an Bruchflächen eine Neubildung von Siliciumcarbid während des Primärbrandes beobachtet werden. Dieses sekundäre Siliciumcarbid ist nach Debye-Scherer-Aufnahmen kubisch. Meistens ist es bläulich, es sieht beim ersten Besehen chalcedonartig aus. Beobachtet wurde solche SiC-Neubildung schon in 90%igen SiC-Steinen, die bei 1350°C gebrannt wurden.

Da es sich bei den Kernen um Kohlenstoff handelt, neben metallischem Silicium, der sich meistens an den Porenwänden festsetzt, ist leicht zu verstehen, daß silikatisch gebundene Siliciumcarbiderzeugnisse oxidierend gebrannt werden müssen. Auch die Brennkurve muß wegen der Mineral- und der „Glasbildung" bzw. der Benetzung des Siliciumcarbids durch das Glas entsprechend ausgearbeitet werden. Die Abführung des Kohlenstoffs als CO und/oder CO_2 kann nur über offene Poren erfolgen. Die Herstellung von dichten hochprozentigen Steinen ist demnach, zumindest was die Brennkurve anbetrifft, relativ schwierig. Es ist ferner wichtig, daß der Brennverlauf (Temperatur und Atmosphäre) so gehandhabt wird, daß jeder Punkt der SiC-Steine von Temperatur und Atmosphäre möglichst gleichmäßig beaufschlagt wird, d. h. die Steine müssen locker auf den Ofenwagen gesetzt werden. Bei zu dicht gesetzten Steinen ergibt unter Umständen selbst die günstigste Brennkurve und Atmosphäre doch Kernbildung (Abb. 37).

Wenn im Zusammenhang mit dem „schwarzen Kern" innerhalb eines Steines auch alle Übergänge von gesundem Gefüge bis zu unbrauchbarem Gefüge vorkommen können, so sind doch zwei Hauptmerkmale für die Brauchbarkeit bzw. Nichtbrauchbarkeit der Steine beim Auftreten des „schwarzen Kernes" festzustellen:

1. Ein scharf abgesetzter Kern ist unbrauchbar, ein nicht scharf abgesetzter Kern meist brauchbar.
2. Ein matter Kern ist meist unbrauchbar, ein glänzender Kern meist brauchbar.

Beide Merkmale sind selbstverständlich nur an Bruchflächen erkennbar.

Bei Bränden, die so geführt werden, daß es zur Ausbildung „schwarzer Kerne" kommt, kann man immer wieder an irgendwelchen Ofenteilen oder direkt an den SiC-Steinen Ablagerungen weißer faseriger Kieselsäure beobachten (Abb. 36).

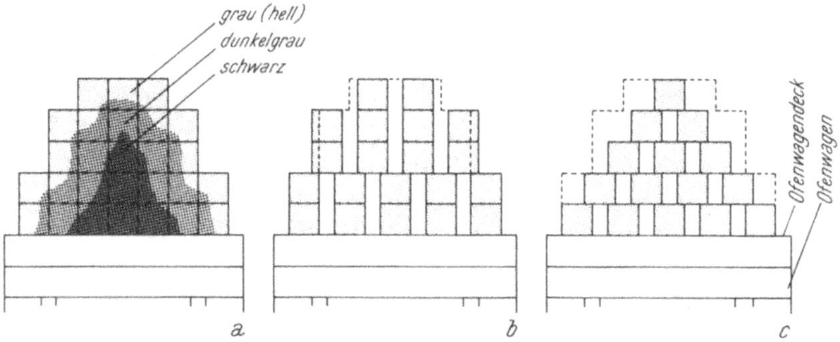

Abb. 37. a) Zu dicht gesetzt, Kernbildung durch mehrere Steine, die als ein Stein wirken, b) und c) Ofengase können jeden Stein ausreichend umspülen, keine Kernbildung. Tritt eine Kernbildung ein trotz guter Umspülung durch die Ofengase, so kann das zwei Gründe haben: 1. die Ofenatmosphäre war nicht O_2-haltig genug, 2. die Verweilzeit der Steine in den Temperaturzonen der Mineralum- bzw. Neubildung – in Abhängigkeit von der Zusammensetzung – war kurz

5.7 Engobieren

Wesentliche Nachteile feuerfester SiC-Produkte sind die relativ leichte Zersetzbarkeit und das Streuen, d. h. das Herausfallen einzelner SiC-Körner aus dem Verband. Letzteres führt z. B. in der Porzellanindustrie zu Ausschuß des befallenen Brenngutes. Ferner wirkt sich die große Reaktionsbereitschaft (z. B. Kontaktreaktionen) mit einigen Elementen bzw. Oxiden, wie z. B. in der Ferrit-Industrie, nachteilig aus. Man kann diese Nachteile nicht in Kauf nehmen, will aber die gute Wärmeleitfähigkeit und die gute Festigkeit des SiC-Erzeugnisses auch bei hohen Temperaturen haben. Aus all diesen Gründen werden SiC-Produkte oft mit einer Deckschicht aus SiC-freien Materialien überzogen.

Praktiziert werden Deckschichten von wenigen Zehntel mm bis zu 3 bis 5 mm Stärke. Die Aufbringungsverfahren sind verschieden und die aufgebrachten Materialien unterschiedlich. Die einfachste Art ist die Aufbringung eines Anstrichs. Häufig wird dieses Verfahren in der Porzellanindustrie angewendet (s. 7.2.1.10). Eine „Schlempe" (streichfähige Masse) wird ganz einfach mit einem Pinsel, möglichst gleichmäßig, aufgetragen. Die „Schlempe" besteht im wesentlichen aus Tonerde und Kaolin, oft gibt man als Bindemittel Bentonit oder ähnliches zu. Leim in Mengen von unter 1% macht die Masse gut streichfähig und auch fester nach dem Trocknen. Die Masse muß selbstverständlich leicht in die Poren eindringen, und zwar so weit, daß sie gut haftet und nicht abblättert. Am günstigsten ist ein Anstrich auf vorgewärmte SiC-Erzeugnisse. Die so behandelten SiC-Teile werden kurz getrocknet und sind fertig für den Besatz mit Tellern, Tassen usw. So werden Kontaktreaktionen vermieden und wenn beidseits behandelt, d. h. wenn auch die Unterseite der Setzplatten behandelt wird, auch das Streuen.

Nach diesem oder ähnlichen Verfahren kann auch der Hersteller feuerfester SiC-Materialien seine Steine behandeln. Die Porzellanindustrie (Abb. 70) macht es nur deswegen häufig selbst, weil sie eine Anstrichmasse, ähnlich ihrem Porzellan, haben will und gelegentlich nachgestrichen werden muß. Häufig wird die „Schlempe" beim SiC-Hersteller auch aufgespritzt. Es ist ein Verfahren, das zeitsparender ist als das Aufstreichen. Auf kalte, besser auf warme – ca. 60°C – Platten wird ein- oder zweimal aufgespritzt. Die zweite Aufspritzung erfolgt nur dann, wenn nach der ersten noch Siliciumcarbid durchschlägt. Sollten diese Teile in irgendeiner Form beim Gebrauch auf Abrieb beansprucht werden, so muß der Hersteller sie vor Versand nachbrennen. Dieser zweite Brand zum Einbrennen der Schutzschicht erfolgt im allgemeinen bei niedrigeren Temperaturen als der Primärbrand. Temperatur und Brenndauer sind abhängig vom Aufbau der Anstrich- bzw. Spritzmasse. Enthält sie, wie oft praktiziert, noch etwas Feldspat, so genügen meistens Temperaturen von unter 1300°C. In der Porzellanindustrie schlagen SiC-Körner oft nach wenigen Bränden durch und der Anstrich muß wiederholt werden.

Dickere Schutzschichten werden erreicht, indem man sie bei der Herstellung der SiC-Erzeugnisse gleich mit einpreßt. Solche Platten, die ein- oder zweiseitig eine Schutzschicht haben, nennt man Sandwich-Platten (Abb. 72). Dieser Ausdruck charakterisiert diese Platten sehr gut. Das Pressen solcher Platten ist nicht einfach. Die Schutzmasse wird in die Preßform eingegeben und gleichmäßig verteilt. Darauf wird die SiC-Masse gefüllt, gleichmäßig verteilt und schließlich die Masse für die obere Schutzschicht eingefüllt. Daß hier die gleichmäßige Verteilung eine ausschlaggebende Rolle spielt sowie das Nachfüllen der 2. und 3. Schicht, bedarf wohl keiner näheren Erwähnung. Die Deckschichten sind bei insgesamt 20 mm Plattenstärke meistens zwischen 2 und 4 mm stark, je nach Verwendungszweck.

Wenn das Herstellen solcher Sandwich-Platten begreiflicherweise schwierig ist, so ist die Auswahl und die Zusammensetzung der Schutzmassen bestimmt nicht leichter. Siliciumcarbid darf nicht durchschlagen, die Schicht muß wirklich decken. Gleichzeitig sollte eine gewisse Reaktion mit der SiC-Kernschicht eintreten. Die Schichten müssen fest haften. Von ganz entscheidender Bedeutung ist daher die Abstimmung der Wärmedehnung zwischen der Deck- und Kernschicht. Ist eine Abstimmung nicht möglich, so hebt sich die Deckschicht meistens schon beim Primärbrand ab, zumindest treten Krakelee-Risse auf. Damit ist die Auswahl der zur Verfügung stehenden Materialien für Deckschichten und für den Aufbau der SiC-Kernschicht weitgehend eingeschränkt. Die gebräuchlichsten Materialien sind Schmelzkorund, Sinterkorund, Tonerde, seltener Zirkon und gelegentlich Zirkonoxid, die meisten davon in Verbindung mit entsprechenden Mengen Ton. Der Brand solcher Sandwich-Platten, 3-Schichten-Platten, muß natürlich allen beteiligten Rohstoffen Rechnung tragen. Ein normaler SiC-Brand ist nicht immer angebracht. Die Brennatmosphäre kann nicht mehr so leicht in den SiC-Kern eindringen und dort entstehender Kohlenstoff nicht mehr so leicht in Form von CO und/oder CO_2 abgeführt werden. Es kommt leichter zu Kernbildungen. Aber bei einer verlängerten Brennzeit, unter Umständen einem etwas erhöhten O_2-Gehalt, lassen sich auch solche Mehrschichtmaterialien einwandfrei brennen. Die Brenntemperatur liegt 20 bis 30°C unter der für SiC-Erzeugnisse üblichen.

Im Gebrauch kann beobachtet werden, daß Sandwich-Platten seitlich – also da, wo keine Engobe aufgebracht ist – ausschwitzen. Solange keine Tropfenbildung entsteht und kein Ankleben an der Nachbarplatte stattfindet, ist das Ausschwitzen ein Schönheitsfehler, der sich unter Umständen sogar positiv auswirken kann, nämlich dann, wenn zersetzungsfördernde Ofengase vorhanden sind.

Auch in anderen Fällen muß eine Engobe – Deckschicht – aufgebracht werden. Es können SiC-Muffeln – Dressler-Kammern (Abb. 65 a, 65 b) – im kritischen Temperaturbereich, 900 bis 1200°C, damit geschützt werden. Erfahrungsgemäß ist die SiC-Zersetzung bei Befeuerung mit Erdgas stärker als bei einer Befeuerung mit anderen Brennstoffen. Ein Anstrich bzw. eine Engobe wirkt hier bremsend.

Wenn Nachverbrennungen auf SiC-Materialien, z. B. kurz vor der Brennermündung bei Ölfeuerungen auftreten können, sollte vor dem Einsatz ein entsprechender Anstrich aus Korund oder Zirkon aufgebracht werden.

Übrigens ist Siliciumcarbid nicht das einzige Feuerfest-Material, das mit solchen Schutzschichten behandelt werden muß, um eine ausreichende Lebensdauer zu bekommen. So wird z. B. auch Korund durch Zirkon-Anstrich vor Nachverbrennungen und Reaktionen geschützt, besonders in Fällen, in denen mit Schweröl gebrannt wird.

Gelegentlich werden SiC-Stampfmassen, z. B. in Schmelzkammerkesseln, durch Anstriche geschützt, wobei diese Anstriche hauptsächlich aus α-Tonerde und/oder Zirkon bestehen. Der Wert solcher Anstriche in Schmelzkammerkesseln ist allerdings zweifelhaft.

5.8 Nachbearbeitung

Das Nachbearbeiten, d. h. Schleifen oder Sägen von hochprozentigen SiC-Erzeugnissen, ist in den meisten Fällen völlig unwirtschaftlich. Auch niedrigerprozentige SiC-Erzeugnisse sind schwer zu bearbeiten. Man versucht deshalb in allen Fällen von einer Nachbearbeitung Abstand zu nehmen.

Gelegentlich wird von Ofenbauern verlangt, daß die mit Mörtel in Berührung kommenden Flächen von Glasur frei sind. Dies trifft besonders für hochprozentige SiC-Steine zu. Die einzige Möglichkeit, das wirtschaftlich zu erreichen, ist, diese Fläche mit SiC-Körnung zu strahlen. Es ist nicht von der Hand zu weisen, daß diese bestrahlten Flächen, also von Glasur befreite Flächen, eine bessere Verbindung mit dem Mörtel eingehen.

Es gibt einen weiteren Weg, die Glasur zu entfernen, indem man SiC-Stein gegen SiC-Stein reibt, d. h. die Steine gegeneinander „scheuert". Dieser Weg ist selbstverständlich sehr arbeitsintensiv und damit meistens unwirtschaftlich.

Eine weitere Art der Nachbearbeitung ist das Zusammenkitten mehrerer SiC-Steine zu großen Blöcken im Sinne von Fertigbauteilen. Dies wird nur in seltenen Fällen praktiziert.

In der Feinkeramik wird oftmals in SiC-Rohre ein Tonerderohr eingekittet, um Kontaktreaktionen des Thermoelementes mit dem Siliciumcarbid zu verhindern.

Das wird nur praktiziert, wenn aus chemischen Gründen die Außenschicht Siliciumcarbid sein muß. Auch aus chemischen Gründen wird des öfteren auf diese Rohrkombination – innen Tonerde, außen Siliciumcarbid – noch ein Zirkonsilikatanstrich aufgebracht und eingebrannt (3-Schichtenrohre).

6. Untersuchungen und Prüfungen an feuerfesten SiC-Produkten sowie deren Aufbau und Eigenschaften

6.1 Untersuchungen bzw. Prüfungen an geformten Erzeugnissen

An SiC-Steinen werden auch die Untersuchungen – Ermittlung von Daten – durchgeführt, die bei feuerfesten Produkten allgemein üblich sind. Dabei ist eine Einschränkung zu machen: durch die große Härte des Siliciumcarbids werden zerstörende Prüfungen, die Sägen oder Bohren von Steinen voraussetzen, weitgehend vermieden. Das sind z. B. Prüfungen auf Kaltdruckfestigkeit, Druckfeuerbeständigkeit, Wärmedehnung. Ein Schnitt mit einer Diamantsäge durch einen 90%igen SiC-Stein kostet ein Vielfaches an Sägematerial von dem, was ein Schnitt durch einen Korundstein kostet, obwohl auch der Korund zu den harten Feuerfest-Materialien zählt. Nur in Ausnahmefällen sind solche Prüfungen bei SiC-Erzeugnissen zu vertreten.

6.1.1 Physikalische Untersuchungen

Im einzelnen werden nachstehende Prüfungen der Eigenschaften mehr oder weniger häufig an SiC-Fertigerzeugnissen durchgeführt.

1. Reindichte: Wird selten am fertigen Stein ermittelt.

2. Rohdichte: Wohl die am häufigsten durchgeführte Prüfung, allein schon, um die Gleichmäßigkeit der Produktion zu überwachen. Die Bestimmung der Rohdichte ist einfach durchzuführen.

3. Porosität: Die Ermittlung der offenen Porosität und der Wasseraufnahme wird häufig durchgeführt zur Kontrolle des Brandes. Seltener wird die Gesamtporosität ermittelt, weil hierzu die Bestimmung der Reindichte notwendig ist.

4. Porengrößenverteilung: Diese Ermittlung, im Zusammenhang mit den anderen Porositätsbestimmungen, ist gerade für SiC-Steine von Bedeutung im Hinblick auf den Verwendungszweck bei verschiedenen Atmosphären oder bei Angriff durch Schmelzen und Schlacken.

5. Kaltdruckfestigkeit: Diese Prüfung wird bei SiC-Produkten selten durchgeführt, da sie viel Schneidarbeit erfordert und absolute Planparallelität der Druckflächen für die Prüfung Voraussetzung ist.

6. SiC-Gehalt: Eine häufig durchgeführte Bestimmung, da die Produkte nach ihrem SiC-Gehalt verkauft werden und dieser Wert für die Qualität ausschlaggebend ist.

7. Abriebfestigkeit: Ein wesentliches Kriterium für SiC-Steine. In Laboratorien schwer zu bestimmen. Es muß Siliciumcarbid gegen Siliciumcarbid gerieben werden.

Meistens ergeben sich lange Prüfzeiten. Die Aussagekraft der Abriebfestigkeit, im kalten Zustand durchgeführt, ist fraglich, da die Verwendung der Erzeugnisse bei hohen Temperaturen erfolgt. Weder für Heiß- noch für Kaltabrieb gibt es genormte Verfahren. Die bisher praktizierten Methoden sind sehr aufwendig.

8. Beständigkeit gegen Schlacken, Gase, Schmelzen: Im Laboratorium kaum zu ermitteln, da die Verhältnisse der Praxis im Labor nicht geschaffen werden können.

9. Druckfeuerbeständigkeit, DFB: Diese Prüfung wird allgemein in der Feuerfest-Industrie abgelöst durch das Druckerweichen, DE bzw. Druckfließen, DFL. Alle drei Verfahren werden für Siliciumcarbid sehr selten angewendet, da auch hier wieder Schneiden und Bohren und planparalleles Schleifen Voraussetzungen sind.

10. Heißbiegefestigkeit: Diese Bestimmung wird trotz der erforderlichen Schneidkosten relativ häufig durchgeführt, da die SiC-Produkte viel auf Durchbiegung im heißen Zustand beim Gebrauch beansprucht werden.

11. Wärmedehnung: Aus konstruktionstechnischen Gründen muß die Wärmedehnung trotz der hohen Schneidkosten gelegentlich bestimmt werden.

12. Volumenbeständigkeit: Das übliche Verfahren besteht darin, den Stein auf die Anwendungstemperatur über mehrere Stunden nachzubrennen und seine Schwindung bzw. Dehnung zu bestimmen. Als Gleichmäßigkeitsprüfung für die Produktion gut geeignet, für einzelne Anwendungsfälle schwer sinnvoll durchzuführen, da die Volumenbeständigkeit im Gebrauch nicht nur von der Einsatztemperatur abhängig ist.

13. Temperaturwechselbeständigkeit: Bei dieser Prüfung wird wegen der hohen Schneid- und Bohrkosten oft nicht nach DIN verfahren, sondern ganze Steine werden auf die gewünschte Temperatur erhitzt und dann in Wasser oder Luft abgeschreckt.

14. Feuerfestigkeit (Segerkegelbestimmung): Die Aussagekraft dieser Bestimmung ist sehr gering, gelegentlich wird sie leider immer noch verlangt (s. 6.4.12).

15. Wärmeleitfähigkeit: Diese Bestimmung ist bei SiC-Erzeugnissen besonders wichtig, sie wird relativ oft durchgeführt, da sie zur Berechnung der Auslegung von Öfen von großer Bedeutung ist. Die Werte sind oft schwankend in Abhängigkeit von der Bestimmungsmethode. Zu berücksichtigen ist auch, daß die Steinrohdichte u.a.m. stark in die Messungen eingeht.

16. Spezifische Wärme: Diese Bestimmung wird sehr selten durchgeführt, meistens wird auf Literaturangaben zurückgegriffen.

6.1.2 Chemische Untersuchungen

Hier gilt gleichermaßen das unter 4.2.5 Gesagte.

6.1.2.1 SiC-Gehalt

SiC-Gehalt ist für die Technik und auch für den Handel von besonderer Wichtigkeit. Er kann im allgemeinen exakt ermittelt werden. Die Bezeichnung der Fertigerzeugnisse wird üblicherweise nach der Menge vorgenommen, die an technischem Siliciumcarbid bei ihrer Herstellung zugegeben wird. Da dieses technische Siliciumcarbid nie aus 100% Siliciumcarbid besteht, erniedrigt sich schon dadurch der chemisch bestimmbare SiC-Gehalt. Eine weitere Erniedrigung tritt ein durch den

Abbrand beim Herstellungs-Brand. Der Abbrand von Siliciumcarbid ist an den Steinecken deutlich stärker als im Steininneren, und zwar in Abhängigkeit von der Höhe und der Dauer des Brandes. Bei einem Brand auf 1450°C und 6-stündiger Haltezeit, erniedrigt sich der SiC-Gehalt im Steininneren bis zu 3%, an der Steinecke aber bis zu 6%. Bei wesentlich längeren Bränden wird das Steininnere weitaus weniger beeinflußt als die Steinecken, hier kann der Abbrand bis über 10% betragen. Bei extrem langen Bränden tritt der Gehalt an β-SiC stärker in Erscheinung als bei kurzen Bränden und geht auch in die SiC-Bestimmung als Siliciumcarbid mit ein.

6.1.3 Mineralogische Untersuchung

6.1.3.1 Röntgenbeugung

Es werden die Mineralvergesellschaftung, die SiC-Typen und der Anteil röntgenamorpher Substanz bestimmt.

6.1.3.2 Mikroskopie

Mineralvergesellschaftung, Mineralausbildung, Mineralverwachsung, Mineralverteilung können ermittelt werden, ebenso die Bindung zwischen Mineralien und vor allen Dingen die Verteilung des röntgenamorphen Anteils. Von Bedeutung sind ferner Porenform und Porengröße. Es handelt sich um eine sehr wichtige Untersuchung, die aussagekräftiger ist als eine chemische Analyse, denn mit dieser Untersuchung ist die Aufbereitung, die Verformung und der Brand, kurz gesagt die ganze Herstellung, kontrollierbar. Mit mikroskopischen Beobachtungen kann man, soweit es überhaupt möglich ist, über das Verhalten der Erzeugnisse Voraussagen treffen. (Abb. 38–41).

Abb. 38. Mikroskopische Übersichtsaufnahme eines SiC-Steines. Der Durchmesser der größten Körner beträgt etwa 3 mm (vgl. Abb. 39 und 40). (Nach [154])

Abb. 39. Mikroskopische Übersichtsaufnahme eines SiC-Steines. Der Durchmesser der größten SiC-Körner beträgt etwa 1 mm (vgl. Abb. 38 und 40). (Nach [154])

Abb. 40. Mikroskopische Übersichtsaufnahme eines SiC-Steines. Der Durchmesser der größten SiC-Körner beträgt etwa 3 mm. In dem Siliciumcarbid sind häufig Einschlüsse von Silicium zu erkennen (vgl. Abb. 38 und 39). (Nach [154])

Abb. 41. SiC-Stein. In dem Glas, das sich zwischen SiC-Körnern befindet, sind deutlich Mullitnadeln zu erkennen, die alle einen scheinbar kanalartigen Hohlraum umschließen. Einige dieser Mullitnadeln liegen orientiert. Diese Hohlkanäle in den Nadeln scheinen immer eine Verbindung nach außen zu haben. – Auffallend sind ferner treppenartige Streifen in den Nadeln und in Verlängerung derselben im Glas. Schwarze punktförmige Partikel im Glas sind Graphit. Auch sie sind hohlraumumschließend, ferner ist freies kugelförmiges Silicium sichtbar, welches der Probe absichtlich beigegeben wurde (Vergrößerung 450 mal). (Nach [154])

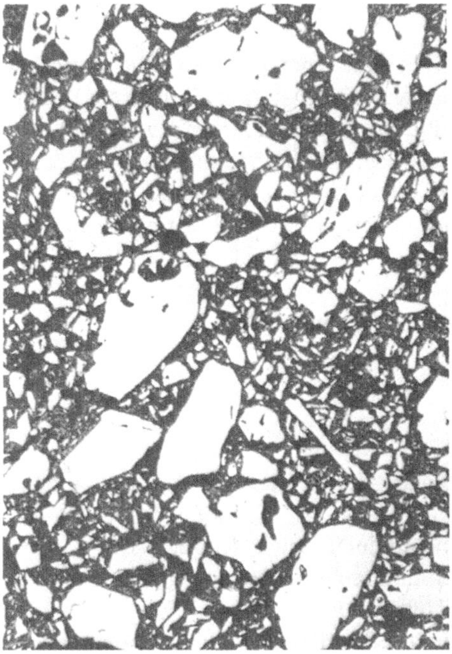

Abb. 38

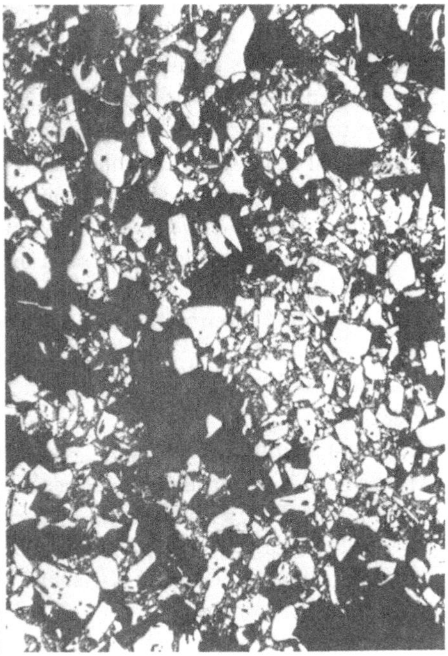

Abb. 39

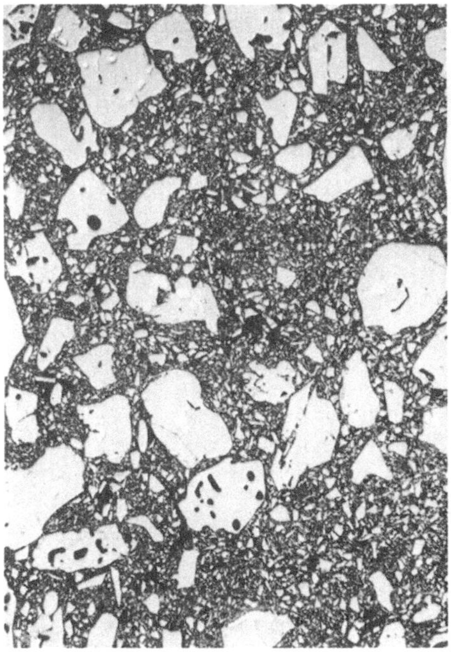

Abb. 40

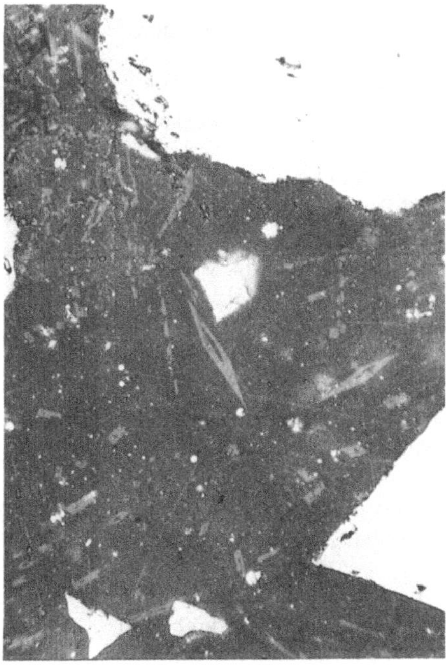

Abb. 41

6.2 Untersuchung bzw. Prüfung ungeformter Erzeugnisse [118]

Allgemeingültige, sinnvolle Prüfungsvorschriften liegen nicht vor. Die Ansichten einzelner gehen noch immer weit auseinander, wesentlich stärker als über die Prüfungen geformter Erzeugnisse. Allein schon die Prüfkörperherstellung oder die Prüfkörpergröße ist noch nicht allgemeingültig festgelegt. Beides hat aber einen großen Einfluß auf die Prüfung selbst. Die Folge daraus ist, daß jeweils zwischen Massenhersteller und Abnehmer genaue Abmachungen über Prüfkörperherstellung und Prüfkörpergröße usw. festgelegt werden müssen.

Vorzuziehen sind folgende Prüfungen:
Chemische Analyse, eventuell getrennt Grob- und Feinanteil
mineralogische Analyse
Siebanalyse, als die einfachste und schnellste Prüfung
Abbindezeit
Trocken- und Brennschwindung

Eines der Hauptprobleme bei der Kontrolle – im Herstellerwerk wie auch beim Verbraucher – ist die Probenahme,

a) die Lieferung erfolgt meistens in Säcken oder Tonnen (Hobbocks),

b) der Prüfaufwand soll in wirtschaftlich und technisch verantwortbaren Grenzen gehalten werden.

Viele Massen sind vor der Verarbeitung vor Luftzutritt zu schützen, denn ein einmal geöffneter Behälter ist in vielen Fällen als Verlust abzuschreiben oder muß sofort verarbeitet werden. In letztgenanntem Fall kommt das Prüfungsergebnis erst nach der Verarbeitung, d. h. zu spät.

Neben den oben angeführten Untersuchungen werden im Herstellerwerk vielfach noch weitere, aufwendigere Prüfungen durchgeführt, ganz speziell bei der Entwicklung neuer Massen:

Rohdichte ungebrannt und gebrannt Porosität Gasdurchlässigkeit	} Sinterverhalten

Kalt- und Heißbiegefestigkeit
thermische Ausdehnung
Druckerweichung, Druckfließen
Temperaturwechselbeständigkeit
Abriebfestigkeit
Wärmeleitfähigkeit
Massebedarf pro m^3
Abprallversuch bei Spritzmassen
Haftfestigkeit
Korrosionsbeständigkeit
mikroskopische Analyse
Röntgenbeugungsanalyse

Die Frostbeständigkeit ist gelegentlich zu prüfen, da vielfach ungeformte Erzeugnisse frostempfindlich sind.

Meistens werden die Prüfungen durchgeführt an Normalsteinen, die aus den Massen gestampft werden.

6.3 Aufbau feuerfester SiC-Produkte

Der Aufbau und damit die Eigenschaften der Produkte sind von vielen Fakten abhängig, z. B. vom Masseversatz, von der Aufbereitung, der Verformung, vom Brand, vom Mineralbestand sowie von der Mineralverteilung und der Ausbildung der Mineralien.

6.3.1 Mineralbestand

Im Grunde genommen sind es recht wenige Mineralien, die in silikatisch gebundenen SiC-Steinen vorkommen können.

1. SiC mit Si, $FeSi_2$, C SiC in verschiedenen Modifikationen
2. Mullit
3. Korund
4. Quarz
5. Cristobalit
6. Tridymit
7. röntgenamorpher Anteil
8. Si_3N_4
9. Si_2ON_2
10. Wollastonit
11. Feldspäte
12. Zirkon und ZrO_2

In jedem Fall ist zu unterscheiden zwischen primären Mineralien, das sind solche, die in die Rohmischung gegeben worden sind, und sekundären, das sind die, die sich beim Brand neu gebildet haben (Kapitel 4 und 5).

Bei der Untersuchung gebrauchter Steine stellt man weitere Mineralien fest. Z. B. treten bei gebrauchten SiC-Rekuperatoren vielfach Feldspatvertreter auf, bei Schlackenangriff kommen die bekannten Schlackenmineralien hinzu. Die bei der Verwendung von SiC-Materialien auftretenden Reaktionen unterscheiden sich teilweise so stark und sind oft so kompliziert, daß keine allgemeingültigen Mineralvergesellschaftungen angegeben werden können.

6.3.2 Mineralverteilung

Angestrebt wird selbstverständlich eine möglichst gleichmäßige Verteilung aller Bestandteile, einschließlich der Poren. Den Haupteinfluß hat hierbei sicherlich die Aufbereitung, das Mauken und das Mischen. Eine unterschiedliche Verteilung der Bestandteile kann durch die Verformung eintreten, besonders wenn man dabei an den Schlickerguß denkt. Durch die unterschiedlichen spezifischen Gewichte der einzelnen Bestandteile kann es leicht zu einer Absaigerung kommen. In geringem Umfang besteht diese Möglichkeit auch beim Rüttelpressen.

Ein kaum zu vermeidender Unterschied in der Mineral- und zum Teil auch in der Porenverteilung kommt bei großformatigen Steinen beim Brand zustande. Hier werden die Steinecken und die -kanten schneller aufgeheizt und beim Abtempern des Ofens schneller abgekühlt als das Steininnere. Bei manchen Brennkurven werden nach Durchlaufen der Hochtemperaturhaltezeit die Ecken und Kanten schon schwarz sein, während das Steininnere noch rotglühend ist. Andererseits liegen noch beim Trocknen gerne Restfeuchten im Steinkern vor, die beim Primärbrand zu einer stärkeren SiC-Zersetzung im Steininneren beitragen (s. 6.1.2.1).

Unterschiede zwischen Steinkern und Steinecke kommen bei fast jedem feuerfesten Erzeugnis mehr oder weniger stark vor [152].

6.3.3 Mineralausbildung

Die Ausbildung der Mineralien wird von den Ausgangsrohstoffen, ganz stark aber von dem Brand beeinflußt. So kann durch relativ schnelle Brandführung im hohen Temperaturbereich der Mullit feinnadelig oder bei langsamer Brandführung säulig kristallisieren.

Von der Brennkurve ist auch die Menge des röntgenamorphen Anteils abhängig. Bei einer mullitischen Bindungszusammensetzung, 72% Al_2O_3, 28% SiO_2, kann durch den Brand einmal viel, einmal wenig Mullit auskristallisieren; gerade in diesem Falle spielt die Kühlkurve im oberen Bereich eine nicht zu unterschätzende Rolle. Die chemische Zusammensetzung des röntgenamorphen Anteils ändert sich natürlich entsprechend. Bei Vorhandensein von Al_2O_3 in der Bindung muß mit sehr niedrigen Bildungstemperaturen von Mullit, etwa ab 900°C, gerechnet werden. Die Ausbildung und die Menge des Mullits kann vom Feuerfest-Hersteller zur Produktkontrolle herangezogen werden. Leider ist diese Bestimmung – Anschliff und Röntgenbeugung – zu langwierig und kostspielig, um als Routinekontrolle verwendet werden zu können.

6.3.4 Poren

In diesem Zusammenhang soll nochmals ausdrücklich auf die Poren im Stein hingewiesen werden. Die Poren sind als Steinbestandteil den einzelnen Mineralien in ihrer Bedeutung gleichzusetzen. Zu beachten sind Porengröße, Porenverteilung und nicht zuletzt auch die Porenform. Große Poren ergeben eine lokale Schwächung des Steines. Das gleiche Porenvolumen auf viele kleine verteilt, wird nicht den gleichen negativen Effekt haben. Wegen der Atmosphärenempfindlichkeit von Siliciumcarbid – sie trifft in gewissem Maße auf jedes Feuerfest-Material zu – sind „kanalartige" Poren weniger erwünscht. Die Porengrößenverteilung ist auch bei der Verwendung von SiC-Steinen im Kontakt mit Schmelzen von Bedeutung. Viele kleine Poren dürften in diesem Falle immer günstiger sein als wenige große.

6.4 Allgemeine Eigenschaften von feuerfesten SiC-Produkten

Fast alle feuerfesten Erzeugnisse, die unter Verwendung von Siliciumcarbid hergestellt werden, haben einige Eigenschaften gemeinsam: Die hohe thermische

Leitfähigkeit – die hohe elektrische Leitfähigkeit – die große mechanische Festigkeit – die große mechanische Festigkeit bei hohen Temperaturen – die große Abriebfestigkeit – die sehr große Härte – die Feuerfestigkeit.

Nach diesen genannten Eigenschaften ist die Entscheidung zu treffen, ob überhaupt Siliciumcarbid in Frage kommt, und wenn, welche SiC-Steinqualität oder welche anderen Materialien.

Wie alle Carbide hat auch Siliciumcarbid Eigenschaften, wie sie ähnlich bei Metallen zu beobachten sind, so z. B. elektrische Leitfähigkeit – thermische Leitfähigkeit – einige paramagnetische Eigenschaften [133] – Härte.

Trotz der eingangs erwähnten gemeinsamen Eigenschaften der SiC-Produkte unterscheiden sich verschiedene Qualitäten deutlich voneinander. Hinzu kommen noch Unterschiede innerhalb einer Qualität – auch bei einem Formgebungsverfahren – wenn unterschiedliche Scherbenstärken vorliegen. Dünne Wandstärken haben oft andere physikalische Daten, wie Rohdichte, Wasseraufnahme usw., als kompakte Steine. Unterschiede der Qualität des verwendeten Siliciumcarbids kann der Verbraucher in den seltensten Fällen bei Lieferung der Steine feststellen. Diese kommen meist erst beim Einsatz, z. B. durch Zersetzung zum Ausdruck (s. Kapitel 4.2).

Die Höhe des SiC-Anteils ist dagegen leicht zu ermitteln. Er wird, je nach Anwendungsfall, meistens im Gespräch Hersteller – Verbraucher festgelegt.
Die meisten Feuerfest-Hersteller haben eine ganze Palette von SiC-Gehalten in ihren Erzeugnissen: Im allgemeinen Zehnerstufen von 40 bis 70%, darüber in Fünferstufen bis über 90%.

Hierbei ist zu berücksichtigen, daß die prozentuale Angabe, z. B. 90%iges SiC-Produkt, meistens auf der Menge an technischem Siliciumcarbid basiert, die in die Steinmasse eingebracht wurde. Technisches Siliciumcarbid enthält im allgemeinen nur 96 bis 98% reines Siliciumcarbid. Ferner findet bei jedem Brand ein gewisser Abbrand von Siliciumcarbid statt, so daß in der chemischen Analyse eines 90%igen SiC-Produktes unter Umständen nur 87% Siliciumcarbid zu finden sind. Hinzu kommt die Abhängigkeit des Abbrandes von der Scherbenstärke. Je dünner der Scherben ist und je höher die Porosität, umso stärker ist der Abbrand. Zur Verdeutlichung ein Beispiel: aus einer 90%igen Masse (92% technisches Siliciumcarbid und 8% Bindeton) wurden

a) Normalsteine (250 × 124 × 64 mm)
b) Rohre mit 10 mm Wandstärke
c) feinkeramisches Rohr mit 5 mm Wandstärke

geformt. Diese Formate wurden in einem Ofen zusammen gebrannt. Nach dem Brand fand man:

Normalstein	Rohdichte	g/cm^3	2,72	SiC	%	88
Rohr	Rohdichte	g/cm^3	2,60	SiC	%	81
feinkeramisches Rohr	Rohdichte	g/cm^3	2,40	SiC	%	77

In einem zweiten Fall wurden SiC-Bestimmungen an einer 75%igen Qualität durchgeführt:

a) zur Verformung fertige Masse	SiC	%	73,5
b) fertiges dünnwandiges Produkt	SiC	%	69

Nun werden allerdings dickwandige und dünnwandige Formlinge nicht der gleichen Brennkurve unterworfen (s. Kapitel 5), so daß diese Differenz im SiC-Gehalt nicht unbedingt, wie in den beiden Beispielen angeführt, sein muß. Es ist aber darauf hinzuweisen, daß noch größere Unterschiede auftreten können, wenn spezielle Brennkurven zur Anwendung kommen.

Die Tabellen in Kapitel 6.4.1 zeigen unter anderem 90%ige SiC-Qualitäten eines Herstellers, die sich alle für die verschiedensten Verwendungszwecke gut eingeführt haben. Der Gehalt an Siliciumcarbid von 88 bis 91% spricht dafür, daß mehr als 90% technisches Siliciumcarbid zum Einsatz kam, d. h. je nach SiC-Qualität 92 bis 96%. Trotz des ähnlichen SiC-Gehaltes sind deutliche Unterschiede in den physikalischen Daten feststellbar, nicht so sehr aber in bezug auf den Chemismus. Immerhin schwanken die Rohdichten von 2,40 bis 2,75 g/cm³, entsprechend sind Unterschiede in den Porositäten vorhanden.

Ebenso wird die Art der Bindung nach dem Anwendungsfall ausgesucht. Es stehen bei den üblichen feuerfesten Qualitäten mit unter 85% Siliciumcarbid mehrere zur Auswahl – von der reinen Tonbindung bis zur reinen Korund-Bindung über Schamotte, Sillimanit und Mullit (Kapitel 5.1).

6.4.1 SiC-Steindaten

In der Literatur und in den Prospekten einzelner Firmen werden für Steine mit gleichen SiC-Gehalten vielfach ganz unterschiedliche Werte angegeben. Die Ursachen dafür sind:

1. Rohstoff
2. SiC-Qualität
3. Aufbereitung
4. Verformung
5. Brand
6. Nachbehandlung.

Es können daher nur Beispiele wiedergegeben werden.

Tabelle 37. *Beispiele für 60%ige SiC-Qualitäten*

		1	2
Rohdichte *	g/cm³	2,75	2,40
offene Poren	%	9,1	20
Temperaturwechsel-beständigkeit		>30	>30
Kaltdruckfestigkeit	N/mm²	80	>150
Basis		SiC + Korund	SiC + Schamotte

* Rohdichte oder veraltet Raumgewicht.

Tabelle 38. *Beispiele für 70%ige SiC-Qualitäten*

		1	2
SiO_2	%	16	15
Al_2O_3	%	13	14
TiO_2	%	0,3	0,5
Fe_2O_3	%	1	0,6
CaO	%	0,2	0,3
MgO	%	0,2	–
K_2O	%	0,2	0,4
Na_2O	%	0,1	–
SiC	%	69	69
Rohdichte	g/cm^3	2,33	2,42
Ges. Poren	%	24	22
Wasseraufnahme	%	10	9
offene Poren	%	23	21
Temperaturwechselbeständigkeit		gut	gut
Kaltdruckfestigkeit	N/mm^2	50,0	69,0
Kaltbiegefestigkeit	N/mm^2	13,0	15,0

In der Tabelle sind zwei 70%ige SiC-Qualitäten angeführt, mit deutlich unterschiedlichen physikalischen Daten. Die Qualität 1 ist im Schlickerguß hergestellt, die Qualität 2 ist gepreßt (s. auch Tab. 36).

Tabelle 39. *Beispiele für 90%ige SiC-Qualitäten*

		1	2	3	4
SiO_2	%	8,0	7,0	6,0	8,0
Al_2O_3	%	2,5	2,0	3,0	3,0
TiO_2	%	0,2	0,2	0,2	0,2
Fe_2O_3	%	0,5	0,5	0,7	0,7
CaO	%	0,1	0,1	0,1	0,1
MgO	%	0,1	0,1	0,1	0,1
K_2O	%	0,2	0,2	0,2	0,2
Na_2O	%	0,1	0,1	0,1	0,1
SiC	%	88	89	89	88
Reindichte	g/cm^3	3,10	3,11	3,13	3,07
Rohdichte	g/cm^3	2,65	2,72	2,57	2,42
Ges. Poren	%	15	13	18	21
Wasseraufnahme	%	4	3	6	6
offene Poren	%	10	6	14	14
Temperaturwechselbeständigkeit		20	>20	>20	>20
Kaltdruckfestigkeit	N/mm^2	120,0	120,0	120,0	80,0

Alle vier aufgeführten Qualitäten sind maschinell geformt.

Den E-Modul bei 90%igem SiC-Stein gibt Harders/Kienow an mit $5{,}8 \cdot 10^5$ kp/cm^2.

Tabelle 40. *Beispiele für feinkeramische feuerfeste SiC-Erzeugnisse, Tiegel, Rohre usw.*

		1	2	3
SiO_2	%	20,5	20,5	6,0
Al_2O_3	%	10,5	11,0	2,5
TiO_2	%	0,4	0,4	0,2
Fe_2O_3	%	1,2	1,3	1,5
CaO	%	0,1	0,2	0,1
MgO	%	0,1	0,1	0,1
K_2O	%	0,2	0,2	0,2
SiC	%	67	66	89
Reindichte	g/cm^3	2,9	2,9	3,0
Rohdichte	g/cm^3	2,15	2,20	2,25
Ges. Poren	%	26	25	25
Wasseraufnahme	%	12	10	11,2
offene Poren	%	25	24	25,2
Temperaturwechsel-beständigkeit		>20	>20	>20
Kaltdruckfestigkeit	N/mm^2	50,0	50,0	50,0

1. gegossen 70% SiC
2. gezogen 70% SiC
3. gezogen 90% SiC

Tabelle 41. *Beispiele für feinkeramische feuerfeste Erzeugnisse, Rohre (Prospektangaben eines Herstellers)*

Qualität		70% SiC	90% SiC
Stoffliche Zusammensetzung		SiC mit Tonbindung	SiC mit Tonbindung
Art des Scherbens		porös	porös
Rohdichte	g/cm^3	2,15	2,30
Scheinbare Porosität	%	25	20
Druckfestigkeit	N/mm^2	80	100
Anwendungsgrenze	°C	1500, in vielen Fällen deutlich darüber	
Wärmedehnung in % bei 1000°C		0,5	0,55
Wärmeleitfähigkeit kcal/mh°C bei 1000°C		4	6
Spezifische Wärme ansteigend mit der Temperatur	kcal/kg °C	0,25–0,27	0,24–0,27
Temperaturwechselbeständigkeit		sehr gut	sehr gut
Anwendungsgebiete		Rohre und Tiegel für die chemische Industrie. Sehr temperaturwechselbeständig und gut wärmeleitend	Außenschutzrohre mit sehr guter Wärmeleitfähigkeit und hervorragender Thermoschockbeständigkeit. Speziell für die Zinkindustrie. Sehr verschleißfest, daher als Arbeitsrohr in Induktionsöfen
Fertigungstoleranzen		± 3%	± 3%
Maximale Herstellungslänge für Rohre in mm		2200	1000

Um einen Vergleich mit den in der Feuerfest-Praxis üblicherweise angegebenen Daten zu ermöglichen, seien hier einige an direktgebundenen SiC-Erzeugnissen gefundene Daten wiedergegeben:

Rohdichte	g/cm^3	3,10
Wasseraufnahme	%	0,2
Porosität, offene	%	0,6

Im Röntgendiagramm ist SiC II, SiC I (III) und β-SiC zu erkennen, ferner Si und Graphit.

Die mikroskopische Beurteilung zeigt, daß diese Art Material extrem hart und dicht ist. Die Poren sind häufig mit Graphit ausgefüllt. Es tritt Silicium auf, z. T. bis 20%. Der Scherben ist meist sehr feinkörnig. An der Brennhaut des Scherbens scheinen sich häufig kleine Kristalle neu zu bilden (weitere Angaben s. Kapitel 11).

Reaktionsgesintertes poröses Siliciumcarbid kann eine offene Porosität bis zu 30% haben bei guter Temperaturwechselbeständigkeit und eine Kaltbiegefestigkeit bis zu 100 N/mm^2 [21]. Diese Materialien finden aber selten Anwendung im Sinne von feuerfesten SiC-Erzeugnissen.

6.4.2 Reindichte

Die Werte Reindichte schwanken stark mit der Zusammensetzung der Steine. Als Anhaltswerte können dienen:

	Reindichte
90%ige SiC-Steine	3,10 g/cm^3
70%ige SiC-Steine	3,00 g/cm^3
60%ige SiC-Steine	2,90 g/cm^3
50%ige SiC-Steine	2,80 g/cm^3

Das sind natürlich grobe Richtwerte, denn es gibt z. B. 50%ige Steine, die eine Rohdichte von 2,75 g/cm^3 bei normaler Porosität haben, d. h. die Reindichte dieses Materials liegt über 3,00 g/cm^3.

Durch die SiC-Zersetzung (s. Kapitel 8.3.3) wird das Volumen der Steine vergrößert und die Reindichte deutlich herabgesetzt, wie nachstehende Tabelle zeigt.

	Reindichte	SiC-Gehalt
unzerstörtes Material	3,125 g/cm^3	87,1 %
zerstörte Probe 1	2,949 g/cm^3	63,9 %
zerstörte Probe 2	2,890 g/cm^3	51,60%
zerstörte Probe 3	2,831 g/cm^3	27,25%

An der Reindichte 2,83 g/cm^3 erkennt man deutlich die Zerstörung von Siliciumcarbid, es tritt dabei eine Cristobalitbildung ein. Mit dieser Cristobalitbildung – Volumenvermehrung – ist das Bröckeligwerden von SiC-Erzeugnissen zu erklären.

6.4.3 Rohdichte

Die Schwankungen der Rohdichte sind bei verschiedenen Qualitäten oft sehr groß.

SiC-Gehalt in %	50	60	70	80	90	95	95–97 direktgebunden
g/cm^3	2,3	2,4–2,7	2,3–2,5	2,35–2,45	2,4–2,75	2,7	2,2–2,85

Als Ursache für die starken Schwankungen gilt auch hier die vielfach sehr unterschiedliche Zusammensetzung der Erzeugnisse. Die Kornrohdichten der ververschiedenen Zusätze schwanken in weitem Maße und entsprechend die Rohdichte der Fertigerzeugnisse (s. Kapitel 5).

6.4.4 Kaltdruckfestigkeit[1]

SiC-Gehalt in%	40	50	60	70	80	90
N/mm^2	50,0	50,0–100,0	50,0–100,0	50,0–100,0	50,0–100,0	80,0–200,0

40%ige Qualitäten werden im allgemeinen unter Verwendung von Schamotte hergestellt, z. B. für Rekuperatorrohre. Siliciumcarbid wird hier eingesetzt wegen der guten Wärmeleitfähigkeit. Die Kaltdruckfestigkeitswerte können deshalb noch niedriger sein.

50%ige Steine werden sowohl mit Schamotte als auch unter Verwendung von Korund hergestellt, daher die sehr großen Schwankungen.

Für 60%ige Steine gilt das gleiche wie für 50%ige Steine.

70%ige Steine sind häufig solche, die eine mullitische Bindung haben. Hier ist die Festigkeit besonders abhängig vom Brand.

80%ige Steine variieren in ihren Nebenbestandteilen sehr stark, reine Tonbindung ist selten, häufig wird Al_2O_3 in Form von Korund beigegeben, und zwar in Mengen, die über dem mullitischen Verhältnis liegen.

90%ige Steine haben fast immer reine Tonbindung, ihre Festigkeit ist stark formatabhängig (z. B. Platten und kompakte Steine), und auch abhängig vom Verformungsverfahren. Im allgemeinen haben diese Steine die höchsten Festigkeiten.

6.4.5 Kalt- und Heißbiegefestigkeit

Es besteht eine sehr deutliche Abhängigkeit von der Zusammensetzung und der Herstellungsart einerseits und der Kalt- bzw. Heißbiegefestigkeit andererseits. Meistens haben die 90%igen Steine eine höhere Biegefestigkeit als niedrigerprozentige Steine. Gleich ist bei allen Kurven, daß sie von Raumtemperatur bis auf ca. 1000°C ansteigen, um dann bei 1200 bis 1400°C steil abzufallen. In dieser Beziehung gleichen sich die meisten feuerfesten Steine.

Die Biegefestigkeit bei Raumtemperatur liegt im allgemeinen über 10 N/mm^2. Werte bis zu 35 N/mm^2 wurden gemessen. Kalt- und Heißbiegefestigkeitskurven siehe Kapitel 11.11.

---

[1] Vielfach sind Kaltdruckfestigkeitswerte bei hochprozentigen Siliciumcarbidsteinen nicht normgerecht bestimmbar.

6.4.6 Temperaturwechselbeständigkeit

Es gibt zwei genormte Verfahren, DIN 51068, Blatt 1 – Wasserabschreckverfahren und DIN 51068, Blatt 2, Entwurf – Luftabschreckverfahren. Beide Verfahren sind als vergleichende Laborprüfungen durchaus brauchbar. Wieweit sie Schlüsse auf das Verhalten im Gebrauch erlauben, sei dahingestellt. Es werden selten in der Praxis – sowie in der DIN vorgesehen – Ofenwände oder ähnliches mit Luft von 950°C auf kalt oder gar mit Wasser abgeschreckt. Die Temperaturwechsel in der Praxis liegen immer in anderen Bereichen und sind nicht so schroff.

SiC-haltige Steine besitzen eine gute Temperaturwechselbeständigkeit – im Labor nach DIN ermittelt sowie in der Praxis beobachtet. Etwa gleich gute Wechselbeständigkeit haben nur noch Cordierit- oder ähnliche Erzeugnisse, d. h. solche mit einer sehr geringen bzw. sogar mit einer negativen Wärmedehnung.

Z. B. bei Müllverbrennungsanlagen, periodisch betriebenen Öfen usw. spielt die Temperaturwechselbeständigkeit eine große Rolle. Temperaturschwankungen können das Steingefüge auflockern und damit die Festigkeit herabsetzen.

6.4.7 Lineare Wärmedehnung

Die Wärmedehnung feuerfester Steine allgemein wird, wenn auch in relativ engen Grenzen, von verschiedenen Erzeugern unterschiedlich angegeben. Bei SiC-Erzeugnissen ist sie gering und die Kurve verläuft fast geradlinig. Bei den Erzeugnissen mit geringem SiC-Gehalt spielen die Nebenbestandteile unter Umständen eine ausschlaggebende Rolle. Allgemein wird die Wärmedehnung mit abnehmendem SiC-Gehalt etwas höher.

Für 75 bis 90%ige SiC-Steine ergibt sich eine Wärmedehnung, die im Mittel aus vielen Einzelmessungen an verschiedenen Qualitäten, auch von verschiedenen Herstellern, bei 1400°C, 0,73% beträgt.

6.4.8 Druckfeuerbeständigkeit

SiC-Gehalt in %	40	50	60	70	80	90	95	direktgeb. SiC 95–97
(t_a in °C)	1450	1500	1600	1600	>1600	>1650	>1700	>1700

Die Druckfeuerbeständigkeitsprüfung – DFB – (DIN 51064, Blatt 1) wird in Kürze von der Druckerweichung – DE – (DIN 51053, Blatt 1) bzw. von dem Druckfließen – DFL – (DIN 51053, Blatt 2) abgelöst. Statistisch gesichertes Zahlenmaterial liegt für SiC-Steine, was die DE- und DFL-Prüfungen betrifft, noch nicht vor. Die t_a-Werte werden hier nur zur Orientierung angeführt, ihre Aussagekraft ist sehr gering (Abb. 42).

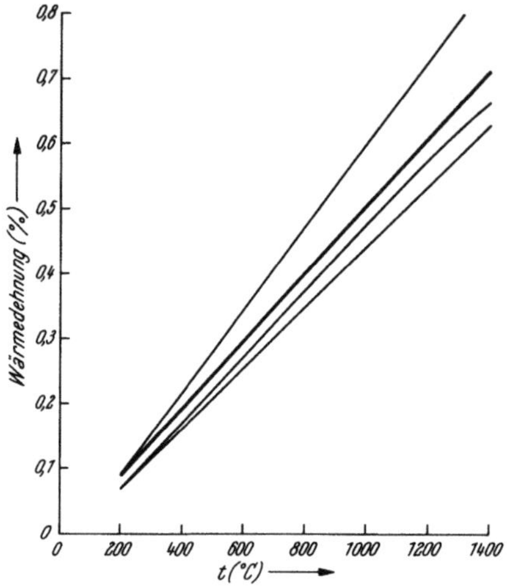

Abb. 42. Lineare Wärmedehnung von verschiedenen SiC-Steinen verschiedener Hersteller für 75–90%ige Qualitäten im Mittel bei 1400°C 0,73%

6. 4. 9 Wärmeleitfähigkeit (kcal/mhK; nach DIN 51046: 2 W/m K entsprechen 1,72 kcal/mh °C, 1 kcal/mh °C = 1,62 W/m K)

Die Wärmeleitfähigkeit von SiC-Steinen liegt weit über der aller anderen feuerfesten Materialien. In vielen Fällen werden SiC-Produkte nur wegen der guten Wärmeleitfähigkeit eingesetzt.

Die Bestimmung der Wärmeleitfähigkeit und die absoluten Angaben darüber sind kritisch zu bewerten. Es werden weitstreuende Werte von verschiedenen Autoren, auch wenn sie nach einer Methode ermittelt worden sind, angegeben.

Das Diagramm Wärmeleitfähigkeit (Abb. 43) zeigt Kurven, wie sie von verschiedenen Instituten festgestellt wurden und in Prospekten verschiedener Feuerfest-Firmen angegeben werden. Aus diesen Kurven läßt sich deutlich die Unsicherheit der Angaben ablesen. Es wird aber auch erkennbar, welch großen Einfluß die Rohdichte auf die Wärmeleitfähigkeit hat. Eine Angabe der Wärmeleitfähigkeit für 90%ige SiC-Erzeugnisse allein ist demnach unsinnig, es muß auf jeden Fall die Rohdichte und der exakte SiC-Gehalt mit angegeben werden.

Abb. 44 zeigt einen Versuch, der unternommen wurde, die Abhängigkeit der Wärmeleitfähigkeit von der Rohdichte bei verschiedenen Temperaturen zu demonstrieren. Es handelt sich hierbei um 90%ige SiC-Steine. Bei bekannter Rohdichte kann die Wärmeleitfähigkeit abgelesen werden. Dies trifft auch auf Steine mit niedrigeren SiC-Gehalten zu. Auffallend ist die unterschiedliche Neigung der Kurven bei 90%igen SiC-Steinen in Abhängigkeit von der Rohdichte. Bei niedriger Rohdichte finden wir steigende Kurven, bei hoher Rohdichte fallende (s. 11.9).

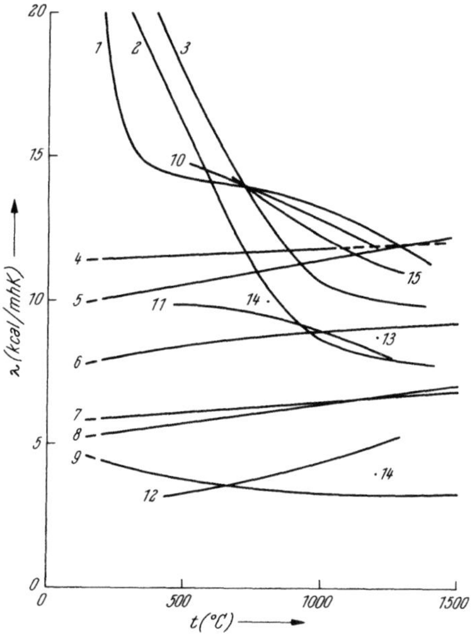

Abb. 43. Richtwerte für die Wärmeleitfähigkeit. *1* 90% Siliciumcarbid [151], Rohdichte nicht angegeben, *2* 75% Siliciumcarbid [30], Rohdichte 2,43 g/cm^3, *3* 90% Siliciumcarbid [30], Rohdichte 2,70 g/cm^3, *4* 90% Siliciumcarbid [50], *5* 90% Siliciumcarbid [24, 25], *6* 90% Siliciumcarbid [17], *7* 70% Siliciumcarbid [50], *8* 70% Siliciumcarbid [24], *9* 50% Siliciumcarbid [30], Rohdichte 2,55 g/cm^3 (SiC-Korund-Stein), *10* 90% Siliciumcarbid (s. 1. Rohdichte 2,66 g/cm^3), *11* 90% Siliciumcarbid (s. 1. Rohdichte 2,52 g/cm^3), *12* 90% Siliciumcarbid (s. 1. Rohdichte 2,22 g/cm^3), *13* [56], *14* [122] gibt für SiC-Steine (90% SiC) an: 10 kcal/m h K bei 800°C und knapp 4 kcal/m h K bei 1200°C, *15* 90%iger SiC-Stein mit einer Rohdichte von 2,70 g/cm^3, aus der Vielzahl der vorliegenden Kurven als die wahrscheinlichste angenommen

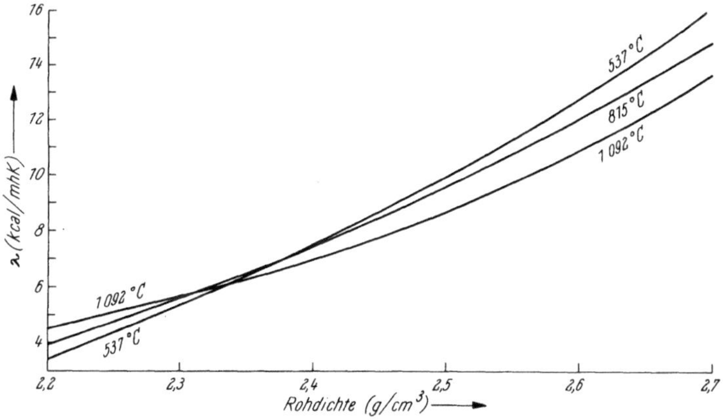

Abb. 44. Wärmeleitfähigkeit in Abhängigkeit von der Rohdichte bei 90%igen SiC-Steinen

6.4.10 Mittlere spezifische Wärme zwischen 20° und t°C

(90%ige SiC-Steine)

t°C	kcal/kg°C	
200	0,190*	
400	0,225	
600	0,243	
700	–	0,252 ***
800	0,245	0,255
900	–	0,259
1000	0,232	0,263
1100	–	0,266
1200	0,224	0,268
1300	–	0,271
(1400	0,284 **)	

* Prospektangaben [24].
** Prospektangaben [17, 50].
*** [75].

Siehe Kapitel 11.10

6.4.11 Spezifischer elektrischer Widerstand

Als allgemeingültige Regeln können angenommen werden:

1. Je höher der SiC-Gehalt ist, umso niedriger ist der spezifische Widerstand
2. Der spezifische Widerstand nimmt mit steigender Temperatur ab.

t°C	Ω · cm 1	2	3	4
300	2205	82900	7500	2660000
400	1050	50000	4900	890000
500	592	35000	3100	260000
600	311	17850	2350	83000
700	141	12000	1800	44500
800	62	4980	1100	20400
900	32	2285	750	8850
1000	11,1	1530	430	4630
1100	8,4	830	260	2800
1200	5,8	393	–	–
1300	4,5	185	–	–

Spezifischer elektrischer Widerstand von Siliciumcarbid-Erzeugnissen [75]:

1. Handelsüblicher Siliciumcarbidstein 84,32% SiC, 10,52% SiO_2
2. Handelsüblicher Siliciumcarbidstein 82,71% SiC, 10,81% SiO_2
3. Siliciumcarbidstein mit 90% grünem SiC, bei 1450°C gebrannt
4. Siliciumcarbidstein mit 70% grünem SiC, bei 1450°C gebrannt

6.4.12 Anwendungsgrenze [1]

Die Begriffe „Anwendungsgrenze" oder „maximale Anwendungsgrenze" entsprechend „maximale Anwendungstemperatur" führen immer wieder zu Mißverständnissen, da sie nicht einwandfrei definiert sind. Die Angabe „maximale Anwendungstemperatur" hat nur dann Gültigkeit, wenn die Beanspruchung durch die Temperatur nur von einer Seite auf das Mauerwerk erfolgt und ein wärmeableitendes Mauerwerk vorhanden ist. Wird dagegen der Stein beim Einsatz an mehr als einer Seite von der Temperatur beaufschlagt, wie es häufig an Mauerwerksecken, herausragenden Steinen, z. B. „Nasensteinen" der Fall ist, so muß bei der Qualitätsfestlegung ein ausreichender Abstand zwischen der vom Hersteller angegebenen maximalen Anwendungstemperatur und der wirklich zu erwartenden Arbeitstemperatur berücksichtigt werden. Gerechnet werden muß in solchen Fällen – als Erfahrungswerte wiedergegeben – mit einer Differenz von 200°C, in vielen Fällen sogar mit einer größeren.

Ist der Abstand zwischen der mittleren Steintemperatur und der maximalen Anwendungstemperatur zu klein, so muß mit vorzeitigem Verschleiß bzw. mit Schwindung feuerseitig gerechnet werden. Starke Schwindung heißt in solchen Fällen Öffnung der Fuge und damit weiteres tiefes Eindringen der Temperatur – Erhöhung der mittleren Steintemperatur – also Zerstörung des Mauerwerks, denn die Isolierung wird dann zu hoch beansprucht.

Ein stark isolierter Stein, der bei hohen Temperaturen unter Druck steht, wird eher erweichen als ein nichtisolierter Stein, weil in letzterem das Temperaturgefälle wesentlich größer ist, d. h. die mittlere Steintemperatur niedriger liegt.

Die Anwendungsgrenze silikatisch gebundener feuerfester SiC-Erzeugnisse liegt in O_2-Atmosphäre bei ca. 1500°C, in leicht reduzierender CO-Atmosphäre liegt sie bei maximal 1650°C. In Inertgasatmosphäre kann sie bis auf 2000°C ansteigen.

In normalen feuerfesten, d. h. silikatisch gebundenen Erzeugnissen mit über 50% Siliciumcarbid muß ab 1450°C mit Ausschmelzungen gerechnet werden, die den Stein aber im allgemeinen in seiner Qualität nicht beeinträchtigen. Mit steigendem SiC-Gehalt steigt auch die Anzahl und die Größe der Ausschmelzungen, das sind Anreicherungen von Alkalien sowie Eisen und anderen Schwermetallen, an. In einem Stein mit 50% Siliciumcarbid und 40% Korund und dem Rest Bindeton werden zu einem großen Teil die Ausschmelzungen durch das Bindemittel aufgesogen. Bei entsprechender Zusammensetzung geschieht das auch bei 75%igen Steinen. Ein Stein mit 50% SiC-Gehalt und 50% Schamotte statt des eben erwähnten Korunds wird entsprechend der Anwendbarkeit von Schamotte eine Anwendungsgrenze von maximal 1350°C haben.

Es ist bei dem Begriff „Anwendungstemperatur" grundsätzlich zwischen Kurzzeitbeanspruchung und Langzeitbeanspruchung zu unterscheiden. Dazu ein Beispiel: Ein 90%iger Siliciumcarbidstein kann über Jahre auf 1400°C beansprucht werden, aber nicht auf 1500°C. Der gleiche Stein kann kurzzeitig (Minuten, Stunden) auf 1720°C beansprucht werden, ohne daß irgendwelche negativen Erscheinungen eintreten. Die Anwendungszeit spielt also eine ausschlaggebende Rolle.

Prospektangaben über die Anwendungsgrenze sind demnach problematisch.

[1] Maximale Anwendungsgrenze oder maximale Anwendungstemperatur.

6.5 Statistische Qualitätskontrolle

Ohne eine gründlich durchdachte, ständige Kontrolle nach statistischen Gesichtspunkten ist den heutzutage gestellten Qualitätsansprüchen nicht mehr gerecht zu werden. Die Kontrolle beginnt beim Rohstoffeingang und endet in erster Annäherung auf dem Lager des Produzenten bei der Abnahme durch ihn bzw. durch den Verbraucher. Die Statistik ist unerläßlich, schließlich kann nur durch sie das Lieferanten- und das Verbraucherrisiko zahlenmäßig ermittelt werden. Ferner ist beim Einsatz von SiC-Erzeugnissen eine Beobachtung, d. h. eine Kontrolle während des Einsatzes beim Verbraucher von entscheidender Bedeutung für die Weiterentwicklung der Qualität. Genauso wichtig ist eine Beurteilung der Produkte nach dem Gebrauch. Kontrolle und Forschung in Zusammenarbeit mit der Anwendungstechnik müssen die gebrauchten Erzeugnisse eingehend untersuchen und beurteilen.

Es sollte selbstverständlich sein, daß nachstehende Stufen der Kontrolle möglichst in verschiedenen Händen liegen:

Rohstoffeingangskontrolle
Produktionskontrolle
Endkontrolle
Beobachtung durch Anwendungstechnik während des Gebrauchs
Untersuchung durch ein Laboratorium nach dem Gebrauch

Die Zusammenfassung aller Ergebnisse und deren Auswertung betreffen Einkauf, Kontrollstellen, Anwendungstechnik, technischen Verkauf und Forschung sowie den Verbraucher inklusive Ofenbauer. Nur so ist schließlich eine Auswahl der günstigsten Qualitäten möglich, denn auch die Erfahrung der Ofenbauer und der Endverbraucher können entscheidend zur Optimierung des Einsatzes feuerfester Erzeugnisse beitragen. Die Qualitätskontrolle endet nicht auf dem Lager des Herstellers.

Im einzelnen sind beim Hersteller feuerfester Steine Rohstoffkontrolle, Produktionskontrolle, Endkontrolle – Abnahme der Steine – üblich.

Die Kontrolle, die beim Ofenbauer liegt, umfaßt vor allen Dingen Angaben wie eingebracht wurde, wo welche Qualität, welcher Mörtel usw. verwendet wurde. Eine genaue ständige Registrierung bei dem Endverbraucher, welchen Bedingungen das Material während der ganzen Ofenreise ausgesetzt war (Temperatur, Atmosphäre, Dehnungsanomalien usw.) ist Voraussetzung für eine aussagekräftige Endbeurteilung, die gleichermaßen alle Beteiligten interessiert.

1. Rohstoff-Eingangskontrolle. Die in Kapitel 4 angeführten Untersuchungen können selbstverständlich bei Routinekontrollen nicht immer alle durchgeführt werden. Als normale Eingangskontrolle, die immer durchgeführt werden kann, kommt in Frage:

Ermittlung der Kornform:	nur subjektive Beurteilung möglich
Ermittlung des Schüttgewichtes:	statistische Auswertung möglich
Ermittlung der Siebanalyse:	statistische Auswertung möglich
Ermittlung des SiC-Gehaltes:	statistische Auswertung möglich

Bei den Schüttgewichten kann ein $\bar{X}$-Wert ermittelt werden, mit einem dazugehörigen s-Wert. Die Siebanalysen sind schlecht zwischen zwei Werken vergleichbar.

Die Analysenmethoden zur Ermittlung des SiC-Gehaltes sind vor dem Einkauf zwischen dem Labor des Lieferanten und dem des Käufers abzustimmen. Bei Material mit 98% Siliciumcarbid sollte der Analysenfehler nicht mehr als ± 0,5% absolut betragen.

2. Produktionskontrolle. Während der Produktion werden in den meisten SiC-verarbeitenden Betrieben folgende Prüfungen durchgeführt:

Feuchte der Massen, stark schwankend in Abhängigkeit von der Verformungsart

Siebanalysen der Massen

Rohdichte der geformten Steine direkt nach der Verformung (Naßrohdichte)

Beobachtung der Trockenzeit und der Trockentemperatur sowie des gesamten Brennverlaufs

Die Bereitwilligkeit, Schwankungsbreiten der einzelnen Kontrollen dem Käufer anzugeben, ist Sache des jeweiligen Herstellers.

Was die Naßrohdichte betrifft, so ist es durchaus in vielen Fällen zweckmäßig, dem Endverbraucher Einblick in die Aufzeichnung dieser Werte zu gewähren. Man erspart dem Hersteller und dem Endverbraucher unter Umständen große Prüfkosten. Die Naßrohdichten sind ein deutliches Kriterium für die Gleichmäßigkeit einer Produktion.

Bei ungeformten Erzeugnissen sind während der Produktion und bei der Endabnahme der SiC-Gehalt, die Siebanalyse und die Verarbeitbarkeit zu kontrollieren.

3. Endkontrolle, Abnahme der Steine.

a) Die Abnahme hat grundsätzlich im herstellenden Werk zu erfolgen.

b) Bei Auftragsvergabe sind die Abnahmekriterien festzulegen, unterteilt in Hauptmerkmale (maximal 3), und weitere Merkmale, die nur informativen Charakter haben.

c) Jede Abnahme sollte grundsätzlich nach DIN 51061 erfolgen. Diese Norm wird weitgehend auch ISO-Norm werden (s. 7.1).

d) Die Werte aus der laufenden Produktionskontrolle, vor allen Dingen die Naßrohdichte, können dem Endabnehmer zur Einsicht vorgelegt werden.

e) Die Maßtoleranzen sind abhängig von der Verformungsart und auch vom Format (in Siliciumcarbid werden oft ausgefallene Formate gefordert). Eine Korrektur der Abmessungen durch Nachbearbeitung ist bei SiC-Steinen sehr aufwendig, zum Teil unmöglich.

Bei maschinengeformten Steinen mit über 50% Siliciumcarbid wird in den meisten Fällen 1,5% Maßtoleranz, mindestens jedoch 2 mm einhaltbar sein, entsprechend 2% bzw. 2 mm bei Steinen mit SiC-Gehalt unter 50%. Durchbiegung bei plattenförmigen Erzeugnissen und erlaubte Balligkeit bei Steinen sind bei Vertragsabschluß festzulegen.

Was nun noch Ecken- und Kantenbeschädigungen sowie das Aussehen – Glasur, Flecke usw. – anbetrifft, so sollte man entweder dem Sachverstand des Produzenten vertrauen oder alle Einzelheiten bei Vertragsabschluß exakt festlegen. Ein gutes Beispiel ist DIN 1089, die Silikasteine betrifft. Ähnliches könnte auch für SiC-Steine ausgearbeitet werden.

Bei allen Abnahmen feuerfester Materialien kann es trotz ausführlicher exakter Lastenhefte vor Vertragsabschluß gelegentlich zu Zweifeln kommen. Es ist deshalb unerläßlich, daß Produzent und auch Abnehmer mit viel Sachverstand die Abnahmen durchführen. Letzten Endes entscheidet über Abnahme oder Ablehnung der Produkte die technische Verwendbarkeit des Erzeugnisses und nicht allein die im Laboratorium ermittelten Prüfdaten [85].

7. Verwendung von silikatisch gebundenen feuerfesten Siliciumcarbid-Produkten

7.1 Feuerfeste Werkstoffe

Silikatisch gebundene SiC-Produkte zählen zu den Werkstoffen, deren Feuerfestigkeit nach DIN 51060 definiert ist.

Feuerfest sind Erzeugnisse, wenn ihr Segerkegelfallpunkt mindestens dem des kleinen Kegels 17 (ISO 150) entspricht. Dieser Kegel hat seinen mittleren Fallpunkt bei 1500°C (Aufheizgeschwindigkeit 150 K/h).

Hochfeuerfest sind Erzeugnisse, wenn ihr Segerkegelfallpunkt mindestens dem des kleinen Kegels 36 (ISO 180) entspricht. Dieser Kegel hat seinen mittleren Fallpunkt bei 1800°C (Aufheizgeschwindigkeit 150 K/h).

Die silikatisch gebundenen siliciumcarbidhaltigen Produkte zählen nach dieser Definition mit Ausnahmen zu den hochfeuerfesten Werkstoffen, sie sagt nichts über die Anwendungsgrenze aus und hat damit wenig Beziehung zur Praxis.

7.1.1 Generelle Bemerkungen zu den Auswahlkriterien feuerfester Materialien

Bei der Auswahl feuerfester Materialien, ob Baustoffe oder Setzhilfsmittel usw. treten normalerweise zwei Hauptschwierigkeiten auf.

1. Als Prüfwerte der feuerfesten Materialien liegen ausschließlich Laborergebnisse vor.

2. Der Verbraucher kennt die Verhältnisse, die in dem Aggregat (z. B. Ofen) vorliegen, nicht bis in alle Einzelheiten.

Das trifft besonders in solchen Fällen zu, in denen es sich um neue Anlagen handelt, für die also noch keine Erfahrungen vorhanden sind.

Ein ideales feuerfestes Material wird es nie geben. Es wird immer nur möglich sein, ein Optimum an Steindaten auszuwählen, das den zu erwartenden Betriebsverhältnissen am ehesten entsprechen wird.

Die gebrauchswichtigen Eigenschaften, wie sie in Laboratorien geprüft werden, sind:

Tabelle 42

Beanspruchung	gebrauchswichtige Laborangaben
thermisch	(Druckfeuerbeständigkeit)[1] Druckerweichen Druckfließen Heißbiegefestigkeit Wärmedehnung Raumbeständigkeit Temperaturwechselbeständigkeit
wärmetechnisch	Wärmeleitfähigkeit spezifische Wärme Rohdichte Wärmekapazität und Temperaturleitfähigkeit
mechanisch	Druckfestigkeit Abriebfestigkeit Biegefestigkeit und Verformungsmodul Reindichte Porosität Rohdichte
chemisch, mineralogisch	chemische Zusammensetzung Kornaufbau, Mineralaufbau, Kristallausbildung und Kristallgröße Porengrößenverteilung und Porenarten, eventuell Porenform Gasdurchlässigkeit Beständigkeit gegen Schlacken, Glasflüsse, Salzschmelzen, Metalle, Gase und Dämpfe

Einige Prüfverfahren, die üblicherweise in der Feuerfest-Industrie angewendet werden, sind nicht genormt, es sind also meist werksinterne Verfahren. Für andere existieren nationale und internationale Normen. Aus diesem Grund hat sich die Vereinigung Europäischer Hersteller von feuerfesten Erzeugnissen (PRE) die Aufgabe gestellt, für einheitliche Prüfverfahren – in gleichem Maße auch für einheitliche Klassifikationen – Empfehlungen auszuarbeiten. Diese PRE-Empfehlungen [105] werden dann später durch die ISO-Normen [60] ersetzt (ISO: Internationale Normungsorganisationen; ISO/TC33-Feuerfest-Erzeugnisse). Zur Vorbereitung dieser ISO-Normen arbeitet die PRE auch mit der SIPRE (Europäisches Gremium, in dem Hersteller und Verbraucher feuerfester Baustoffe ihre Erfahrungen austauschen) zusammen [90].

Von der Verbraucherseite sind möglichst umfassende und präzise Angaben über die Verhältnisse zu machen, denen das Material beim Gebrauch ausgesetzt ist. Gerade beim Einsatz von SiC-Material kommt es unter Umständen oft auf Kleinigkeiten an, da der Vorgang der SiC-Zersetzung noch nicht bis in alle Einzelheiten geklärt ist. Z. B. muß bekannt sein: Dauerbeanspruchung oder Wechselbean-

---

[1] Bis in die sechziger Jahre ständig verlangter Wert, heute nicht mehr üblich, da die Aussagekraft gering ist.

spruchung – Temperaturhöhe – Temperaturverlauf – Atmosphäre – Atmosphärenverlauf – Brenngut/Schmelzgut (Möglichkeiten von Ausdampfungen und Kondensationen) – mechanische Beanspruchung (z. B. auf Abrieb und/oder Druck sowie Druckverteilung bei Anwendungstemperatur, Biegung, Zug). Wichtig für die richtige Materialauswahl ist weitgehender Informationsaustausch zwischen Rohstofferzeugern und Feuerfest-Herstellern einerseits und zwischen Feuerfest-Herstellern und Verbrauchern dieser Erzeugnisse andererseits.

7.1.2 Richtlinien für das Aufheizen von Ofenaggregaten

Es können in diesem Zusammenhang nur allgemeine Angaben für einfache Zustellungen mit Steinen und ungeformten Erzeugnissen gemacht werden. Bei unterschiedlichen Wandstärken in einem Aggregat ist die Aufheizkurve für die größte Wandstärke für die gesamte Anlage zu empfehlen.

Bei verschiedenen Zustellungen bzw. in verschiedenen Aggregaten, z. B. in Tiegelöfen können diese Kurven nicht immer eingehalten werden. Es sollte den Möglichkeiten entsprechend, nach Rücksprache mit dem Hersteller, jeweils eine spezielle Aufheizkurve festgelegt werden. Ausnahmen sind selbstverständlich Anlagen, in denen feuerfeste Teile von zwei oder mehr Seiten erhitzt werden. Diese müssen langsamer als in den Kurven dargestellt angefahren werden. Als Grundregeln können dienen

1. Nach der Lufttrockung ist so lange bei 110°C zu trocknen, bis alles Wasser aus Steinen, Mörtel und Massen ausgetreten ist.
2. Es ist möglichst geradlinig hochzufahren, jegliche Temperatursprünge sind zu vermeiden.
3. Bei Betonen ist bei 600°C nochmals eine Haltezeit je nach Massenstärke mehr oder weniger lang (Zerstörung der hydraulischen Bindung, Beginn der keramischen) einzulegen.
4. Mineralogische Umwandlungen sind zusätzlich zu berücksichtigen, z. B. bei Silika die SiO_2-Umwandlungen.

Der Eigenheit der Bindung – insbesondere bei chemischer Bindung – muß Rechnung getragen werden.

Wasserglas ist z. B. eine sehr oft angewendete Bindung, die bei der Trocknung auf 110°C nur 80% ihres Wasseranteils verliert. Der Rest tritt zwischen 380°C bis maximal 800°C aus. Nach der Trocknung darf nicht abgestellt werden, es sei denn, man hat auf 150°C oder darüber getrocknet. Wasserglas, das nur bei 110°C getrocknet wurde, reagiert bei Abkühlung wieder mit der Luftfeuchtigkeit (Abb. 45,46).

7.1.3 Generelle Bemerkungen zu der Verwendung feuerfester SiC-Erzeugnisse

Siliciumcarbid verleiht den daraus hergestellten feuerfesten Produkten ganz besondere Eigenschaften, die sie von den üblichen feuerfesten Materialien weitgehend unterscheiden. Die Wärmeleitfähigkeit der SiC-Erzeugnisse z. B. beträgt ein Mehrfaches üblicher keramischer Stoffe und hebt sie ferner wegen ihrer Härte und Abriebfestigkeit aus der Vielzahl anderer feuerfester Materialien deutlich hervor.

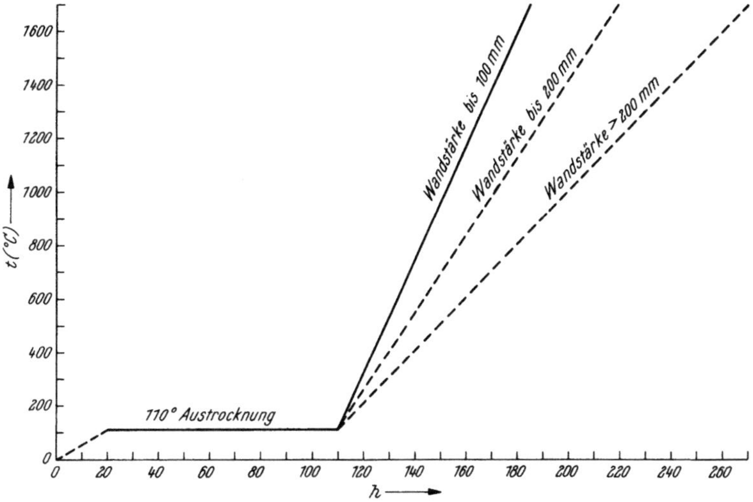

Abb. 45. Aufheizkurve für Inbetriebnahme von Ofeneinheiten, die zugestellt wurden mit keramisch und chemisch-keramisch abbindenden Massen oder mit Steinen. Die Austrocknung kann je nach Wassergehalt deutlich kürzer sein

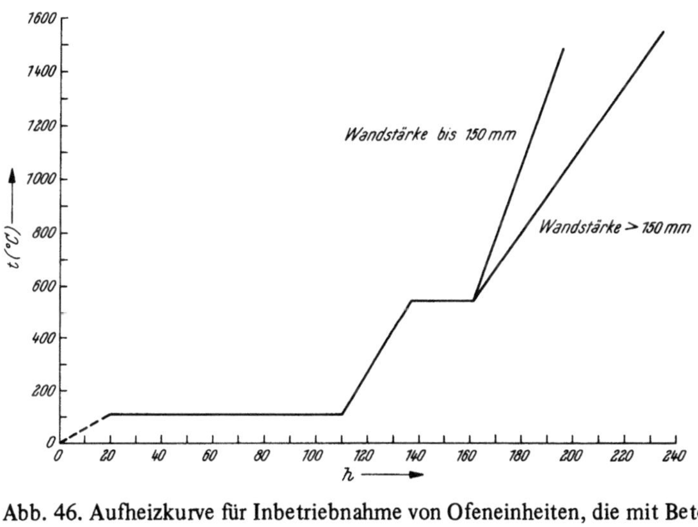

Abb. 46. Aufheizkurve für Inbetriebnahme von Ofeneinheiten, die mit Betonen zugestellt wurden. Die Austrocknung kann je nach Wassergehalt deutlich kürzer sein

SiC-Erzeugnisse haben aber auch eine negative Eigenschaft, die bei der Verwendung zu berücksichtigen ist, nämlich die Zersetzbarkeit des Siliciumcarbids. Wegen dieser Eigenschaft ist bei der Verwendung von SiC-Materialien zu untersuchen, ob sie einer atmosphärischen oder thermischen Wechselbeanspruchung oder einer Dauerbeanspruchung ausgesetzt sind. Es sei aber betont, daß diese negative Eigenschaft von Siliciumcarbid in der Praxis nur unter bestimmten Bedingungen zum Tragen kommt.

Eine Wechselbeanspruchung (Kurzzeitbeanspruchung) liegt z. B. vor, wenn SiC-Brennhilfsmittel[1] in einem Tunnelofen einem mehr oder weniger straffen Zyklus ausgesetzt werden. Hierbei laufen SiC-Platten mehrfach durch einen Tunnelofen, d. h. hundert- bis zweihundertmal. Dabei sind sie aber jedesmal nur für wenige Stunden auf Maximaltemperatur, und kritische Bereiche werden schnell durchlaufen.

Dauerbeanspruchung dagegen bedeutet, daß SiC-Material über lange Zeiträume (Monate oder gar Jahre) auf gleichbleibender Temperatur bei gleichbleibender Atmosphärenzusammensetzung gehalten wird. Durch den bei einer SiC-Zersetzung häufig entstehenden Cristobalit kann ein Wachsen der Steine eintreten, was im Extremfalle zu einer Zermürbung führt und in einem Mauerwerk Zerstörungserscheinungen hervorruft.

Bei einer Wechselbeanspruchung, z. B. in einem Herdwagenofen, kann dieses Wachsen auch beobachtet werden. So wachsen die Brennplatten in der Porzellanindustrie ständig. Sie werden schließlich so groß, daß sie den normalen Ofendurchgang beeinträchtigen. In der Praxis werden sie deshalb behauen (= chariert) und dadurch wieder auf das Ausgangsmaß gebracht. Sie laufen dann weiter.

Bei einer Dauerbeanspruchung ist die ständige Beobachtungsmöglichkeit selten gegeben, auch ist eine Austauschmöglichkeit wie bei Setzhilfsmitteln usw. bei ununterbrochenem Ofenbetrieb nicht möglich. So kann es vorkommen, daß die SiC-Zersetzung (Cristobalitbildung) zur Zermürbung des Mauerwerks und damit zum Ofenstillstand führt.

Wie bei allen feuerfesten Erzeugnissen ist noch zu unterscheiden, ob das Material im Gebrauch lediglich Temperatur- und Atmosphäreneinflüssen ausgesetzt ist oder ob es einem Angriff durch Schlacken, Schmelzen, Ofenstäube, Glasurdämpfe u. a. unterliegt.

Bei einem solchen Angriff auf eine SiC-Masse oder einen SiC-Stein ist zwischen dem Angriff auf das Mineral Siliciumcarbid und dem auf das Bindemittel zu unterscheiden. Dies ist zwar allgemein gültig bei Angriffen auf feuerfestes Material, doch gehören normalerweise Bindemittel und Korn demselben Phasendiagramm an, wie z. B. dem Diagramm $MgO-SiO_2-CaO$ bei Magnesitsteinen oder dem Diagramm $SiO_2-Al_2O_3$ bei der großen Gruppe der Korund-, Mullit-, Sillimanit-, Schamotte- und Silikasteine. Betrachtet man in diesem Zusammenhang Mullit-Steine, so ist festzustellen, daß der Mullit 72% Al_2O_3 enthält, das Bindeglas (röntgenamorpher Anteil) oft weniger. Glas und kristalliner Anteil befinden sich aber beide im System $SiO_2-Al_2O_3$. Anders dagegen ist es bei Siliciumcarbidsteinen. Hier handelt es sich in den meisten Fällen um die Systeme Si–C (Si–C–O) und $SiO_2-Al_2O_3$. Diese Reaktionen sind wesentlich komplexerer Natur. Erschwerend kommt hinzu, daß das Siliciumcarbid sich schon allein durch Temperatureinwirkung verändern kann, daß also bereits Reaktionen eingeleitet werden, ohne daß Schlacken angreifen.
Bei der Beurteilung von SiC-Materialien für den Gebrauch ist es wichtig, zwei Vorgänge auseinanderzuhalten.

1. Das Verhalten des SiC-Korns im Stein – nicht unbedingt nur an der Feuer-

---

[1] Setz- oder Brennhilfsmittel sind Platten und Stützen oder (Teller-)Kapseln (Abb. 70, 72), aus denen auf den Ofenwagen Etagenaufbauten erstellt werden, in die das Brenngut zum Brand gesetzt wird.

seite – und dem daraus resultierenden Verhalten des Bindemittels mit dem Siliciumcarbid bzw. den Zerfallsprodukten des Siliciumcarbids.

2. Das Verhalten des Bindemittels mit der Schmelze und das Verhalten des Siliciumcarbids mit der Schmelze unter Berücksichtigung der aus 1. entstandenen oder entstehenden Reaktionsprodukte.

Das Bindemittel hat nicht immer die gleiche Resistenz gegen den Schlackenangriff wie das Siliciumcarbid.

7.1.4 Die besonderen Eigenschaften von feuerfesten SiC-Erzeugnissen (siehe Kapitel 6)

Als spezifische Eigenschaften sind hervorzuheben: Wärmeleitfähigkeit – Abriebfestigkeit – chemische Resistenz – Temperaturwechselbeständigkeit – Festigkeit bei hohen Temperaturen – Biegefestigkeit. Demgegenüber stehen als Nachteile: 1. Die relativ leichte Zersetzbarkeit, die allerdings beschränkt ist auf Ausnahmefälle, in denen kritische Temperatur und nachteilige Atmosphärenbedingungen zusammentreffen. Die Ursache dieser leichten Zersetzbarkeit ist noch nicht restlos aufgeklärt und 2. der hohe Preis, bedingt durch den hohen Rohmaterialpreis und die schwierige Herstellung. Weitere Nachteile, die gelegentlich auftreten können, sind: Die Reduzierung von Eisenkomponenten aus der Tonbindung. Es tritt dadurch eine Glasurbildung ein, die bis zu extrem starker Blasenbildung führen kann. Das Brenngut darf dann nicht in direkten Kontakt mit dem SiC-Material kommen, sonst klebt es fest oder es treten unerwünschte Reaktionen ein. Ferner zeigt sich, daß die Gegenwart von Eisen in SiC-Steinen die Ursache für eine Eisencarbonylbildung aus Reaktionen mit dem Kohlenmonoxid der Ofengase sein kann. Das Eisencarbonyl zersetzt sich später in freies Eisen und Kohlenstoff und führt zu Verfärbungserscheinungen, z. B. auf Sanitärerzeugnissen und Porzellan. Bei Verwendung von „eisenfreiem" SiC-Material findet man diese Erscheinung nicht. Solche Reaktionen zwischen Fe und C können zu einer Zerstörung (Sprengung) bei 800°C führen.

Nur wenige feuerfeste Materialien sind bekanntgeworden, die eine etwa gleich gute Temperaturwechselbeständigkeit wie SiC-Materialien aufweisen. Es sind dies Cordierit-, Petalit- und die Spodumenerzeugnisse. Auch einige Zirkon-Mullit-Produkte erzielen fast genauso gute Temperaturwechselbeständigkeit.

Entsprechend den besonderen Eigenschaften von Siliciumcarbid haben sich die daraus hergestellten Erzeugnisse, geformte und ungeformte, bewährt. Z. B. zur Auskleidung von Reaktionsräumen, Müllverbrennungsanlagen, Schmelzkammerkesseln, Retorten, Heizkesseln, Hochofenschächten, Muffelöfen, Koksrutschen, ferner als Rekuperatorrohre, Thermoelementschutzrohre, Düsen, Führungsleisten und Gleitschienen sowie Abschreckkokillen, Brennhilfsmittel wie Kapseln und Platten sowie Stützen und Transportrollen. SiC-Produkte gehören zu den wenigen Materialien, die den Festigkeitsanforderungen an Tragebalken für das hängende Brennen von extrem schweren Isolatoren genügen.

7.2 Beispiele für die technische Verwendung silikatisch gebundener feuerfester SiC-Erzeugnisse

Eine auch nur annähernd vollständige Aufzählung aller Einsatzmöglichkeiten von feuerfesten SiC-Baustoffen ist nicht möglich. Es werden nachstehend einige für SiC-Materialien besonders typische Anwendungsmöglichkeiten aufgezeigt. Eine Einteilung nach den Hauptbeanspruchungsarten ist nur schwer möglich, da fast immer mehrere davon gleichzeitig auftreten.

Die hohe Wärmeleitfähigkeit wird ausgenutzt zur schnellen Wärme-Zu- und Abfuhr, z. B.

im Anlagen- und Kraftwerksbau	Müllverbrennungsanlagen
	Schmelzkammerkesseln
	Koksöfen
in der Eisen- und Stahlindustrie	
Hochofen	Gicht und oberste Schachtteile
Rekuperator	Rohre zum Wärmeaustausch
im allgemeinen Ofenbau	
Glasindustrie	Kühlofen
Porzellanindustrie	Kapseln, Platten
Keramikindustrie	Muffelplatten, Muffelkammern
Zinkindustrie	Muffelöfen (Retorten)
Emailindustrie	Muffelwände
allgemein	Rohre, Platten, Muffeln

d. h. für

1. indirekte Beheizung und
2. zur schnellen Wärmeabfuhr. Dadurch kann u. a. die Temperatur an der Stein- oder Masseoberfläche so tief gehalten werden, daß keine Reaktionen mit dem Ofeninhalt wie Gasen, Stäuben usw. eintreten können.

Die Abriebfestigkeit (Zähigkeit, Härte) macht man sich zunutze z. B. in

der Eisen- und Stahlindustrie	Gleitschienen
	Hochofen
der Zinkindustrie	Spülgasverkoker
	Retorten
	Muffeln
der Zementindustrie	Drehrohrofen
dem allgemeinen Ofenbau	Gleitschienen
	Abdeckplatten
	Gleitplatten

Die gute chemische Resistenz (Benetzbarkeit) kommt zum Tragen in

der Aluminiumindustrie	Auslaufrinnen
	Einfüllrohre
	Thermoelementrohre
der Eisen- und Stahlindustrie	Abstichrinnen
der Bleiindustrie	Schmelzbecken und Oberbau

der Kraftwerkstechnik	Brennkammerauskleidung
bei der Herstellung von Schmelzgefäßen, Tiegeln usw.	

Eine Beanspruchung auf Biegefestigkeit findet man vor allem in

der Porzellanindustrie	Brennhilfsmittel
der Sanitärindustrie	Brennhilfsmittel
der allgemeinen technischen Keramik	Brennhilfsmittel, Tragebalken
der Ferritindustrie	Brennhilfsmittel
der Eisen- und Stahlindustrie	Auflageplatten z. B. in Glühöfen

Gerade für diese letztgenannten Einsatzgebiete spielt die Wärmeleitfähigkeit eine ebenso große Rolle.

7. 2. 1 Müllverbrennung [75]

Die Beanspruchung der Ausmauerung in Müllverbrennungsanlagen ist extrem vielseitig. Es soll letztlich alles verbrannt werden, nur nicht die feuerfeste Zustellung. Eine Unterteilung in verschiedene Müllarten wie Industriemüll oder kommunalen Müll kann nur bedingt getroffen werden, so daß man bei der Auswahl der feuerfesten Zustellung die Art des Mülls nur in Ausnahmefällen berücksichtigen kann.

Es gibt verschiedene Verfahren, Müll zu verbrennen. Müllverbrennungsanlagen werden mit oder auch ohne Verwertung der anfallenden Energie in einem nachgeschalteten Dampferzeuger als Walzen- oder Stufenrostanlagen aber auch als Drehöfen gebaut. Die Art der Anlagen hat auf den Einsatz von SiC-Erzeugnissen kaum Einfluß.

In allen Anlagen werden in jüngster Zeit immer mehr SiC-Steine eingesetzt, teils hochprozentige, teils Steine mit 50% Siliciumcarbid und einem großen Anteil hochtonerdehaltiger Materialien einschließlich Korund. Beide Rohstoffe, Korund und Siliciumcarbid, sind schlackenabweisend. Siliciumcarbid hat den Nachteil, daß es zersetzbar ist (Wasserdampf !), Korund, daß er leichter Ansatzbildungen hervorruft. Letztere müssen von Zeit zu Zeit von Hand abgestoßen werden, was häufig zu Beschädigungen des Mauerwerks führt. Durch die Kombination beider Materialien werden die angeführten Nachteile weitgehend vermieden. Der Zersetzbarkeit wirkt man dadurch entgegen, daß ausschließlich grobkörniges Siliciumcarbid bei der Steinherstellung verwendet wird, welches gleichzeitig die Bildung von Ansätzen an den Steinen im Gebrauch verhindert. Korund wird als Feinkorn eingebracht. In der Vergangenheit wurden gelegentlich Steine mit 50 bis 70% Siliciumcarbid und 50 bis 30% Schamotte-Zusatz verwendet. Diese Steine haben sich nicht bewährt. Es traten Anbackungen auf, teilweise wurde auch ein Aufblähen der Steine beobachtet. Das Material war einem starken Verschleiß unterworfen.

Neben SiC-Steinen (Abb. 47) werden gelegentlich auch reine Korund-Steine oder Steine der Sillimanit-(Mullit-)Gruppe eingesetzt. Bei der Verbrennung von vorwiegend Polyvinylchlorid (PVC) als Industriemüll sind Korundsteine den SiC-Steinen vorzuziehen, da die entstehenden Chlordämpfe Siliciumcarbid schon zwischen 600 und 800°C stark angreifen.

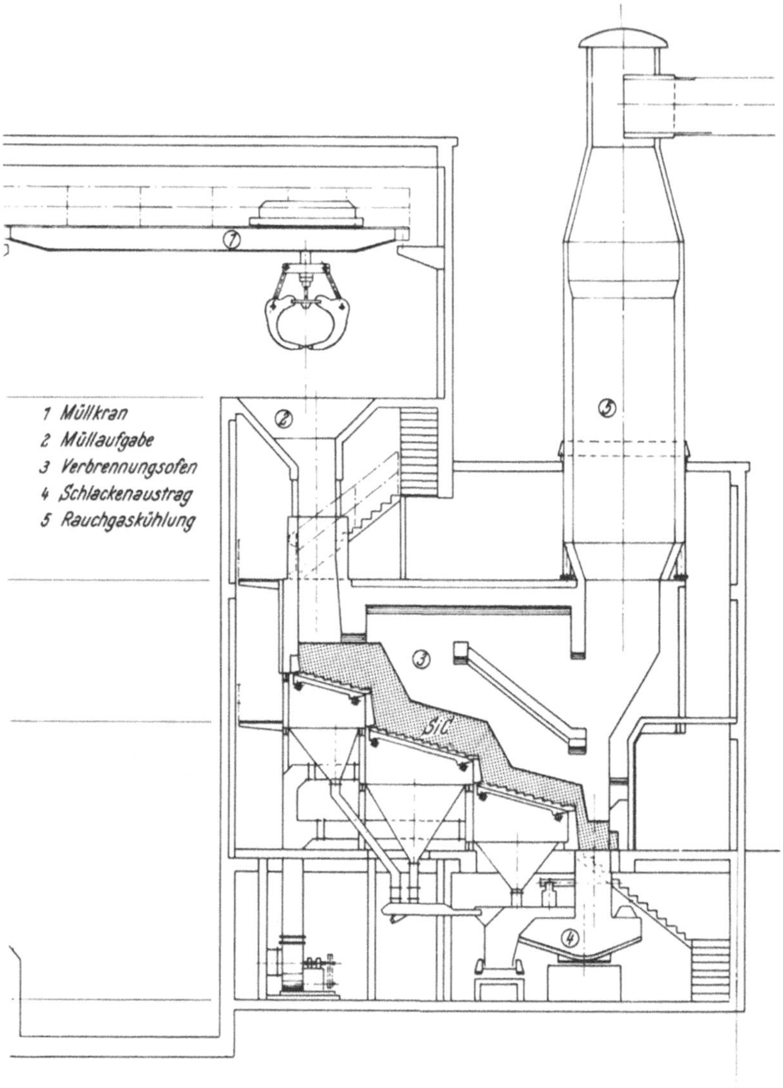

Abb. 47. Müllverbrennungsanlage System Koppers-Wistra.(Nach [76])

In manchen Verbrennungsanlagen treten schon unter 1300°C Schmelzen auf. Dadurch kommt es zu einer starken Korrosion, besonders an der Dreiphasengrenze Stein–Atmosphäre–Schmelze. Dies vor allen Dingen dann, wenn neben Alkalioxiden verschiedene Metalloxide mit angreifen. Diese Kombination wirkt in allen Fällen stark korrodierend auf die feuerfeste Auskleidung. So wird hier z. B. Korund durch die Bildung von β-Korund unter Volumenvermehrung angegriffen. Hochprozentige SiC-Steine und Stampfmassen erreichen in solchen Fällen noch sehr gute Standzeiten.

In Anlagen , die bei Temperaturen über 1300°C teilweise sogar über 1400°C gefahren werden, werden neben SiC-Steinen gelegentlich auch Korundsteine oder Sillimanitsteine eingesetzt. Wird bei hochschmelzenden Aschen (über 1400°C) über deren Schmelzpunkt bei gleichzeitiger Anwesenheit von verschiedenen Metalloxiden und Alkalien gefahren, so wird jede Zustellung sehr problematisch, einerlei welche Stein-Qualität zum Einsatz kommt. Am günstigsten verhalten sich 90%ige SiC-Steine, auf denen sich ein Schlackenfilm bildet, so daß bei dem weiteren Angriff Schlacke auf Schlacke trifft.

Zur Verwertung der anfallenden Energie werden Verdampferrohre in solche Anlagen bzw. in nachgeschaltete Dampferzeuger eingebaut (s. 7. 2. 2). Diese Rohre werden geschützt durch eine keramische Schicht, die wiederum durch Stifte auf den Rohren gehalten wird. Als keramische Schicht werden fast ausschließlich 85 bis 90%ige SiC-Massen verwendet. Der Vorteil der SiC-Massen ist hier neben der chemischen Resistenz die hohe Wärmeleitfähigkeit. In den wenigen Fällen, in denen die gute Wärmeleitfähigkeit des Siliciumcarbids nicht gefordert wird, kann auch mit hochtonerdehaltigen Stampfmassen zugestellt werden.

In den Müllverbrennungsanlagen geht man immer mehr dazu über, zonenweise zuzustellen. Unterschieden werden:

Einlaufzone	Schamotte	Siliciumcarbid[1]	Korund[2]
Schmelz- und Verdampfungszone	tonerdereich	Siliciumcarbid[1]	Korund[2]
Verbrennungszone	tonerdereich	Siliciumcarbid[1]	Korund[2]
Nachverbrennungszone	Schamotte	Siliciumcarbid[1]	

7. 2. 2 Schmelzkammerkessel

Elektrische Energie wird heute in der Mehrzahl der Fälle in Hochdruckdampfkraftwerken gewonnen. Die Brennkammern der Kraftwerkskessel sind an den Wänden mit Rohren (Verdampferrohren) ausgekleidet, die ein Wasser/Dampf-Gemisch von bis zu etwa 400°C führen. In sogenannten Schmelzkammerkesseln, bei denen die Aschebestandteile der Steinkohlen als Schlackenschmelze anfallen, werden die berohrten Wände mit SiC-Massen ausgekleidet. Diese Massen haben die Aufgaben, den Wärmeübergang zu regulieren und die Rohre vor Angriff der schmelzflüssigen Schlacke zu schützen. Um die SiC-Masse zu kühlen und ihr Halt zu verleihen, werden die Brennkammerrohre direkt mit einer Bestiftung aus höher legiertem Material versehen. Die keramischen Massen (Schutzschichten) werden vorwiegend durch Spritzen aufgebracht, aber auch durch Aufstampfen und Aufschmieren. Gleichzeitig wird durch eine Art Profilieren der Abstand Rohroberfläche–Masseoberfläche gleichmäßig eingestellt. Der Abprallverlust beim Spritzen, der oft bis zu 40% des Spritzmaterials betragen kann, wird dadurch in Grenzen gehalten, daß man möglichst gleichbleibende Mengen des abgeprallten Materials der Spritzmasse wieder zusetzt.

---

[1] SiC-Stein: Bei starken mechanischen Beanspruchungen und Angriff durch Müllschlacke, gute Temperaturwechselbeständigkeit, hohe Wärmeleitfähigkeit; nicht verwendbar bei Anwesenheit hoher Mengen von Wasserdampf zwischen 900 bis 1200°C.

[2] Korund-Stein: Bei mechanischen Beanspruchungen und Schlackenangriff, extremen Mengen Wasserdampf in der Atmosphäre; nicht verwendbar bei starkem Angriff durch Alkalidämpfe.

Pro m² werden bis zu 4000 Stifte benötigt, sie haben im allgemeinen einen Durchmesser von 10 mm und sind maximal 14 mm lang. Die Masse wird so weit aufgebracht, daß sie bündig mit den Stiften abschließt oder wenige mm die Stiftköpfe überdeckt. Normalerweise wird deutlich überspritzt und später von Hand bis auf die gewünschte Massenstärke abgeschabt (Abb. 48, 49, 50).

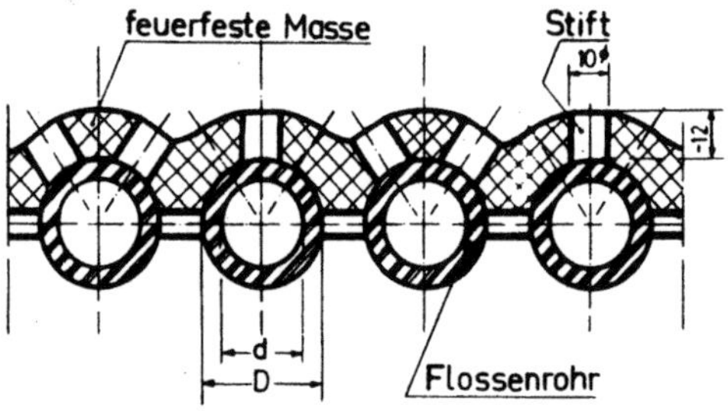

Abb. 48. Bestiftete Flossenrohre mit feuerfester Masse. (Nach [43])

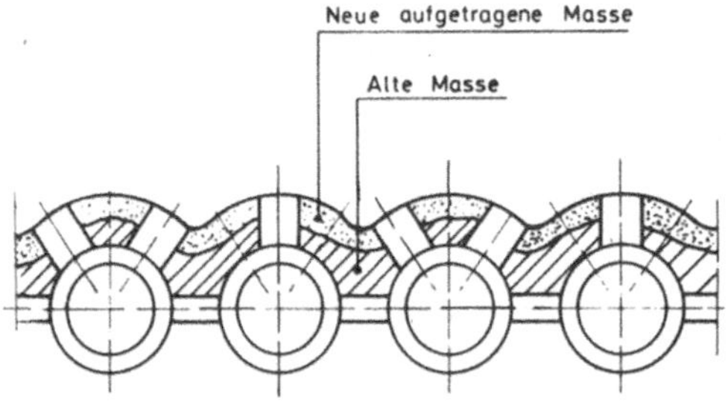

Abb. 49. Bestiftete Rohrwand mit Teilausbesserung der feuerfesten Masse. (Nach [43])

Abb. 50. Bestiftete Rohre mit und ohne Masse, Stiftdurchmesser 10 mm

Der Korrosionsprozeß ist im wesentlichen von folgenden Faktoren abhängig [69]:

a) Zusammensetzung, Temperatur und Viskosität der Schlacke,

b) reduzierende, oxidierende oder gemischte Atmosphäre,

c) Art, Zusammensetzung und Menge des Wassers in dem feuerfesten Auskleidungsmaterial und die Einbringungsmethode,

d) Zusammensetzung der Brenngase,

e) Zusammensetzung der Aschen (Abb. 51)

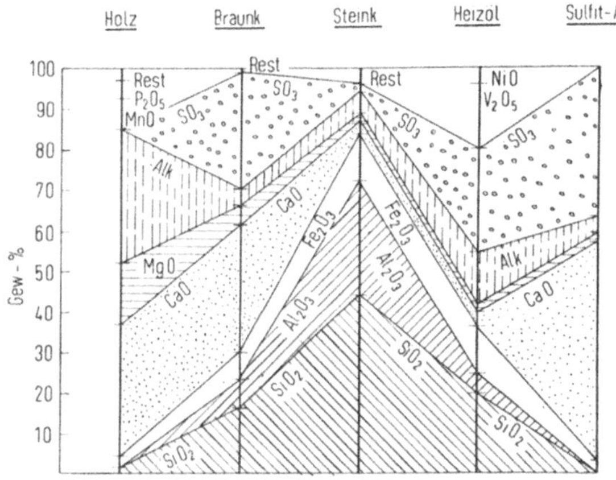

Abb. 51. Durchschnittliche Aschenzusammensetzung von verschiedenen Brennstoffen. (Nach [43])

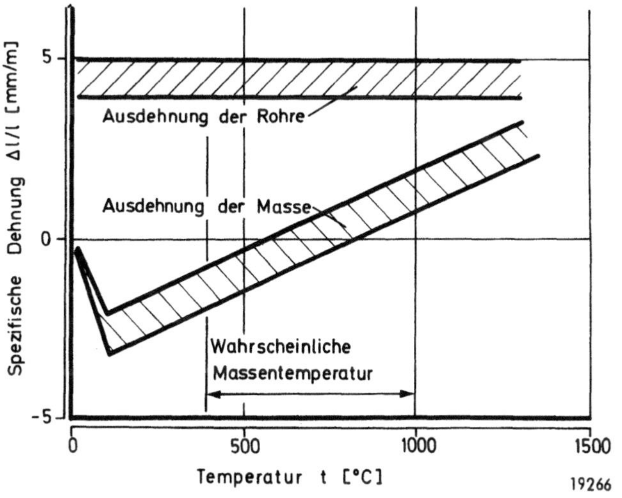

Abb. 52. Dehnungsverhalten von Rohren aus dem Werkstoff 15 Mo 3 und SiC-Masse. (Nach [43])

Die chemische Analyse von Kesselschlacken gibt Kirsch [69] wie folgt an:

40–50% SiO_2
20–30% Al_2O_3
5–15% Fe_2O_3 + FeO
1– 8% CaO
0– 5% MgO
3– 5% K_2O
1% Na_2O
0– 1% P_2O_5

Oxide von Schwefel, Kohlenmonoxid und Dampf sind als Gase in den geschmolzenen Schlacken bei Temperaturen von 1300 bis 1700°C gelöst. Man nimmt an, daß die Schlacke aus Metallkationen besteht und Anionen wie $(SiO_4)^{4-}$, $(SiO_3)^{2-}$, die schnell zu SiO_2 und O^{2-} werden.

Die im Kessel herrschenden Temperaturen sind sehr unterschiedlich. Im Brennraum rechnet man mit bis zu 1700°C, an einzelnen Stellen liegen sie höher. H. J. Schmidt [126] gibt gemessene Temperaturen an:

Grenzschicht Masse/Schlacke	1000–1100°C
Massenmitte	800°C
Stiftfuß	500°C
Rohrwand	etwas über 400°C

Die Atmosphäre kann bei solchen Kesselfeuerungen sehr schwankend sein, besonders dann, wenn Gemischtfeuerungen betrieben werden, d. h. nicht reiner Kohlenstaub, sondern Steinkohle und Schweröl gleichzeitig Verwendung finden.

Es werden unterschieden:
a) steinkohlegefeuerte Kessel
b) ölgefeuerte Kessel
c) braunkohlegefeuerte Kessel
d) Kessel mit gemischter Feuerung.

Steinkohlegefeuerte Kessel und solche mit gemischter Feuerung sind fast immer mit tongebundenen SiC-Massen zugestellt, deren SiC-Gehalt zwischen 85 und 95%, meistens um 85 bis 90% liegt. Da diese Massen bei relativ niedriger Temperatur, d. h. unter 1000°C, schon fest sein müssen, werden sogenannte „Tiefsintermittel" zugesetzt. Die SiC-Massen müssen so beschaffen sein, daß sie

1. die Flammen und Rauchgase nicht an die Metallteile (Rohre usw.) gelangen lassen,
2. eine möglichst gute Wärmeübertragung gestatten,
3. trockene Aschen oder flüssige Schlacken von den Metallteilen fernhalten,
4. chemisch beständig sind gegen verschiedene und wechselnde Atmosphären sowie gegen Asche und Schlacken, die in der Regel sauer sind,
5. starken Temperaturwechsel aushalten.

Voraussetzung dazu ist immer das gute Haftvermögen der Massen auf den Rohren und auf den Stiften. Wichtig ist auch, daß die Massen mechanisch fest werden und einen guten Zusammenhalt bekommen; dies auch bereits beim Anfahren des Kessels. Eine gewisse Verfestigung bis auf die Metalloberflächen muß schnell erfolgen, jedoch ohne zu starr zu werden, denn die Unterschiede der Wärmedehnung – Metall zu SiC-Massen – müssen ausgeglichen werden (s. unten).

Aufbau der Massen

Der SiC-Anteil beträgt 90% (85 bis 95%), der Rest ist Ton und in geringen Mengen spezielle Zuschlagstoffe.

Die maximale Korngröße liegt bei 5 mm, meistens bei nur 3 mm. Als Beispiel für einen Kornaufbau kann angegeben werden:

30 Teile	1–3 mm
25 Teile	0–1 mm
35 Teile	< 0,2 mm
10 Teile	Ton

Weitere Zusätze erfolgen vor allem bei Tiefsintermassen. Zur Verwendung kommen B_2O_3, Glasmehl, Phosphat oder auch Vanadiumpentoxid.

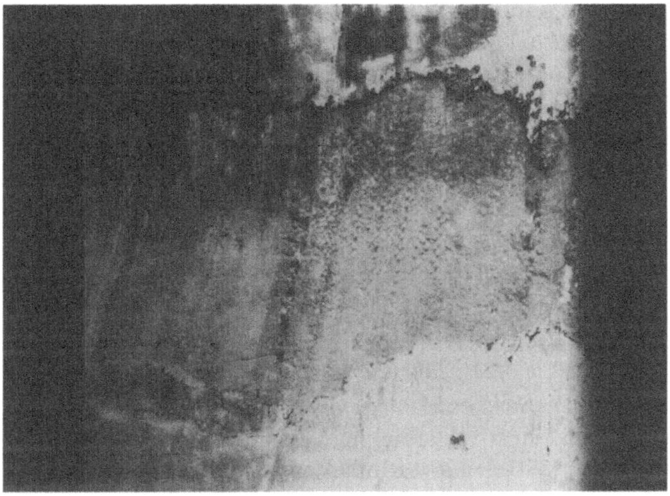

Abb. 53. Auf bestiftete Rohre aufgespritzte 85%ige SiC-Masse. Zum Teil ist die Masse abgeplatzt, wodurch die Stiftköpfe zu sehen sind

Zum Kornaufbau der Schmelzkammerkesselmassen ist weiterhin zu sagen: der Anteil an feinem Siliciumcarbid richtet sich nach der Fahrweise der Kessel bzw. danach, ob Asche oder Schlacke vorhanden ist. Bei überwiegend trocken gefahrenen Kesseln – also ohne flüssige Schlacke – sollte der Feinanteil an Siliciumcarbid gering gehalten werden, da der Faktor SiC-Zersetzung, besonders wenn mit relativ niedrigen Temperaturen gefahren wird, eine wesentliche Rolle spielt. Für Kessel mit flüssiger Schlacke hat sich eine Masse als vorteilhaft erwiesen, die eine gewisse Mindestmenge feines SiC-Korn enthält. Dieser Feinanteil begünstigt eine schnelle Schutzschichtbildung mit der Schlacke. Es wird dann Schlacke auf Schlacke weitergefahren, wobei sich ein Gleichgewicht feuerfeste Auskleidung und Schlacke einstellt. Bei Brennstoffänderungen kann dieses Gleichgewicht gestört werden und es kommt unter Umständen zu einer starken Abtragung der Masse, und zwar so lange, bis sich ein neues Gleichgewicht ausbildet. In einigen Fällen wird die SiC-Masse noch mit einem Schutzanstrich versehen, und zwar dann, wenn es sich um besonders für

Siliciumcarbid aggressive Brennstoffe wie z. B. Erdgas handelt. Diese Anstrichmassen bestehen im wesentlichen aus Korund (Tonerde) oder Zirkon.

Das Anfahren der Kessel erfolgt in drei Stufen,

1. Lufttrocknung, mit möglichst wenig Zug.

2. Wärmetrocknung. In einem Umwälzkreislauf wird heißes Wasser durch die Rohre geleitet, dabei im Kessel entstehender Wasserdampf muß abgeführt werden, d. h. es soll ein schwacher Zug herrschen.

3. Zünden, Inbetriebnahme. Dabei ist darauf zu achten, daß sich die Schlackenschicht auf der SiC-Masse zwar schnell bildet, aber dünn bleibt, um einen Mindesttemperaturdurchgang durch die Masse zu erreichen. Ca. 300°C sollten auf jeden Fall an den Rohren erreicht werden. Von besonderer Bedeutung beim Anfahren ist – wie bei allen Ofeneinheiten, einerlei mit welchem Material sie zugestellt sind – daß vom Zünden an geradlinig hochgefahren wird. In der Anfahrkurve dürfen also keine Sprünge sein, weder nach oben noch nach unten.

Etwas problematisch ist die unterschiedliche Wärmedehnung der feuerfesten Masse und des Rohrmaterials. Abscherversuche haben allerdings ergeben, daß bei richtiger Handhabung die Unterschiede in der Wärmedehnung nicht zum Abfallen der Masseschicht führen. Fuchs [43] gibt dazu folgende Zahlen:

Wassergehalt	4 –6 %
Trockenschwindung	0,2–0,3%
Brennschwindung und Nachwachsen	zwischen 150°C und 800°C = 0
Thermische Dehnung bei 1000°C	0,41–0,44% (linear)

Zwischen den Rohren und der Masse wird sich im Laufe der Zeit ein kleiner Luftspalt bilden.

Bei gelegentlichen Stillständen der Kesselanlage wird auch die SiC-Masse begutachtet. Sollte ein Verschleiß eingetreten sein, muß eine Reparatur erfolgen. Dabei wird die Massenoberfläche weitgehend von anhaftenden Schlacken gereinigt und mit neuer SiC-Masse überspritzt bzw. neue SiC-Masse aufgeschmiert.

7. 2. 3 Hochofen

Der Verschleiß der feuerfesten Auskleidung eines Hochofens ist auf viele, ganz unterschiedliche Ursachen zurückzuführen, die sich dazu noch an verschiedenen Stellen des Hochofens unterschiedlich stark auswirken können (Abb. 54). Die Hauptursachen sind:

1. mechanischer Verschleiß (Abrieb),
2. die Einwirkung von O_2, CO_2 und Wasserdampf,
3. Reaktionen mit der Schlacke,
4. Reaktionen mit dem Roheisen,
5. Reaktionen mit Alkalien,
6. Ablagerungen von Spaltkohlenstoff.

Etwa seit Mitte der fünfziger Jahre werden Versuche durchgeführt, die besonders abriebfesten SiC-Steine im Hochofen, und zwar im obersten Teil des Ofens, einzusetzen. Diese Versuche wurden vor allem in den USA angestellt. Die Versuchsergebnisse waren so gut, daß man heute soweit geht, die obersten 10 m in einigen Hochöfen mit hochprozentigen SiC-Steinen zuzustellen. Es wurde in Betracht gezogen, den mittleren Teil der oberen Rast mit SiC-Steinen auszukleiden. Es ist dies die Zone, die sehr stark durch mechanischen Verschleiß gefährdet ist, und die oft die Lebensdauer des Ofens bestimmt. Man sieht die Vorteile der SiC-Steine hier in ihrer hohen Abriebfestigkeit, aber wohl auch ganz wesentlich in der hohen Wärmeleitfähigkeit. Durch diese wird nämlich eine bessere Kühlung erreicht und somit ist eine größere Reststeindicke als bei anderen Steinen zu erwarten. Untersuchungen [46] haben gezeigt, daß je höher der SiC-Gehalt, desto dünner die durch

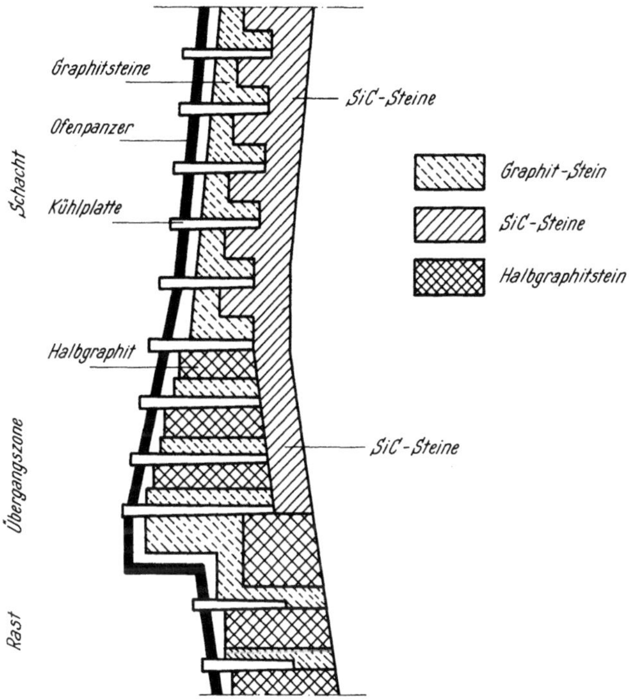

Abb. 54. Möglicher Einsatz von hochprozentigen SiC-Steinen im Hochofen

die Schlacke infiltrierte Schicht ist, was sich leicht mit der hohen Wärmeleitfähigkeit erklären läßt.

Die Ofenkühlung beeinflußt ganz wesentlich die Reaktionen mit und in dem Stein. Um eine ausreichende Lebensdauer der Ausmauerung zu erzielen, muß die untere Reaktionstemperatur bei einer noch ausreichenden Restdicke des Mauerwerks erreicht werden. Dies ist durch Wärmeabfuhr, Kühlung, zu erreichen, und zwar am besten mit Steinen, die eine hohe Wärmeleitfähigkeit besitzen, d. h. mit SiC-Steinen.

Ebenso werden SiC-Massen im Hochofen eingesetzt. Man macht sich auch hier die hohe Wärmeleitfähigkeit zunutze, indem man z. B. SiC-Massen als Kontaktmassen zwischen Kühlkästen und Mauerwerk verwendet.

7.2.4 Kohlevergasung

Die Vergasung von Kohle, die nach zum Teil jahrzehntelanger Pause in vielen Ländern wieder aufgegriffen worden ist, wurde in den Jahren zwischen etwa 1930 und 1950 in Deutschland zur technischen Reife entwickelt. Es haben sich besonders die Vergasungsverfahren, die unter Verwendung von Sauerstoff arbeiten, durchgesetzt. Dabei unterscheidet man drei Grundtypen, die kommerziell geworden sind:

1. Festbettverfahren (Lurgi-Verfahren)
2. Wirbelbettverfahren (Winkler-Verfahren)
3. Flugstromverfahren (Koppers-Totzek-Verfahren)

Abb. 55 zeigt das Schema der Rohgaserzeugung nach Koppers-Totzek und die Abb. 56 einen Koppers-Totzek-Vergaser.

Zu obigen Grundtypen gibt es viele noch nicht kommerziell erprobte Varianten. Daneben laufen Entwicklungen, die die Vergasung von Kohle mit Wasserdampf unter Einbindung von Kernwärme durchführen wollen.

Bei Kohlevergasungsreaktoren können ganz allgemein SiC-Steine zum Einsatz kommen. Die hohe Wärmeleitfähigkeit und hohe Festigkeit von SiC-Steinen gestatten oft auch geringere Wandstärken in den verschiedenen Reaktoren als bei Zustellung mit anderen feuerfesten Materialien. Voraussetzung ist in solchen Fällen natürlich, daß die durch die hohe Wärmeleitfähigkeit abgeführte Wärme wirtschaftlich verwertet werden kann. Die schnelle Wärmeabfuhr – Kühlung des feuerfesten Mauerwerks – hat aber noch einen weiteren großen Vorteil: es können nämlich die Wandtemperaturen so eingestellt werden, daß in Reaktionsgefäßen unter Umständen Reaktionstemperaturen zwischen feuerfestem Material und den Ofengasen unterschritten werden können. Die Lebensdauer der Zustellung wird dadurch wesentlich erhöht. So ist z. B. bekannt, daß SiO_2 in Gegenwart von H_2 etwa ab 1250°C aus

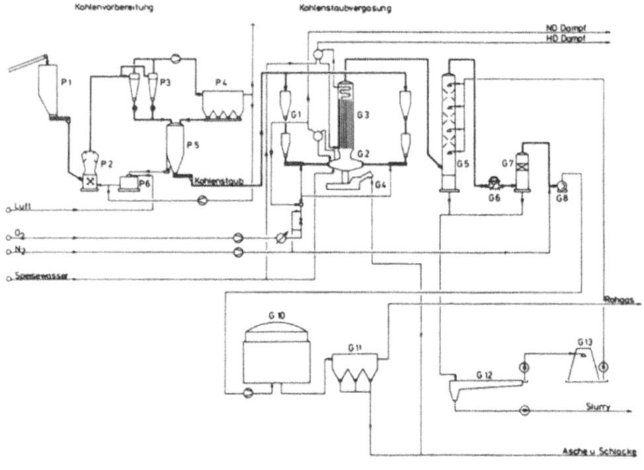

Abb. 55. Schema der Rohgaserzeugung nach Koppers-Totzek. (Nach [79]). *P1* Rohkohlenbunker, *P2* Mühle mit Sichter, *P3* Zyklonabscheider, *P4* Brüdenfilter, *P5* Kohlenstaubbunker, *P6* Heizgaserzeuger, *G1* Bunkersystem, *G2* Vergaser, *G3* Abhitzekessel, *G4* Ascheaustragung, *G5* Kühlwasser, *G6* Desintegrator, *G7* Schlußkühler, *G8* Gasschnellverschluß, *G9* Rohgasgebläse, *G10* Rohgasbehälter, *G11* Elektrofilter, *G12* Absetzbecken, *G13* Kühlturm

Abb. 56. KT-Vergaser mit zwei Vergaserköpfen. (Nach [79])

Schamottesteinen, Sillimanitsteinen, aber auch aus Korundsteinen herausgelöst wird. H_2 reduziert SiO_2 zu SiO, das dampfförmig abgeführt wird. Über 1200°C sind nur SiO_2-arme Korundsteine, d. h. $SiO_2 < 0{,}2\%$ oder Spinellsteine mit etwa gleichem SiO_2-Gehalt einsetzbar. Die Verwendung von 90%igen SiC-Steinen mit Kühlung und Verwertung der Abwärme kann in solchen extremen Fällen wirtschaftlich sein.

Häufig tritt eine Auflösung, d. h. eine Herauslösung von SiO_2 aus feuerfesten Auskleidungen bei noch niedrigeren Temperaturen ein, nämlich dann, wenn der Wasserstoff nicht trocken ist. In Anwesenheit von großen Mengen Wasserdampf im Reaktionsraum setzt ein ganz anderer Mechanismus ein. Beispiel hierfür sind gerade die Kohlevergasungen, und zwar die Kohlevergasungsprozesse bei niedrigen Temperaturen, d. h. unter 1000°C, ferner Ammoniak- und Rußprozesse. In diesen Fällen löst sich bzw. destilliert das SiO_2 (vermutlich als Orthokieselsäure) ab. Die Reaktionen, die dazu führen, werden von R. E. Dial [23] wie folgt angegeben.

1. $SiO_2 + H_2 \xrightarrow[\text{trocken}]{>1200^\circ C} H_2O\uparrow + SiO\uparrow$

SiO_2 wird aus dem feuerfesten Material durch H_2 reduziert und abgeführt.

2. $SiO_2 + H_2 \xrightarrow[\text{naß}]{>1200^\circ C} \!\!\!\!/$

Die Anwesenheit von Feuchtigkeit verhindert den Angriff von H_2 auf SiO_2.

3. $SiO_2 + H_2O_{xy} \xrightarrow[H_2O\text{-Dampf}]{>800^\circ C} Hx\ Si\ O_y\uparrow$

In Gegenwart größerer Mengen Wasserdampf wird SiO_2 schon bei Temperaturen ab ca. 800°C und unter Druck aus feuerfesten Materialien aufgelöst oder abdestilliert.

Dadurch treten zwei Erscheinungen ein,

1. das feuerfeste Auskleidungsmaterial wird geschwächt und
2. die Kieselsäure scheidet sich in niedrigeren Temperaturen wieder ab.

Abhitzekessel usw. werden in Mitleidenschaft gezogen oder ablaufende Prozesse gestört.

Obwohl nun diese Art der Zerstörung nach dem Chemismus auch bei SiC-Steinen eintreten muß, so können diese wegen ihrer hohen Wärmeleitfähigkeit dennoch resistent sein, wenn sie z. B. durch Wasserrohre gekühlt werden und so die maximale Steintemperatur unter 800°C gehalten wird.

Die SiC-Steine widerstehen wegen ihrer hohen Abriebfestigkeit den unter solchen Bedingungen auftretenden mechanischen Angriffen ohne weiteres, und ihre gute Temperaturwechselbeständigkeit verhindert ein Abplatzen infolge des starken Temperaturgefälles in den Steinen, was bei vielen anderen feuerfesten Materialien zu erwarten ist.

Eine weitere Voraussetzung ist erforderlich. Der Eisengehalt muß, falls CO auftritt, in diesen Steinen gering sein, um eine Kohlenstoffbildung in ihnen zu vermeiden. Ist Eisen vorhanden, so muß unter Umständen mit Beschädigungen – Abplatzungen – des Mauerwerks gerechnet werden nach der Reaktion

$$2\,CO \xrightarrow{+Fe} CO_2 + C.$$

Tabelle 43. *Gießmassen für den Kohlevergasungsreaktor* [23]

Eigenschaften		Kugelkorund 1	2	Korund 3	4	Siliciumcarbid 5
Max. Temperatur	°C	1800	1800	1800	1800	1470[1]
Rohdichte	g/cm³	1,20	1,45	2,7	2,8	2,25
Chemische Analyse						
Al_2O_3	%	94,6	94,1	96,0	96,7	6,6
SiO_2	%	0,5	0,5	0,1	0,1	2,2
CaO	%	4,2	4,7	3,6	2,7	5,5
Alkalien	%	0,4	0,4	0,2	0,3	–
Anderes	%	–	–	–	–	82,7
Porosität	%	68	64	26	24	28
Thermische Leitfähigkeit bei 1200°C	kcal/mhK	0,58	0,64	1,19	1,36	8,43
Kaltdruckfestigkeit	N/mm²	31	105	280	630	350
Abriebsfestigkeit		schlecht	schlecht	sehr gut	sehr gut	sehr gut
Temperaturwechselbeständigkeit		mäßig	mäßig	gut	gut	sehr gut
Anmerkungen		volumenbeständig, beständig in H_2, beständig gegen reduzierende Gase und aggressive Atmosphäre		beständig bei extremen Temperaturen, gegen Abplatzungen, Korrosion, Abrieb, H_2 und CO, Schlacken und Metalle		beständig gegen Säuren, Schlacken, Metalle und Flammenerosion

[1] Je nach Zusammensetzung auch wesentlich höher.

Tabelle 44. *Steine für den Kohlevergasungsreaktor* [23]

		Korundsteine 1		Schmelzgegossene Korundsteine 2				SiC-Steine 3	
Max. Temperatur	°C	1850	1850	1850	1850	1800	1740	1690	1690
Rohdichte	g/cm³	1,44	2,9	3,5 3,26	3,6	3,2 3,4	2,90 3,05	2,56	2,66
Chemische Analyse									
Al_2O_3	%	99,2	99,4	99,3	98,7	94,5	94,5	0,7	0,3
SiO_2	%	0,5	0,3	0,1	0,5	1,1	0,1	8,5	1,3
Fe_2O_3	%	0,1	0,1	0,1	0,1	0,1	0,1	0,7	0,3
CaO	%	0,1	0,1	0,1	0,1	0,3	0,1	0,2	0,2
Alkalien	%	0,1	0,1	0,4	0,04	3,9	5,2	–	–
Anderes	%	–	–	–	0,5 B_2O_3	–	–	89,6 SiC	18,5 Si_3N_4 79,1 SiC
Porosität	%	62	26	1,1	1	1,9	4,1	14	15
Thermische Leitfähigkeit bei 1200°C	kcal/mhK	0,868	2,23	6,07	6,2	4,2	2,97	13,5	14,14
Kaltdruckfestigkeit	N/mm²	84	700	1400	3500	1050	500	1050	1400
Abriebfestigkeit		schlecht	gut	sehr gut	sehr gut	sehr gut	mäßig	sehr gut	sehr gut
Temperaturwechselbeständigkeit		mäßig	mäßig	mäßig	gut	mäßig	sehr gut	sehr gut	sehr gut
Anmerkungen		volumenbeständig, beständig in H_2, beständig gegen reduzierende Gase und allgemein aggressive Atmosphäre sowie beständig gegen saure und basische Gase		gasundurchlässig, niedrige Porosität, volumenbeständig bei Belastung, beständig gegen heiße trockene Alkaliatmosphäre, Schlacken und Metalle				hohe Heißfestigkeit, beständig gegen geschmolzene Salze, Schlacken und Metalle, Säuren und Gase	

Noch ein Punkt spricht in solchen Fällen für die Verwendung von SiC-Steinen bzw. -Massen. Bei so niedrigen Temperaturen (800°C) wird man oft Stampf- oder Gießmassen, die hydraulisch abbinden, verwenden, und zwar aus Gründen der Zeitersparnis und des Kostenaufwandes. Hochtonerdehaltige Gießmassen werden mit Calciumaluminatzement gebunden. Aber gerade im Temperaturbereich von 600°C bis 900°C weisen alle Zemente mehr oder weniger deutliche Schwächezonen auf, die hydraulische Bindung wird zersetzt und eine keramische Bindung hat noch nicht stattgefunden.

Auch phosphatgebundene Massen werden in ihrer Bindung in diesen Anlagen chemisch angegriffen. Damit liegt fest, daß eine Zustellung mit SiO_2-freien Korund- oder SiC-Steinen erfolgen muß. Preislich kommen Korundsteine recht nahe an SiC-Steine heran oder sie sind sogar teurer, soweit es sich um Reinstkorund mit den hier notwendigen SiO_2-Gehalten von < 0,2% handelt.

Einschränkend ist zu bemerken, daß SiC-Steine nicht ab 600°C eingesetzt werden können, wenn Chlor oder Chloride auftreten, da ab dieser Temperatur ein Angriff bereits in relativ kurzer Zeit eintritt.

7.2.5 Zementofen

Die Verwendung feuerfester SiC-Erzeugnisse ist in der Zementindustrie (Abb. 57, 58) auf einige wenige, aber unter Umständen sehr entscheidende Einsatzpunkte beschränkt. Die Zementherstellung erfolgt aus Kalk, Ton (Sand) und Eisenoxid im Trockenverfahren (d. h. Trocknen, Zerkleinern, Feinmahlen, Mischen) oder im Naßverfahren (d. h. Einschlämmen und Vermischen der Rohstoffe). Dieses so erzeugte Rohmehl bzw. diese Rohmasse wird in Drehrohröfen bei ca. 1450°C gebrannt. Der dabei entstehende Zementklinker wird nach dem Ofenauslauf zerkleinert und vermahlen. Abb. 57 zeigt, daß am Auslaufende des Drehrohrofens, wo der Zementklinker eine besonders stark abreibende Wirkung hat, SiC-Steine eingesetzt werden.

Auch bei der Zustellung von Planetenkühlern werden SiC-Steine verwendet [160] (Abb. 58). G. Routschka und A. Majdič [119] führen in einer Zusammenstellung Anhaltswerte für dichte feuerfeste Steine für die Zementindustrie, unter anderem SiC-Steine mit Gehalten von 60 bis 90% Siliciumcarbid, an (Tab. 45).

7.2.6 Zinkofen

Im Jahre 1746 gab Andreas Sigismund Markgraf (1709–1782) sein Verfahren zur Verhüttung des Zinkerzes Galmei durch Reduktion mit Kohle unter Luftabschluß bekannt. Eine industrielle Erzeugung gelang aber erst 1800 durch den Hüttenmeister Ruberg in Oberschlesien. Er entwickelte den „liegenden Muffel-Prozeß", zum Teil wird noch heute – wenn auch nicht in Europa – nach diesem Verfahren,

Tabelle 45. *Anhaltswerte für dichte feuerfeste Steine für die Zementindustrie (siehe auch Stahleisen-Werkstoffblatt 910-64, August 1964)* [119]

Bezeichnung und Klassifizierung nach ISO-Empfehlung R 1109, September 69	saure Schamottesteine $10\% \leq Al_2O_3 < 30\%$ $SiO_2 < 85\%$	Schamottesteine $30\% \leq Al_2O_3 < 45\%$	tonerdereiche Steine $Al_2O_3 \geq 56\%$			Magnesitsteine $MgO \geq 80\%$ eisenarm	eisenreich	Spezialsteine, (verbb.TWB)	Magnesitchromsteine $55\% \leq MgO < 80\%$	Chrommagnesit-Steine $25\% \leq MgO < 55\%$	Forsteritsteine	Dolomitsteine	basische Sondersteine	Korund-Spinellsteine	SiC-Steine 60% SiC	90% SiC
Al_2O_3 %	18–30	30–45	ca. 50	60–72	ca. 80	< 1	< 2	bis 8	4–11	< 22	1–10	0,8–1,1	3,2–4,3	75		
SiO_2						0,8–3,5	< 2,5	< 2,5	1–3,5	< 6	35–40	0,7–1	7,1–9,0			
Fe_2O_3	1,5–2,5	0,5–2,5		1–2		0,6–2,5	3,5–10	bis 12	5–12	7–15	5–12	ca. 1	6,5–8,0			
Cr_2O_3						< 1	< 1	bis 8,5	6–20	15–35	1,5–10		6,4–8,2			
CaO	< 1	< 1		0,2		0,8–3	< 4	< 3	1–3	< 2,5	0,2–1,5	ca. 60	13,8–18,3	0–5		
MgO				0,2		92–96	> 80	77–92	55–80	25–55	45–60	ca. 37	53–63	10–15		
Na_2O+K_2O	< 3	0,5–3		0,5–1,5												
Rohdichte, g/cm^3	1,9–2,2	1,8–2,45	2,2–2,4	2,3–2,8	2,7–3,0	2,8–3,1	2,7–3,0	2,7–3,0	2,9–3,05	2,8–3,2	2,6–2,8	2,75	2,8–2,9	2,7–3,0	ca. 2,4	ca. 2,7
offene Poren, %	10–26	8–30	17–20	15–25	16–22								18–22	14–16		
Gesamtporen, %		10–30	19–22		20–25	16–22	18–24	16–25	16–23	17–24	16–23	16–22	20–24		15–22	
Kaltdruckfestigkeit kp/cm^2						> 400	> 400	200–800	200–500	150–500	> 250	400–600		300–500	> 500	
Wärmedehnung bis 1000 °C, %	0,65	0,6	0,6–0,7	0,5–0,6	0,65–0,7		1,2–1,5		1,1–1,3	1–1,1	ca. 1	1–1,3	1,4	ca. 1	0,5–0,6	
Wärmeleitfähigkeit bei 1000 °C, kcal/mhK	0,8–1,2		1,2–1,5	1,5–2,2		2,5–3,5		1,8–2,6	2–3	1,5–2,5	1,6–2	ca. 2,3	2,9	1,3–1,6	ca. 5	ca. 9

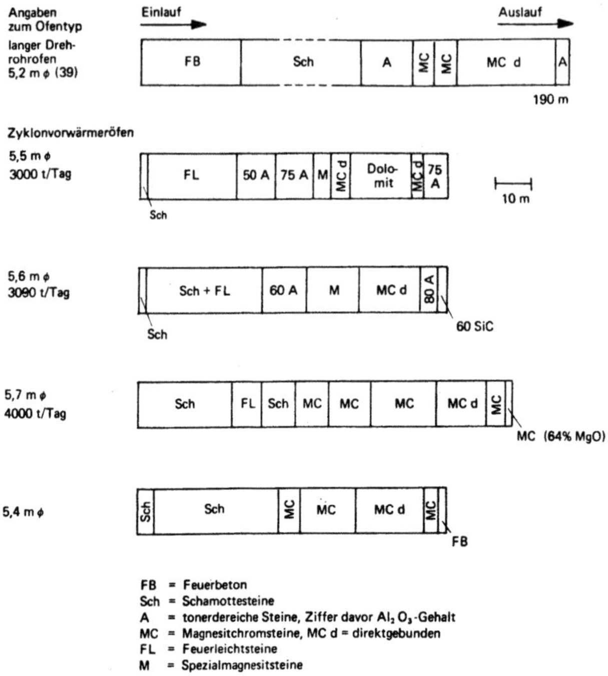

Abb. 57. Beispiele für die Zustellung von Zementdrehrohröfen. (Nach [119])

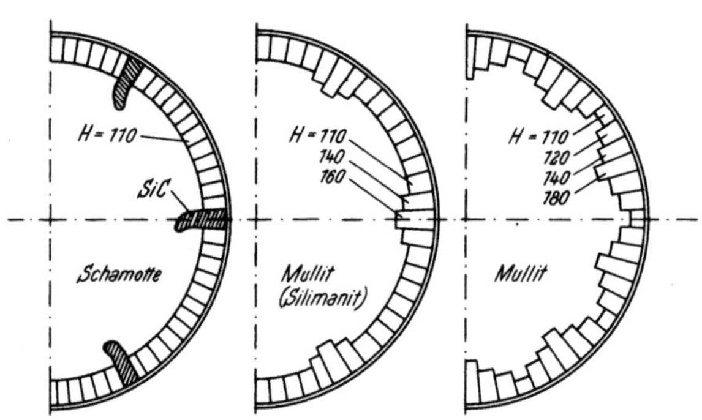

Abb. 58. Beispiele für die Planetenkühlerausmauerung (Mantel-Innen-Durchmesser 1800 mm). (Nach [119])

das immer weiter verbessert wurde, Zink gewonnen. Die heute hauptsächlich praktizierten Zinkherstellungsverfahren sind folgende:

1. Der naßmetallurgische Weg (Elektrolyse)
2. Der pyrometallurgische Weg
   Imperial-Smelting-Verfahren
   New Jersey-Verfahren
   Elektrothermisches Verfahren.

Feuerfestes SiC-Material wird im wesentlichen nur beim New Jersey-Verfahren verwendet. Dieses Verfahren wurde von der New Jersey Zinc Co. in den USA im Jahre 1930 entwickelt. Es wird zur Zeit noch in großem Umfang angewendet. Die Zinkerz-Verhüttung erfolgt dabei in vier Stufen (Abb. 59):

1. Röstung
2. Mischung und Brikettierung
3. Verkokung
4. Reduktion

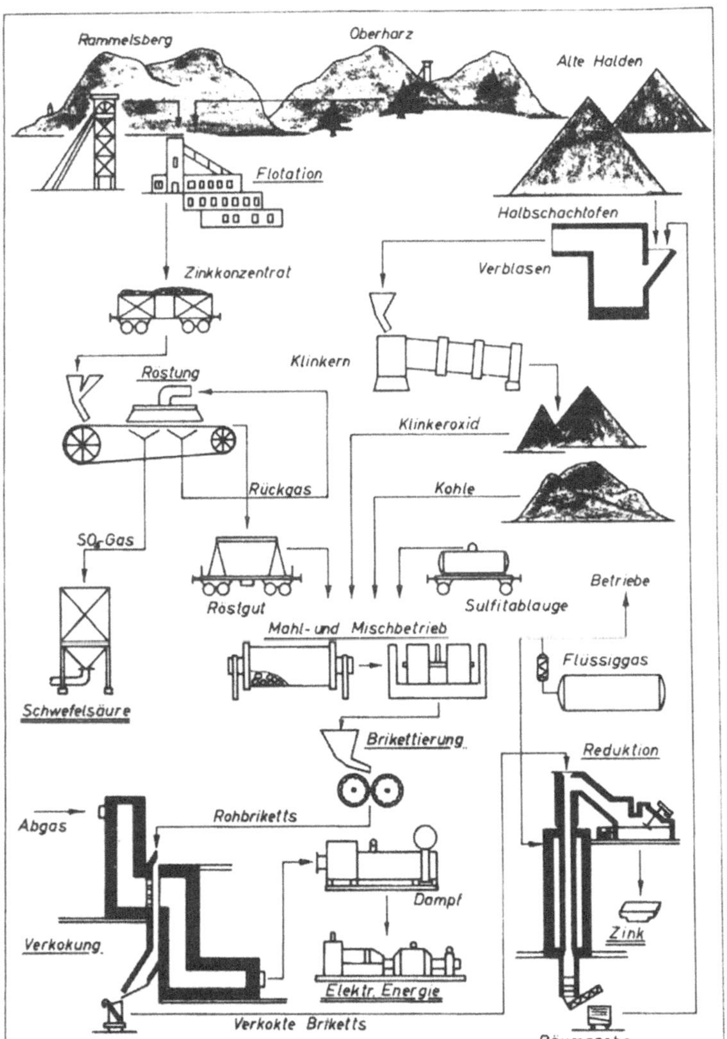

Abb. 59. Stammbaum der Zinkgewinnung nach dem Verfahren der New Jersey Zinc Co. auf der Zinkhütte Harlingerode. (Nach [107])

1. Röstung. Die Rohstoffe dafür sind sulfidische Erze. Das zur Verhüttung gelangende Zinkerzkonzentrat hat oft 43 bis 44% Zink. Es gibt auch etwas reichere Konzentrate mit bis zu 60% Zink. Die Röstung erfolgt etwa nach folgender Reaktionsgleichung:

$$2\,ZnS + 3\,O_2 \rightarrow 2\,ZnO + 2\,SO_2,$$

d. h. durch die Röstung wird das in sulfidischer Form vorliegende Zink in die oxidische umgewandelt. Gleichzeitig wird bei der Röstung ein Teil der im Erz vorhandenen Begleitelemente abgeschieden und somit der Zinkanteil im Röstgut erhöht.

2. Mischung und Brikettierung. Das Röstgut muß für den Verhüttungsprozeß so innig wie möglich mit dem Reduktionsmittel Kohle vermischt werden. Deshalb schließt sich der Feinmahlung eine intensive Mischung an. Für den weiteren Verfahrensgang ist außerdem eine Brikettierung erforderlich, diese erfolgt direkt im Anschluß an die Mischung.

3. Verkokung. Die Verkokung erfolgt in Spülgas- (Abb. 60) oder Autogen-

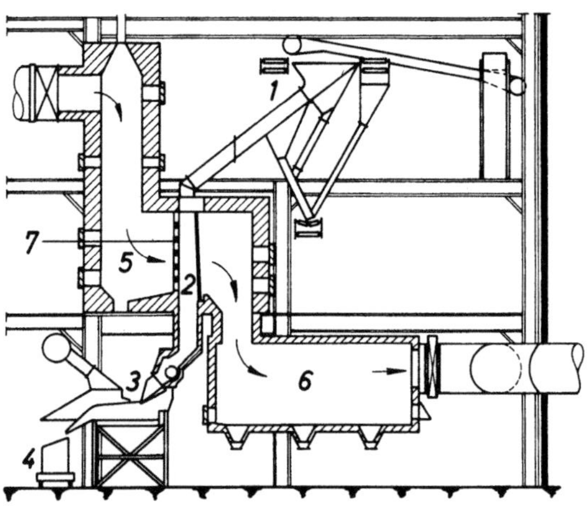

Abb. 60. Schematischer Schnitt durch einen Spülgas-Verkoker. *1* Beschickung, *2* Gitterschacht, *3* Austrag, *4* Beschickungskübel, *5* Brennkammer, *6* Staubabscheider, *7* SiC-Steine. (Nach [107])

Verkokern, wobei die bituminösen Bestandteile der Kohle entweichen und die Briketts porös und fest werden. In diesen Verkoker-Typen wird an Stellen großen Abriebs durch die harten festen Briketts Siliciumcarbid eingesetzt. Im allgemeinen handelt es sich um 70 bis 90%ige SiC-Steine. So werden z. B. die Gitterroste von Spülgasverkokern mit SiC-Steinen zugestellt. Die Feuerfestigkeit der SiC-Steine spielt keine Rolle, da die Arbeitstemperatur ~ 900°C beträgt. Ebenso bringt auch die Wärmeleitfähigkeit keinen Vorteil, ausschlaggebend ist die Abriebfestigkeit.

4. Reduktion. Die Reduktion des ZnO durch die den Briketts beigegebene Kohle verläuft im Prinzip nach der Gleichung

$$ZnO + C \rightarrow Zn + CO.$$

In der Praxis geschieht das bei ca. 1300°C unter Luftabschluß in den „stehenden Retorten" (Abb. 61), wobei die von der Verkokung noch glühenden Briketts aufgegeben werden. Um unter Luftabschluß reduzieren zu können, muß die Beheizung des zinkhaltigen Materials indirekt erfolgen. Hierbei kommt dem Prozeß die Wärmeleitfähigkeit des Siliciumcarbids zugute. 90%ige SiC-Steine werden zum Bau der Muffelwände der Retorten verwendet. Es sind dies stehende Schächte mit der Abmessung von ca. 10 m Höhe, 2 bis 2,5 m Tiefe und 0,25 m lichte Weite. Teilweise werden zum Abdichten von gemauerten Teilen SiC-Massen eingesetzt.

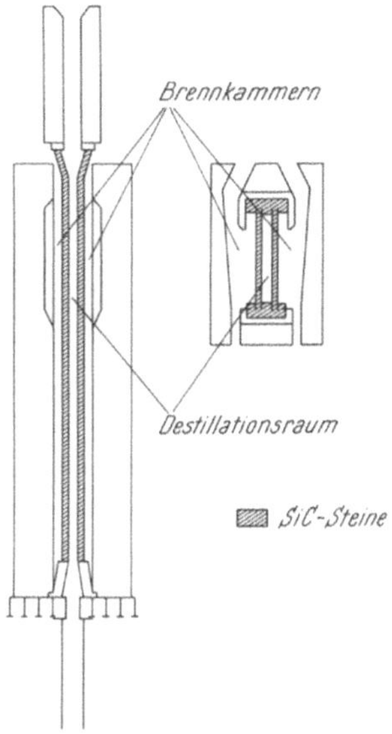

Abb. 61. Schematische Skizze einer vertikalen Zinkretorte

In den Retorten entsteht ein zinkdampfhaltiges Gas, das am Kopf der Retorte – kurz unterhalb der Beschickungsöffnung – in einen Kondenser geleitet wird. An diesen Stellen werden Schleuderräder – Impeller – aus 90%igem Siliciumcarbid eingesetzt. Das Zink wird kondensiert und fließt danach kontinuierlich aus und wird zu Platten oder Blöcken vergossen.

Die Temperaturmessung während des ganzen Verhüttungsprozesses erfolgt unter Zuhilfenahme von SiC-Thermoelementschutzrohren.

Die thermische Raffination von Zink

Allen thermischen Gewinnungsprozessen kann das New Jersey-Raffinationsverfahren zur Herstellung von Hüttenzink zu Feinzink (mindestens 99,99% Zink) nachgeschaltet werden. Dabei wird im Normalfall das Hüttenzink flüssig zur Feinzinkanlage (Raffinationsanlage) gefördert und dort in Siliciumcarbidretorten erneut verdampft. Die Raffination erfolgt praktisch durch eine Art fraktionierte Destillation, wobei das Hauptaugenmerk auf das Blei (s. unten) und das Kadmium (s. unten) gelegt wird. Einzelne SiC-Schüsseln, bis zu 50 Stück und mehr, bilden eine Art

Verdampfer-Säule, durch die das Metall kaskadenförmig hindurchläuft (Abb. 62, 63a, 63b). Auch hier wird indirekt unter Abschluß von Luft und Sauerstoff beheizt. Der Grund für den Einsatz von SiC-Schüsseln ist wiederum die hohe Wärme-

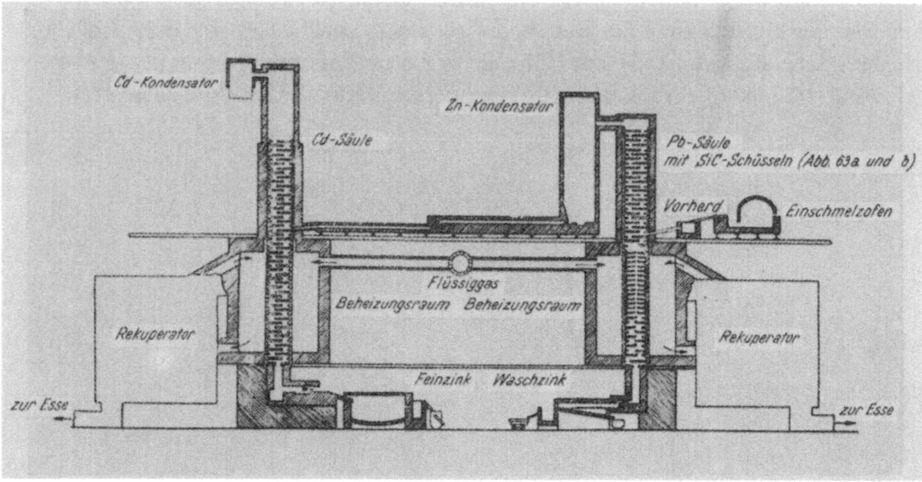

Abb. 62. Schematischer Schnitt durch die Feinzinkanlage mit nur einer Bleisäule. (Nach [107])

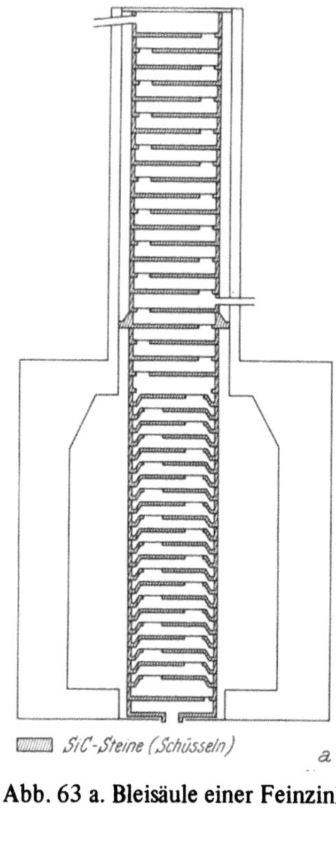

Abb. 63 a. Bleisäule einer Feinzinkanlage

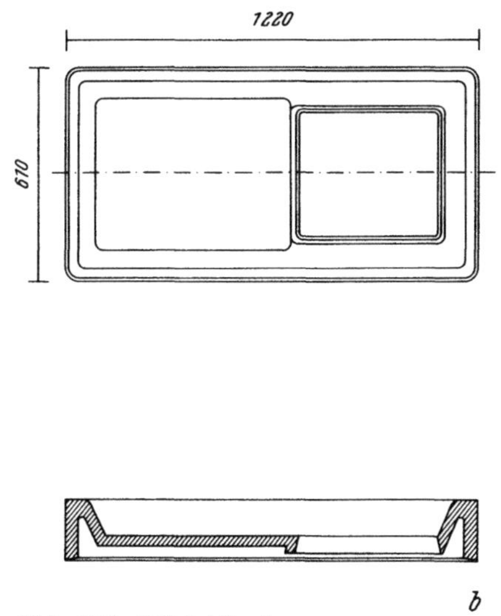

Abb. 63 b. SiC-Schüssel

leitfähigkeit und das relativ inerte Verhalten gegenüber Zink in dampfförmiger bzw. flüssiger Form. Die in diesem Verfahren notwendigen zwischen- oder nachgeschalteten Kondensatoren bestehen ebenfalls aus SiC-Steinen. Hier ist es die Wärmeleitfähigkeit dieses Materials, die für die Abfuhr der Kondensationswärme wichtig ist.

Die Temperatur bei der Raffination wird so geregelt, daß alle Zinkbegleitmetalle, deren Siedepunkt höher liegt als der Siedepunkt des Zinks, flüssig bleiben, während das Zink(Siedepunkt 907°C)und das Kadmium (Siedepunkt 767°C) überdestillieren. An einem am Kopf der Säule angeschlossenen kurzen Kanal tritt der Zink- und Kadmiumdampf in den Kondenser, um dann über eine Rinne in eine zweite der sogenannten Kadmium-Säule zu fließen, die zur Entfernung des Kadmiums dient. Hier wird Kadmium verdampft, nicht aber das Zink. Flüssiges, hochreines Zink verläßt die Kadmium-Säule, gelangt in einen Sammelofen und wird dort zu handelsfertigen Platten vergossen.

Eine weitere Verwendung von Siliciumcarbid ist bei diesem Verfahren durch den Einsatz von Rohren bzw. Formsteinen gegeben, durch die flüssiges oder dampfförmiges Metall in die einzelnen Säulen bzw. Kondenser und Öfen geleitet wird. Auch findet man den Einsatz von Thermoelementschutzrohren sowohl in Brennkammern (Säulenbeheizung) als auch in den Kondensern und im flüssigen Metall.

Bei der Herstellung von bleifreiem Zinkoxid wird ebenfalls häufig Siliciumcarbid eingesetzt. Bei diesem Vorgang werden vor allen Dingen Altmetalle wie Bleche, Dachrinnen, allgemeiner Schrott, Hartzink usw. (Recycling) als Einsatzstoffe verwendet. Dieses Verfahren ist technisch angelehnt an das Raffinationsverfahren von Hüttenzink. Die erschmolzenen Einsatzstoffe werden in Destillationssäulen eingeführt, in denen das Zink abdestilliert wird. Im Gegensatz zur Raffination wird der Dampf nicht zu flüssigem Metall kondensiert, sondern teils zu Zinkoxid verbrannt, teils als Zinkstaub abgeschieden. Das so gewonnene Zinkoxid findet in der Gummi- und Kunststoffindustrie als Füllmaterial Verwendung sowie in der

Farbenindustrie und ebenso für die Herstellung von Spezialpapier(Copy-Oxid); der Zinkstaub ebenfalls teilweise in der Farbenindustrie und außerdem in der chemischen Industrie (Fällmittel). Der Einsatz von Siliciumcarbid erfolgt auch hier in Form von Schüsseln, die zu Destillationssäulen zusammengefügt werden [106, 107].

7.2.7 Verkokungsöfen

Koksöfen sind aus feuerfesten Steinen gemauerte Kammern, deren Wände durch senkrechte Heizzüge mit Gas indirekt beheizt werden. Moderne Koksofenkammern sind 5 bis 8 m hoch, 15 bis 19 m lang und haben eine mittlere Breite von 400 bis 500, vornehmlich von 450 mm. Moderne Koksofenbatterien sind mit Silikasteinen zugestellt und werden bei mittleren Düsensteintemperaturen von bis zu ca. 1450°C betrieben. Diese Betriebsbedingungen führen bei Koksöfen, die nach dem heutigen Stand der Technik gebaut sind, mit einer Kammerbreite von 450 mm, zu Garungszeiten von 14 bis 16 Stunden gegenüber früher üblichen Garungszeiten von 18 bis 20 Stunden. Eine darüber hinausgehende Steigerung des spezifischen Durchsatzes wird von feuerfesten Steinen mit höherer Wärmeleitfähigkeit im Koksofenbau erwartet. Seit 1968 werden bei der Bergbau-Forschung GmbH, der Forschungsanstalt des deutschen Steinkohlenbergbauvereins [9], Untersuchungen in mit Magnesitsteinen zugestellten halbtechnischen Öfen durchgeführt. Die bisherigen Ergebnisse haben dazu geführt, eine Gruppe von drei Magnesitöfen im großtechnischen Maßstab zu bauen, die 1976 in Betrieb gingen. Es wird unter vergleichbaren Betriebsbedingungen eine Durchsatzsteigerung von 40% erwartet, wenn man 16 Stunden Garungszeit bei modernen Silikaöfen zugrunde legt.

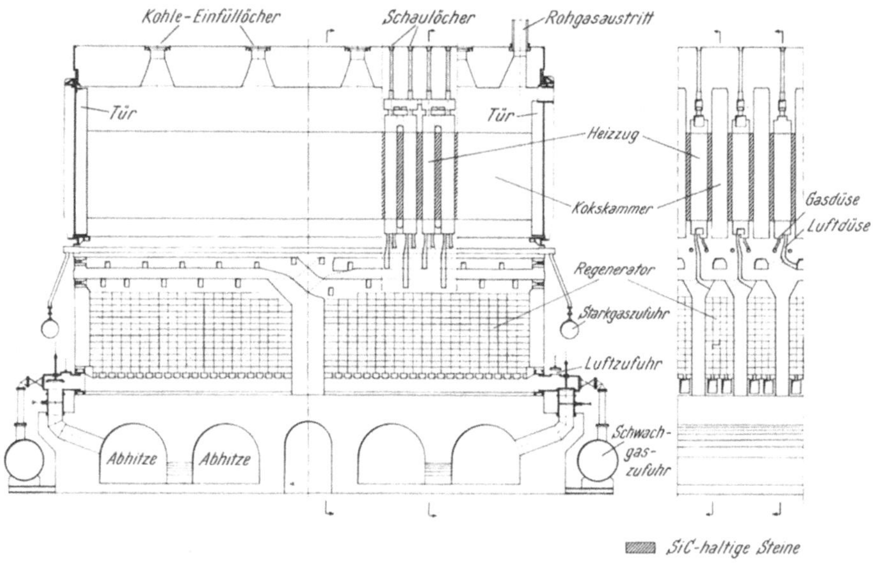

Abb. 64. Kopfbeheizte Kreisstrom-Verbund-Verkokungsöfen (Krupp-Koppers GmbH). (Nach [79])

Das Problem bei der Konstruktion dieser Öfen lag in der Beherrschung des Wärmedehnungsverhaltens. Während Silikasteine beim Aufheizen bis zu 900°C infolge Strukturumwandlungen eine zwar beachtliche Wärmedehnung erfahren, dann aber bis über 1400°C keine Volumenänderung mehr auftritt, dehnen Magnesitsteine nahezu linear und reversibel. Bei 1400°C beträgt die Dehnung ca. 1,8%.

Parallel zu der Prüfung von Magnesitsteinen wurde ebenfalls bei der Bergbau-Forschung GmbH ein halbtechnischer Ofen mit Starkit^R-Steinen betrieben. Starkit ist ein SiC-haltiges Material, dessen Art und Verwendung im Koksofenbau in der Auslegeschrift 2019078 beschrieben ist [111]. Feuerfest-Steine mit einem SiC-Gehalt von ca. 50% besitzen eine ähnliche Wärmeleitfähigkeit wie Magnesitsteine, dehnen jedoch nur bis etwa 0,8%. Das ergibt neben der hohen Wärmeleitfähigkeit und der guten mechanischen Festigkeit einen weiteren Vorteil. Aufgrund der geringen Wärmedehnung kann das SiC-haltige Material mit anderen feuerfesten Steinen ähnlicher Dehnung aber geringerer Wärmeleitfähigkeit zusammen verarbeitet werden. Danach können Gassammelraum und Türpartien kälter gehalten werden. Außerdem ist darin wegen des geringeren Bedarfs an SiC-Steinen ein wirtschaftlicher Vorteil zu sehen.

In der oben erwähnten Auslegeschrift 2019078 ist unter anderem auf die durch die mechanischen Eigenschaften möglichen geringeren Wandstärken hingewiesen. Die Ansprüche lauten:

„1. SiC-haltiger feuerfester Stein mit einer Wärmeleitfähigkeit von 2,5 bis 6,5 kcal/mh°C, vorzugsweise 3 bis 4 kcal/mh°C, zur Ausmauerung von diskontinuierlich betriebenen Verkokungsöfen insbesondere als Läufer- und Bindersteine, dadurch gekennzeichnet, daß die Steine neben SiO_2 zusätzlich 10 bis 45 Gew.-%, vorzugsweise 20 bis 40 Gew.-% Siliciumcarbid, oder neben 40 bis 65 Gew.-% Al_2O_3 und 35 bis 60 Gew.-% SiO_2 zusätzlich 10 bis 45 Gew.-%, vorzugsweise 20 bis 40 Gew.-% Siliciumcarbid enthalten.

2. SiC-haltiger feuerfester Stein gemäß Anspruch 1, dadurch gekennzeichnet, daß die Läufersteine eine Stärke von 50 bis 65 mm besitzen."

Ein Beispiel für die Zusammensetzung eines SiC-haltigen Steines für den Koksofenbau nach der Anmeldung [80] besagt:

50 Gew.-% SiC	Korn 1 – 3 mm
13 Gew.-% SiC	Korn 0,5–1 mm
10 Gew.-% SiC	Korn 0,1–0,5 mm
2 Gew.-% SiC	Korn kleiner als 0,1 mm
25 Gew.-% mullitisches Bindemittel bestehend aus	
	50 Teilen feinkörniger Tonerde, Korn < 0,1 mm
	50 Teilen gemahlenem Ton, Korn < 0,1 mm

Das Bindemittel kann aber auch einen höheren Al_2O_3-Gehalt – mehr in Richtung Korund-Bindung – enthalten. Bei niedrigeren SiC-Gehalten kann auch Korund als Korn beigegeben werden.

Ein gewisser Nachteil der SiC-Steine ist in der Zersetzung des Siliciumcarbids zu sehen. Entsprechende Untersuchungen in dem Versuchsofen der Bergbau-Forschung GmbH laufen seit einigen Jahren.

Die mögliche Durchsatzsteigerung bei der Verwendung von SiC-haltigen Steinen im Koksofenbau liegt in der gleichen Größenordnung wie bei Magnesitsteinen. In der geringen Wärmedehnung ist allerdings ein deutlicher Vorteil zu sehen, da konstruktive Schwierigkeiten entfallen. Die bisher erhaltenen Versuchsergebnisse sind erfolgversprechend.

7.2.8 Keramiköfen (indirekt beheizt)

Viele Materialien – Metall und Keramik – müssen über mehr oder weniger lange Zeit hohen Temperaturen ausgesetzt werden, ohne daß sie in direkte Flammenberührung kommen dürfen. In solchen Fällen müssen die Öfen aus getrennten Räumen bestehen, einem oder mehreren Brennräumen, in denen die Verbrennung stattfindet, und einem Brenngutraum, in dem die Ware gebrannt wird. Getrennt werden diese Räume durch eine Wand aus feuerfestem Material. Siliciumcarbid bietet sich hier mit seiner hohen Wärmeleitfähigkeit an. Entsprechend den angewandten Temperaturen wird das SiC-Material ferner auf Standfestigkeit beansprucht, denn diese Zwischenwände – Muffeln – werden natürlich so dünn wie möglich gehalten. In Ausnahmefällen, z. B. in der Zinkindustrie, wird auch gleichzeitig eine hohe Abriebfestigkeit gefordert.

Viele gemuffelte Öfen stehen in der Wandplatten(Fliesen)- und Fußbodenplattenindustrie (glasierte Fußbodenfliesen), ferner werden sie gebraucht für den Glattbrand von Steingutgeschirr. Meistens sind es Tunnelöfen, die in ihrer ganzen Längserstreckung rechts und links je einen Brennkanal haben, dazwischen den Brenngutkanal. Im Prinzip wird die gleiche Ofenkonstruktion auch in der Sanitärindustrie angewandt.

Die Muffeln werden allgemein nach zwei Prinzipien, nämlich doppelwandig mit umlaufenden Hohlkanälen, oder aber einwandig ausgeführt. Die Abb. 65a und 65b geben Doppelwandkammern und deren Anordnung in den Öfen wieder. Die Muffelkammern bestehen aus doppelwandigen Platten aus keramischem Material, und zwar in der Vorwärmzone aus Spezialschamotte, in der Brennzone aus Korund oder Siliciumcarbid, je nach Temperaturhöhe und Anwendungsfall. Die Wandstärke ist extrem dünn, so daß eine intensive Wärmeübertragung erreicht wird. Die Ver-

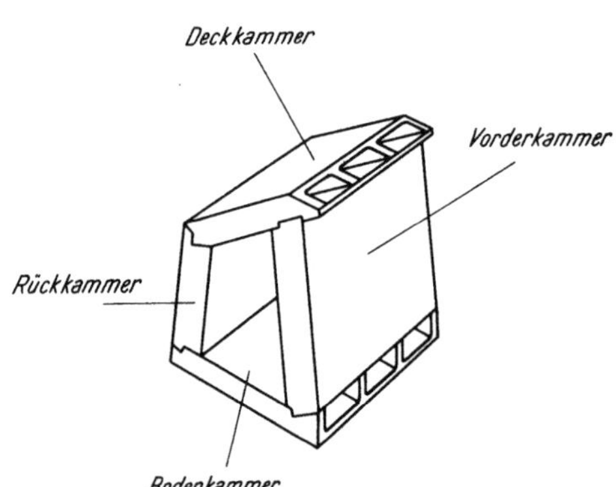

a

Abb. 65 a. Aus vier Einzelteilen zusammengesetzte Dressler-Muffel

Abb. 65b. Im Tunnelofen eingebauter Kammerstrang, 4-teilige Heimsoth-Dressler-Muffel. (Nach [51])

brennung erfolgt in der Muffel und die Abgase strömen zur Ofeneinfahrt hin. Die Wärmeübertragung erfolgt größtenteils durch Strahlung, zusätzlich aber auch durch eine Konvektionsströmung, die sich in den Hohlräumen der doppelwandigen Muffelplatten ausbildet. Hierdurch entsteht eine kräftige Querzirkulation, die die Wärmeübertragung dieses Muffelsystems verstärkt. Alle vier Seiten des Muffelkanals werden so für die Wärmeübertragung ausgenutzt. Die Folge hiervon ist eine höhere Ofenleistung, eine niedrigere Abgastemperatur, ein besserer feuerungstechnischer Wirkungsgrad, ein günstigerer spezifischer Wärmeverbrauch [51]. Ein weiterer Vorteil dieser Konstruktion ist, daß die Ofenseitenwände auf relativ niedriger Temperatur bleiben und dadurch die Wandverluste klein gehalten werden können.

In Längserstreckung der Brennkanäle wird man aus Preisgründen SiC-Muffeln nicht von kalt bis kalt – Ofeneingang bis Ofenausgang – einsetzen. Im allgemeinen schließt man hier einen Kompromiß zwischen dem Wärmedurchgang, der Wärmeleitung und Wärmestrahlung durch die Muffel und dem Preis. So werden die meisten Öfen von kalt zu kalt zwar mit der gleichen Muffelausführung, aber in verschiedenen feuerfesten Qualitäten zugestellt. Eine Möglichkeit zeigt die Abb.66. Nur in den kälteren Teilen wird Schamotte verwendet, da die Standfestigkeit von Schamotte gerade bei dünnwandigen Teilen und ganz besonders bei beidseitiger Erhitzung sehr beschränkt ist. 90%iges SiC-Material wäre das richtigere Zustellungsmaterial für den heißen Ofenteil, wenn nicht der für Siliciumcarbid sogenannte kritische Temperaturbereich mit zugestellt werden müßte, nämlich der von 1050°C bis 1200°C.

Die Zersetzung von Siliciumcarbid in dieser Temperaturspanne kann unter Umständen verhältnismäßig schnell vor sich gehen, so daß man in diesem Bereich des Ofens meist auf SiC-Steine verzichtet. Schamottematerial ist wegen der geringen Standfestigkeit nicht geeignet. Man geht deshalb in fast allen Fällen auf

Korund über. Der Sprung auf Korund – unter Auslassung von Sillimanit – ist auch deshalb gerechtfertigt, weil bei den so hergestellten Muffelteilen der Rohstoffpreis neben den Herstellungskosten – Formenbau- und Abformungskosten – gar nicht so stark ins Gewicht fällt.

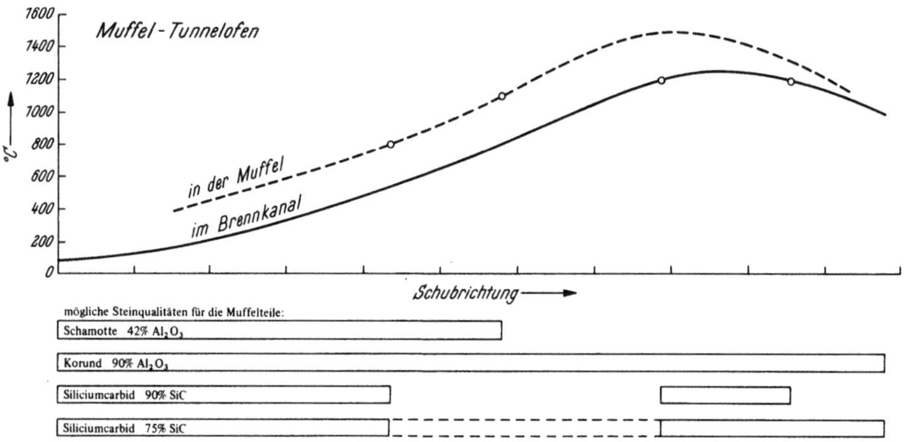

Die Auswahl aus den möglichen Qualitäten in den verschiedenen Bereichen hängt von den Anforderungen an die Wärmeleitfähigkeit des Steinmaterials ab bzw. von der Resistenz des SiC-Materials.

Anhaltswerte für die Wärmeleitzahl λ in kcal/mhK

	bei °C						
	200	400	600	800	1000	1200	1400
Schamotte	0,9	0,9	1,0	1,0	1,0	1,1	1,1
Korund	2,2	2,0	1,9	1,8	1,7	1,7	1,7
Siliciumcarbid 90% SiC		20,0	16,0	12,5	10,6	10,0	10,0
Siliciumcarbid 75% SiC		18,0	14,0	10,6	8,7	8,0	7,8

Abb. 66. Qualitätsauswahl für Muffeln in einem Tunnelofen in Abhängigkeit von der Temperatur

Vielfach wird versucht, im Bereich von 1050°C bis 1200°C eine zersetzungsresistentere SiC-Steinqualität einzusetzen, z. B. mit nur 65 bis 75% Siliciumcarbid unter Vermeidung des feinen SiC-Anteils. Aber auch 90%ige SiC-Materialien – speziell für diesen Temperaturbereich entwickelt – sind versuchsweise im Einsatz. Die Einflüsse, die zur vorzeitigen Zersetzung von Siliciumcarbid führen, sind komplexer Natur und noch nicht voll aufgeklärt, so daß hier nur zur äußersten Vorsicht gemahnt werden kann.

Die Temperaturdifferenz zwischen Brennkanal und Brenngutkanal kann auch bei einer Brenngutkanaltemperatur von 950°C, bei SiC-Muffeln bis zu 300°C betragen. Sie ist selbstverständlich in erster Linie davon abhängig, wieviel Wärme an das Brenngut abgegeben wird, also vom Schiebetempo des Ofens und der Besatzdichte auf dem Ofenwagen. Die Temperaturen im Brenngutkanal schwanken je nach Ware zwischen 950°C und 1400°C. Hier wäre eine Einsatzmöglichkeit, wo wesentlich mehr SiC-Materialien verwendet werden könnten, wenn die Vorgänge der SiC-Zersetzung bekannt wären.

Häufig wurde versucht, und es wird auch ständig weiter versucht, die SiC-Zersetzung dadurch zu bremsen, daß man die Muffeln mit einem Anstrich aus Korund oder Zirkon versieht. Dies kann in jedem Fall nur eine Bremse für eine gewisse Zeit darstellen und nicht eine Verhinderung der SiC-Zersetzung, da sich Siliciumcarbid allein schon durch Temperatureinwirkung zersetzt.

Ein weiteres Beispiel für gemuffelte Öfen sind die Öfen in der Emailindustrie Zu emaillierende Teile dürfen beim Einbrennen des Emails ebenfalls nicht direkt mit der Flamme in Berührung kommen. SiC-Muffelplatten mit und ohne Spiegel bilden die Trennwand zwischen Brenn- und Brenngutraum. Auch in diesem Fall findet man Siliciumcarbid im kritischen Temperaturbereich, wo Zersetzungserscheinungen gelegentlich auftreten. Diese Erscheinungen sind deutlich erkennbar durch das Auftreiben sowie das Grauwerden der SiC-Teile. Schließlich tritt durch das Auftreiben eine Zermürbung ein.

Weitaus bekannter ist der Einsatz von SiC-Muffeln in elektrisch beheizten Produktions- und Laboröfen (Abb. 67, 68). Meistens handelt es sich hierbei um glatte, dünnere Platten. Laufen diese Öfen im kritischen Temperaturbereich, so können immer wieder einmal Zersetzungserscheinungen beobachtet werden. In den weitaus meisten Fällen werden diese Öfen aber diskontinuierlich betrieben, so daß die Haltezeit im kritischen Temperaturbereich vernachlässigt werden kann.

In allen erwähnten Fällen sind die Zersetzungserscheinungen die Ausnahme, sie bringen aber Unsicherheiten in die Verwendung von SiC-Material. Deswegen müssen alle Anstrengungen unternommen werden, den Vorgang der Zersetzung zu erkennen, um sie schließlich verhindern zu können.

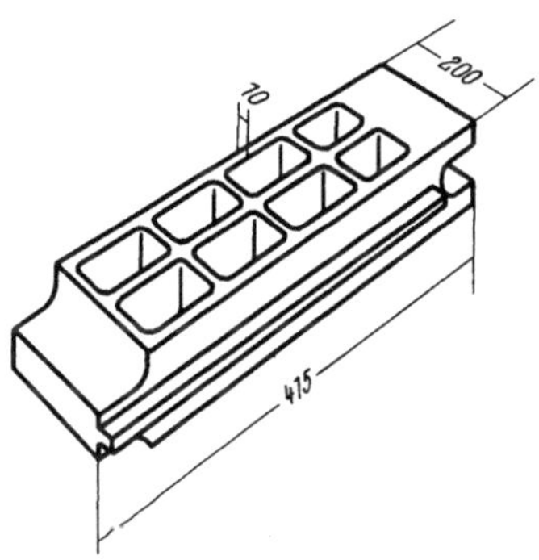

Abb. 67. Kassettenstein

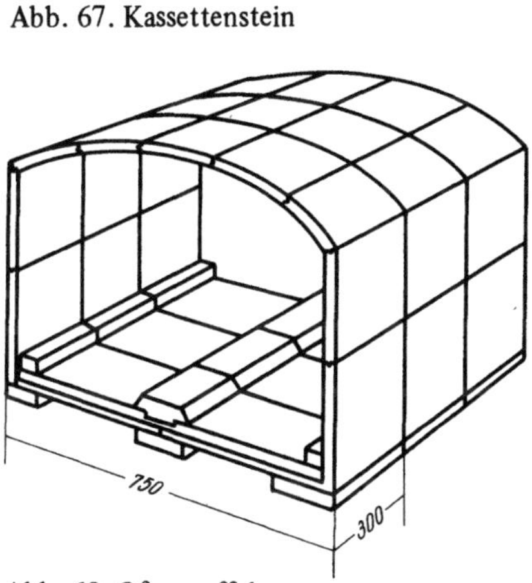

Abb. 68. Ofenmuffel

7.2.9 Direktreduktion von Eisenerzen

Die Direktreduktion gewinnt ständig an Bedeutung. Bei einigen Verfahren werden SiC-Steine eingesetzt, z. B. bei dem Kinglor Metor-Verfahren (Abb. 69) [138]. Es soll für kleinere Leistungen angeboten werden. Der wesentliche Teil bei diesem Verfahren ist ein mit SiC-Steinen zugestellter Schacht. Der Schacht wird von außen beheizt. Durch ihn läuft ein Gemisch aus Eisenerzpellets, Feinkohle und etwas Kalk, letzteres in Abhängigkeit von der Erzsorte. Abb. 69 gibt ein Schema

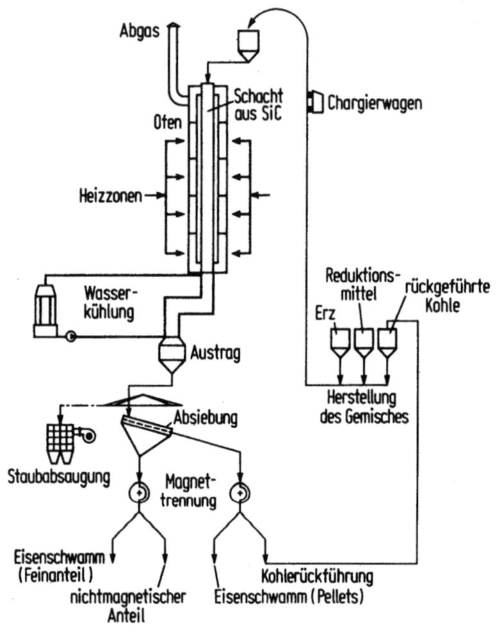

Abb. 69. Fließbild des Kinglor-Metor-Direktreduktionsverfahrens zur Reduktion von Eisenschwamm. Schacht mit SiC-Steinen zugestellt. (Nach [138])

dieses Verfahrens wieder. Die hier gewünschte Wärmeleitfähigkeit und Abriebfestigkeit erfordert den Einsatz von SiC-Materialien. Bei diesem Verfahren liegt der durchschnittliche Metallisierungsgrad bei 92%. Für 1 t Schwamm werden ca. 1300 kg Grünpellets, 325 kg Feinkohle, 193 m^3 Propan und 8 kWh elektrischer Strom benötigt.

Auch bei dem Direktreduktionsverfahren der Armco Steel Corporation wird Siliciumcarbid im Schachtofen eingesetzt [136]. Der Schachtofen besteht aus einem annähernd zylindrischen Teil und einem unteren konischen. Der zylindrische Teil hat einen Durchmesser von 4,57 m, in der Düsenebene 5,03 m. Dieser Teil ist mit Steinen mit 45% Al_2O_3 zugestellt. Der sich nach unten anschließende konische Teil ist mit SiC-Steinen ausgemauert.

7.2.10 Porzellan- und Sanitärindustrie

SiC-Brennhilfsmittel sind in der Porzellan- und Sanitärindustrie heute eine Selbstverständlichkeit. Die früher eingesetzten Schamotte-Brennhilfsmittel erforderten viel mehr Raum in den Öfen, der dem eigentlichen Brenngut verlorenging. SiC-Material hat eine bessere Standfestigkeit und vor allem eine bessere Biegefestigkeit. Bei den geforderten Temperaturen kann mit geringeren Wandstärken gearbeitet werden. Hinzu kommt noch der Vorteil der höheren Wärmeleitfähigkeit. Auch bei geringerer Dicke der SiC-Platten ist die Belastbarkeit gegenüber Schamotteplatten wesentlich höher. Die meisten Brennhilfsmittel – vor allen Dingen die Setzplatten – bestehen aus 90%igem SiC-Material. Geringere SiC-Gehalte, 70 und 60%, sind üblich z. B. für Tellerkapseln (Abb. 70).

Abb. 70. Ofenwagenaufbau in der Porzellanindustrie mit SiC-Platten und SiC-Kapseln. (Nach [11])

Ein etwa 80 m langer Tunnelofen für den Hartporzellanbrand bei 1430°C enthält 50 Brennwagen, die im Etagenaufbau etwa 1000 Stück SiC-Setzplatten benötigen, wobei die außerhalb des Tunnelofens befindlichen Reservewagen nicht mitgerechnet sind. Bei einer Haltbarkeit von 100 Ofendurchgängen, die etwa dem Zeitraum von einem Jahr entspricht, besteht hier also ein großes wirtschaftliches Interesse, bessere Haltbarkeiten zu erreichen. Billigere Cordieritplatten übertreffen noch die Haltbarkeit von SiC-Platten, sie sind aber nur bis 1250°C einsetzbar. Die schockartige Beanspruchung auf Temperaturwechsel und die mechanische Belastung sind für beide Arten von Setzplatten gleich und wird von beiden Qualitäten gleich gut ausgehalten. Weil Cordieritmaterialien keinen spürbaren Festigkeitsabfall als Folge von Reaktionen oder Zersetzungen durch Oxidationserscheinungen im Steingefüge zeigen, sind z. B. Cordieritplatten mehrere Jahre laufend in Benutzung und haben 300 und 400 Ofenreisen hinter sich gebracht [140].

SiC-Materialien sind zweifelsohne teurer als andere Brennhilfsmittel wegen des Rohstoffes und wegen der schwierigen Herstellung. Aber auch wegen einiger anderer nachteiliger Materialeigenschaften versucht man die SiC-Produkte durch andere zu ersetzen. Zunächst ist das Wachsen der SiC-Brennhilfsmittel in der Porzellanindustrie zu nennen. Nach einer Reihe von Bränden, meist Durchgängen durch Tunnelöfen, wachsen die SiC-Platten oft bis zu 17%; der SiC-Gehalt kann dabei von 90 auf 40% absinken. Dieses Wachsen kann so stark werden, daß die Platten behauen (chariert) oder gesägt werden müssen, um wieder auf das geforderte Maß zu kommen. Beides, Behauen und Sägen, ist gerade bei SiC-Platten nicht einfach. Beim Behauen werden oft Platten zerstört und das Sägen ist wegen der Härte des Materials sehr aufwendig.

Eine weitere nachteilige Begleiterscheinung kommt hinzu: Fällt ein auch nur kleines SiC-Körnchen auf Porzellan, so bildet sich ein ziemlich großer schwarzer Fleck (Ausschußware). Diesem „Befall" durch Siliciumcarbid versucht man meist erfolgreich durch ein Engobieren der SiC-Erzeugnisse abzuhelfen (s. Abschnitt 5.7). Das Engobieren bedeutet aber bei der Herstellung ein oder zwei Arbeitsvorgänge mehr und bringt somit eine Verteuerung. Die Porzellanindustrie will andererseits – wegen der Wärmeleitfähigkeit – das Porzellan auf SiC-Platten stellen. Um hier jegliche Art von Kontaktreaktionen und den „Befall" zu vermeiden, muß demnach jede SiC-Platte mit einer Schutzschicht versehen werden. Die Porzellanindustrie bringt diese Schicht in Form eines Anstriches häufig selbst auf. Diese Anstrichmassen werden teils selbst hergestellt, teils gekauft.

Ein weiterer Nachteil ist die später beschriebene Schwarzverfärbung. Wegen dieser genannten negativen Erscheinung bei der Verwendung von SiC-Brennhilfsmitteln werden immer wieder Versuche angestellt, ein Ersatzmaterial zu finden. Erprobt wurden vor allem Erzeugnisse auf Basis Mullit und/oder Korund. Preislich liegen diese Ausgangsrohstoffe etwa gleich oder billiger als Siliciumcarbid. Zur Verwendung kommen im wesentlichen synthetische Korunde und Mullite, und zwar sind es jeweils zwei Hauptgruppen: Sinterkorund und Schmelzkorund sowie Sintermullit und Schmelzmullit. Beide werden in extrem reiner Form verwendet, d. h. in der chemischen Analyse sind außer Al_2O_3 bzw. Al_2O_3 und SiO_2 keine wesentlichen Mengen an Verunreinigungen zu finden. Die weniger reinen Formen der Mullite und Korunde kommen nicht in Frage wegen der ihnen eigenen geringeren Biegefestigkeit bei hohen Temperaturen. Die zuletztgenannten enthalten deutliche Mengen an TiO_2 und Fe_2O_3, was vom Ausgangsrohstoff Bauxit herrührt. Die reinen Typen dagegen werden bekanntlich aus Bayer-Tonerde und Kaolin hergestellt. Es sind sehr viele Untersuchungen und Versuche durchgeführt worden, die Verwendbarkeit von solchen Mulliten und Korunden für die Porzellanindustrie zu erreichen. Dies sind die „weißen Platten". Bisher aber dominiert bei weitem noch immer Siliciumcarbid als Hauptrohstoff für die Brennhilfsmittel.

Anders liegen die Verhältnisse bei dem ersten Brand, dem Schrühbrand oder Glühbrand, der bei Temperaturen bis zu 1250°C vorgenommen wird. Hier wurden die SiC-Platten – wie schon angedeutet – weitgehend ersetzt durch Cordierit-Setzhilfsmittel. Ihre Haltbarkeit übertrifft die von SiC-Brennhilfsmitteln, ferner sind sie billiger.

Schwarzverfärbung beim Porzellan

Ein Fehler, der bei der Porzellanherstellung durch die Verwendung von SiC-Brennhilfsmitteln, besonders SiC-Tellerkapseln auftritt, ist die sogenannte Schwarzverfärbung. Man hat solche mehr oder weniger flächig ausgedehnte Verfärbungen aber auch in den alten Rundöfen der Porzellanindustrie beobachtet, in denen ohne SiC-Brennhilfsmittel gearbeitet wurde. Es handelt sich hier um Verrauchungen. Die Verfärbung wird durch eingeschlossenen kolloidalen Kohlenstoff verursacht. In Tunnelöfen mit SiC-Brennhilfsmitteln tritt ebenfalls eine solche Schwarzverfärbung ein. P. Schuster und E. Gugel [132] haben diese Verfärbung eingehend untersucht. Sie hängt eindeutig mit der Zersetzung von Siliciumcarbid zusammen und beruht auf der Wirkung von SiO. Voraussetzungen zur SiO-Bildung sind im Porzellantunnelofen oft an mehreren Stellen gegeben, da es sich um ein Zusammenspiel von Temperatur und Atmosphäre handelt, wie oft bei der SiC-Zersetzung. In Abb. 71 [132] wird Atmosphäre und Temperatur in einem Porzellantunnelofen dargestellt.

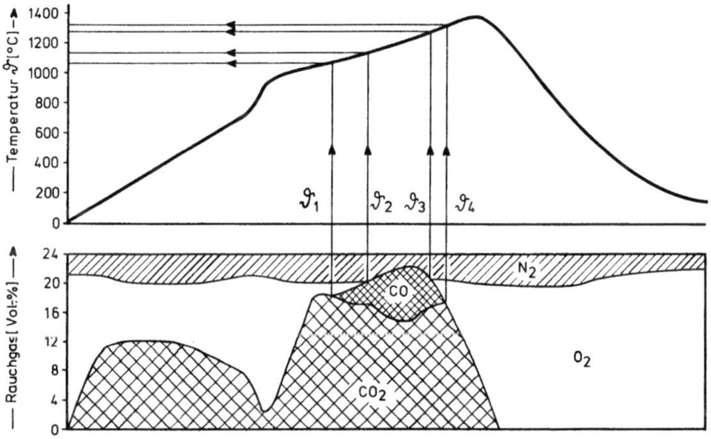

Abb. 71. Temperatur- und Atmosphäre-Verteilung im Porzellantunnelofen. (Nach [132])

Übergangsbereich oxidierend – reduzierend

In beiden Bereichen 1 → 2 der Abb. 71 entsprechend dem Temperaturbereich 1050°C und 1140°C und – dem Übergangsbereich reduzierend – neutral – 3 → 4 entsprechend dem Temperaturbereich 1260°C und 1320°C sind die für die Schwarzverfärbung notwendigen Bedingungen vorhanden.

Aber auch an anderen Stellen eines Tunnelofens können die Bedingungen für eine Schwarzverfärbung eintreten, z. B. bei nur geringer Möglichkeit eines Gasaustausches, wie man ihn unter Tellerkapseln feststellen kann. Der Tellerfuß verhindert den Austausch weitgehend. Wasserdampf begünstigt bekanntlich die Zersetzung von Siliciumcarbid und fördert damit die Schwarzverfärbung.

Da jeder Ofen andere Temperatur- und Atmosphärenbedingungen aufweist, kann die Schwarzverfärbung in unterschiedlichen Öfen auch an verschiedenen Stellen auftreten. Erfahrungsgemäß tritt sie bei neuen SiC-Kapseln öfter und stärker auf als bei mehrfach gebrauchten, so daß der Primärbrand beim Kapselhersteller und die Zusammensetzung sowie die SiC-Qualität eine Rolle spielen.

Die Schwarzverfärbung des Porzellans durch SiC-Materialien, z. B. Kapseln, war früher viel häufiger festzustellen als heutzutage, denn die Primärbrände der Kapseln konnten seinerzeit noch nicht so einwandfrei geführt werden wie heute.

Nach D. Schuller [130] kommt es zu keiner SiO-Bildung mehr, also auch zu keiner Verfärbung, wenn die Brennhilfsmittel aus tongebundenen SiC-Qualitäten zwei Stunden auf 1200°C vorgebrannt werden und erst dann zum Einsatz kommen.

Zusammen mit der Schwarzverfärbung tritt bei stark oxidativer Zersetzung von Siliciumcarbid ein weißer Belag auf, der aus SiO besteht, das bei Erhöhung des O_2-Gehaltes zu SiO_2 oxidiert und sich in Faserform auf der Glasur oder anderswo niederschlägt. Es ist bekannt, daß sich Faserkieselsäure nur über die Gasphase bildet [158].

7.2.11 Ferritherstellung

Die moderne Elektrotechnik, besonders Rundfunk- und Hochfrequenztechnik, hat die Entwicklung auf dem Gebiet der magnetischen Werkstoffe in den letzten Jahren stark forciert. Wichtig war bei dieser Entwicklung der Ersatz der üblichen metallischen Magnetwerkstoffe, wie z. B. Eisen- und Nickel-Legierungen durch oxidische Stoffe, in denen das magnetische Eisenoxid Fe_3O_4 eine ausschlaggebende Rolle spielt. Die Herstellung dieser Ferrite ist der Herstellung keramischer Werkstoffe sehr ähnlich. Sie werden durch Sintern erzeugt, wobei Sintertemperatur, Sinterdauer und Ofenatmosphäre für die Ausbildung der Struktur wesentlich sind. Der Brand ist insbesondere von Bedeutung für die Erzielung optimaler gleichbleibender Ferriteigenschaften.

Die Öfen in der Ferritindustrie sind heute weitgehend automatisiert. Es handelt sich dabei um Schuböfen, in denen die Ferrite auf Schubplatten durch den Ofen geschoben werden oder mit einem Ofenwagenaufbau in Etagenform, wie er im Prinzip z. B. aus der Porzellanindustrie allgemein bekannt ist. In allen Fällen sind es im Vergleich zur Porzellanindustrie relativ kleine Ofeneinheiten. Die Länge der Öfen übersteigt nur in seltenen Fällen 24 m, viele sind noch wesentlich kürzer. Die Brennkurve in diesen Öfen wird nach den geforderten magnetischen Eigenschaften der Ferrite eingestellt, dementsprechend ist die Beanspruchung des keramischen Materials (Abb. 72).

Die Oxidgemische werden bei 1100°C vorgesintert und bei maximal 1430°C fertiggesintert: Weichferrite zwischen 1350°C und 1400°C, in Extremfällen 1450°C, Hartferrite zwischen 1250°C und 1280°C. Die mechanische Beanspruchung der Schubplatten ist hoch, normalerweise werden sie über drei parallel angeordnete Schienen von einer Druckmaschine vor dem Ofen durch den Ofen geschoben. Auf den Stoßseiten, meistens den Schmalseiten der Platten, können dadurch ziemlich starke Flächendrücke auftreten. Je nach Ofenlänge und Ausbildung der Gleitleisten kann der Druck theoretisch bis 30 kp/cm^2 und mehr betragen. Das bedeutet, daß in der Hauptbrennzone, etwa Mitte des Ofens, mit einer Druckbelastung der Platten bis zu 15 kp/cm² und mehr gerechnet werden muß. Die keramischen Materialien müssen also abriebfest und gegen Druck widerstandsfähig sein. Bei einem Etagenaufbau wird selbstverständlich die Festigkeit gegen Durchbiegung verlangt (Heißbiegefestigkeit).

Die Temperaturschwankungen können bei so kurzen Öfen außerordentlich hoch sein. Temperaturgradienten bis 600°C pro Stunde und beim Kühlen bis nahezu 500°C sind keine Seltenheit. Man fordert in der Ferritindustrie manchmal sogar ausgesprochene Sturzkühlung zur Erreichung bestimmter Eigenschaften der Ferrite.

So wie in der Porzellanindustrie ist es auch hier wichtig, ein sehr gut wärmeleitendes Plattenmaterial zu haben, um ein einheitliches Erwärmen des Brenngutes

Abb. 72. Etagenaufbau mit Sandwichplatten und Rohrstützen (Plattenlänge 30 cm)

zu gewährleisten. Die Ferrite sollen auf der Setzfläche wie auch auf der gegenüberliegenden Fläche, also der dem Ofengewölbe zugekehrten, selbstverständlich gleiche Eigenschaften haben. Chemische Reaktionen der Ferrite mit den Brennhilfsmitteln dürfen nicht eintreten; denn schon geringe Reaktionen im festen Zustand an der Auflagefläche können die Eigenschaften der Ferrite, zumindest im Reaktionsbereich, beeinflussen, d. h. die chemische Widerstandsfähigkeit der Brennhilfsmittel muß gut sein.

Wegen der geforderten hohen Temperaturbeständigkeit, der hohen Temperaturwechselbeständigkeit und der Wärmeleitfähigkeit sowie wegen der hohen Abriebfestigkeit sind in diesem Industriezweig SiC-Brennhilfsmittel recht verbreitet. Kritisch bei Siliciumcarbid ist seine Reaktionsbereitschaft mit Metalloxiden. Deshalb muß man hier auf engobierte, häufig auf „Sandwich-Platten" zurückgreifen. Die Deckschicht oder Schutzschicht besteht aus einem hoch Al_2O_3-haltigen Material, synthetischen Mulliten oder/und reinem Al_2O_3. Neben SiC-Brennhilfsmitteln werden häufig solche aus Sillimanit-Korund eingesetzt, um eine hohe chemische Resistenz gegenüber dem Ferritmaterial zu gewährleisten.

Der Nachteil bei der Verwendung von SiC-Materialien im allgemeinen, nämlich die leichte Zersetzbarkeit im Temperaturbereich zwischen 1050°C und 1200°C tritt hier nicht so stark in Erscheinung, da diese Temperaturzonen extrem kurz, wenn auch sehr oft durchlaufen werden. Bei den steilen Brennkurven der Ferritöfen kommt der daraus resultierende Nachteil des Siliciumcarbids, nämlich das Wachsen, nicht zum Tragen.

In extremen Fällen, z. B. beim Brand von Bariumtitanaten (Ferriten) besteht die Engobe aus Zirkonoxid. Die Wärmedehnungsunterschiede zwischen Siliciumcarbid und ZrO_2 sind so unterschiedlich, daß hierbei sehr oft krakeleeartige Risse auftreten und die Zirkonoxidschicht nicht besonders fest haftet.

In den Fällen, in denen sich Zirkonoxid nicht als Engobe aufbringen läßt, werden dünne, 2 maximal 3 mm starke kleine Plättchen auf die SiC-Platten aufgelegt. In einfachen Fällen genügt es, Zirkonoxid auf das SiC-Material aufzustreuen. Ein Grund, der gegen die Verwendung von Zirkonoxid spricht, ist der hohe Preis.

Versuche haben gezeigt, daß kupfer-, kobalt- und lithiumhaltige Ferrite am wenigsten mit eisenarmen, hochgesinterten Magnesitauflageplättchen reagieren. Magnesit und Siliciumcarbid vertragen sich normalerweise sehr schlecht. Das SiC-Material wird durch die Einwirkung von MgO schaumig-porös. Bei den in der Ferritindustrie vorliegenden kurzen Brennzeiten und relativ niedrigen Temperaturen kann diese Kombination jedoch gelegentlich eingesetzt werden. Bei der Herstellung neuer Ferritkombinationen müssen unter allen Umständen Reaktionsversuche mit Brennhilfsmitteln durchgeführt werden [58].

7.2.12 Glasherstellung

Jeder Glashersteller fürchtet Siliciumcarbid; denn ein einziges SiC-Korn in der Glasschmelze ergibt über Tage, wenn nicht über Wochen, Blasen im Glas. SiC-Körner zersetzen sich in der Glasschmelze unter langdauernder Bildung von Gasblasen – und Gasblasen sind in fast allen unseren Glas-Fertigprodukten, Flachglas (Fensterscheiben), Hohlglas (Flaschen, Gläser) unerwünscht, ganz zu schweigen von Fernsehschirmen. Daher wird Siliciumcarbid bei der Glasherstellung nur nach Erstarrung der Glasschmelze gebraucht. In den Kühlöfen werden SiC-Platten (90%ig) wegen ihrer guten Wärmeleitfähigkeit eingesetzt, d. h. praktisch als Brennhilfsmittel. Es ist bei der Glasherstellung außerordentlich wichtig, daß genau nach Programm gekühlt wird. Dabei erweist sich die gute Wärmeleitfähigkeit des Siliciumcarbids als sehr vorteilhaft.

7.2.13 Rekuperator

Ein Rekuperator ist ein kontinuierlicher Wärmeaustauscher, in welchem zu erhitzende Luft und abzukühlende Medien, z. B. Abgase, getrennt durch Zwischenwände, aneinander vorbeiströmen. Diese Zwischenwände werden bei den keramischen Rekuperatoren aus feuerfestem Material – Schamotte, Sillimanit, Siliciumcarbid – aufgebaut. Im allgemeinen besteht er aus feuerfesten Rohren und Zwischensteinen (Abb. 73). Die Abgase werden von oben nach unten – stehender Rekuperator – durch die Rohre geführt. Die Luft läßt man im Querstrom horizontal, in einigen Etagen umgelenkt, außen an den Rohren vorbeistreichen und führt sie als vorgewärmte Luft Brennaggregaten zu. Damit sind die wesentlichen Anforderungen, die an das keramische Material gestellt werden, schon angedeutet:

1. Die Rohre selbst müssen relativ gasdicht sein und auch gasdicht verlegt werden, d. h. die Stoßstelle Rohr – Zwischenstein muß verkittet sein,
2. die Wärmeleitfähigkeit sollte hoch sein,
3. die chemische Resistenz der Rohre muß gegeben sein, da die Abgase fast immer mehr oder weniger große Mengen Staub mit sich führen,
4. die Standfestigkeit bei Anwendungstemperatur muß gegeben sein,
5. eine gewisse Temperaturwechselbeständigkeit muß vorhanden sein.

SiC-Materialien erfüllen diese Bedingungen. Zum Einsatz gelangen Rohre mit unterschiedlichen SiC-Gehalten, z. B. solche mit 40, 70 und 90%.

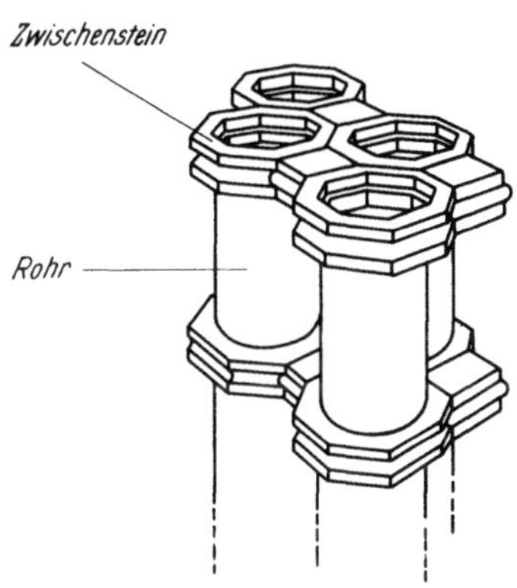

Abb. 73. Rekuperator (Ausschnitt). Maßangabe 300 mm Rohrlänge, 110 mm Innendurchmesser, 12–15 mm Wandstärke

Selten wird in einem stehenden Rekuperator ein und dieselbe Rohrqualität von oben bis unten durchgehend verwendet. Meistens wird eine Zonenzustellung durchgeführt, Zonen, die sich in ihrer Temperatur und der Art und Stärke des erosiven und korrosiven Angriffs unterscheiden.

Die Zwischensteine (Abb. 73) bestehen entsprechend der Verwendungstemperatur aus Schamotte- und/oder Sillimanitmaterial, da hier keine hohe Wärmeleitfähigkeit verlangt wird. Die SiC-haltigen Rohre werden auf unterschiedliche Weise geformt; so können sie im Schlickergußverfahren hergestellt werden oder sie werden mittels Preßluftstampfer von Hand gestampft oder maschinell gepreßt.

7.2.14 Eisenmetallurgie

Unter Einwirkung von Metallschmelzen, Eisen, Chrom, Mangan, Schlacken usw. zersetzt sich Siliciumcarbid sehr schnell. Die Zersetzungsprodukte sind Kohlenstoff und Silicium. Der Kohlenstoff wird zum Teil als CO/CO_2 abgeführt. Da

Eisen sowie Chrom und Mangan neben einer Siliciumlöslichkeit eine Kohlenstofflöslichkeit aufweisen – Gußeisen bis zu 4% C und 3% Si – wird neben Silicium auch Kohlenstoff aufgenommen. Dies ganz besonders, weil beides – Kohlenstoff und Silicium – im sehr reaktionsfreudigen status nascendi vorliegt. Die Hauptmenge des Siliciums wird als SiO_2 von der Schlacke gelöst. Der Sauerstoff stammt hauptsächlich aus der Ofenatmosphäre und aus Oxiden in der Schlacke wie FeO und MnO, die eine geringere Sauerstoffaffinität als Silicium haben. Bei dieser SiC-Aufspaltung wird Wärme frei – 5400 kcal/kg Siliciumcarbid – die der Metallurge gern in Form einer Erhöhung der Badtemperatur in Kauf nimmt.

Bei der Aufkohlung und der Aufsilicierung wird Siliciumcarbid als Körnung eingesetzt oder aber in Form von Briketts. Die Herstellung dieser Briketts erfolgt im allgemeinen über schnellaufende Pressen, teilweise sogar über ausgesprochene Brikettpressen. Die Bindung ist meistens hydraulisch, so daß der langdauernde und kostspielige Vorgang des Brennens erspart bleibt.

Für die Dosierung im Stahlwerk und in der Gießerei – es werden z. B. in die Kupolöfen fast nur Briketts aufgegeben – ist der Kohlenstoff- und der Siliciuminhalt der Briketts ausschlaggebend.

Eine weitere Voraussetzung für die günstigste Ausbeute des Siliciums ist, daß das Siliciumcarbid, z. B. im Kupolofen, die Reise durch den Schacht bis zur Schmelze möglichst ohne Verlust übersteht. Dementsprechend sind die Anforderungen an die SiC-Briketts bzw. an die in größeren Einheiten hergestellten „SiC-Pakete". Sie müssen abriebfest sein und in der Schmelze darf die Bindung die Auflösung des Siliciumcarbids nicht bremsen.

Ursprünglich setzte man SiC-Bruch aus keramischen Betrieben ein. Das ist Bruch von SiC-Platten und Kapseln, vor allem aus der Porzellan- und Schleifmittelindustrie. Im Vergleich zu dem Bedarf in den Gießereien fällt dieser SiC-Bruch nur in relativ geringem Umfang an. Dieser Bruch schwankt außerdem im SiC-Gehalt zwischen 90 und 40%, je nachdem, um welches Material es sich handelt und wie lange es im Einsatz war. Die Nebenbestandteile dieses Bruchmaterials sind SiO_2, Al_2O_3 u. a. m. Man war also gezwungen, ein Material zu finden, das in ausreichender Menge zur Verfügung steht und gleichmäßig in der Zusammensetzung ist. Allen diesen Bedingungen entspricht das SiC-Brikett bzw. das SiC-Paket aus metallurgischem Siliciumcarbid.

Ist die Schrotteinsatzmenge aus irgendwelchen Gründen beschränkt, so reicht oft die mit dem Roheisen beim Verblasen auf Stahl eingebrachte Menge an Kohlenstoff und Silicium nicht aus, um den Wärmehaushalt des Konverters zu decken. Es fehlt also Wärme, die durch die Zugabe von Siliciumcarbid erzeugt werden kann. Es kann gesagt werden: die Zugabe von Siliciumcarbid erhöht den möglichen Schrottanteil.

Auch zur Erhaltung des C-Gehaltes beim Nachfrischen im Stahlbad kann Siliciumcarbid zugesetzt werden. Man macht sich hierbei zunutze, daß die Si-Komponente schneller verbrennt als der Kohlenstoff. Hier wird hauptsächlich körniges Siliciumcarbid eingesetzt.

Zur Erzeugung reduzierender Schlacken beim Frischen kann auch im Lichtbogenofen Siliciumcarbid eingesetzt werden.

Siliciumcarbid + Kalk + Flußspat haben die gleiche Wirkung wie Koks +

Ferrosilicium, jedoch mit dem Vorteil, daß das Siliciumcarbid schneller wirkt. Man erreicht unter Umständen eine wesentliche Zeitersparnis.

Ein Defizit an Kohlenstoff und Silicium kann bei der Stahlerzeugung z. B. nach dem Verblasen des Roheisens im Konverter vorkommen. Siliciumcarbid ist hierfür ein beliebter, schnell wirkender Hilfsstoff.

Weitere Verwendungen von silikatisch gebundenen SiC-haltigen feuerfesten Produkten in der Eisenmetallurgie:

Hochofenabstichrinnen. Häufig erfolgt SiC-Zusatz zu anderen Massen wegen der hier geforderten hohen Temperaturwechselbeständigkeit. Auch Graphit-SiC-Massen sind bekannt geworden und haben sich bewährt; entweder an Ort und Stelle eingestampft oder in Form von vorgefertigten Teilen eingebaut (s. Abschnitt 5.4.2).

Elpitofen. Mit Petrolkoks gefüllte SiC-Rinnen dienen zur Widerstandsbeheizung.

Glühöfen. Beim induktiven Glühen werden sehr häufig SiC-Glühmuffeln verwendet. Rohre usw. werden auf SiC-Rillenplatten geglüht (Blankglühen von Edelstahlrohren).

Allgemeine Verwendung von Siliciumcarbid als *Unterlagplatten.*

Durchlaufglühmuffeln für die verschiedenen Atmosphären.

Gleitschienen werden gelegentlich aus Siliciumcarbid hergestellt. Wegen der Einsatztemperaturen, die in letztgenannten Fällen meistens zwischen 1000°C und 1200°C liegen und wegen der verschiedenen Atmosphären, die in den verschiedenen Öfen herrschen sowie wegen der Möglichkeit des Ausdampfens aus dem Brenngut und der Kondensationsgefahr an bestimmten Stellen im Ofen, wird in allen Glühöfen häufig nur 70%iges SiC-Material verwendet.

Schieberverschlüsse an Stahlgußpfannen. Auch hier wird gelegentlich Siliciumcarbid als Zusatz zu mullitischen oder korundhaltigen Massen eingesetzt. Es werden im allgemeinen 10 bis 20% Siliciumcarbid beigegeben, wobei das Hauptziel ist, die Temperaturwechselbeständigkeit der Materialien zu erhöhen.

Siliciumcarbid in der Gießerei. Das Aufsilicieren, das Aufkohlen und das Desoxidieren erfolgt vielfach mit SiC-Briketts. Das Desoxidationsvermögen von FeSi (Silicomangan und Calciumsilicium) wird mit steigender Temperatur schlechter. Die Desoxidationswirkung des Kohlenstoffes erhöht sich dagegen mit steigender Temperatur, so daß Siliciumcarbid hier günstiger wirkt als Ferrolegierungen. Bei der Desoxidierung in der Gießpfanne ersetzt Siliciumcarbid in unberuhigtem Stahl einen Teil Aluminium, in beruhigtem Stahl verbessert es insbesondere die Härtbarkeit des Stahls.

Schließlich bringt Siliciumcarbid eine Verbesserung des Gußeisens allgemein. Es handelt sich um eine Art Impfung. Sie wirkt sich deutlich auf die physikalischen Eigenschaften des Gusses aus. Erreicht wird größere Härte und größere Festigkeit. Die einzelnen Bestandteile sind zum Teil besser ausgebildet und durch ihre gleichmäßige Verteilung wird eine bessere Bearbeitbarkeit des Gußstückes erzielt.

Keramische Abschreckplatten (Kühlkokillen). Eine weitere Möglichkeit der Verwendung von Siliciumcarbid in den Gießereien stellt der Einsatz von keramischen SiC-haltigen Abschreckplatten dar. Gußeiserne Platten haben, im Gegensatz zu keramischen Platten, viele Nachteile – außer dem einen Vorteil, daß sie in der Gießerei angefertigt werden können. Die nachstehende Gegenüberstellung zeigt dies.

Gußeiserne Abschreckplatten	Keramische Abschreckplatten
ein- bis zweimalige Verwendung	häufigere Verwendbarkeit
oxidierbar	nicht oxidierbar
schweißen an	anschweißen nicht möglich
weiß erstarrte Oberfläche	durchgehend graue Erstarrung
relativ hohe Ferrit- und Zementitanteile	extrem niedriger Ferritgehalt, keine Zementite
hohe Anteile der Unterkühlungsstruktur des Graphits	Förderung der Kristallisation des Graphits nach Form A

Die einzige Schwierigkeit, auf die der Einsatz von keramischen Platten stößt, sind die oft sehr ausgefallenen Formate, die verlangt werden. Bei Normalformaten besteht absolut keine Schwierigkeit. Dagegen muß bei ausgefallenen Formaten damit gerechnet werden, daß eigens Formen vom Feuerfest-Hersteller gebaut werden müssen. Dadurch kann der Einsatz der Platten unwirtschaftlich werden [147, 148].

7. 2. 15 Aluminiumherstellung

SiC-haltige Rohre, meistens im Schlickergußverfahren hergestellt, dienen z. B. als Ausgüsse, besonders in größeren Induktionsöfen. Die Haltbarkeiten dieser Rohre betragen oft ein Mehrfaches der früher üblichen einfachen Schamotterohre. Die Vorteile der SiC-haltigen Rohre sind im wesentlichen ihre gute Temperaturwechselbeständigkeit sowie die Tatsache, daß Siliciumcarbid durch Aluminium kaum benetzt wird. Bei dem Angriff durch Aluminium wirkt sich weiterhin vorteilhaft aus, daß gegossene feuerfeste Erzeugnisse in den meisten Fällen glattere Oberflächen haben als solche, die im Handstampf- oder Preßverfahren hergestellt worden sind. Dies kommt daher, weil gegen eine glatte Gipswand beim Schlickergießen geformt wird (s. Abschnitt 5.4.6).

Hochprozentige SiC-Rohre werden gelegentlich auch zum Einblasen von Stickstoff in die Al-Schmelze eingesetzt.

Allgemein kann gesagt werden, daß sich hochprozentige SiC-Materialien, das sind 70%ige, vor allem aber 90%ige, für den Kontakt mit flüssigem Aluminium am besten eignen, da sie am wenigsten benetzt werden.

7. 2. 16 Bleiöfen

Bleiglätte (PbO, Schmelzpunkt 870°C) wird industriell meist in Herdöfen, deren Beheizung indirekt erfolgt, erschmolzen. Die Auskleidung dieser Öfen kann aus eisenarmem Magnesit und/oder Siliciumcarbid bestehen. Schamotte und Sillimanit werden als Ofenbaumaterial in der Schmelze selten verwendet. Das SiO_2 aller Steine reagiert mit dem PbO über 800°C stark unter Bildung von Bleisilikaten wie $K_2O \cdot PbO \cdot SiO_2$, $K_2O \cdot 4\,PbO \cdot 8\,SiO_2$, Pb_3SiO_7. Aus demselben Grund können sogar Erzeugnisse mit niedrigen SiO_2-Gehalten nicht verwendet werden; denn deren Bindung besteht bis auf Ausnahmefälle zum größten Teil aus SiO_2 in Form von Glas. Da diese Öfen meistens bei Temperaturen zwischen 800°C und 1000°C betrieben werden, wurden für diese Temperaturen Versuche durchgeführt. Unter 800°C kann niedrigprozentiges SiC-Material (Rest Korund) Verwendung finden. Es treten dabei noch keine Reaktionen ein, die zu Zerstörungen führen. Zwischen 800°C und 1000°C können solche Reaktionen aber beobachtet werden. Es bilden sich Krusten aus, die temperaturabhängig aus Bleisulfat und Bleisilikat und selbstverständlich auch aus PbO bestehen. Solche, anhand von Laboruntersuchungen ermittelten Ergebnisse werden in der Praxis bestätigt.

Silikatisch gebundenes SiC-Material kommt also nur unter 800°C zum Einsatz, sei es wegen der guten chemischen Resistenz, sei es wegen der guten Wärmeleitfähigkeit bzw. guten Temperaturwechselbeständigkeit. In der Temperaturwechselbeständigkeit ist der SiC-Stein dem Magnesitstein bei weitem überlegen. In dem hier erwähnten Temperaturbereich kann Siliciumcarbid auch mit Magnesit im Mauerwerk zusammenstoßen. Es tritt keine Beeinflussung der beiden Steinqualitäten ein.

7.2.17 Rollenherdöfen

Rollenherdöfen werden in verschiedenen Industrien eingesetzt – und zwar in Baukeramik-, Porzellan-, Ferritindustrie u.a.m., deshalb wird hier auf den Ofentyp, nicht auf eine spezielle Industrie eingegangen. Üblicherweise werden in kontinuierlichen Öfen, wie Tunnelöfen, Ofenwagen mit dem Brenngut besetzt und durchgeschoben. Alle sich drehenden Teile liegen unter den Ofenwagen im kalten Bereich. Bei den Rollenherdöfen befinden sich die drehenden Teile im Ofen, Rollen – Rohre, die quer zur Förderrichtung eingebaut sind und sich durch die Ofenseitenwände bis nach außen erstrecken. Sie werden außerhalb des Ofens gelagert und mittels Ketten oder ähnlich angetrieben. Das Brenngut wird auf (Rollenherd-)Platten gesetzt und durch den Ofen über die Rollenrohre transportiert. Der Vorteil solcher Ofentypen liegt klar auf der Hand: Es sind keine Wagen erforderlich. Diese mit ihrer recht großen Masse im Vergleich zum Brenngut müssen mit aufgeheizt und mit abgekühlt werden. Im Rollenherdofen werden lediglich die Förderplatten, diese sind im allgemeinen sehr dünn, als Brennhilfsmittel mit aufgeheizt.

Öfen dieser Art finden immer stärkeren Einsatz in verschiedenen Industriezweigen. Die Rollen von Ofenwand zu Ofenwand, teilweise über 2 m lang, haben einen Außendurchmesser, der im allgemeinen 50 mm beträgt. Die Rohre liegen in so geringen Abständen voneinander quer zur Ofenachse, daß die Förderplatten nicht durchbiegen können. Die Temperatur schwankt in diesen Öfen je nach Anwendungsfall zwischen 1100 und 1360°C.

Bevorzugte Materialien für die Rohre sind Mullit und Siliciumcarbid. Oft handelt es sich dabei um sogenanntes direktgebundenes Siliciumcarbid, d. h. ohne Ton oder ähnlicher Bindung bzw. mit nur äußerst geringen Mengen an Bindemitteln. Die Herstellung solcher Rollenherdrohre ist schwierig und dementsprechend sind sie teuer. Man setzt SiC-Rohre aus diesem Grunde auch nur in solchen Fällen ein, wenn Rohre aus anderen Materialien den Beanspruchungen nicht mehr gewachsen sind.

Die Hauptbeanspruchung in solchen Öfen tritt dann ein, wenn Rohre brechen und durch neue ersetzt werden müssen. Die dafür benötigte Einbauzeit ist verständlicherweise so gering wie möglich zu halten. Ein Ofenstillstand kann deswegen nicht in Kauf genommen werden. Das bedeutet, daß die Rohre in Sekunden von Raumtemperatur auf Ofenraumtemperatur gebracht werden müssen. Der zweite kritische Moment beim Betreiben eines solchen Ofens ist der Ofenstillstand. Viele feuerfeste Materialien halten als Rohre weitgehend nur, weil sie sich dauernd drehen, die Belastung wird also ständig auf einen anderen Punkt des Rohrumfanges verlegt. Bei einem Stillstand des Drehmechanismus wirkt die Belastung aber auf einen Punkt und damit werden die Rohre einseitig auf Biegung beansprucht. Feuerfestes Material ist im allgemeinen bei erhöhter Temperatur nicht sehr biegefest. Nur Materialien wie Mullit, Zirkon-Mullit und eben Siliciumcarbid sind auch bei hohen Temperaturen so biegefest, daß sie einem kurzzeitigen Stillstand der üblichen Drehbewegung standhalten können. Bei Siliciumcarbid ist dies gerade in diesem Falle ganz besonders eine Frage des richtigen Primärbrandes.

Die nahe Zukunft wird zeigen, welche Qualität für die Rollenherdrohre dominieren wird.

7.2.18 Verwendung feinkeramischer SiC-Erzeugnisse

Ihr Einsatzgebiet ist sehr unterschiedlich, es handelt sich vor allen Dingen um Rohre und Tiegel sowie Schiffchen und ähnliches. Ein großer Abnehmer dieser Erzeugnisse ist die chemische Industrie. Der Einsatz findet vor allem dort statt, wo Abriebbeanspruchungen herrschen und gute Temperaturwechselbeständigkeit gefordert wird. Die gute Verschleißfestigkeit von SiC-Rohren wird auch in Induktionsöfen ausgenutzt, wo sie als Arbeitsrohre eingesetzt werden. Ein besonders krasser Temperaturwechsel tritt oft bei Schweißunterlagen auf. Auch hierfür hat sich SiC-Material schon seit Jahren bewährt. Es wird im allgemeinen gerade bei Schweißunterlagen recht feinkörniges Material, maximal Korn etwa 0,5 mm, verwendet.

7.2.19 Meß- und Regeltechnik

Es ist die gute Wärmeleitfähigkeit, die Siliciumcarbid zu einem so hervorragenden Werkstoff für dieses Anwendungsgebiet macht. Aber auch die gute Heißfestigkeit und die chemische Resistenz sind mitentscheidend. Zwei Hauptgebiete können genannt werden:

1. Temperaturmessungen in einem Ofenraum,
2. Temperaturmessungen in Schmelzen.

Bei Temperaturmessungen in einem Ofenraum ist die Wärmeleitfähigkeit ausschlaggebend. Thermoelementschutzrohre werden aus reinem Korund, Sillimanit oder ähnlichen Materialien neben SiC-Rohren auf den Markt gebracht. Dabei haben die SiC-Rohre bei weitem die beste Wärmeleitfähigkeit. Gelegentlich unter bestimmten Umständen auftretenden Reaktionen von Siliciumcarbid mit den Ofengasen und dem Flugstaub kann durch Tonerde- oder Zirkonanstrich auf die SiC-Rohre begegnet werden. Weiter kann die Festigkeit solcher Meßrohre noch gesteigert werden, indem man ein Innenrohr aus Tonerde in ein SiC-Rohr einarbeitet. Andererseits können bei Messungen in schwerölbeheizten Aggregaten Tonerde- oder Korundrohre schlecht ohne SiC-Rohr angewendet werden. Vanadium aus dem Schweröl wirkt bekanntlich zerstörend auf Korund, dagegen bildet es auf SiC-Material eine Glasurschicht, die ausgesprochen schützend wirkt.

Vielfach hat man auch 3-Schichten-Rohre, innen zur Stabilitätserhöhung Tonerde, dann ein 90%iges SiC-Rohr und außen, um chemische Reaktionen z. B. auch aus dem Schweröl zu vermeiden, einen Zirkonsilikatanstrich (Abb. 74).

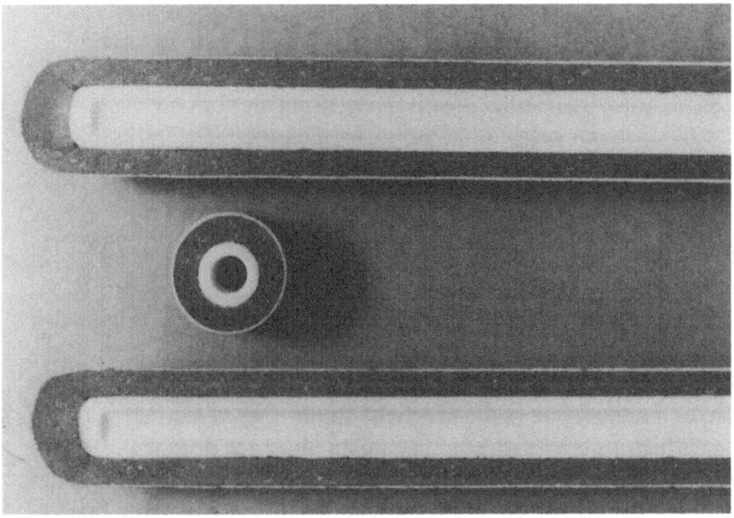

Abb. 74. Dreischichtenrohr, innen 99%iges Tonerderohr, darauf ein 90%iges SiC-Rohr, das wiederum mit einer Zirkonsilikatschicht überdeckt ist. Natürliche Größe

Die Temperaturmessung in Schmelzen ist sehr wichtig, um den Schmelzablauf zu kennen, um den Schmelzvorgang kontrollieren und lenken zu können, besonders bei Legierungs- und ähnlichen Arbeiten. Hier kommen sogenannte Tauchrohre zum Einsatz, die zum Messen in das Bad eingetaucht werden. Es ist in solchen Fällen wichtig, daß die Temperaturmessungen exakt und schnell durchgeführt werden, d. h. die Rohre müssen neben der chemischen Resistenz eine gute Temperaturleitfähigkeit haben.

SiC-Rohre gehören heute zum normalen Handwerkszeug in Hütten, z. B. Zink-, Magnesium- und Aluminiumschmelzen. Bei den niedrigen Temperaturen, die bei den genannten Schmelzen notwendig sind, wird die Temperaturbeständigkeit von SiC-Erzeugnissen keinesfalls ausgenutzt. Man geht häufig sogar soweit, um die Stabilität der Rohre zu erhöhen, in ein SiC-Außenrohr ein Metallinnenrohr einzusetzen. Meistens werden die Rohre ineinander gekittet und ergeben Verbundrohre.

8. Zersetzung von Siliciumcarbid

Vorbemerkungen

Über die SiC-Zersetzung in feuerfesten Steinen liegen noch wenig endgültige, praktisch verwertbare Erkenntnisse vor. Da nun aber gerade diese für den Feuerfest-Hersteller und den Verbraucher feuerfester Erzeugnisse von ganz besonderer Bedeutung sind, werden hier zum Teil auch Einzelbeobachtungen angeführt. Die wirtschaftliche Bedeutung weiterer Erkenntnisse muß nicht besonders betont werden.

8.1 Allgemeines zur Zersetzung von Siliciumcarbid

Nach der chemischen Zusammensetzung als Carbid müßte Siliciumcarbid mit Sauerstoff deutlich reagieren und wäre somit für technische Zwecke weitaus weniger brauchbar, schon gar nicht für die feuerfeste Verwendung. Aber gerade hier wird Siliciumcarbid sehr häufig eingesetzt. Dieser Widerspruch läßt sich einfach klären: das einzelne SiC-Korn wird durch eine SiO_2-Deckschicht vor dem Angriff durch die Atmosphäre weitgehend geschützt. Diese SiO_2-Schutz- oder Deckschicht bremst allerdings nur die Zersetzung, sie tritt in jedem Fall bei höherer Temperatur ein. Der Umfang der Zersetzung ist von sehr vielen Faktoren abhängig.

Die SiO_2-Deckschicht erhält das Siliciumcarbid schon bei der Herstellung, oft erkennbar durch das Auftreten vieler bunter Farben (Farben dünner Plättchen). Die Schicht muß nicht zwangsläufig die gesamten Körner bedecken. Eine Zerkleinerung erzeugt frische, ungeschützte Bruchflächen. Ferner werden beim Zerkleinern auch Risse und Spalten in den einzelnen SiC-Partikeln hervorgerufen, die dann bei der Steinherstellung, zumindest zeitweise, keine Schutzschicht haben. Es ist eine Frage der Massenzusammensetzung, die Möglichkeit zu einer verstärkten Schutzschichtbildung zu bieten, ferner ist es ein Problem einer gut durchdachten und gut durchgeführten Aufbereitung und nicht zuletzt auch eine Frage des Brandes. Auf jeden Fall dürfen nur Körner zur Verwendung kommen, die weitgehend homogen sind und sich nicht ohne weiteres zerteilen lassen. Langjährige Erfahrung zeigt, daß auch die beste Aufbereitung und der günstigste Brand nicht verhindern, daß schon oder gerade beim Primärbrand ein SiC-Abbrand in Größenordnungen von einigen Prozenten eintritt. Dieser Abbrand ist hauptsächlich von drei Faktoren abhängig,

a) von der Qualität des Siliciumcarbids (Menge der Verunreinigungen, Höhe der Porosität, Zerteilbarkeit der Körner),

b) vom Verhältnis Oberfläche des SiC-Erzeugnisses zur Masse bzw. zu den geometrischen Abmessungen des Erzeugnisses und dessen Porosität, d. h. Um- oder Durchspülbarkeit des Scherbens sowie

c) von der Brandführung (Temperaturverlauf und Atmosphäre).

Während des Gebrauchs der SiC-Erzeugnisse wird die Oxidschicht häufig verändert. Es können z. B. durch unterschiedliche Wärmedehnungen in der Schicht Risse entstehen, entweder durch Auskristallisation, meist Cristobalitbildung oder dadurch, daß sich Siliciumcarbid unter der Deckschicht in Kohlenstoff und Silicium (SiO, SiO_2) zersetzt. Unter gewissen Bedingungen wird nämlich die Deckschicht vom Korninneren her verändert. Unter dem Mikroskop wird dies bei gebrauchten SiC-Erzeugnissen gelegentlich sichtbar.

Die Bildung einer Schutzschicht aus dem Siliciumcarbid heraus kann beim Primärbrand gefördert werden. Allerdings muß die Tatsache berücksichtigt werden, daß Abbrandprodukte des Siliciumcarbids – Glas, Cristobalit, eventuell Tridymit – von Natur aus ein größeres Volumen einnehmen als Siliciumcarbid, sie rufen deshalb Spannungen im Gefüge hervor, die zu Rissen führen können. Auch eine Diffusion von O_2 bzw. H_2 durch die Schutzschicht tritt ein. Die Diffusionsgesetze für Zeit- und Temperaturabhängigkeit der Zersetzung (Oxidation) sind nach Wiebke [159] auf Siliciumcarbid anwendbar (s. Abschnitte 8.2.2 und 8.2.3).

Eine Verringerung der Zersetzung von Siliciumcarbid setzt demnach voraus

1. möglichst porenfreies Siliciumcarbid,
2. reines Siliciumcarbid, ohne noch leichter oxidierbare oder reduzierbare Beimengungen wie Si, FeSi, SiO, SiO_2 usw.,
3. möglichst kompakte, leicht zu umhüllende SiC-Körner, die bei der Zerkleinerung und beim Preßvorgang nicht aufspalten,
4. daß die bei der Herstellung erzeugte Schutzschicht so beschaffen ist, daß eine Diffusion durch sie möglichst nicht stattfinden kann,
5. daß die günstigsten Bedingungen aus den folgenden Abschnitten (Zusammenhang zwischen der Zersetzung und z. B. der Korngröße) beachtet werden,
6. daß die Korngrenzen möglichst viele Kristallflächen aufweisen.

Die Punkte 1 bis 4 sind nur vom SiC-Hersteller beeinflußbar, die Punkte 5 und 6 vom Feuerfest-Produzenten. Eine Vermeidung der Zersetzung bzw. eine Beherrschung der Zersetzung von Siliciumcarbid kann also nur, wenn überhaupt, durch engste Zusammenarbeit der SiC-Hersteller und Feuerfest-Produzenten erreicht werden, nicht zuletzt aber auch durch Zusammenarbeit mit dem Verbraucher dieser feuerfesten Erzeugnisse. In vielen Fällen ist es möglich, die Einsatzbedingungen im Hinblick auf die Haltbarkeit von Siliciumcarbid abzustimmen.

Viele Patentschriften befassen sich mit dem Problem der SiC-Resistenz, besonders im sogenannten kritischen Temperaturbereich. Der Ausgangspunkt dabei ist immer: kein feines ($< 0{,}5$ mm) Siliciumcarbid zu verwenden; dann schließt sich an, für eine gute Umhüllung der einzelnen SiC-Körner zu sorgen und ferner die richtige chemisch-mineralogische Zusammensetzung der Nicht-SiC-Bestandteile einer Mischung festzulegen. Die Bedingungen „kein feines Siliciumcarbid" beinhaltet natürlich eine Beschränkung des Gesamt-SiC-Gehaltes auf 60 bis 80%, denn es müssen dann andere Materialien wie Schamotte, Korund usw. zugesetzt werden, um eine für den allgemeinen Aufbau der Steine vernünftige Siebanalyse zu erhalten.

Für den Feuerfest-Hersteller und den Verbraucher stellt die Zersetzung des Siliciumcarbids – vor allem im kritischen Temperaturbereich – ein bisher ungelöstes Problem dar. Einige auf dem Markt befindliche „zersetzungsresistente" Produkte haben sich bis heute nicht oder nur sehr bedingt bewährt. Mit einer

Zerstörung feuerfester SiC-Produkte muß im Laufe der Zeit gerechnet werden. Die Erfahrung zeigt, daß solche Produkte Haltbarkeiten unter ähnlichen Bedingungen von wenigen Wochen bis zu Jahrzehnten haben können. Es handelt sich oft um nur kleine Differenzen in der Verwendung, die in vielen Fällen kaum meßbar sind. Es läßt sich immer wieder feststellen, daß sehr gut aufbereitete SiC-Materialien, richtige Zusammensetzung, unter Verwendung des richtigen SiC-Rohstoffes, länger halten als solche, die nicht nach den genannten Kriterien hergestellt wurden.

In der Literatur findet man einmal Hinweise, daß Siliciumcarbid beständig ist gegen reduzierende Einflüsse, zum anderen aber auch solche, die genau das Gegenteil behaupten [122, 133]. In der Praxis wird immer wieder bewiesen, daß Siliciumcarbid weitgehend geschützt bleibt, wenn ständig gleichbleibend reduzierende oder oxidierende Bedingungen herrschen. Wird allerdings die Reduktion so stark, daß SiO_2 reduziert wird, so kann die Schutzschicht zerstört werden und Siliciumcarbid zersetzt sich. Das tritt ein bei einem hohen Prozentsatz von H_2 in der Atmosphäre, besonders bei Temperaturen über 1250°C, bei tieferen Temperaturen wenn Wasserdampf hinzukommt (s. Abschnitt 8.3.9). Schlecht für die Beständigkeit des Siliciumcarbids ist mit Sicherheit ein ständiger Wechsel der Atmosphärenbedingungen, wenn auch diese Wechsel nur geringfügig sind. In jedem Falle aber wird die Zerstörung in dem kritischen Temperaturbereich 900°C bis 1250°C (1050°C bis 1200°C) eingeleitet und besonders in Gegenwart von Wasserdampf schnell ablaufen. Unter Umständen wird bei diesen Temperaturen und in Gegenwart von Wasserdampf eine Zerstörung SiC-haltiger Werkstoffe in Tagen oder wenigen Wochen vor sich gehen. Durch Zugabe von glasbildenden Stoffen in die SiC-Steine oder glasurbildende auf die SiC-Steine kann einer Zersetzung entgegengearbeitet werden. Bei der Trocknung und beim Primärbrand wandern die dem Versatz zugegebenen Glasbildner in Rich-

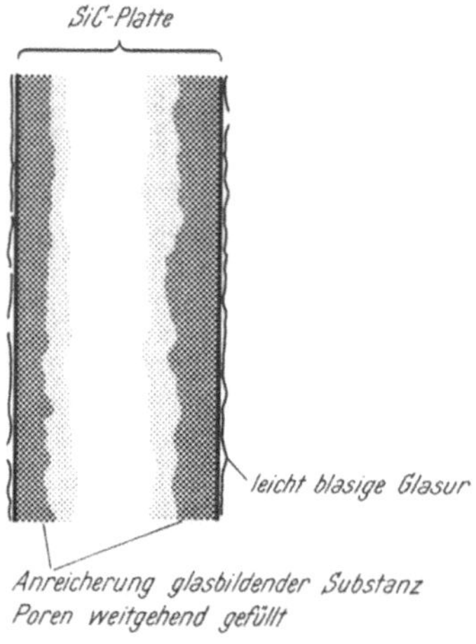

Abb. 75. SiC-Platte durch Zugabe von glas- bzw. glasurbildender Substanz „zersetzungsresistent" gemacht. Wird eine solche Platte einem Zersetzungsversuch ausgesetzt, so wird sie sich über längere Zeiträume als resistent erweisen. Trennt man die äußeren, stark glashaltigen Schichten ab und setzt nur den inneren Teil einer Zersetzung aus, so wird sich dieser wesentlich schneller zersetzen

tung Oberfläche und bilden dort einen Schutz gegen das Eindringen von Ofengasen und verhindern die Cristobalitbildung – letzteres ist bei der Verwendung der Erzeugnisse unter 1250°C ihre Hauptaufgabe (Abb. 75).

8.2 Untersuchungen an SiC-Körnern

8.2.1 Zusammenhang zwischen Zersetzung und Korngröße

Der Zusammenhang zwischen Korngröße und dem Ausmaß der Zersetzung ist leicht verständlich. Je kleiner die Körner sind, umso größer ist die Oberfläche und somit vergrößert sich das Ausmaß der möglichen Zersetzung. Eine Berechnung des Verhältnisses der Oberfläche zur Zersetzungsmenge ist theoretisch kaum möglich. Die Berechnung der Oberfläche von SiC-Körnern, auch einer relativ eng ausgesiebten Kornfraktion, muß bei der sehr großen Unregelmäßigkeit, selbst für Modellberechnungen, zu ungenau ausfallen. Irgendwelche zahlenmäßig belegbare Ergebnisse sind deshalb nicht zu ermitteln.

Die Untersuchungen von Wiebke [159] zeigen eine einfache Proportionalität zwischen Angriff und Korngröße. Das Produkt aus der „Angriffszahl" und der Korngröße ist ausreichend konstant genug für diese Aussage. Selbst bei sehr feinen Körnungen ist eine deutliche Zeitabhängigkeit gegeben. Tab. 46 und Abb. 76 zeigen dies. Übertragen auf die Praxis heißt das, je feineres Korn bei der Steinherstellung verwendet wurde, desto schneller ist mit einer Zersetzung, d. h. mit der Zerstörung des Scherbens zu rechnen.

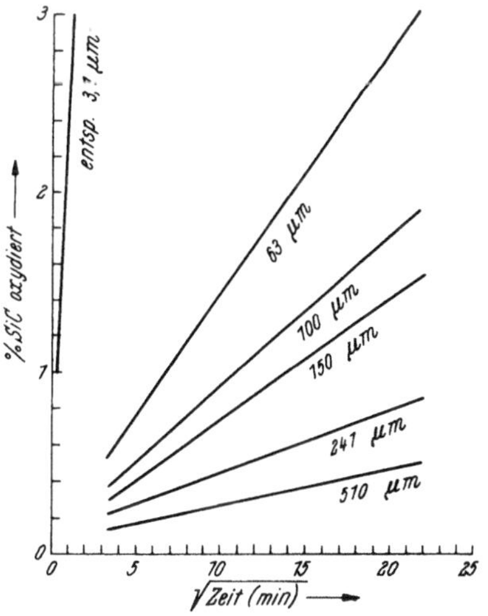

Abb. 76. Oxidation verschiedener Korngrößen. Siliciumcarbid dunkel, technisch ausgesiebt, gereinigt, oxidiert bei 1300°C in O_2. (Nach [159])

Tabelle 46. *Korngrößenabhängigkeit der Oxidation von SiC bei 1300°C, 8 Stunden in O_2, SiC dunkel, technisch abgesiebt, gereinigt* (nach Wiebke [159])

I Maschenweite in μm	II % SiC oxidiert	III Produkt aus I und II μm · % SiC_{ox}
510	0,48	$2{,}4 \cdot 10^2$
241	0,86	$2{,}1 \cdot 10^2$
150	1,5	$2{,}3 \cdot 10^2$
100	1,9	$1{,}9 \cdot 10^2$
63	3,1	$1{,}9 \cdot 10^2$
3,7	42,5	$1{,}6 \cdot 10^2$
3,1	58,4	$1{,}8 \cdot 10^2$

8. 2. 2 Zusammenhang zwischen Zersetzung und Temperatur (Tab. 47 und 48, Abb. 77 und 78)

Ein Zusammenhang zwischen Temperatur und dem Ausmaß der SiC-Zersetzung ist in Laborversuchen nachgewiesen worden. Mit steigender Versuchstemperatur nimmt die Zersetzung zu. Die Zersetzungsgeschwindigkeit ist bei unterschiedlichen SiC-Qualitäten verschieden. Diese Ergebnisse sind nicht direkt mit Beobachtungen in der Praxis in Einklang zu bringen. Die Zersetzung nimmt im Prinzip auch in der Praxis mit steigender Temperatur zu, nur das Verhalten des Bindemittels oder besser gesagt der Schutzschicht, beeinflußt das des Siliciumcarbids so weit, daß die an Hand von Laborversuchen gewonnenen Ergebnisse nicht auf die Praxis übertragen werden können. So kann im sogenannten kritischen Temperaturbereich 900°C bis 1250°C oft eine wesentlich schnellere SiC-Zersetzung beobachtet werden als bei höheren Temperaturen.

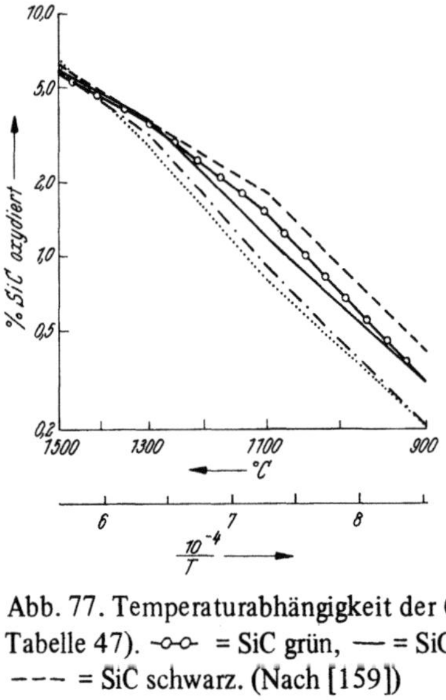

Abb. 77. Temperaturabhängigkeit der Oxidation verschiedener SiC-Sorten (Mittelwerte nach Tabelle 47). -o-o- = SiC grün, — = SiC mittel, ······ = SiC dunkel, —·—·= SiC dunkel (B), --- = SiC schwarz. (Nach [159])

Tabelle 47. *Oxidation verschiedener Sorten SiC in O_2, 8 Stunden, Körnungen, Maschenweite 63 µm, scharf ausgesiebt, Werte als % SiC oxidiert.* Errechnet aus a = CO_2-Entwicklung, b = Gewichtsveränderung, c = Abrauchverlust. Spalte d = Mittelwerte aller betreffenden Werte der Spalten a, b, c [159]

SiC-Sorte	900°C				1100°C				1300°C				1500°C			
	a	b	c	d	a	b	c	d	a	b	c	d	a	b	c	d
SiC grün	0,4	0,2	0,2	0,3	1,6	1,5	1,5	1,5	3,5	3,5	3,7		5,6	5,6	5,6	
									3,7	3,9	3,5	3,6	5,6	5,5	5,3	5,8
									4,1	3,5	3,3		6,7	6,3	6,3	
SiC mittel	0,4	0,2	0,2	0,3	1,1	1,4	1,4		3,7	3,7	3,6					
								1,2				3,7				
					1,2	1,0	1,1		4,4	3,5	3,4					
SiC dunkel	0,4	0,1	0,2	0,2	0,8	0,8	0,7		2,9	2,9	2,9		6,1	6,2	5,5	
								0,8	2,8	2,8	2,8	2,8	5,3	6,0	6,0	6,7
					0,9	0,8	0,9		2,7	2,8	2,6		9,3		8,8	
SiC dunkel (B)	0,3	0,2	0,2	0,2	1,0	0,9	0,8	0,9	3,2		3,2	3,2	5,8		6,0	5,9
SiC-Sonderqualität schwarz	0,5	0.3	0,3	0,4	1,8	1,8	1,8	1,8	3,6			3,6			3,6	

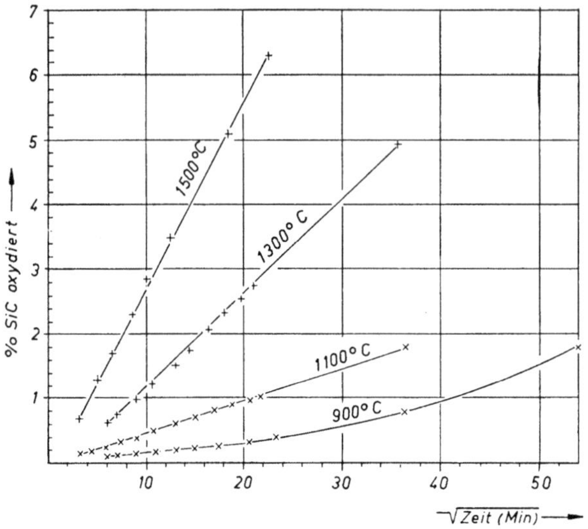

Abb. 78. Oxidation von Siliciumcarbid (dunkel), gereinigt, Körnung 63 μm, in O_2. (Nach [159])

Tabelle 48. *Oxidation verschiedener Sorten SiC in Luft, 8 Stunden, Körnungen wie in Tab. 47, Werte als % SiC oxidiert.* a = Mittelwerte aus CO_2-, Gewichtsveränderungs- und Abrauchverlust-Werten, b = Spalte d aus Tab. 47 als Vergleich der Werte in O_2 [159]

	1100°C		1300°C		1500°C	
	a	b	a	b	a	b
SiC grün	1,0	1,5	1,8	3,6	3,8	5,8
SiC mittel	0,9	1,2	1,8	3,7	6,5	5,9
SiC dunkel	0,5	0,8	1,6	2,8	5,4	6,7
SiC dunkel (B)	0,6	0,9	1,5	3,2	5,7	5,9
SiC schwarz	0,7	1,8	1,8	3,6	–	–

8.2.3 Zusammenhang zwischen Zersetzung und Zeit (Abb. 76 und 78)

Ein Zusammenhang zwischen Zeit und dem Ausmaß der Zersetzung kommt in Laborversuchen zum Ausdruck. Eine Übertragung der Ergebnisse auf die praktische Verwendung von SiC-Material ist nicht ohne weiteres möglich. Wie bei so vielen Reaktionen dieser Art wird auch die Zersetzungsrate häufig mit der Zeit geringer. In der Praxis dagegen kann oft beobachtet werden, daß eine einmal eingeleitete Zersetzung rapide zur völligen Zerstörung des feuerfesten Teiles führt.

8.2.4 Zusammenhang zwischen Zersetzung und SiC-Sorten (Tab. 47 und 48)

Der Zusammenhang zwischen verschiedenen SiC-Sorten und dem Ausmaß der Zersetzung ist nicht ganz so klar wie z. B. die Abhängigkeit von der Korngröße. Die Kornform – viele technische SiC-Sorten brechen ganz unterschiedlich – ist sehr verschieden, damit sind die reaktionsbereiten Oberflächen zu unterschiedlich, um eine exakte Aussage treffen zu können. Eine geringe Abnahme der Oxidationsbeständigkeit des hellgrünen Siliciumcarbids über das dunkelgrüne bis zum dunklen Material hin scheint bei den Temperaturen von 900°C bis 1300°C zu bestehen. Diese Unterschiede reichen aber nicht deutlich genug über die Streugrenzen der Wiederholungsmessungen hinaus. Das erste Kriterium für die Beurteilung von technischem Siliciumcarbid für die Feuerfest-Praxis – was die Zersetzungsanfälligkeit angeht – ist die Oberfläche des Korngemisches. Je größer diese ist, desto zersetzungsempfindlicher ist das Siliciumcarbid.

8.2.5 Zusammenhang zwischen Zersetzung und Ofenatmosphäre (Abb. 79, 80, 81, 82)

Ein Zusammenhang zwischen unterschiedlichen Atmosphären und dem Ausmaß der SiC-Zersetzung kann in Laborversuchen leicht nachgewiesen werden. Der Angriff auf Siliciumcarbid unter Einwirkung von Luft bei 1300°C beträgt 50 bis 60% des Angriffs der durch reinen Sauerstoff entsteht, bei 1500°C etwa 90%. Aus der Praxis ist bekannt, daß wasserdampfhaltige Luft die Zersetzung stark fördert, besonders zwischen 900°C und 1200°C. In Laborversuchen konnte dies nicht unbedingt bestätigt werden. Hier wurde der stärkste Angriff bei 1300°C festgestellt, auch in Abhängigkeit von der Wasserdampfkonzentration. Die Angaben verschiedener Autoren weichen voneinander ab.

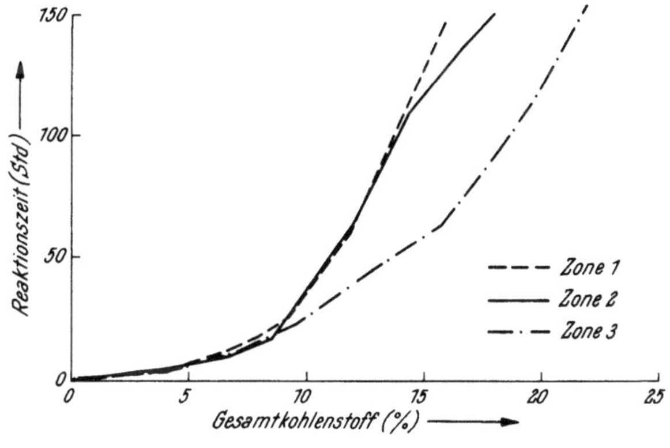

Abb. 79. Oxidation von grünem α-SiC in wasserdampfgesättigter Atmosphäre bei 1100°C. Zone 1 – heiß / Zone 2 – Übergang / Zone 3 – kälter, wie SiC bei der Herstellung anfällt. Verwendete Korngröße < 60 μm. (Nach [74])

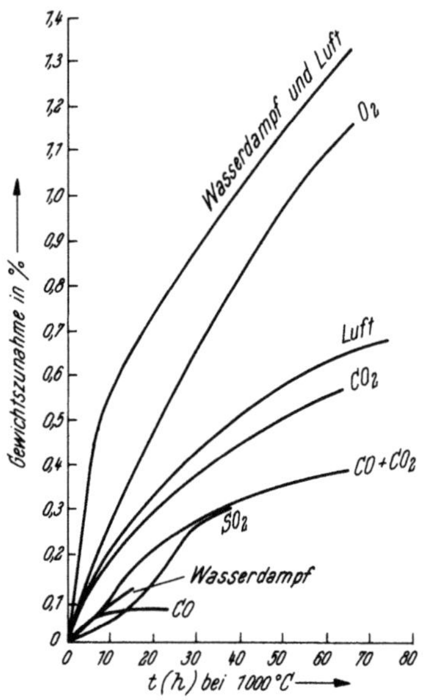

Abb. 80. Der Einfluß von Ofengasen bei 1000°C auf die Oxidationsgeschwindigkeit von SiC-Körnern. Gewaschenes Korn, 0,10–0,15 mm. (Nach [82])

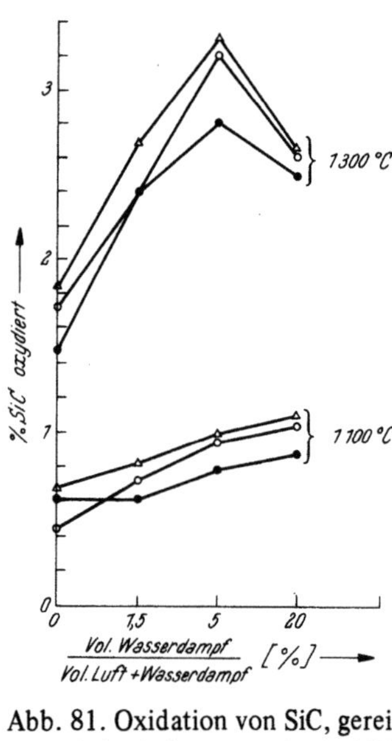

Abb. 81. Oxidation von SiC, gereinigt, Körnung 63 μm, in Luft + Wasserdampf, Δ = SiC grün, ○ = SiC dunkel, ● = SiC dunkel (B). (Nach [159])

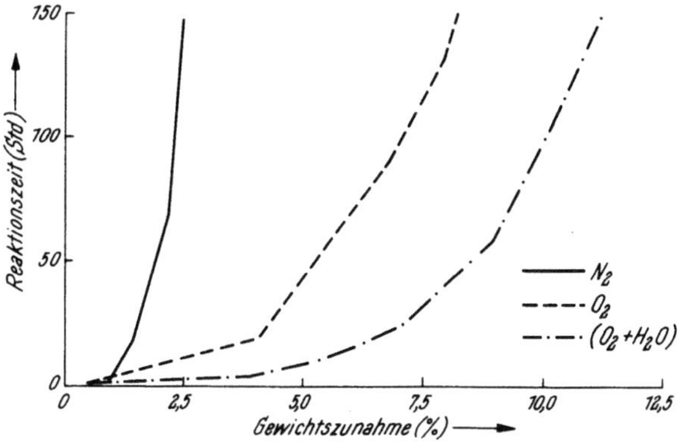

Abb. 82. Gewichtsänderungen von grünem α-SiC in verschiedenen Atmosphären bei 1100°C. Verwendete Korngröße < 60 μm. (Nach [74])

Tabelle 49. *Oxidation von SiC in wasserdampfhaltiger Luft. Werte = % SiC oxidiert in 8 Stunden Körnung wie in Tabelle 47* [159]

SiC Sorte	Vol.% H_2O-Dampf in Luft	% SiC_{ox} 1100°C	1300°C
SiC grün	0	0,68	1,83
	1,5	0,82	2,68
	5	0,99	3,29
	20	1,10	2,64
SiC dunkel	0	0,44	1,71
	1,5	0,72	2,38
	5	0,94	3,20
	20	1,02	2,06
SiC dunkel (B)	0	0,61	1,44
	1,5	0,61	2,38
	5	0,78	2,80
	20	0,86	2,48

8.2.6 Zusammenhang zwischen Zersetzung und SiC-Modifikationen

Im allgemeinen wird die Prüfung zum qualitativen und quantitativen Nachweis der Zersetzung von Siliciumcarbid an Körnungen durchgeführt. Die vielfach veröffentlichten Ergebnisse stimmen oft nicht miteinander überein [74]. Dies dürfte auch ein Hinweis sein auf die unterschiedliche „Oxidierbarkeit" der verschiedenen SiC-Modifikationen und den polytypen Formen. Das Verhalten der Nebenbestandteile darf dabei aber nicht unterschätzt werden.

Konopicky, Patzak und Dohr [74] haben gasvolumetrische Bestimmungen des Siliciums mit kalter Natronlauge verschiedener Konzentrationen durchgeführt und die Löslichkeit von Si, SiO und SiO_2 sowie Siliciumcarbid in 25%iger NaOH nach zweistündigem Kochen ermittelt (Tab. 50). Weiterhin wird die Löslichkeit der Nebenbestandteile des Siliciumcarbids in verschiedenen Säuren und Laugen bestimmt (Tab. 51). Ein deutlicher Unterschied ist nach Konopicky, Patzak und Dohr in der Löslichkeit der SiC-Modifikationen zu erkennen. Grundsätzlich soll die chemische Beständigkeit von β-SiC geringer sein als die von α-SiC. α-SiC zersetzt sich unabhängig von der Korngröße durch Flußsäure und durch Gemische Flußsäure–Schwefelsäure–Salpetersäure in wesentlich geringerem Maße als das kubische β-SiC. Dies kann vom Verfasser nicht bestätigt werden (s. Abschnitte 2.2.2 und 2.4). Es wird in diesem Zusammenhang darauf hingewiesen, daß β-SiC unter dem Mikroskop meist eine deutliche Koksstruktur, auch in kleinsten Körnchen, aufweist. Das bedeutet aber, daß β-SiC im technischen

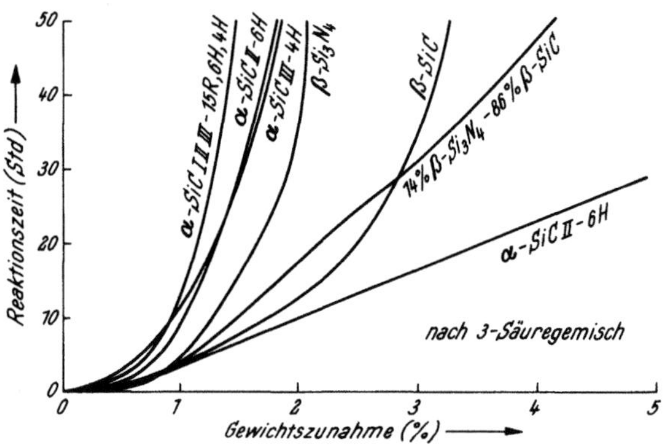

Abb. 83. Wasserdampfangriff auf verschiedene im 3-Säuregemisch gereinigte SiC-Modifikationen und polytype Formen bei 900°C. Verwendete Korngröße < 60 μm. (Nach [74])

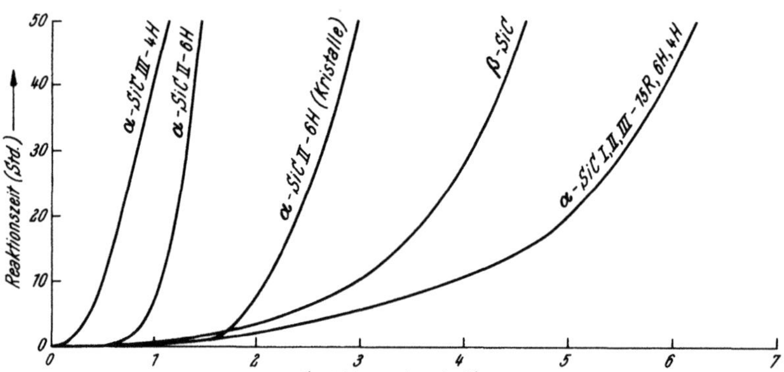

Abb. 84. Wasserdampfangriff auf verschiedene ungereinigte SiC-Modifikationen und polytype Formen bei 900°C. Verwendete Korngröße < 60 μm. (Nach [74])

Tabelle 50. *Gasvolumetrische Bestimmung des Siliciums mit kalter Natronlauge verschiedener Konzentrationen sowie Löslichkeit von Si, SiO, SiO_2 und SiC in 25%iger NaOH nach zweistündigem Kochen* [74]

	2% NaOH (%)	10% NaOH (%)	25% NaOH (%)	2 Std. in 25% NaOH gekocht (%)
Si	78,7	84,7	88,7	95,8
SiO	25,7	25,6	26,8	97,0
SiO_2 (amorph)	0,0	0,0	0,0	99,4
SiC 4 H–III	n. b.	n. b.	0,09	0,80
SiC 6 H–II	n. b.	n. b.	0,02	0,40
β-SiC	n. b.	n. b.	0,04	1,25

Tabelle 51. *Löslichkeit der Nebenbestandteile des SiC in verschiedenen Säuren und Laugen* [74]

	SiC	Si	SiO	amorphes SiO_2 + Glas	Cristobalit
1% HF	–	–	+	+	–
5% + 10% HF	–	∓	+	+	+
40% HF	∓	∓	+	+	+
HF + H_2SO_4+HNO_3	∓	+	+	+	+
H_3PO_4	∓	∓	+	+	–
NaOH (20°C)	–	+	+	–	–
NaOH (100°C)	–	+	+	+	–

HF + H_2SO_4 wurde bei den Untersuchungen weggelassen, da das Säuregemisch bei geringen Konzentrationen ähnlich wie HF, bei höheren Konzentrationen und erhöhten Temperaturen in unkontrollierbarer Weise oxidativ angreift.

Siliciumcarbid immer eine größere Oberfläche, d. h. mehr Angriffsmöglichkeiten bietet als das α-SiC. Es scheint, daß bei vielen Beurteilungen dieser Gesichtspunkt zu wenig Berücksichtigung gefunden hat. Vom Praktiker ist β-SiC allein wegen der wesentlich größeren Oberfläche (Koksstruktur) bei der Herstellung feuerfester Erzeugnisse zu meiden. Ferner sollte man sich hüten, Angaben über Löslichkeiten von Siliciumcarbid ohne eingehende Prüfung hinzunehmen. Es zeigt sich immer wieder – und das nicht nur beim Siliciumcarbid – daß Untersuchungen an Einkristallen und Körnungen sowie Untersuchungen an technischen Materialien deutlich voneinander abweichen. Diese Unterschiede sind auf viele Ursachen zurückzuführen: Verunreinigungen, das Vorhandensein von Kristall- oder Bruchflächen, Ausbildung der Kristalle im technischen Haufwerk, Fehlordnungsgrad innerhalb der Kristalle u.a.m. Bei Zersetzungsversuchen in Laboratorien muß ganz entschieden auf die Vorbehandlung (Zerkleinerung, Laugenwäsche usw.) des Siliciumcarbids hingewiesen werden. Wie schon an anderer Stelle erwähnt, zeigen SiC-Körner durch das Brechen – es scheint eine Abhängigkeit von der Qualität zu bestehen – häufig Druckstellen in Form von Rissen, die entsprechend dem punktförmigen Druck von einer Stelle strahlenförmig in das SiC-Korn laufen. Diese

Druckstellen treten auch in sonst gut ausgebildeten Kristallen auf. Unter dem Mikroskop läßt sich dies erkennen und bedeutet eine Vergrößerung der Oberfläche. Beim Glühen, besonders im kritischen Temperaturbereich wirkt sich der Gehalt an Cristobalit aus, einerlei ob er schon vorhanden war oder neu gebildet wurde. Wird das Glühen lange in oxidierender Atmosphäre bei 1100°C oder kurz darüber durchgeführt, so verschwindet das freie Silicium vollständig. Es wandelt sich im wesentlichen erst in Quarz um und dann nach längerer Zeit, oder nach mehrfachem Glühen, in Cristobalit. Konopicky, Patzak und Dohr [74] haben solche Versuche durchgeführt, und zwar in Abhängigkeit von der Herkunft des Siliciumcarbids im Ofen bei der SiC-Herstellung (s. Abb. 79). Es ist an den Kurven ein unterschiedliches Verhalten des Siliciumcarbids von verschiedenen Stellen einer Walze zu erkennen. Das unterschiedliche Verhalten der verschiedenen SiC-Modifikationen zeigen die Abb. 83 und 84 ebenfalls deutlich. Bei den hier wiedergegebenen Versuchen wurde Wasserdampf eingesetzt. Die dabei auftretende starke Zerstörung ist deutlich erkennbar.

In der Praxis gilt die Faustregel: hochprozentige Qualität – SiC-Gehalt über 80% – nicht in wasserdampfhaltiger Atmosphäre einsetzen, keinesfalls aber im kritischen Temperaturbereich. Die Richtigkeit dieser Beobachtungen wurde vielfach bewiesen. Die in den Diagrammen wiedergegebenen Ergebnisse der Laborversuche wurden an Proben durchgeführt, deren Korngröße $< 60\ \mu m$ lag.

Konopicky, Patzak und Dohr kommen zu folgendem Schluß: Die SiC-Modifikationen und polytypen Formen werden unterschiedlich bei der Oxidation angegriffen. Elektrisch leitendes, schwarzes, Al-dotiertes hexagonales α-SiC – 4 H – und reines grünes α-SiC – II–6 H – z. B. halten einem O_2-Angriff länger stand als das kubische β-SiC.

Die Untersuchungen mit wasserdampfgesättigter Preßluft bei 900°C zeigen ebenfalls, daß am wenigsten das schwarze, leitende Al-dotierte α-SiC und das grüne SiC II angegriffen werden. Kubisches β-SiC wird stärker zersetzt.

Hinsichtlich der Zersetzung des Siliciumcarbids bei erhöhten Temperaturen kann zusammenfassend festgestellt werden: technisches kubisches Siliciumcarbid, β-SiC, wird am stärksten angegriffen, d. h. es wird am leichtesten zersetzt, schwarzes technisches α-SiC wird weniger leicht zersetzt und noch weniger technisches grünes Siliciumcarbid II. Die Unterschiede im Verhalten der polytypen Formen sind aber gering, meist werden sie von Einflüssen hervorgerufen bzw. überdeckt, die von der Polytypie unabhängig sind.

8.2.7 Zusammenhang zwischen Zersetzung und Zusätzen

Eine sehr große Anzahl von Zusätzen bei der Herstellung feuerfester SiC-Produkte – auch schon bei der Herstellung des Siliciumcarbids – ist versucht und auch zum Patent angemeldet worden. Wenige werden wirklich praktisch verwendet. Ferner sind sie dann wohl kaum durch Patentanmeldung veröffentlicht. Die Abb. 85 und 86 zeigen die zum Teil negative Veränderung der Zersetzungsbeständigkeit von Siliciumcarbid durch Zusätze. Es kann beinahe gesagt werden, daß es kaum etwas gibt, was noch nicht als Zusatz vorgeschlagen wurde. Zum Erfolg haben bei der Steinherstel-

Tabelle 52 [74]

Zusammensetzung eines Blockes aus grünem SiC						Verluste nach Säurebehandlungen und Natronlauge					
			Verunreinigungen			Gewichtsverlust (Gew.-%)					
Zonen	SiC (Gew.-%)	Modifikationen und Formen	C (%)	Si (%)	Cristobalit (%)	1% HF/2^h	25% NaOH/6^h	3 S.-G.	H_3PO_4 10·	Cristobalit n.d. Oxidation (Gew.-%)	C-Abgabe (Gew.-%)
1(heiß)	97,4	α-SiC II	0,58	0,11	–	1,5	1,6	2,7	2,6	26	8,1
2	96,0	α-SiC II, I	0,52	1,10	< 1	2,6	1,8	4,4	4,1	27	8,3
3 (kalt)	69,0	β-SiC, α-SiC II	0,82	0,13	–	26,0	23,6	39,0	25,7	30	8,2

Tabelle 53 [74]

Zusammensetzung eines Blockes aus schwarzem SiC						Verluste nach Säurebehandlungen und Natronlauge					
			Verunreinigungen			Gewichtsverlust (Gew.-%)					
Zonen	SiC (Gew.-%)	Modifikationen und Formen	C (%)	Si (%)	Cristobalit (Gew.%)	1% HF/2^h	25% NaOH/6^h	3 S.-G.	H_3PO_4 10·	Cristobalit n.d. Oxidation (Gew.-%)	C-Abgabe (Gew.%)
1 (heiß)	94,4	α-SiC II	0,74	< 1,0	–	2,3	1,1	3,1	3,1	26	8,6
2	95,3	α-SiC II, I	0,35	1,0	–	3,7	2,8	3,1	3,9	26	8,5
3	90,7	α-SiC II, I	0,86	3,6	–	2,1	5,2	6,4	2,3	29	8,3
4*	93,4	α-SiC II, I	0,54	2,2	–	3,7	6,4	9,0	3,5	27	7,1
5	94,3	α-SiC II, I	0,28	1,9	vorh.	4,5	6,5	8,8	4,6	26	7,6
6 (kalt)	74,0	β-SiC II (Spur)	0,71	–	vorh.	25,7	22,4	34,3	35,1	39	10,2

* Ab Zone 4 sind die SiC-Körner mit einer glasig-weißen Schicht überzogen.

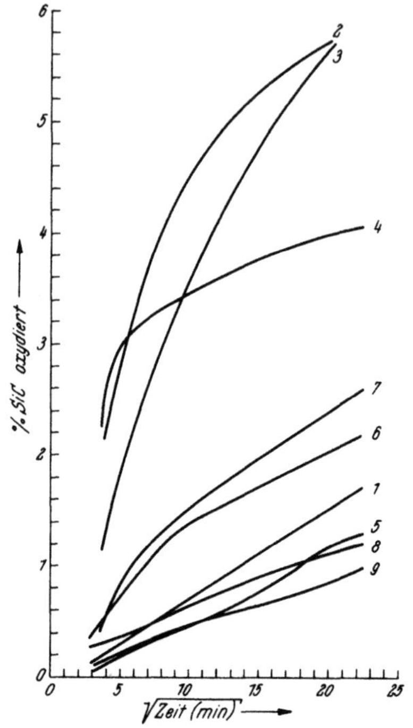

Abb. 85. Oxidation von Siliciumcarbid, Körnung 241 μm, mit Zusätzen bei 1300°C in O_2. *1* SiC rein, ohne Zusatz, *2* SiC + 1,75 Gew.-% B_2O_3 = 1 Mol.%, *3* SiC + 3,2 Gew.-% B_2O_3, *4* SiC + 5,6 Gew.-% PbO = 1 Mol.%, *5* SiC + 1,1 Gew.-% PbO, *6* SiC + 1,4 Gew.-% CaO = 1 Mol.%, *7* SiC + 1,4 Gew.-% CaO = 1 Mol.% (Wiederholung mit neuem Gemisch), *8* SiC + 2,5 Gew.-% Al_2O_3+ 1 Mol.%, *9* SiC + 4,0 Gew.-% Fe_2O_3 + 1 Mol.%. (Nach [159])

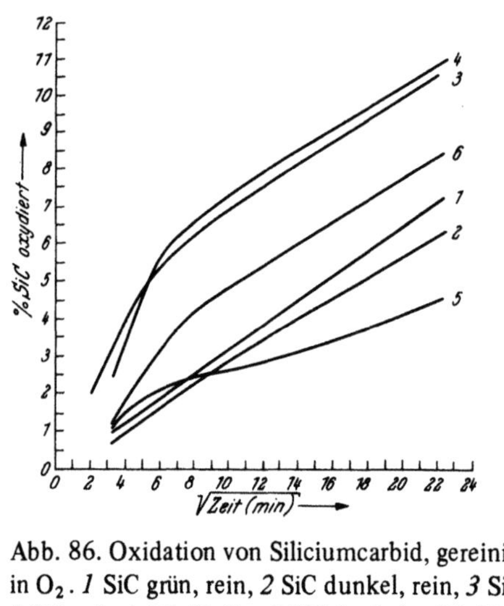

Abb. 86. Oxidation von Siliciumcarbid, gereinigt, Körnung 63 μm, mit Zusätzen bei 1500°C in O_2. *1* SiC grün, rein, *2* SiC dunkel, rein, *3* SiC grün + 1% Fe_2O_3, *4* SiC dunkel + 1% Fe_2O_3, *5* SiC grün + 1% Al_2O_3, *6* SiC dunkel + 1% Al_2O_3. (Nach [159])

lung bisher nur sehr wenige geführt. Es handelt sich dabei meist um Gläser oder Fritten, die die SiC-Körner schon beim Primärbrand möglichst dicht umhüllen und sich auch bei längerem Einsatz nicht verändern. Eine Selbstverständlichkeit ist, daß diese Zusätze den Scherben bei hohen Temperaturen nicht erweichen, d. h. deformieren. Die Verwendungstemperatur liegt im allgemeinen unter der Primärbrandtemperatur, so daß es bei der Auswahl, der Art und der Menge der Zusätze im wesentlichen auf die Primärbrandtemperatur ankommt.

8.3 Zerstörung feuerfester Erzeugnisse durch SiC-Zersetzung

8.3.1 Erscheinungen an feuerfesten Erzeugnissen, die durch SiC-Zersetzung zerstört wurden

Im Einsatz befindliche feuerfeste Materialien unterliegen einem Verschleiß, der unterschiedlicher Natur sein kann. Die Verschleißarten, die man in chemische und mechanische unterteilen kann, treten oft gleichzeitig auf. Zu den mechanischen zählt man Abrieb, Spülwirkung bei Flüssigkeiten und Belastung (Druck), zu den chemischen Reaktionen mit Flüssigkeiten (Schmelzen) und mit Gasen. Von diesen Verschleißursachen spielen die Reaktionen über den gasförmigen Zustand bei SiC-haltigen feuerfesten Produkten eine ganz besondere Rolle. Schon bei der Herstellung von SiC-Steinen müssen die Gasphasen – die Ofenatmosphäre und die gasförmigen Substanzen, die aus dem Siliciumcarbid kommen – berücksichtigt werden. Noch stärker ist der Einfluß der Ofenatmosphäre beim Gebrauch SiC-haltiger Materialien. Neben den eben angeführten Verschleißerscheinungen muß mit der Zersetzung des Siliciumcarbids gerechnet werden. Das dabei entstehende SiO_2 bildet meistens Cristobalit und führt durch die starke Volumenzunahme zur Zerstörung des Steingefüges. Es tritt dabei eine Grauverfärbung und oft parallel dazu ein Aufblähen auf. Diese typischen Erscheinungen zeigen die Abbildungen 87, 88, 89, 90, 91, 92, 93 und 94. Je nach Steinformat treten mehr oder weniger stark klaffende, fast immer netzartige Risse auf. Bei größeren Teilen drückt sich die Volumendifferenz auch in Verbiegungen aus. Diese Folge der SiC-Zersetzung führt schließlich dazu, daß die ehemals extrem festen Steine völlig zerkrümeln. Sehr unterschiedlich sind dabei die Zeiten vom Zersetzungsbeginn bis zur Unbrauchbarkeit, d. h. Ofenstillstand. Bei vermeintlich gleichen Öfen kann diese Zeit bei dem einen nur wenige Wochen betragen, bei dem anderen viele Jahre. Je nach Anwendungsfall genügen oft schon wenige Prozente zersetzten Siliciumcarbids, um den Stein unbrauchbar zu machen. Eine Gleitschiene, wie sie Abb. 91 darstellt, ist natürlich beim Auftreten von wenigen Rissen schon unbrauchbar. Von Zerstörung befallene Muffelkammern oder Kassettensteine, wie in Abb. 92, 93 und 94 wiedergegeben, werden erst dann zum Ofenstillstand führen, wenn die Verbiegungen bzw. die Aufblähungen so stark geworden sind, daß sie mit dem den Ofen durchlaufenden Brenngut in Berührung kommen oder so starke Risse aufweisen, daß Undichtigkeiten zwischen Brennkanal und Brenngutkanal eintreten. Im Falle der Gleitschiene ist der SiC-Gehalt von 88% auf 75% gefallen, die Muffelkammern dagegen zeigen, nachdem sie die Ursache des Ofenstillstandes waren, statt 88% nur noch 50% oder statt 72% im Ausgangsmaterial nur noch gut 40% Siliciumcarbid.

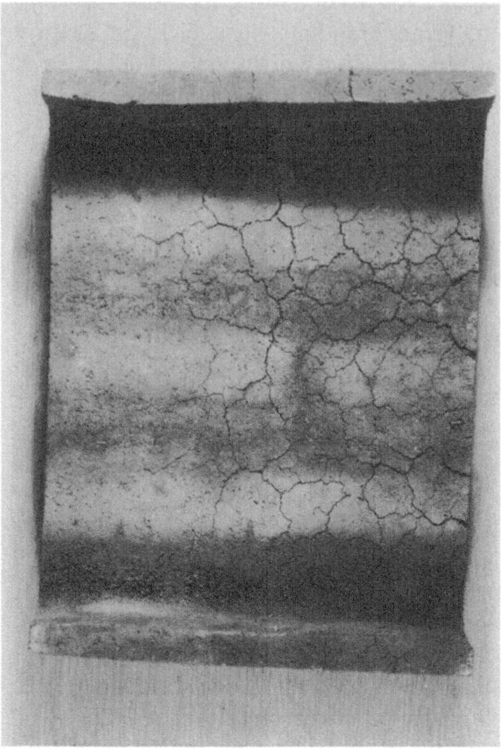

Abb. 87. Unterlagplatte aus einem elektrisch beheizten Ofen, Temperatur 900–1130°C, nach 6 Monaten Betriebszeit, mehrere vorangegangene Ofenreisen zeigten Haltbarkeiten der Platten von 3 bis 4 Jahren. Am Ofeneingang links praktisch keine Zersetzung, nach rechts fortschreitend stärker werdende Zersetzung. Laut Aussage des Ofenbetreibers wurde an der Fahrweise des Ofens nichts geändert, d. h. die Ursache der frühzeitigen Zerstörung ist unbekannt. Plattenbreite 350 mm

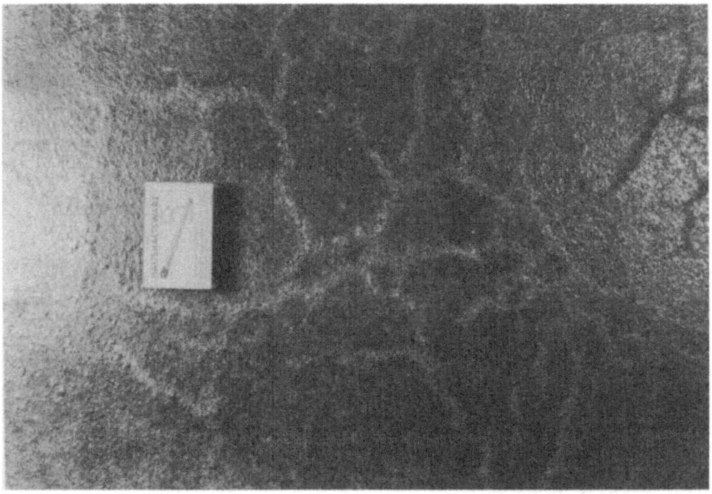

Abb. 88. Beginn der Zerstörung in Form von polygonalen Rissen auf einer Doppelwandmuffel durch SiC-Zersetzung bzw. Cristobalitbildung (s. Abb. 89)

Abb. 89. Gegenüber Abb. 88 weiter fortgeschrittene Zerstörung, es treten mehr oder weniger starke Risse an den Stellen auf, an denen die Innenstege ansetzen

Abb. 90. Zerstörung an einer Doppelwandmuffelkammer. In so starkem Ausmaß führen Zerstörungen zum Ofenstillstand, und zwar durch Undichtigkeiten und/oder abfallende Kammerteile. Die Muffel war in einem Sanitärmuffelofen eingebaut. Zerstörungen dieser Art können je nach Fahrweise – Anzahl der geschobenen Wagen, Temperatur usw. – in wenigen Wochen oder auch erst in vielen Jahren eintreten

Abb. 91. Zersetzte Gleitschienensteine (90% Siliciumcarbid)

Abb. 92. Zersetzte Muffelkammer aus einem Wandplatten-Tunnelofen (Doppelwandmuffel, 90% Siliciumcarbid)

Abb. 93. Zerstörte Muffelstücke (90% Siliciumcarbid)

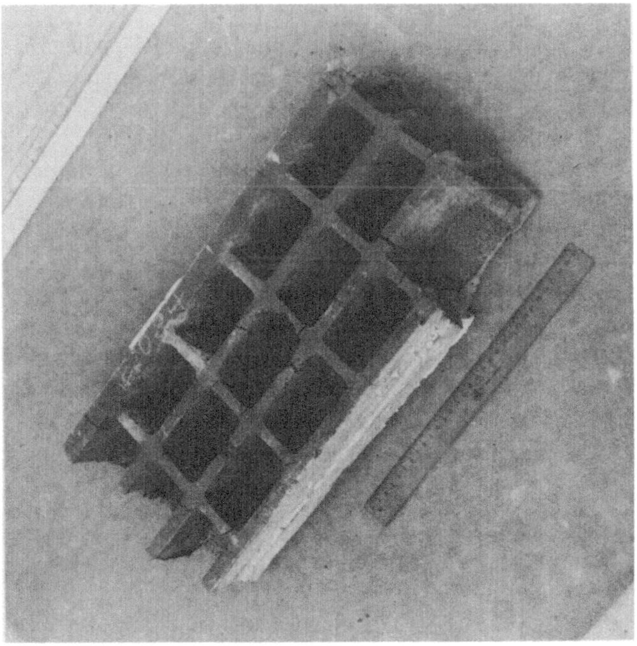

Abb. 94. Zerstörter Kassettenstein aus einem Tunnelofen

8.3.2 Beispiele über die Menge zersetzten Siliciumcarbids in feuerfesten Erzeugnissen

Wie bereits erwähnt, zersetzt sich Siliciumcarbid während des Steinbrandes schon bis zu einem gewissen Grade. Die Menge des sich zersetzenden Siliciumcarbids ist im weitesten Maße abhängig von der Brenntemperatur, der Brenndauer, der Atmosphäre, wie nachstehendes Beispiel zeigt, und von der Scherbenstärke. Ein SiC-Stein wurde in kleinere Stücke zersägt und die einzelnen Stücke verschieden lange bei 1400°C gebrannt. Anschließend wurde im Auflichtmikroskop der quantitative Mineralbestand bestimmt:

	Siliciumcarbid	Silikate und andere Mineralien außer Siliciumcarbid
0 h 1400°C	93 Vol.-%	7 Vol.-% Probe bei Erreichen von 1400°C aus dem Ofen gezogen
2,5 h 1400°C	92 Vol.-%	8 Vol.-% Probe nach 2,5 h aus dem Ofen gezogen
6 h 1400°C	89 Vol.-%	11 Vol.-% Probe im Ofen abgekühlt

Der Gehalt an Silicium wurde in allen Fällen mit etwa 0,5 Vol.-% bestimmt. Es war eine deutliche Abnahme des SiC-Gehaltes und eine Zunahme an Silikaten festzustellen. Unter Silikate sind zusammengefaßt: Quarz, Cristobalit, Mullit und „Glas".

Ein weiterer Versuch zeigt den „Abbrand" des Siliciumcarbids noch deutlicher. Probe I wurde mehrere Stunden bei 1400°C gebrannt, untersucht und anschließend mehrere Tage bei 1400°C gebrannt. Sie wurde danach als Probe II bezeichnet.

	Siliciumcarbid	Silikate und andere Mineralien außer Siliciumcarbid
I	81 Vol.-%	19 Vol.-%
II	75 Vol.-%	25 Vol.-%
III	73 Vol.-%	27 Vol.-%

Probe II wurde anschließend nochmals 24 h 1400°C gebrannt (Probe III). Alle Brände erfolgten unter für Siliciumcarbid denkbar ungünstigen Umständen, um den „Abbrand" möglichst deutlich zu demonstrieren.

An einem Beispiel aus der Praxis kann ebenfalls gezeigt werden, daß der Abbrand nur unter ausgesprochen ungünstigen Bedingungen so schnell fortschreitet. Eine SiC-Muffel, die ursprünglich 85% Siliciumcarbid enthielt, zeigte nach etwa 2 1/2 Jahren bei 1300°C Arbeitstemperatur, 1100°C Ofenraumtemperatur, noch einen SiC-Gehalt von 58%; hierbei hat sich freiwerdendes Silicium zum größten Teil zu Cristobalit umgebildet, denn der Gehalt an Cristobalit ist fast entsprechend angestiegen. Das resultierte in einer starken Volumenvermehrung. Die Muffel wurde dadurch im Gefüge aufgelockert. An anderer Stelle, bei etwa derselben Gebrauchstemperatur, wurde im Laufe von fünf Jahren nur ein SiC-Verlust von rund 5% festgestellt. Damit wird deutlich, daß der SiC-Abbrand abhängig ist von den Einflüssen der Brennatmosphäre, wenn auch die Differenzen unter Umständen nur sehr gering sind.

8.3.3 Volumenzunahme durch Cristobalitbildung bei der SiC-Zersetzung

Die Volumendifferenz bei der Neubildung von Cristobalit aus Siliciumcarbid kann ganz erheblich werden. Lea [81] hat eine theoretische Berechnung durchgeführt, die auf Unterschieden in der Reindichte der verschiedenen Mineralien basiert (Reindichte: SiC = 3,2 g/cm³, SiO_2 = 2,27–2,65 g/cm³). Er kommt dabei auf folgende Werte:

	Volumenzunahme
SiC–SiO_2 (Quarz)	80,0%
SiC–SiO_2 (Cristobalit)	104,8%
SiC–SiO_2 (Tridymit)	111,0%

Diese Zahlen sind theoretisch und selbstverständlich nicht direkt auf die Praxis übertragbar (s. Abschnitt 6.4).

Tridymit wird bei der SiC-Zersetzung in feuerfesten Steinen immer nur in relativ geringen Mengen festgestellt. Er kann beim Primärbrand schon vorhanden sein, oft erreicht er nicht seine richtige Ausbildung. Bei der Umwandlung von Quarz zu Cristobalit ergeben sich ebenfalls Übergänge [154], die mikroskopisch – durch Anätzung – einfach nachgewiesen werden können, aber eine gewisse Verfälschung der Reindichte hervorrufen. Geht Siliciumcarbid in Glas über, wie es in der Praxis häufig der Fall ist, so muß selbstverständlich die Volumenzunahme noch über der bei der Umwandlung in Tridymit auftretenden liegen.

Wenn auch die von Lea errechneten Zahlen nicht direkt auf die Praxis angewendet werden können, so kann die Ausdehnung, die bei der SiC-Zersetzung, respektive bei der Cristobalitbildung eintritt, zu völliger Zerstörung der SiC-Steine durch die Volumenvergrößerung führen. Es ist zweifelsohne keine einmalige Beobachtung, daß SiC-Materialien, besonders plattenförmige Teile, d. h. Teile mit großer Oberfläche, während des Gebrauchs ihr Volumen um mehr als das Doppelte vergrößert haben. Das Verhalten des Cristobalits, der am SiC-Korn entsteht, wurde aufzuklären versucht, oder zumindest wurde ein Weg zur Aufklärung gezeigt [131].

8.3.4.1 Beobachtungen über die SiC-Zersetzung im Auflichtmikroskop

Die unter dem Mikroskop zu beobachtenden Ergebnisse der Zersetzung von Siliciumcarbid können auf verschiedene Arten zustande gekommen sein. Anhand einiger Abbildungen soll dies demonstriert werden. Die eine Art der Zersetzung schließt keinesfalls die andere aus. Die erste und immer leicht zu erkennende Art der Zersetzung ist unter dem Auflichtmikroskop zu sehen, wenn Siliciumcarbid unmittelbar an Poren angrenzt (Abb. 95, 96, 97) und nicht durch eine primäre, beim Steinbrand gebildete Glas-Schmelz-Schicht gegen Einflüsse durch die Atmosphäre geschützt ist. Irgendwelche hierbei enstehenden Reaktionsprodukte konnten im Anschliff nie direkt nachgewiesen werden, außer, daß diese Poren mit einer Graphitschicht austapeziert sind. Oft wurde das sekundäre Siliciumcarbid (während des Steinbrandes neu enstandenes kubisches Siliciumcarbid) in Steinen mit dieser Art des SiC-Abbrandes gefunden. In den Abb. 95, 96 und 97 ist das Vordringen der Poren in die SiC-Kristalle deutlich zu sehen. Es handelt sich in diesen Fällen um Proben gleicher Zusammensetzung, nur wurden der in Abb. 95 dargestellten Probe 2% metallisches Si-Pulver zugesetzt. Damit soll verdeutlicht werden, daß metallisches Silicium als runde hellweiße Partikel ohne weiteres im Anschliff erkennbar sind. Die Poren sind dunkel ausgekleidet. Diese Anschliffe sind aus dem sogenannten schwarzen Kern einer Probe entnommen. Es lassen sich ohne große Schwierigkeiten, wenn es auch eine ausgesprochen zeitraubende Arbeit ist, die schwarzen, porenauskleidenden

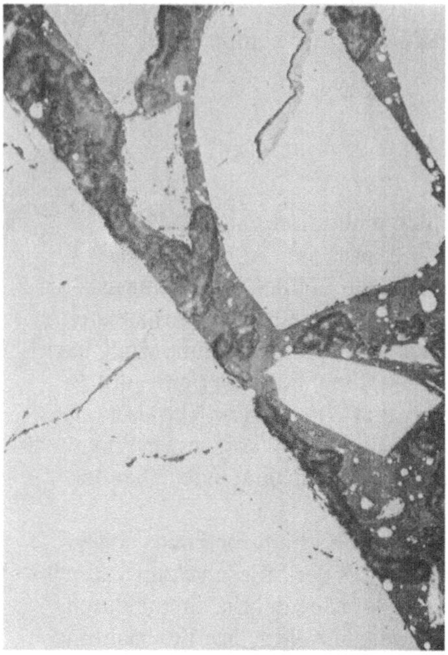

Abb. 95. SiC-Stein. Siliciumcarbid, Glas, ganz feiner Mullit und im Bindemittel metallisches Silicium in Kugelform. Das Siliciumcarbid ist randlich gegen Porenraum unregelmäßig, gegen Silikat glatt abgegrenzt (Vergrößerung 200 mal). (Nach [154])

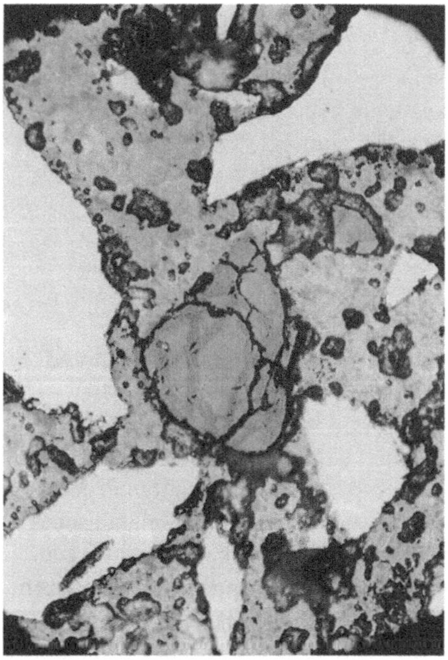

Abb. 96. SiC-Stein. Dieses Bild zeigt das Bindemittel, das aus Glas, Korund und Mullit besteht und vor allen Dingen aus einem großen Sandkorn, das deutliche Umwandlungsbahnen in Cristobalit zeigt (Vergrößerung 100 mal). (Nach [154])

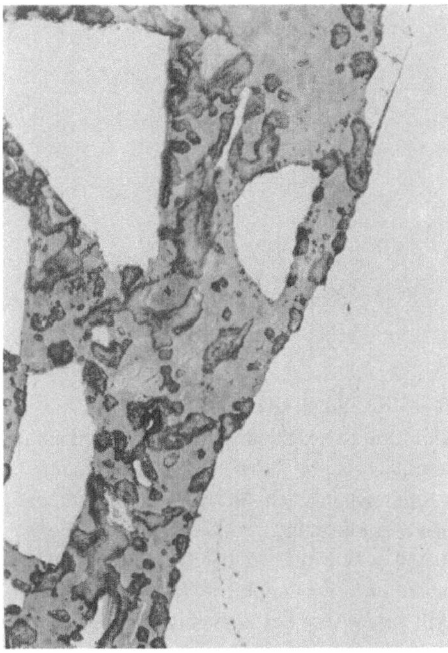

Abb. 97. SiC-Stein. Neben dem Siliciumcarbid sind deutlich Glas, Mullit und Korund zu erkennen. Wesentlich ist bei dem Bild, daß das Siliciumcarbid an der Grenze zu Poren deutlich stärker angegriffen ist als an Stellen, wo das Siliciumcarbid an das Bindemittel anstößt (Vergrößerung 130 mal). (Nach [154])

Tapeten unter dem Mikroskop abkratzen. Anhand von Debye-Scherrer-Aufnahmen sind diese Tapeten als Graphit zu identifizieren. Daß dieser Graphit im Anschliff aus rein schleiftechnischen Gründen infolge der unterschiedlichen Härte zu Siliciumcarbid nicht ohne weiteres sichtbar ist, bedarf keiner weiteren Erwähnung. Über den Verbleib des Siliciums aus dem „abgebrannten" Siliciumcarbid können nur Vermutungen angestellt werden. Ob es sich im wesentlichen mit dem Glas zu SiO_2, vielleicht über SiO, am Entstehungsort verbindet oder in irgendeiner Form im Stein weitertransportiert wird, ist bis heute nicht gelungen nachzuweisen. Vermutlich tritt beides ein. Bedeckt das Bindemittel die SiC-Körner restlos, so wird der Abbrand nicht ganz verhindert, aber weitgehend eingeschränkt, wie noch gezeigt werden wird [33].

Eine weitere Art des Abbrandes von Siliciumcarbid ist wesentlich seltener zu beobachten. Es handelt sich eigentlich nicht um einen Abbrand, sondern eher um eine Umbildung (Neubildungen). In Abb. 98 ist an dem sich über die ganze Bildhöhe erstreckenden SiC-Kristall eine Reaktionszone sichtbar. Diese Zone ist begrenzt von dem noch gesunden Teil des SiC-Kristalls einerseits, von der ehemaligen Grenze des Kristalls gegen Bindemittel bzw. Poren andererseits. Letzteres wird besonders deutlich durch eine Vielzahl kleiner SiC-Partikel (Reste des ehemaligen Kristalls), die von der Umwandlung nicht erfaßt worden sind. Ihre völlig unregelmäßige Form

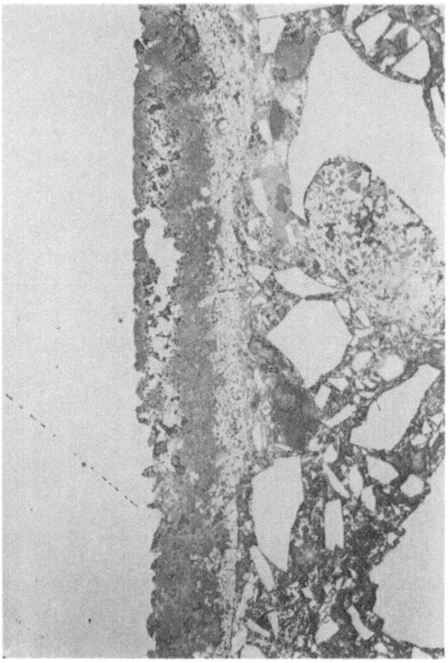

Abb. 98. SiC-Stein. Die Zersetzung des Siliciumcarbids am Rande zum Bindemittel hin ist deutlich sichtbar an vielen kleinen Relikten, die zum Teil noch mit dem SiC-Korn in Verbindung stehen. Das entstandene Glas, das sich jetzt zwischen der ehemaligen und der jetzigen Korngrenze befindet, ist durch Graphit stellenweise dunkler gefärbt als das Glas des Bindemittels (Vergrößerung 200 mal). (Nach [154])

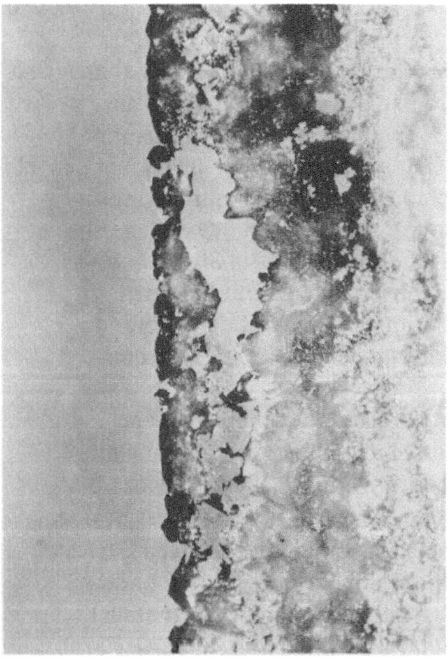

Abb. 99. SiC-Stein (Ausschnitt aus Abb. 98). Es handelt sich um ein SiC-Korn, das randlich stark zersetzt ist. Die SiC-Zersetzung ging so vor sich, daß aus dem Siliciumcarbid ein Glas entstand, in dem noch SiC-Reste, teils gut erhalten, teils stärker zersetzt, vorhanden sind. Das Glas ist durch den Kohlenstoff dunkel verfärbt. Die Glaszone ist nicht cristobalitisiert, also eine langsame Zersetzung ohne direkten Einfluß der Außenatmosphäre (Vergrößerung 750 mal). (Nach [154])

und ganz unterschiedliche Größe gestatten die Aussage, daß es Reste sind und keine Neubildungen. Abb. 99 stellt einen Ausschnitt aus Abb. 98 dar, und zwar gerade die Stelle, die den Beweis der Umbildung des Siliciumcarbids liefert. Das Siliciumcarbid bildet sich um in Glas und Kohlenstoff. Letzterer ist deutlich an der stellenweise starken Dunkelfärbung des Glases zu sehen. Immer wieder sind einzelne schwarze Partikel unter dem Mikroskop, bevorzugt am ursprünglichen Kristallrand, auszumachen. Umgekehrt sind auch deutlich Zerstörungserscheinungen im Siliciumcarbid im Anfangsstadium zu erkennen, nämlich besonders an den bereits vom Hauptkristall abgetrennten, noch relativ großen, zusammenhängenden SiC-Partikeln. Diese Art der SiC-Zersetzung ist seltener zu beobachten als die zuerst beschriebene. Wenn sie jedoch auftritt, erfaßt sie immer eine ganze Kristallfläche und dürfte damit doch einen nicht zu unterschätzenden Teil des Abbrandes darstellen. Diese Zerfallserscheinung wurde nur an Kristallflächen beobachtet, nicht dagegen an Bruchflächen.

Ein großer Teil der SiC-Körner und auch der Kristalle enthalten freies metallisches Silicium. Es ist daher Silicium an Korngrenzen zum Bindemittel hin immer wieder zu beobachten. Die Abb. 102 und 103 zeigen solche Stellen. Auch hier treten stärkere Reaktionen während des Steinbrandes ein, und zwar unterschiedlich je nach den Brennatmosphären. Bei stark oxidierendem Brand und der Möglichkeit, O_2 an dieses Silicium zu bringen, entsteht SiO_2. Unter anderem wurde Quarz beobachtet, Cristobalit erst nach längerem Gebrauch. Ist die Atmosphäre direkt an solchen Stellen reduzierend, so können andere Neubildungen auftreten. Diese Erscheinungen zeigen die Abb. 100 und 101, allerdings in einem weit fortgeschrittenen Stadium. Das metallische Silicium, das im SiC-Korn enthalten war, ist bis auf wenige Relikte umgesetzt. Die SiC-Ränder zum Bindemittel, aber auch zu dem ehemaligen Si-Einschluß, sind deutlich zersetzt, gut erkennbar an den sehr unregelmäßigen Begrenzungen.

Eine weitere Art des Abbrandes von Siliciumcarbid zeigen die Abb. 104, 105, 106 und 107.

Randlich am SiC-Korn entsteht eine „graue Phase". Diese ist nebulos, watteähnlich, teilweise direkt am SiC-Korn anhaftend, teilweise auch etwas davon getrennt. Das Reflexionsvermögen dieser Phase ist geringer als das des reinen Siliciumcarbids, zum Teil wohl als Summeneffekt. Bei stärkerer Vergrößerung läßt sich nämlich erkennen, daß diese Phase aus kleinen Partikeln aufgebaut in eine glasige Verkittungsmasse eingebettet ist. Es ist zu vermuten, daß die kristalline Phase β-SiC darstellt. Dagegen spricht aber das vielfach auftretende Silicium in dieser Phase; denn normalerweise ist β-SiC nicht direkt mit Silicium vergesellschaftet.

Die Zersetzung von Siliciumcarbid kann auch im Korninneren beginnen, wie Abb. 108, 109 und 110 zeigen, und zwar ausgehend von Hohlräumen, wie sie in einem nicht dichten Rohstoff enthalten sein können.

Eine andere Ursache der Zersetzung ist in den Abb. 111 und 112 zu sehen. Sehr viel Silicium ist in den SiC-Körnern eingeschlossen. Dieses Silicium spaltet die großen Körner auf in sehr viele kleine SiC-Partikel. Die Abb. 113 zeigt diesen Vorgang. Der Zersetzung wird so Vorschub geleistet.

In den vorhergehenden Abbildungen wurde mehrfach auf die kornzerspaltende Wirkung von Einschlüssen in den SiC-Körnern hingewiesen. Es gibt aber auch hin und wieder SiC-Körner, die anscheinend ohne Grund aufspalten. Die Bruchstücke triften während des Gebrauchs unter Abrundung des einzelnen Bruchstückes ausein-

Abb. 100. Relikte eines ehemaligen Si-(FeSi-)Einschlusses in einem SiC-Korn. Weiß: Si-Relikte in einer glasigen Grundmasse. Der SiC-Kornrand zum ehemaligen Silicium hin ist zum Teil extrem unruhig. Der ehemalige SiC-Kornrand ist deutlich zu erkennen. In der rechten unteren Bildecke ist wesentlich besser erhaltenes Silicium erkennbar (Vergrößerung 160 mal)

Abb. 101. Am Rande eines SiC-Kornes (untere Bildhälfte rechts) hat sich Cristobalit in Ballenform gebildet. Von hier ausgehend wird ein Teil des Kornes abgespalten. Die Spalte ist mit Glas gefüllt. An das SiC-Korn schließen Abbauprodukte des Siliciumcarbids an, Silikatschmelze darin Relikte von Siliciumcarbid und auch Silicium (Vergrößerung 160 mal)

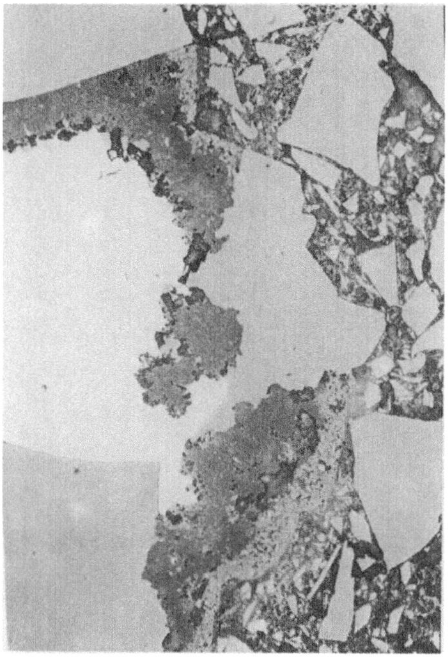

Abb. 102. Das Siliciumcarbid, grau, hat begonnen, sich zu zersetzen, vor allem aber wandelte das sich im Siliciumcarbid befindliche metallische Silicium (weiß) teilweise um. Die Reaktionsprodukte sind deutlich erkennbar. 90%iger SiC-Stein nach dem Einsatz bei 1200°C (Vergrößerung 400 mal). (Nach [154])

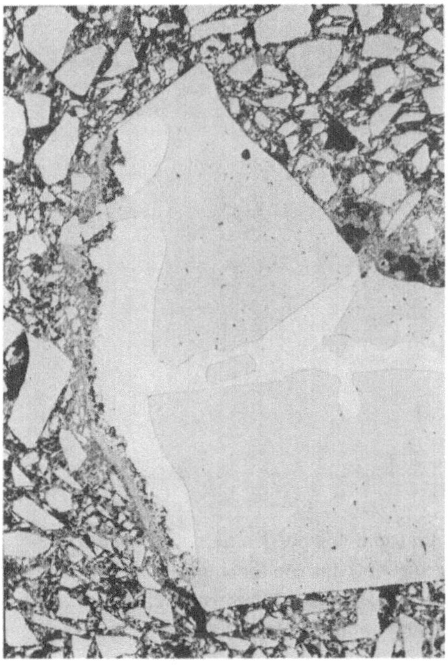

Abb. 103. Das bis zum Kornrand im Siliciumcarbid durchdringende Silicium ist randlich einer starken Reaktion unterworfen. In dem Silicium befindet sich ein nahezu idiomorph auskristallisierter SiC-Kristall. Die Reaktionsprodukte des Siliciums mit seiner Umgebung sind deutlich zu erkennen. Unter gewissen Bedingungen entsteht hierbei auch oft kubisches „sekundäres" Siliciumcarbid. 90%iger SiC-Stein nach dem Einsatz bei 1200°C. (Vergrößerung 40 mal). (Nach [154])

Abb. 104. Ein auseinandergetriebenes SiC-Korn zeigt randlich zu einer Pore hin Zersetzungsprodukte, es könnte sich hier um β-SiC handeln. In der Porenmitte befindet sich ein Rest Siliciumcarbid mit Glaseinschlüssen (Vergrößerung 56 mal)

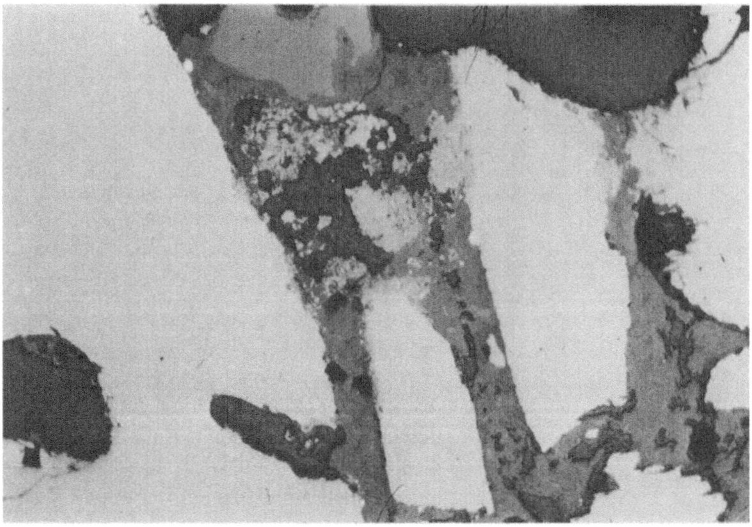

Abb. 105. In einem zersetzten SiC-Stein zeigt sich am Rand von SiC-Körnern eine nebulöse watteähnliche Phase. Ihr Reflexionsvermögen ist geringer als das von Siliciumcarbid. Bei stärkerer Vergrößerung kann man diese Phase als eine glasige Verkittungsmasse mit kleinen eingelagerten Kriställchen identifizieren. Es handelt sich zweifelsfrei um ein Abbauprodukt, β-SiC ? (Vergrößerung 160 mal)

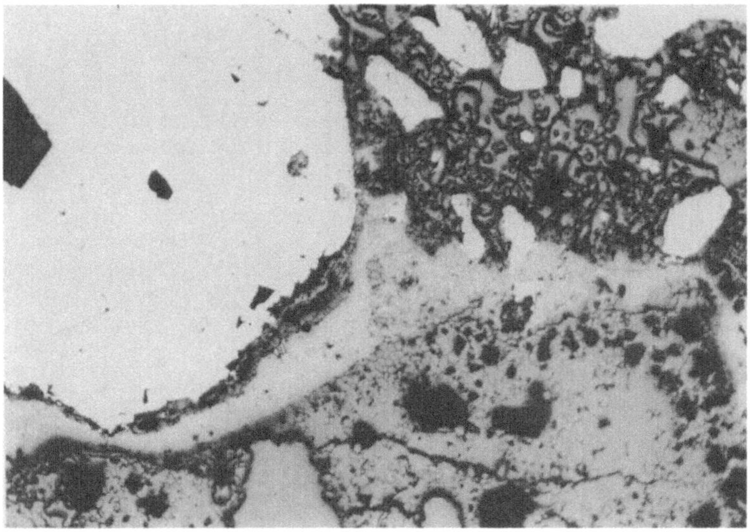

Abb. 106. Vergleiche Abb. 105 und 107. Die graue Phase tritt hier als Neubildung auf. In Abb. 105 als Zerfallsprodukt. Sie erinnert auch hier stark an β-SiC. Oft befindet sich im Glas Cristobalit. Diese Art der Um- oder Neubildung kann nur in relativ stark zersetzten SiC-Erzeugnissen beobachtet werden (Vergrößerung 56 mal)

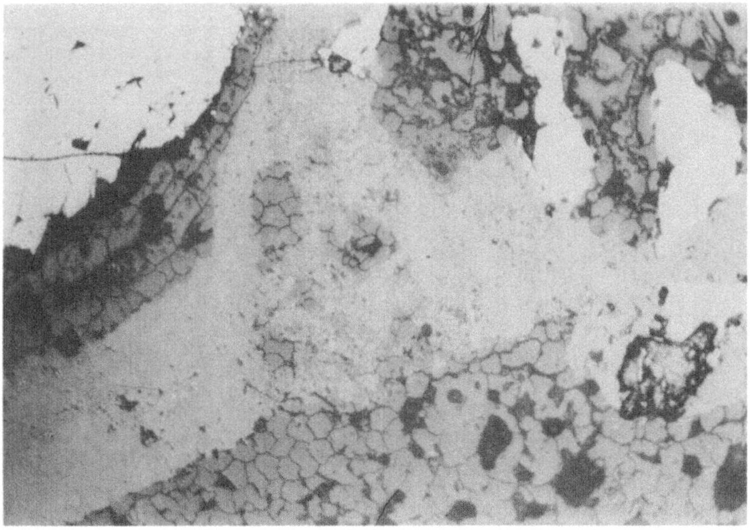

Abb. 107. Ausschnitt aus Abb. 106. Die „Cristobalitballen" sind deutlich zu sehen. (Vergrößerung 160 mal)

Abb. 108. In einem SiC-Korn haben sich Glasnester ausbilden können. Ein breiter Cristobalitsaum ist an der Korngrenze des Siliciumcarbids ausgebildet. Ferner sind Reste der Tonbindung zu erkennen. Es handelt sich hierbei zweifelsohne um eine Zersetzung, ausgehend von Hohlräumen, wie sie in einem nicht dichten Rohstoff auftreten können (Vergrößerung 160 mal)

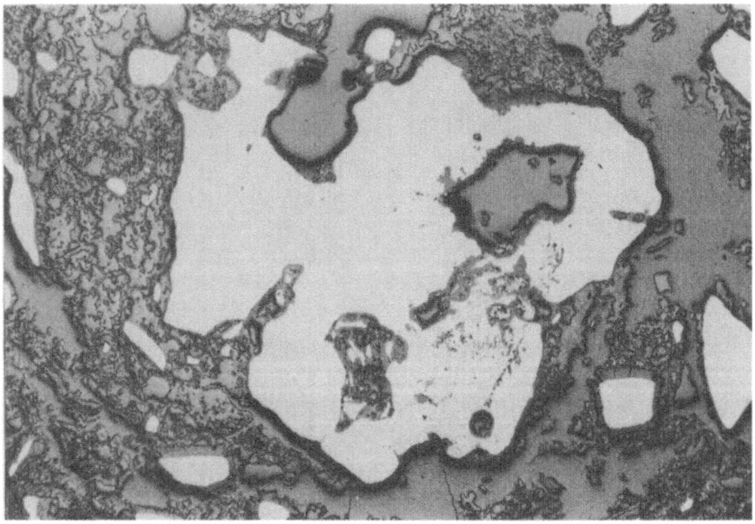

Abb. 109. Ein SiC-Grobkorn, das starke Zerstörungserscheinungen aufweist. In dem Korn Poren mit Cristobaliträndern, ferner Einschlüsse von Silicium und Glasnestern im SiC-Korn. Auch hier kann eine Zerstörung vom Korninneren aus festgestellt werden. Vgl. Abb. 110 (Vergrößerung 32 mal)

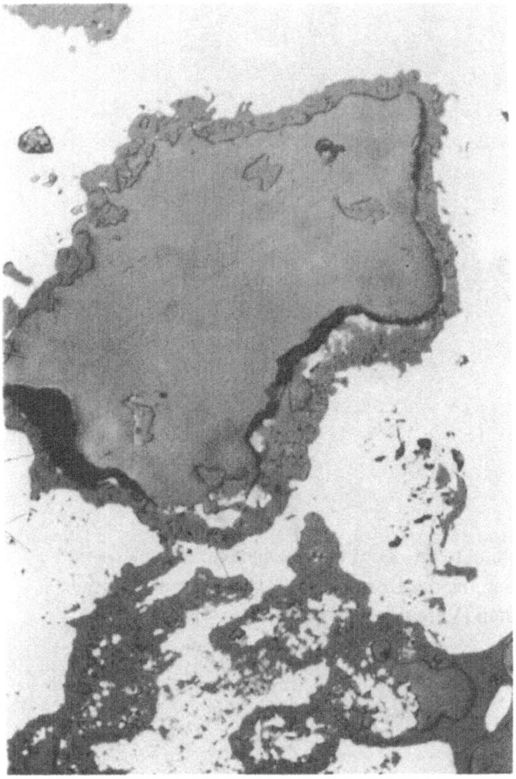

Abb. 110. Ausschnitt aus Abb. 109. Eine Pore im SiC-Korn mit Cristobalitsaum, in dem in das Siliciumcarbid vorgedrungene Glas können außer Silicium auch SiC-Partikel noch beobachtet werden (Vergrößerung 160 mal)

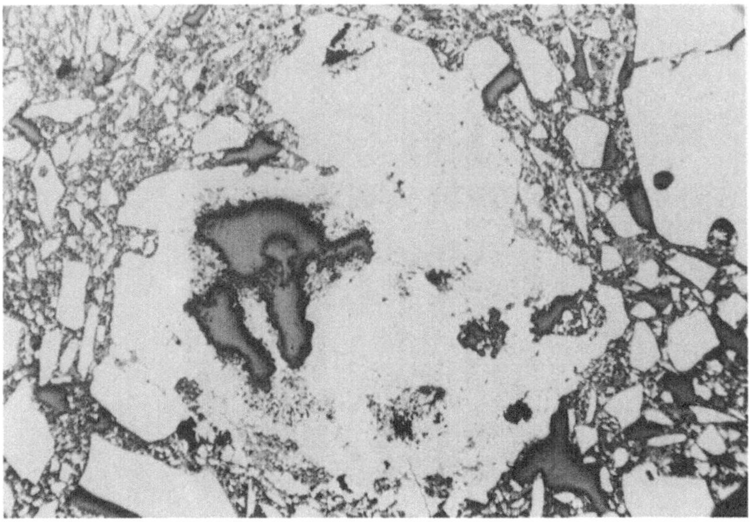

Abb. 111. Übersichtsaufnahme eines in Zersetzung begriffenen SiC-Korns. Poren mit Cristobaliträndern, Zersetzung von innen heraus und Zerteilung des Korns durch Einschlüsse, siehe Abb. 112 (Vergrößerung 32 mal)

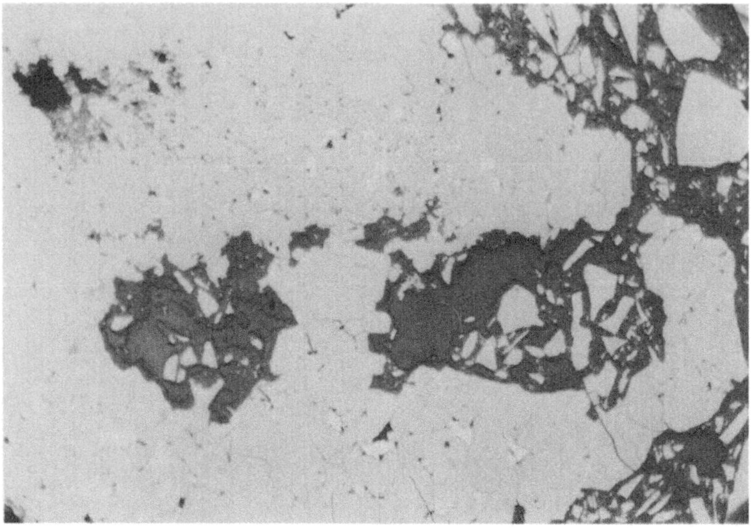

Abb. 112. Ausschnitt aus Abb. 111. Das abgebildete SiC-Korn enthält viele Si-Einschlüsse und von diesen ausgehend sind viele Risse erkennbar, die das Korn in eine Vielzahl kleiner Körner aufteilen und so der Zersetzung Vorschub leisten (Vergrößerung 160 mal)

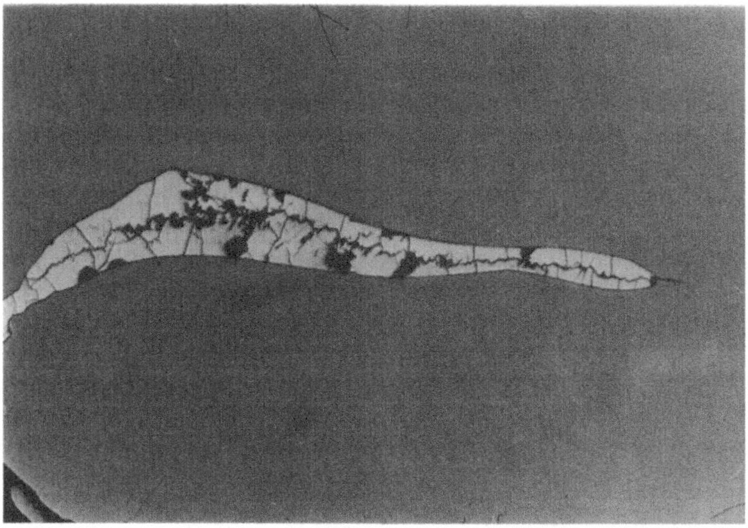

Abb. 113. Si-Einschluß im Siliciumcarbid, eine Form, wie sie öfter beobachtet werden kann (gebrauchter Stein).. Am Ende des Einschlusses ist eine beginnende Rißbildung zu beobachten. (Vergrößerung 160 mal)

ander, d. h. unter randlicher Zersetzung von Siliciumcarbid. Es entsteht zwischen den Bruchstücken und um diese herum ein Glassaum. In vielen Fällen kristallisiert Cristobalit aus, was an der Ballenstruktur erkennbar ist, und treibt dann selbstverständlich die einzelnen Bruchstücke noch weiter auseinander. Hierzu die Abb. 114, 115, 116 und 117.

Relativ häufig kann eine Zersetzung – Auflösung – des Siliciumcarbids gerade da festgestellt werden, wo extrem gerundete Poren auftreten (Abb. 118). Diese Poren sind zweifelsohne eine Folgeerscheinung der lokal begrenzten Zersetzung. Abb. 118 stellt einen Ausschnitt aus einem Stein mit 60% Siliciumcarbid und ca. 20% Korund dar. Die Bindung besteht aus sehr kleinen Mullitnadeln, die im Glas ein richtungsloses Netzwerk bilden. Die stark gerundeten Poren befinden sich immer in einer deutlich ausgeprägten Glasschicht am SiC-Kornrand. Es spricht viel dafür, daß hier gasförmige Stoffe beteiligt waren. Es handelt sich zweifelsohne um eine Zersetzung des Siliciumcarbids am Korn- oder Kristallrand unter Bildung von einer das ganze Korn umhüllenden Glasreaktionsschicht und – der Form der Poren nach zu urteilen – einem Gas. Diese Erscheinung wurde vorzugsweise bei höheren Einsatztemperaturen – im Falle der Abb. 118 bei 1350°C, kurzzeitig 1450°C – beobachtet. Bei diesen Temperaturen ist das „Glas" viskos, so daß Gase runde Poren bilden können. Es kann ein solches Gasen auch schon beim Primärbrand eintreten.

Schließlich können diese Arten der Zerstörung der SiC-Körner so weit gehen, daß von den Körnern nur noch Relikte vorhanden sind (Abb. 119, 120, 121). Es drängt sich der Vergleich mit dem sogenannten Blasenbohren; das in der Glasindustrie allgemein bekannt ist, auf [14, 16]. Das Blasenbohren tritt im feuerfesten Material an der Grenze zum flüssigen Glas auf und zeigt, welche Zerstörungen kleinste Mengen von Gasen anrichten können.

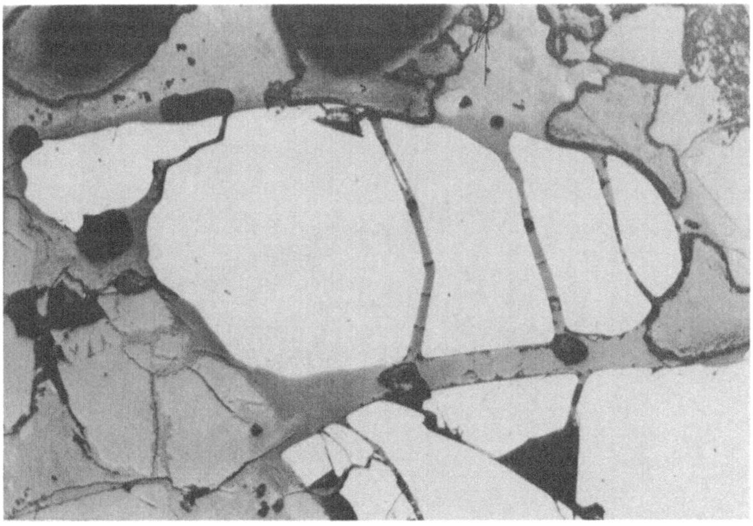

Abb. 114. Das Bild zeigt ein auseinandertriftendes SiC-Korn, es entstammt einem 60%igen SiC-Stein, der 12 Monate auf 1350°C und etwas darüber erhitzt wurde. Neben Siliciumcarbid sind Korund, Mullitaggregate und Glasphase zu erkennen (Vergrößerung 160 mal)

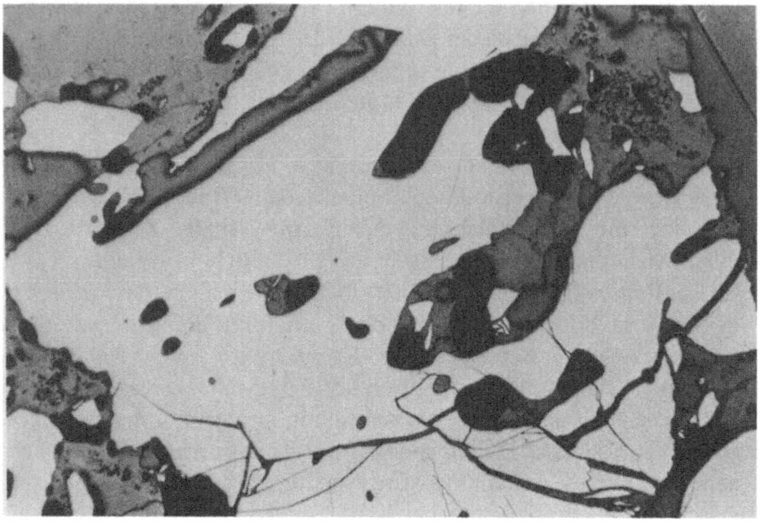

Abb. 115. Ein an Rissen auseinandertriftendes SiC-Korn. Entstehung wie Abb. 114, nur daß diese Risse in Abb. 115 vermutlich schon vor dem Einsatz vorhanden waren, sich während des Einsatzes verbreitert haben, siehe Abb. 116 (Vergrößerung 32 mal)

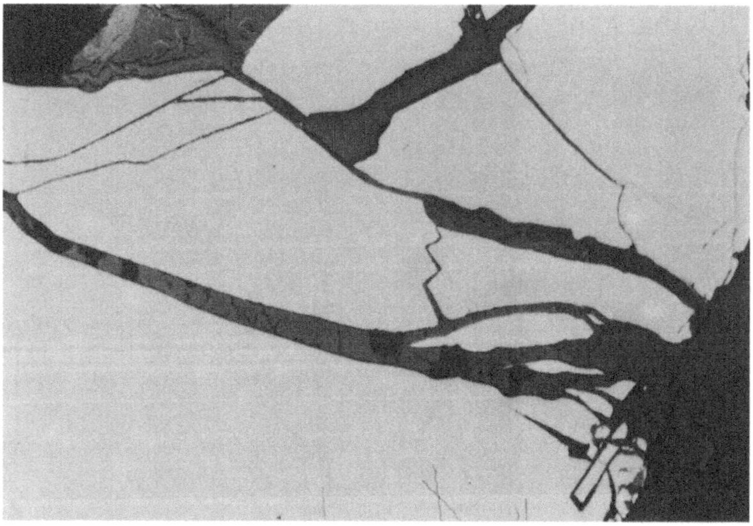

Abb. 116. Ausschnitt aus Abb. 115. Die „Risse" sind mit Glas bzw. Cristobalit in Ballenform ausgefüllt. Der treppenförmige Riß in der Bildmitte zeigt besonders deutlich das Auseinandertriften (Vergrößerung 160 mal)

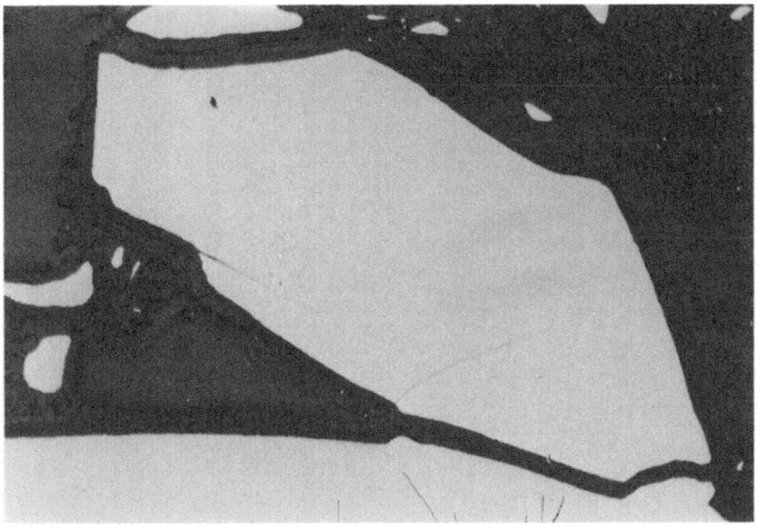

Abb. 117. Aufspaltung eines SiC-Kornes. Auf jeder Spaltenseite bildet sich ein Glas-Cristobalitsaum aus. Zwischen den beiden Randzonen befindet sich eine deutliche Trennlinie, die sich im Laufe der Zeit vergrößert (Vergrößerung 160 mal)

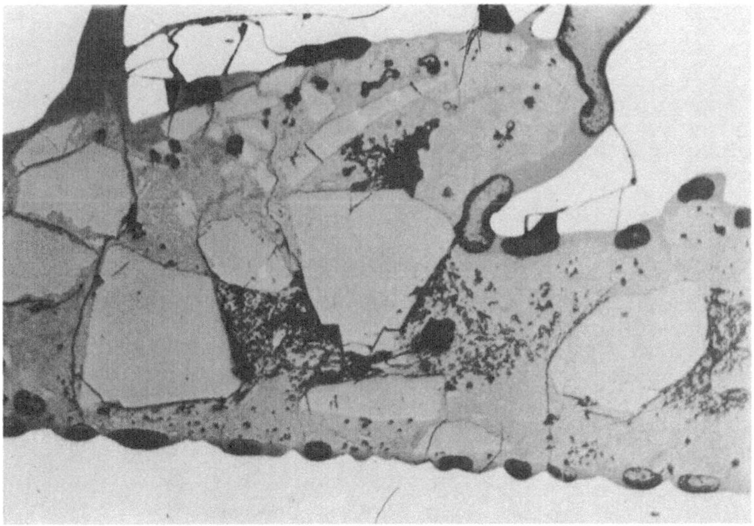

Abb. 118. Ein Stein mit 60% Siliciumcarbid sowie einem hohen Korundanteil, der 11 Monate auf 1350°C gehalten wurde und anschließend 1 Monat auf 1450°C. Um die SiC-Körner sind breite, nicht auskristallisierte Glassäume sichtbar. In diesen Glassäumen befinden sich extrem stark gerundete Poren, die an Gasporen erinnern. Hier hat sich einwandfrei unter dem Glassaum Siliciumcarbid zersetzt, am stärksten in Nähe der runden Poren. Vgl. Abb. 127 (Vergrößerung 160 mal)

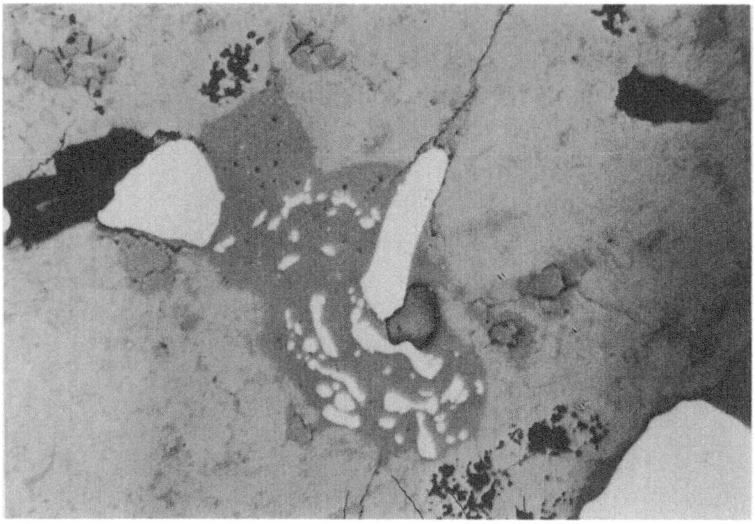

Abb. 119. Eine sehr weit fortgeschrittene SiC-Zerstörung, rundliche SiC-Relikte sind in einer Glasgrundmasse eingebettet. Entstehung wie Abb. 118. Als Ausnahme ist ein nahezu direkter Kontakt von Mullit und Siliciumcarbid zu beobachten (Vergrößerung 160 mal)

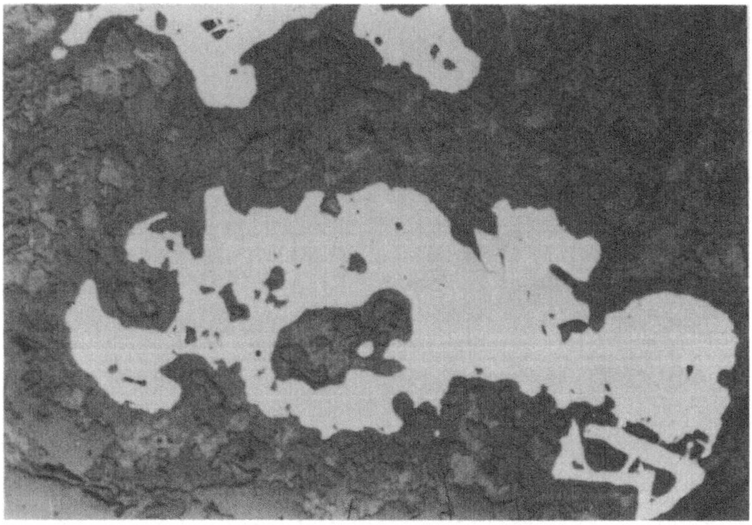

Abb. 120. Stark zersetztes SiC-Korn in einem Stein mit 55% Siliciumcarbid, der 9 Monate bei gleichbleibender schwach oxidierender Atmosphäre bei 1250°C eingesetzt war. In solchen Extremfällen kann eine Veränderung der gesamten Bindung eintreten (Vergrößerung 160 mal)

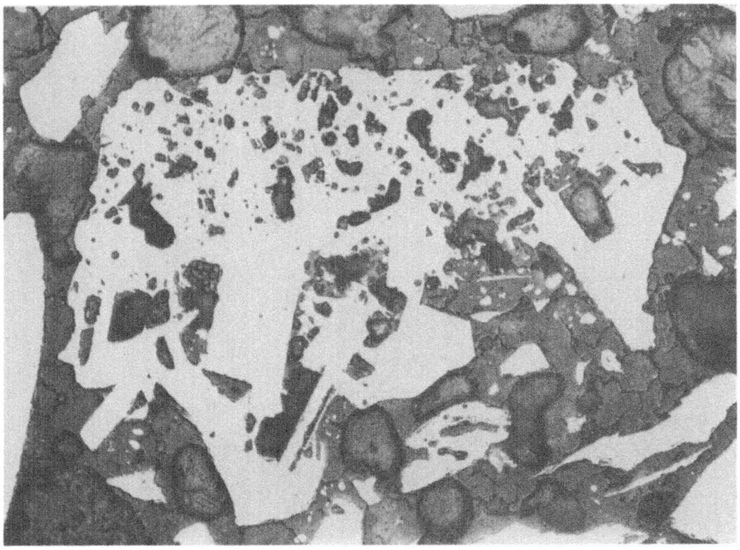

Abb. 121. Zersetztes SiC-Korn in einem 90%igen SiC-Stein (Vergrößerung 60 mal)

8.3.4.2 Beobachtungen über die SiC-Zersetzung im Raster-Elektronenmikroskop

Beobachtungen im Raster-Elektronenmikroskop bestätigen und ergänzen lichtmikroskopisch ermittelte Befunde. Die silikatische Schutzschicht wirkt durch die Auskristallisation von Cristobalit nicht mehr schützend, sie spaltet auf, wie es die Abb. 122, 123 und 124 zeigen, und sie wird teilweise von der SiC-Oberfläche abgetrennt, siehe Abb. 124 und 125. Einzelne SiC-Körner (Kristalle) spalten in Zusammenhang mit der Zersetzung auf, siehe Abb. 126. Das Raster-Elektronenmikroskop wird bei der Untersuchung der SiC-Zersetzung eine hervorragende Ergänzung des Lichtmikroskopes sein. Abb. 127 zeigt deutliche Blasenbildung, ein Beweis, daß gasförmige Stoffe bei den Reaktionen beteiligt sind (Abb. 118) [100].

8.3.5 Röntgenfeinstruktur-Untersuchungen an zersetzten SiC-Produkten

Hier gilt gleichermaßen, was in vorangegangenen Abschnitten über Röntgenuntersuchungen angeführt wurde. Nur eine Beobachtung läßt diesen gesonderten Abschnitt gerechtfertigt erscheinen. Es wurde mehrfach festgestellt, daß bei zersetzten SiC-Produkten Siliciumcarbid II weniger erhalten bleibt als I und III, oder daß als zweite Möglichkeit Siliciumcarbid II sich in I und III bereits bei Temperaturen um 1150°C oder sogar noch etwas darunter umwandelt. Das wurde immer dann beobachtet, wenn Al_2O_3 in der Bindung vorlag.

Wenn die Zersetzung eintritt, die schon makroskopisch an den unterschiedlichen Farben erkennbar ist, findet sich häufig eine direkte Temperaturabhängigkeit des Zerstörungsgrades. Stärkere Zerstörungen machen sich infolge einer größeren

Abb. 122. Rasterelektronenmikroskopische Aufnahme eines zum Teil zersetzten 90%igen SiC-Steins. Die Schutzschicht ist gerissen

Abb. 123. Rasterelektronenmikroskopische Aufnahme eines 90%igen SiC-Steins, der zum Teil zersetzt ist. Die Schutzschicht zeigt deutliche Risse

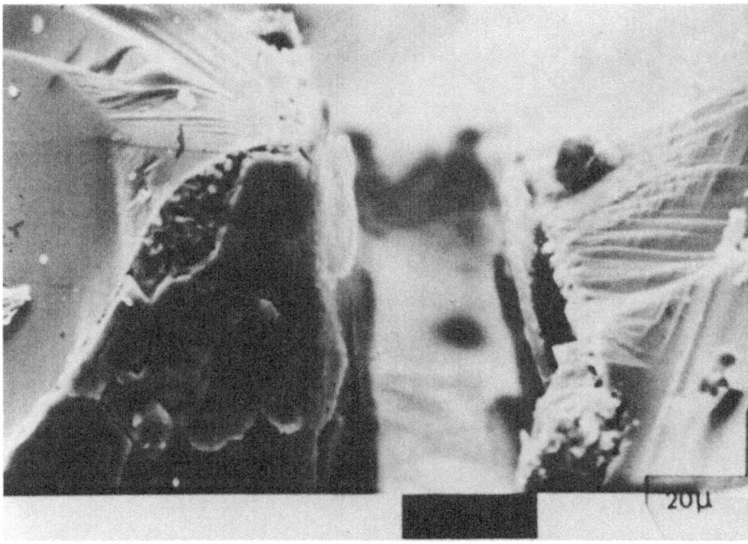

Abb. 124. Rasterelektronenmikroskopische Aufnahme eines zum Teil zersetzten 90%igen SiC-Steins. Die Schutzschicht hebt sich vom SiC-Korn ab

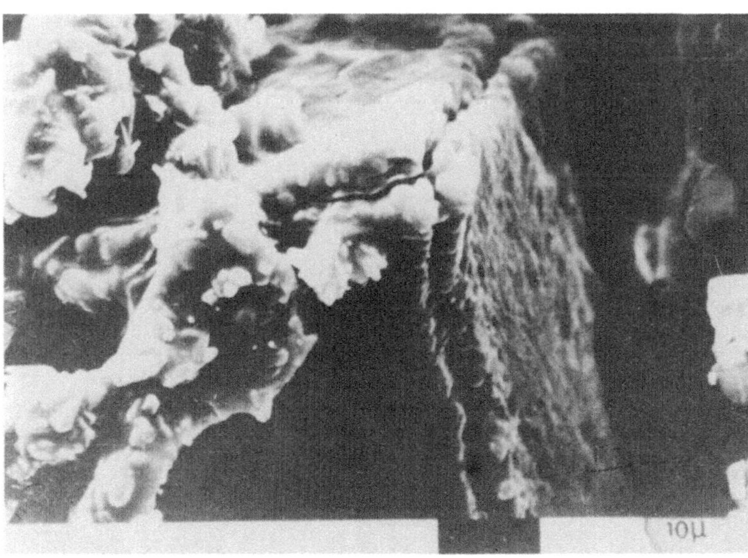

Abb. 125. Wie Abb. 124, stärker vergrößert

Abb. 126. Rasterelektronenmikroskopische Aufnahme eines zum Teil zersetzten 90%igen SiC-Steins. Das SiC-Korn geht blätterförmig auseinander

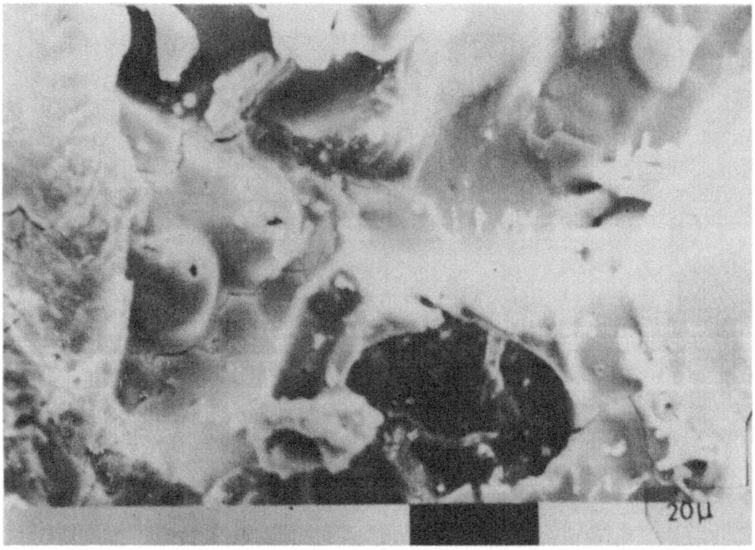

Abb. 127. Rasterelektronenmikroskopische Aufnahme eines zum Teil zersetzten 90%igen SiC-Steins. Eine zeitweise Gasbildung läßt sich aus den Aufbrüchen erkennen (vgl. Abb. 118)

Menge von Cristobalit als hellere Färbung bemerkbar, wobei die absoluten Temperaturen nicht in jedem Anwendungsfall unbedingt gleich sein müssen. Selbst in dünnen Scherben (z. B. an 15 mm starken Dressler-Einwandkammern) kann man gelegentlich eine stark und eine weniger stark zersetzte Zone beobachten. Erstere ist, wie schon angeführt, hellgrau, letztere deutlich dunkler. In der dunkleren Zone ist Siliciumcarbid II vorherrschend, in der helleren Zone sind I und III relativ stärker vertreten.

Diese Beobachtung wurde an SiC-Teilen gemacht, für die SiC-Rohstoff aus ganz verschiedenen Lieferungen, die auch zeitlich weit auseinander lagen, verwendet wurde. Das läßt den Schluß zu, daß sich entweder Siliciumcarbid II leichter zersetzt als I und III oder daß schon bei Temperaturen unter 1150°C Umwandlungen von einem Typ zum anderen vor sich gehen können. Im Gegensatz hierzu stehen Laboruntersuchungen von Suzuki [139]. Bei Anwesenheit von Wasserdampf werden nach Suzuki SiC-Proben, die viel von der Modifikation 4 H (III) enthalten, stärker oxidiert als Proben, die überwiegend aus der Modifikation 6 H (II) bestehen. Suzuki führt dies auf sehr kleine Mengen an Verunreinigungen zurück, die gemeinsam mit Wasserdampf die Auskristallisation von SiO_2 beschleunigen. Die Praxis bestätigt die stärkeren Zerstörungserscheinungen in Anwesenheit von Wasserdampf ganz generell, nicht aber in bezug auf die einzelnen Modifikationen.

8.3.6 Einige Zusammenhänge zwischen Verdampfungsneigung einzelner Substanzen und SiC-Zersetzung

Substanzen mit weniger als 10^{-6} mm Hg Dampfdruck bei der Anwendungstemperatur kann man als stabil bezeichnen. Der bei der Verdampfung auftretende Materialverlust spielt bei feuerfesten Erzeugnissen nicht die Rolle, die man ihm eigentlich zusprechen müßte; denn ein großer Teil wird nicht schnell genug abgeführt. Er nimmt an weiteren Reaktionen teil. Man kann sogar sagen, daß die Dampfphase unter Umständen verantwortlich ist für weitere Um- und Neubildungen. Bei SiC-Steinen und der Betrachtung der in ihnen ablaufenden Reaktionen ist deutlich zu unterscheiden zwischen den Vorgängen, die sich in der Außenzone, und denen, die sich im Steininneren abspielen. In der Außenzone werden Dampfphasen ständig weitgehend abgeführt. Eine Sättigung der Ofengase mit den dampfförmigen Produkten kann selbstverständlich nicht stattfinden. Die Verdampfung geht also fortlaufend weiter. Im Inneren dagegen liegen die Verhältnisse ganz anders. Es kann zumindest lokal zu Sättigungen und Ausscheidungen kommen. Dies ist deutlich erkennbar an dem schwarzen Kern und bei der Entstehung von sekundärem kubischen oder β-SiC beim Steinbrand in einer bestimmten Zone der Steine. Diese Zone kann beim üblichen SiC-Brand einige mm bis cm unter der Außenfläche von SiC-Steinen auftreten. Ganz besonders kommt der Unterschied zwischen Außenpartie der Steine und dem Steininneren zum Ausdruck, wenn die Steine beim Primärbrand auf dem Ofenwagen zu dicht gesetzt werden. Kommen die Ofengase – Umspülung der Steine, damit Abtransport der eventuell in den Steinen gebildeten gasförmigen Stoffe – nicht gleichmäßig an jeden Stein, so bildet sich ein Kern, der sich gleichzeitig über mehrere Steine ohne Rücksicht auf die einzelnen Außenflächen erstreckt. Ein Block aus einzelnen Steinen muß hier als ein einheitliches Ganzes betrachtet werden (Abb. 37). Das ist der Grund, weshalb SiC-Steine locker – mit sehr großen Zwischenräumen – gesetzt werden müssen. Platten aus Siliciumcarbid werden in Abhängigkeit von Volumen und Rohdichte grundsätzlich mit Distanzstückchen gesetzt (s. Abschnitt 5.6).

Bei den bereits gemachten Aussagen über die verschiedenen Dampfdrücke sind vor allen Dingen die Si-O-Verbindungen angesprochen [88]. Abb. 128 gibt Dampfdrücke bei verschiedenen Temperaturen wieder. Jeder, der schon feuerfeste SiC-Steine hergestellt hat und seine Tonnage durch schnelleres Brennen anheben wollte, kennt beim Auftreten von schwarzen Kernen auch weiße Abscheidungen auf den Kontaktflächen von zu eng gesetzten Steinen. Es bildet sich ein mehr oder weniger breiter weißer Ring aus faserigem SiO_2 (Abb. 36). Die Entstehung ist nur über Gasphase, vermutlich über SiO, möglich. Dieses SiO_2 macht auf SiC-Steinen oft einen watteähnlichen Eindruck. Es handelt sich meistens auch um relativ beachtliche Mengen, die sich niedergeschlagen haben, wenn bedacht wird, daß die Verweilzeit bei Höchsttemperaturen nur einige Stunden beträgt. Auf den Außenflächen, d.h. von Ofengasen gut umspülten Flächen, tritt diese SiO_2-Bildung nicht auf. Lukacs und Abrecht [88] haben eine interessante Berechnung darüber durchgeführt.

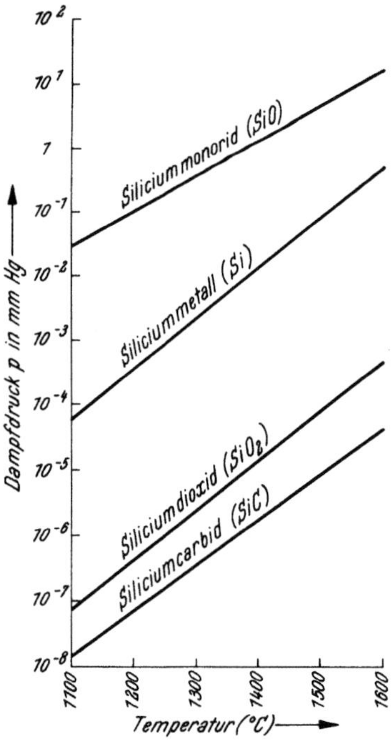

Abb. 128. Theoretischer Dampfdruck p verschiedener Si-Verbindungen in Abhängigkeit von der Temperatur. (Nach [88])

Die aus 1 cm^2 fester oder flüssiger Materialoberfläche in der Zeiteinheit verflüchtigte Materialmenge beträgt nach der kinetischen Gastheorie:

$m \quad 5{,}833 \cdot 10^{-2} \cdot P\frac{M}{T}$ g/cm^2 Sekunde

m von der Einheitsfläche in 1 Sekunde verflüchtigte Materialmenge in g
P Differenz zwischen dem Sättigungs- und Partialdruck bei Temperatur T
M Molgewicht des verdampften Stoffes
T Temperatur in K

Die bei 1500°C in die Gasphase übergangene Materialmenge einiger Stoffe wurde nach dieser Beziehung berechnet. Verdampfungsverluste verschiedener Stoffe sind nachstehend aufgeführt.

Bei 1500°C bei ständiger Spülung mit Rauchgas

SiC	$3{,}15 \cdot 10^{-4}$ g/cm^2 Stunde
Al_2O_3	$1{,}49 \cdot 10^{-3}$ g/cm^2 Stunde
SiO_2	$3{,}88 \cdot 10^{-3}$ g/cm^2 Stunde
Si-Metall	2,64 g/cm^2 Stunde
SiO	$1{,}99 \cdot 10^{2}$ g/cm^2 Stunde

Aus der Tabelle ist zu ersehen, daß das Vorhandensein von Siliciummetall und Siliciummonoxid zu starkem Materialverlust und dadurch zu schnellen Zerstörungen von feuerfesten Steinen führen kann. Siliciummonoxid ensteht in erster Linie durch Reduktion von SiO_2 nach den Reaktionen:

$$SiO_2 + Si = 2\,SiO$$
$$SiO_2 + C = SiO + CO$$

Dabei ist es gleichgültig, ob das SiO_2 als solches oder in Form von Aluminiumsilikat vorliegt. Um einen hohen Materialverlust zu verhindern, muß die SiO-Bildung möglichst vermieden werden.

8.3.7 Einwirkungen von Luft – Wasserdampfgemisch auf Siliciumcarbid

In der Literatur gibt es viele Angaben von Laborversuchen über die Zersetzung von SiC-Körnungen, meistens sogar gereinigten Körnungen, bestimmter Fraktionen. Dagegen sind wenig Angaben – dazu noch häufig ohne exakte Versuchsbedingungen – über die Zersetzung von Siliciumcarbid in feuerfesten Steinen vorhanden. Eine ausführliche Arbeit über das Verhalten von Siliciumcarbid in feuerfesten Materialien stammt von Lea [82]. Er findet die stärkste Zersetzung überhaupt, wenn SiC-Steine einem Luft-Wasserdampfgemisch bei 1000°C bis 1100°C ausgesetzt werden, und nimmt an, daß dies eintritt infolge einer Zerstörung der Schutzschicht an der Kornoberfläche des einzelnen Kornes durch

a) die Verdampfung von „SiO_2",
b) eine Hydrolyse der Schutzschicht,
c) eine Veränderung der physikalischen Bedingungen des „SiO_2", das bei der Zersetzung gebildet wird.

Eine einwandfreie Erklärung, warum bei einer Luft-Wasserdampfatmosphäre eine besonders starke Zerstörung der feuerfesten Steine stattfindet, kann bis heute noch nicht gegeben werden (s. Abschnitt 8.2.5), aber es könnte so sein, daß der Wasserdampf die Auskristallisation der Schutzschicht stark fördert, bzw. nasser Wasserstoff schon eine Reduktion des SiO_2 unter 1250°C bewirkt [23].

8.3.8 Der „kritische Temperaturbereich"

Es wird immer wieder von dem sogenannten kritischen Temperaturbereich gesprochen. Die Angaben über diesen Bereich liegen zwischen 800°C und 1300°C. In der Praxis variiert die stärkste Zersetzung in Abhängigkeit von der Atmosphäre und vielem anderen mehr. Im allgemeinen konzentriert sich die stärkste Zersetzung auf den Bereich zwischen 1050°C und 1200°C. Lea [82] teilt als Ergebnis von Laboruntersuchungen und Beobachtungen aus der Praxis z. B. mit: Teststücke, mit einem Luft-Wasserdampfgemisch bei 1200°C behandelt, zeigen eine schnelle Oxidation während der ersten 100 Stunden, dann nimmt sie ab und wird nach 500 Stunden noch langsamer. Ein Wachstum der Prüfkörper bei 1200°C findet statt, ist aber beträchtlich geringer als bei Proben, die bei 1000°C und 1100°C geprüft wurden. Dieses Ergebnis widerspricht etwas den neueren Ergebnissen aus der Praxis, wo bei Luft-Wasserdampfgemisch eine starke Zersetzung zwischen 1100°C und 1200°C stattgefunden hat, stärker als bei 1000°C.

Da jeder Ofen in der Praxis etwas anders betrieben wird, d. h. andere Atmosphären, Temperaturen und Zugverhältnisse vorliegen, können Laborversuche nur sehr bedingt Rückschlüsse auf die Praxis zulassen. Zur Festlegung der genaueren kritischen Temperaturzonen können aber in der Praxis für diesen einen Fall recht einfache Versuche durchgeführt werden, indem man einen SiC-Stein – im günstigsten Fall ein SiC-Rohr – in die Ofenwand eines kontinuierlich betriebenen Ofens im Temperaturgefälle einführt und dann in zeitlichen Abständen überprüft. Die Zersetzung ist im allgemeinen leicht am Dickwerden des Prüflings und oft auch an einer Grauverfärbung zu erkennen. So hat Lea [82] einen Versuch mit einem SiC-Thermoelementschutzrohr beschrieben. Das Thermoelement wurde zur Festlegung der exakten Temperatur von einem Festpunkt aus in dem Rohr, das einem Temperaturgefälle ausgesetzt war, hin- und hergeschoben. Er kommt unter den in diesem Falle herrschenden Verhältnissen auf einen kritischen Temperaturbereich von 1000°C bis 1140°C, darüber und darunter ist Siliciumcarbid wesentlich stabiler. Vom Verfasser konnte dies anhand von 75 und 90%igen SiC-Stäben in einer Tunnelofenwand über 5 Monate Versuchsdauer – bestätigt werden, wobei 1140°C als die kritischste Temperatur festgestellt wurde.

Man sollte nicht nur sagen „das Siliciumcarbid ist stabiler oder weniger stabil", sondern auch „die Schutzschicht erfüllt ihre Aufgabe gut oder weniger gut". Der Nachteil praxisnaher Versuche ist die oft lange Versuchsdauer, bei der unter Umständen mit Jahren gerechnet werden muß.

8.3.9 Allgemeine Bemerkungen zur SiC-Zersetzung in feuerfesten Steinen

Die Beobachtungen über die Zersetzung von Siliciumcarbid in der Praxis haben schon wiederholt Anlaß zu Laboruntersuchungen über diese „Oxidation" gegeben. Eine Übertragung der Laborversuche auf die Praxis ist, wie mehrfach erwähnt, sehr problematisch. Zusammengefaßt können die „theoretischen" Versuche dennoch dazu führen, daß die Vorgänge über die SiC-Zersetzung aufgeklärt werden. Dann besteht die Möglichkeit, die Lebensdauer der Erzeugnisse zu verlängern und die Ofenzustellungen wirtschaftlicher zu gestalten. Der Ofenbetreiber kann aufgrund der Erkenntnisse unter Umständen die Atmosphäre etwas zugunsten des SiC-Materials einstellen.

Die Diffusion von Gasen durch die SiO_2-Schicht ist ein geschwindigkeitsbestimmender Vorgang bei der SiC-Zersetzung [63]. Das Ausmaß der Zersetzung von gereinigten SiC-Körnern erscheint proportional zu der angegriffenen Oberfläche.

Die Zersetzung von Siliciumcarbid in feuerfesten SiC-Produkten ist weit weniger aufgeklärt und gesetzmäßig als die Zersetzung an Körnungen. Sie ist eindeutig auch von der Art der Bindung abhängig und davon, wie diese die einzelnen SiC-Körner umhüllt. Im allgemeinen bilden die SiC-Körner unter Zurückweichen der SiC-Oberflächen (Zersetzung) eine immer dicker werdende SiO_2-Schicht um sich herum aus, die oft nicht als Schutz angesprochen werden kann, da sie häufig zu Cristobalit auskristallisiert und nicht fest auf der SiC-Oberfläche haftet. Ferner werden im Gebrauch die Körner durch Inhomogenitäten im einzelnen SiC-Korn, d. h. im Kristall, auseinandergetrieben. Aus einem SiC-Korn entstehen dadurch viele kleine Körner mit der entsprechend größeren Oberfläche und entsprechend stärkerer Zersetzung, da sich die Schutzschicht um jeden Kornteil erst wieder neu bilden muß. Auffallend ist, daß in gebrauchten Steinen mit deutlichen Zersetzungserscheinungen relativ häufig auch noch β-SiC enthalten ist, das sich also nicht grundsätzlich vor dem α-SiC zersetzt. Diese Modifikation wird aber auch bei der Zersetzung als sekundäres Siliciumcarbid neu gebildet. Man kann die beiden – Relikte und Neubildungen – meistens unter dem Mikroskop unterscheiden. Das neu gebildete befindet sich im wesentlichen an Rändern von SiC-Körnern. Daneben gibt es Körner, die ausschließlich aus β-SiC bestehen, die aber dann auch die typische Koksstruktur aufweisen und sicherlich Relikte darstellen. Hier liegt also ein Widerspruch zwischen Praxis und theoretischen Überlegungen bzw. Laborversuchen vor.

Silicium bzw. FeSi reagiert meist schon, bevor eine eigentliche SiC-Zersetzung einsetzt, mit den Bestandteilen der Steinbindung sowie mit der Atmosphäre und fördert dadurch die eigentliche SiC-Zersetzung.

Steine, die aus sich heraus eine Art Glasur bilden, erhalten damit einen Schutz. Setzt man Stücke eines Steines mit Brennhaut und solche aus dem gleichen Stein nach Beseitigung der Brennhaut einem Zersetzungsversuch aus, so werden die Steine mit Glasur weniger zersetzt. Eine nachträglich aufgebrachte Glasur – eingebrannt oder nicht eingebrannt – hemmt zwar die Zersetzung, aber deutlich weniger als die im Primärbrand aus dem SiC-Stein heraus entstandene Glasur (Brennhaut).

Zwei verschiedene Vorgänge bewirken getrennt oder gleichzeitig die Zersetzung:

1. Zersetzung des Siliciumcarbids von innen heraus, vorzugsweise bei Einsatztemperaturen $> 1250°C$.

a) Verdickung der SiO_2-Schicht ohne Auskristallisation der Zersetzungsprodukte führt im allgemeinen nicht zu Zerstörungen feuerfesten Materials. Das Dickerwerden der Schutzschicht geschieht unter Zurückweichen des Siliciumcarbids. Bei

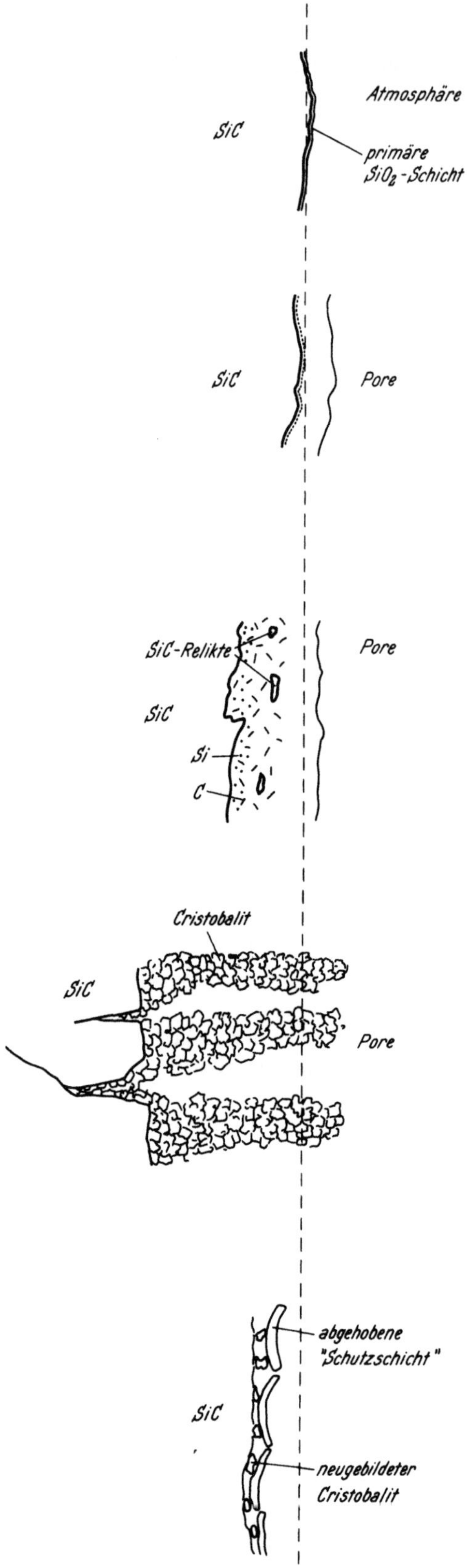

SiC-Rohstoff

SiC-Stein, ungebraucht
primäre SiO_2-Schicht verstärkt
Glasschicht aus der Tonbindung

SiC-Stein, gebraucht
Erweiterung der Glasschicht durch
SiC-Zersetzung, ohne Cristobalitbildung

SiC-Stein, gebraucht
SiC-Zersetzung mit Cristobalitbildung
frische SiC-Flächen werden durch die
Kristallisation freigelegt und entsprechend
stärker zersetzt

SiC-Stein, gebraucht
SiC-Zersetzung mit Cristobalitbildung.
Die „Schutzschicht" wird durch Cristobalitbildung abgehoben von der SiC-Oberfläche und so Siliciumcarbid freigelegt

Abb. 129. Schematische Darstellung der SiC-Zersetzung

Temperaturen von 1350°C und höher wurde eine Auskristallisation nur in geringerem Umfang beobachtet.

b) Zersetzung im eigentlichen SiC-Korn. Ohne ersichtlichen Grund treten Hohlräume im Korn auf und das Korn zerfällt. Hierbei wurde kein Wachstum (Volumenzunahme) beobachtet.

c) Verunreinigungen wie Silicium und dessen Umbildung in z. B. Cristobalit können das SiC-Korn auseinandertreiben.

2. Zersetzung durch die SiO_2-Schicht von außen, vorzugsweise bei Einsatztemperaturen zwischen 1000 und 1250°C.

a) Die Schicht kristallisiert aus und neue SiC-Oberflächen werden der Ofenatmosphäre preisgegeben. Dies ist die Hauptursache der Zerstörungen und führt praktisch in allen Fällen zur Zermürbung des feuerfesten Materials (< 1250°C).

b) Die Schicht bleibt erhalten und eine geringe Zersetzung erfolgt infolge Diffusion (dürfte auch für 1 a untergeordnet zutreffen) (Abb. 129).

Eine SiC-Zersetzung tritt allein durch Temperatureinwirkung ein.

Die Zerstörung feuerfester Steine durch die Zersetzung des Siliciumcarbids spielt in der Praxis eine sehr große Rolle. Handelt es sich dabei meist um ganze Ofeneinheiten, die beim Versagen der Steine stillgesetzt werden müssen, wie z. B. Tunnelöfen für Sanitär- oder Wandplatten, Müllverbrennungsanlagen oder ähnliches. Es wird aber betont, daß Stillstände von Ofeneinheiten durch Zersetzung zu den Ausnahmen gehören. Dennoch würden in vielen weiteren Anwendungsfällen SiC-Steine eingesetzt, wenn die Zersetzung mit Sicherheit vermieden werden könnte. Die hervorragenden Eigenschaften des Siliciumcarbids machen es zu einem bevorzugten feuerfesten Material. Es ist demnach sehr wichtig für SiC-Hersteller und Hersteller feuerfester Steine, die Zersetzbarkeit in die Hand zu bekommen.

Die schnellere Zersetzbarkeit im sogenannten kritischen Temperaturbereich hängt mit dem Verhalten der umhüllenden SiO_2-Schicht zusammen. Dadurch läßt sich auch die Diskrepanz zwischen Laborversuchen an Körnungen und Ergebnissen aus der Praxis (viel längere Zeiträume) erklären. Unter 1200°C – je nach Zusammensetzung der Schicht und des Bindemittels in den Steinen – und über 1000°C ist die Schicht als relativ spröde anzusehen. Über 1200°C dagegen wird sie viskos, sie neigt auch weniger zur Auskristallisation.

Eine starke Zersetzung ist selbstverständlich über 1700°C zu erwarten, wenn die silikatische Schutzschicht abschmilzt bzw. abgeschmolzen ist.

8.3.9.1 Vorgänge bei der SiC-Zersetzung, Versuch einer Erklärung

Der Ablauf der SiC-Zersetzung (Zerstörung) wird im wesentlichen bestimmt durch Reaktionen an drei verschiedenen Stellen:

a) Reaktion an der Grenzfläche Siliciumcarbid/primäre Schutzschicht, die verstärkt ist durch die Bindungsbestandteile,

b) Aufbau- und Transportmechanismus in der verstärkten Schutzschicht,

c) Reaktionen zwischen der verstärkten Schutzschicht und der Atmosphäre (Gasraum).

Unter der SiO_2-Schutzschicht wird hier nicht nur die in unmittelbarem Kontakt mit dem SiC-Korn stehende dünne, primäre SiO_2-Schutzhaut bzw. „Glasschicht" verstanden, sondern die im technischen feuerfesten Produkt um die Bindungbestandteile erweiterte Schutzschicht zwischen Korn und dem äußeren Gasraum. Diese Schicht ist für die Ofenatmosphäre direkt zugänglich. Sie grenzt an den offenen Porenraum und im weitesten Sinne an die Steinoberfläche. Mit „oxidierender" bzw. „reduzierender" Atmosphäre wird hier grundsätzlich die Eigenschaft der Ofenatmosphäre bezeichnet, wobei zu berücksichtigen ist, daß neben O_2 und reduzierenden Gasen, wie z. B. H_2, in der Praxis fast immer noch Luft usw. einwirkt. Die zur Reaktion gelangenden Gase können einen breiten Bereich verschiedener und schwankender O_2-Gehalte aufweisen. Man sollte für die im Bereich der Festkörperreaktion [39] (SiC-Korn mit der SiO_2-Schutzschicht) wirkende bzw. resultierende „Mikroatmosphäre" soweit wie möglich den O_2-Partialdruck als Kriterium für die Definition der Atmosphäre verwenden.

O_2 diffundiert durch die Schutzschicht. Die Transportrate von O_2 durch SiO_2 ist gering. Allerdings ist zu berücksichtigen, daß die Bindungsbestandteile und die reaktionsbedingten Veränderungen der Glasschicht die Transportrate beeinflussen. Eine Erhöhung der Transportrate tritt ein durch Ansteigen der Zahl der Defektstellen zwischen der Glasschicht und den Kristallen [39]. Nach Fitzer [39] werden in O_2-Atmosphäre zwischen 1200°C und 1400°C in der Schutzschicht 10 bis 70% Cristobalit gebildet. Die O_2-Diffusion läuft dann bevorzugt an der Grenzschicht Cristobalit–Glas bzw. Grenzschicht Cristobalit–Cristobalit ab. Im Gegensatz dazu steht die Beobachtung in der Praxis, daß Cristobalit vorzugsweise zwischen 1100°C und 1200°C (kritischer Temperaturbereich) auskristallisiert und nicht erst über 1200°C. Über 1200°C wurde eine Auskristallisation von Cristobalit selten, oder nur in geringem Umfange beobachtet. Diese scheinbare Diskrepanz ist wohl zum Teil auf die lange Reaktionszeit in der Praxis zurückzuführen. Entsprechend der in der Praxis beobachteten Cristobalitbildung unter 1200°C (leichtere Gasdiffusion auf der Grenzschicht Cristobalit–Cristobalit) tritt auch eine schnellere Zersetzung des Siliciumcarbids unter 1200°C ein.

9. SiC-Sonderwerkstoffe

9.1 Nichtsilikatisch/nichtoxidisch gebundene SiC-Erzeugnisse

Die hier aufgeführten Produkte sind zwar ebenfalls keramische Erzeugnisse, werden aber nicht zu den üblichen Feuerfesterzeugnissen gerechnet, wobei man über die Trennung der nitrid- und oxinitridgebundenen Produkte in diesem Sinne geteilter Meinung sein kann.

In silikatisch gebundenen Erzeugnissen mit 95% und weniger technischem Siliciumcarbid können die besonderen Eigenschaften von Siliciumcarbid nicht voll zur Wirkung kommen. Sie werden nicht ausgenutzt. Die Anwendungsgrenze von 1500°C z. B. ist mitbedingt durch die silikatische Bindung. Die Wärmeleitfähigkeit wird durch die Porosität, die Rohdichte usw. herabgesetzt. Die chemische Resistenz wird durch die Bindung nicht unwesentlich beeinflußt. Somit lag der Wunsch nahe, ein Erzeugnis aus möglichst nur Siliciumcarbid herzustellen. Ein solcher Körper aus dichtem, 100%igem Siliciumcarbid hat gegenüber silikatisch gebundenen Steinen eine höhere Wärmeleitfähigkeit und eine bessere chemische Resistenz sowie eine höhere thermische Anwendbarkeit, kombiniert mit einer guten Temperaturwechselbeständigkeit und einer guten Festigkeit (Druck - und Abriebfestigkeit).

9.1.1 Reaktionsgebundenes Siliciumcarbid

Die Bezeichnung „rekristallisiertes" Siliciumcarbid ist nicht zutreffend, denn Siliciumcarbid rekristallisiert nicht wie viele andere Materialien. Es handelt sich um Erzeugnisse aus Siliciumcarbid, in denen α-SiC-Körner über sekundäres β-SiC verbunden werden. Das β-SiC wird in den Formkörpern bei deren Herstellung erzeugt (s. u.).

Siliciumcarbid sintert auch nicht im üblichen keramischen Sinne. Ein aus möglichst reinem Siliciumcarbid hergestellter Stein, vielfach heißgepreßt, unter Zuhilfenahme eines temporären Binders, wird beim Brand nicht schwinden. Es entsteht ein regelrechtes Skelett aus den Körnern. Die Abmessungen sind vor und nach dem Brand gleich, es tritt keine Schwindung oder Dehnung ein.

Die Brenntemperatur für solche Erzeugnisse liegt bei ca. 2000°C. Gelegentlich folgt dem Brand eine Vergütung der Oberfläche durch eine keramische Beschichtung mit dem Ziel, beim Gebrauch eventuelle Kontaktreaktionen des Brenngutes mit dem Siliciumcarbid zu vermeiden oder auch, um die Oxidationsbeständigkeit des Siliciumcarbids zu erhöhen.

So können Formteile mit extrem hohen SiC-Gehalten hergestellt werden. In Firmenprospekten findet man Angaben bis 99% Siliciumcarbid. Damit ist natürlich eine hohe Wärmeleitfähigkeit und eine hohe Festigkeit gewährleistet bei gleichzeitig geringer Wärmedehnung und entsprechend guter Temperaturwechselbeständigkeit. Z. Stavrik und M. Hue [137] geben an:

Siliciumcarbid	99%	
Rohdichte	2,6 g/cm^3	
Biegefestigkeit bei 20°C	112 N/mm^2.	bei 1400°C 140 N/mm^2
KDF	700 N/mm^2	
Wärmeleitfähigkeit bei 650°C	22 kcal/m h K,	bei 1150°C 18 kcal/m h K
Spezifische Wärme	0,15 cal/g	
Ausdehnungskoeffizient	4,8 × 10^{-7}	(30–1500°C)
Maximale Anwendungstemperatur		1650°C

Vielfach werden solche SiC-Formteile imprägniert, z. B. mit Silicium (Siliconisierung), Al oder Fe. Oder es werden Reaktionspartner schon bei der Herstellung in den Masseversatz gegeben. Hierfür kommen in Frage SiC oder Si + C. Dazu werden Siliciumcarbid und Kohlenstoff zusammen verpreßt und danach Si-Dampf ausgesetzt. Der Kohlenstoff verbindet sich in neutraler Atmosphäre mit dem Silicium zu sekundärem Siliciumcarbid und dieses bindet das primäre über Brücken zusammen. Dabei findet eine Verdichtung statt, denn das neugebildete Siliciumcarbid nimmt mehr Volumen ein, als der primär zugegebene Kohlenstoff. Theoretisch könnte man so einen absolut dichten Körper herstellen. In praxi bleiben aber immer 1 bis 2% Poren zurück, in denen sich Silicium abgeschieden haben kann. Bei dieser Art der Herstellung ist es einleuchtend, daß Formkörper nur bis zu einer gewissen Dicke hergestellt werden können. Der Si-Dampf muß ja auch ins Innere des Formkörpers gelangen. Eine Dicke von 10 cm dürfte zur Zeit das Maximum sein, was herstellbar ist. Dieses Verfahren bezeichnet man dem angelsächsischen Sprachgebrauch folgend mit „Siliconisierung" (siliconising). Im Prinzip wird die Bindung über sekundäres Siliciumcarbid (β-SiC), das sich während des Brandes durch bewußte Zuführung des Siliciums zum Restkohlenstoff bildet, herbeigeführt. Voraussetzung für die Imprägnierung mit Silicium ist ein SiC-Körper aus möglichst chemisch reinem technischen, meist grünem Siliciumcarbid, mit einer relativ hohen Porosität. Diese Porosität muß auf einem gleichmäßigen Porenaufbau beruhen, d.h. aus vielen kleinen, aber gleichmäßig großen Poren. So ähnlich wurden bis vor wenigen Jahren auch Glaswannensteine aus Sillimanit erzeugt. Man verwendete Körnung von 0 bis 1 mm und erhielt so eine relativ hohe Porosität, aber nur feine Poren. Durch diesen Gefügeaufbau bekam man im Einsatz einen gleichmäßigen und dadurch relativ langsamen Verschleiß, anders als bei den nach den üblichen Kornzusammensetzungen aufgebauten Steinen aus Grobkorn–Mittelkorn–Feinkorn. Bei diesem Kornaufbau müssen unterschiedlich große Poren gebildet werden und entsprechend stellenweise unterschiedlich starke und schwache Infiltrationen durch angreifende Schmelze erfolgen.

Es können verschiedene Verformungsverfahren zur Anwendung kommen. Meist handelt es sich um übliches Pressen oder Strangpressen. Preßdruck und Vorschub beim Verformen sind so zu wählen, daß der Porenraum groß genug ist, um die Volumenzunahme, die bei der Bildung von β-SiC entsteht, aufnehmen zu

Si_2ON_2. Dazu wird folgendermaßen vorgegangen: in einem Ofen wird eine Muffel um die zu nitridierenden Steine errichtet. Es muß eine möglichst gasdichte Abgrenzung gegenüber der üblichen Ofenatmosphäre erzielt werden. Während des Brandes wird dann N_2 eingeleitet. Die N_2-Einleitung erfolgt nicht von kalt bis kalt, d. h. nicht während der ganzen Ofenreise, sondern erst ab einer bestimmten Temperatur über die Zeit der Hochtemperatureinwirkung. Auch beim Abkühlen kann N_2 noch für eine gewisse Zeit zur Nitridierung eingeleitet werden. Die günstigste Temperatur für den Beginn der Nitridierung und für das Ende der N_2-Einleitung wird in den meisten Fällen experimentell ermittelt. Diese Temperatur ist abhängig von dem Eindringvermögen des N_2, also von der Porosität (Menge und Art der Porosität) der zu nitridierenden Steine. Ferner ist sie abhängig von der Menge des eingeleiteten N_2 pro Zeiteinheit und schließlich von dem Ziel, d. h. dem gewünschten Nitridierungsgrad des Erzeugnisses, also nicht zuletzt von der angewandten Brennkurve. Entscheidend ist, daß die Muffel unter einem geringen Überdruck steht. Der Nitridierungsgrad ist in erster Annäherung einfach durch die Gewichtszunahme des Brenngutes ermittelbar (Abb. 130).

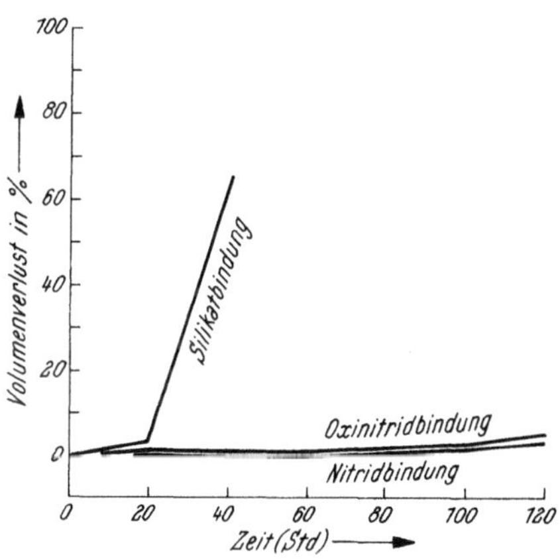

Abb. 130. Korrosionsfestigkeit hochfeuerfester SiC-Erzeugnisse, die dem Einfluß von geschmolzenem Kryolith und Aluminium bei 1000°C ausgesetzt sind. (Nach [149])

Eigenschaften Si_3N_4- bzw. Si_2ON_2-gebundener SiC-Steine

Die technische Anwendung von nitrid- bzw. oxinitridgebundenen SiC-Materialien beschränkt sich noch auf wenige Sonderfälle. Die Entwicklung ist bei weitem noch nicht abgeschlossen, weder im Hinblick auf den Einsatz schon vorhandener Werkstoffe, noch auf die Zusammensetzung dieser Materialien. Sehr interessante Ergebnisse sind zú erwarten von der Entwicklung der sogenannten SIALON e (Si_3N_4 + Al + O) als eigene keramische Materialien und auch in Kombination mit Siliciumcarbid [15].

Tabelle 55 [37, 149]

	Si_3N_4		Si_2ON_2
Kristallsystem:	α-Si_3N_4	hexagonal	orthorhombisch
	β-Si_3N_4	hexagonal	
Umwandlungs-temperatur:	$\alpha \rightarrow \beta$	1400°C bis 1600°C	
Dichte:	α-Si_3N_4	3,184 g/cm³ *	3,0 g/cm³
	β-Si_3N_4	3,187 g/cm³ *	

* Nach röntgenographisch ermittelten Gitterdaten errechnet.

Tabelle 56. *Verhalten von Si_3N_4 gegenüber korrodierenden Stoffen* [108]

Si_3N_4 wird nicht angegriffen von:

HCl, konzentriert, siedend
HNO_4, konzentriert
H_2SO_4, 10%ig, bei 70°C
H_2SO_4, 85%ig
HPO_3
$H_4P_2O_7$
H_2 bei 1250°C
Cl_2 bis etwa 900°C
H_2S bei 1000°C
$NaNO_3$ + $NaNO_2$, Salzschmelze bei 350°C
NaCl + KCl, Salzschmelze bei 790°C
NaOH, 50%ig

Si_3N_4 wird angegriffen von:

NaOH, 50%ig, siedend	nach 115 Std.
H_2SO_4, konzentriert, siedend	langsam
HF, 48%ig, bei 70°C	nach 3 Std.
HF, 3%ig + HNO_3, 10%ig, bei 70°C	nach 116 Std.
NaOH, geschmolzen bei 450°C	nach 5 Std.
NaCl + KCl, Salzschmelze bei 900°C	nach 144 Std.
NaF + ZrF_4 bei 800°C	nach 100 Std.
Na_2O_2, Schmelze	rasch

Tabelle 57. *Einfluß verschiedener geschmolzener Metalle, Salze und Schlacken auf Oxinitrid-gebundenes Siliciumcarbid* [149]

Material	Einflußdauer (Tage)	Temperatur	Korrosion
Blei	7	600°C	keine
Zink	7	600°C	keine
Aluminium	7	800°C	keine
Magnesium	7	800°C	keine unter der Oberfläche, geringe an der Trennfläche
Kupfer	7	1150°C	keine unter der Oberfläche, angegriffen an der Trennfläche
Barium, Fluorid	2	1350°C	keine unter der Oberfläche
$Na_3AlF_3 + CaF_2 + Al_2O_3$	7	950°C	keine unter der Oberfläche
V_2O_5-Schlacke	1/5	1600°C	leichte Penetration von 2 mm
Kohlenschlacke (hoch Na_2O-haltig, Kalk, Fe_2O_3)	1/3	1450°C	keine Penetration
Borax	7	1350°C	keine Penetration, geringer Angriff an der Luft-Trennfläche
Phosphor, Kalk		1500°C	leichte Penetration von 5 mm
Saures Eisen und Schlacke mit hohem Siliciumdioxidgehalt	5	1300°C 1400°C	geringer Angriff an SiC, Si_2ON_2-Bindung ist stabil
Zink-Dämpfe	90	1350°C	keine
Zink-Silikat	90	1350°C	keine Penetration von 3 bis 5 mm. SiC und Si_2ON_2 sind stabil

Tabelle 58. *Anwendungsmöglichkeiten von Siliciumcarbidwerkstoffen mit verschiedenen Bindungsarten* [52]

	Selbst-gebun-denes SiC	Oxidbindung niedrige Dichte	Oxidbindung hohe Dichte	Nitrid-bindung	Oxinitrid-bindung
Festigkeit bei Raumtemperatur	1	2	3	4	4
bei erhöhter Temperatur	1	2	3	4	4
Verschleißfestigkeit (einschließlich Flammenerosion)	0	1	2	4	4
Temperaturwechselbeständigkeit	4	3	2	2	3
Wärmeleitfähigkeit	1	2	3	4	4
Dichte	1	1	4	4 +	4 +
Widerstandsfähigkeit gegen:					
Mechanische Abnutzung	4	3	2	2	2
Oxidation	3	1	2	4	4
Verwerfung bei Glühtemperatur	3	3	3	4	4
Schlacke	2	2	3	4	4
Chemischen Angriff	1	1	2	4	4
Nichteisenmetalle	3	2	2	4	4
Eisenmetalle	1	1	1	2	3
Ökonomische Faktoren:					
Bearbeitbarkeit	3	3	1	1	1
Herstellungskosten	1	2	2	4	2

4 = sehr gut oder hoch; 3 = gut; 2 = mäßig; 1 = gering oder niedrig; 0 = unbrauchbar

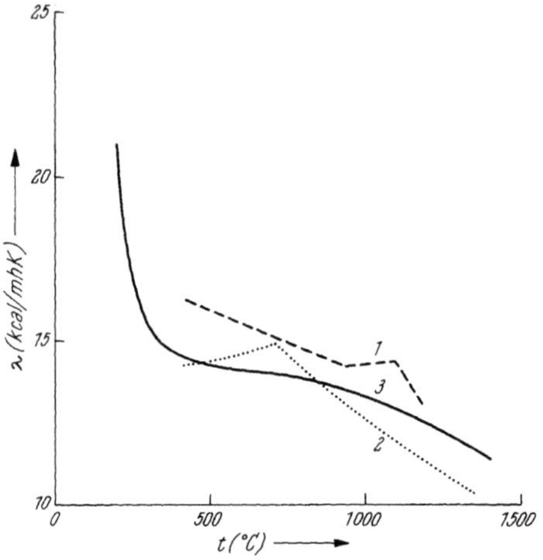

Abb. 131. Richtwerte für die Wärmeleitfähigkeit. *1* SiC oxinitridgebunden, *2* SiC nitridgebunden, *3* SiC oxidisch gebunden

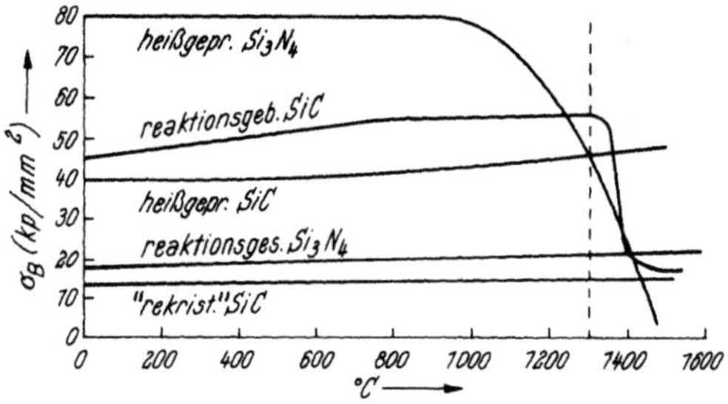

Abb. 132. Biegefestigkeit einiger SiC- und Si_3N_4-Werkstoffe in Abhängigkeit von der Temperatur. (Nach [47])

10. Nicht feuerfeste Siliciumcarbid-Produkte

10.1 Schleifmittelindustrie

Die Schleifmittelindustrie ist neben der Metallurgie der Hauptverbraucher an technischem Siliciumcarbid. Das Schleifen ist in sehr vielen Industrien ein nicht wegzudenkender Arbeitsvorgang. Schleifprozesse werden schon seit Urzeiten durchgeführt, zur Herstellung von Waffen, Werkzeugen, Schmucksteinen und vielem anderen mehr. Die Technik des Schleifens ist seit der jüngeren Altsteinzeit bekannt. In der Jungsteinzeit gab es Schleifsteine, auf denen der zu schleifende Gegenstand hin- und hergerieben wurde, so daß Steinschliffe als ein Merkmal der Jungsteinzeit gelten. In der Bronzezeit wurden Gußnähte durch Schleifen beseitigt. Plinius berichtet von pulverisierten Schleifmitteln bei Griechen. Um 1430 wurde eine Handschleifmaschine für Edelsteine erfunden. Leonardo da Vinci entwarf mehrere Schleifmaschinen vor 1500.

Als Schleifmittel und Schleifsteine, Pulver und Körnungen dienten bis in das letzte Jahrhundert hinein natürliche Mineralien bzw. Gesteine und Mineralien wie Sand, Korund, Diamant, Smirgel, Sandstein usw. Heute werden noch viele Edelsteine, besonders sogenannte Halbedelsteine auf Sandstein geschliffen, oft unter zusätzlicher Verwendung von Schleifmitteln. Erst mit der synthetischen Herstellung des Siliciumcarbids durch Acheson kam ein synthetisches Schleifmittel auf den Markt [36, 163].

Synthetische Schleifmittel	Entdeckungsjahr
Siliciumcarbid	1891
geschmolzenes Aluminiumoxid	1893
Borcarbid	1934
synthetischer Diamant	1955
kubisches Bornitrid	1962

Die Schleifmittelindustrie stellt sehr hohe Anforderungen an die Korngrößenzusammensetzung der SiC-Pulver. Für Schleifmittel auf Unterlagen – das sind Schleifbänder, die als Unterlage Papier, Vulkanfiber oder Gewebe haben – wurde von der Europäischen Vereinigung der Schleifmittelhersteller FEPA [38] eine besondere FEPA-Körnungsreihe (Tab. 59) herausgegeben. Zur Verwendung kommt Siliciumcarbid mit geringem Schüttgewicht und länglicher, spießiger Kornform.

Schleifkörper aus Siliciumcarbid – Schleifscheiben usw. – werden mit organischen oder anorganischen Bindemitteln hergestellt. Die anorganischen Binder sind meist oxidischer Natur, die Herstellung ähnelt damit sehr der von feuerfesten Materialien. Entsprechend treten in diesem Fall auch dieselben Probleme, wie z. B. „der schwarze Kern" auf.

Neben dem Einsatz von Schleifmitteln auf Unterlage und den gebundenen Schleifkörpern werden vielfach auch Schleifkörnungen verwendet. Diese drei Arten des SiC-Einsatzes finden besonders da Verwendung, wo Materialien mit geringer Zugfestigkeit oder sehr großer Härte bearbeitet werden sollen, wie Grauguß, Hartguß, Hartmetalle, Aluminium, Messing, weiche Bronze, Kupfer, Kunststoff, Gesteine, Glas, Porzellan, ferner auch Hartgummi, Kohle, Leder usw.

Tabelle 59. *FEPA-Sieb-Spezifikation für Schleifmittelkorn aus geschmolzenem Aluminiumoxid und Siliciumcarbid für gebundene Schleifkörper* [38] (ASTM E 11–70)

Korn Nr.	Sieb Nr. 1 100% Durchgang	Sieb Nr. 2 Sieb	Sieb Nr. 2 Rückst. %	Sieb Nr. 3 Sieb	Sieb Nr. 3 Rückst. min. %	Siebe Nr. 3 u. 4 Siebe	Siebe Nr. 3 u. 4 Summe Rückst. min. %	Sieb Nr. 5 max. 3% durch Sieb Nr.
8	5	7	0–15	8	45	8 + 10	80	12
10	6	8	0–15	10	45	10 + 12	80	14
12	7	10	0–15	12	45	12 + 14	80	16
14	8	12	0–15	14	45	14 + 16	80	18
16	10	14	0–15	16	45	16 + 18	80	20
20	12	16	0–15	18	45	18 + 20	80	25
(22)	14	18	0–15	20	45	20 + 25	80	30
24	16	20	0–25	25	45	25 + 30	70	35
30	18	25	0–25	30	45	30 + 35	70	40
36	20	30	0–25	35	45	35 + 40	70	45
(40)	25	35	0–30	40	40	40 + 45	65	50
46	30	40	0–30	45	40	45 + 50	65	60
54	35	45	0–30	50	40	50 + 60	65	70
60	40	50	0–30	60	40	60 + 70	65	80
70	45	60	0–25	70	40	70 + 80	65	100
80	50	70	0–25	80	40	80 + 100	65	120
90	60	80	0–20	100	40	100 + 120	65	140
100	70	100	0–20	120	40	120 + 140	65	200
120	80	120	0–20	140	40	140 + 170	65	230

Korn Nr.	Sieb Nr. 1 100% Durchgang	Sieb Nr. 2 Sieb	Sieb Nr. 2 Rückst. %	Siebe Nr. 3 u. 4	Siebe Nr. 3 u. 4 Summe Rückst. min. %	Siebe Nr. 3,4 u.5 Siebe	Siebe Nr. 3,4 u.5 Summe Rückst. min. %	Sieb Nr. 6 max. 3% durch Sieb Nr.
150	100	140	0–15	170 + 200	40	170 + 200 + 230	65	325
180	120	170	0–15	200 + 230	40	200 + 230 + 270	65	–
220	140	200	0–15	230 + 270	40	230 + 270 + 325	60	–

Für die Entscheidung, welches Schleifmittel zu verwenden ist, ist neben der eigentlichen Härte die Kornzähigkeit von besonderer Bedeutung. Vergleichende Untersuchungen [1] zwischen Korund und Siliciumcarbid ergaben, daß ab einer bestimmten Korngröße Siliciumcarbid eine höhere Zähigkeit aufweist als die entsprechende Normalkorundsorte (Abb. 133). In der gleichen Arbeit wird auch auf einen Zusammenhang zwischen Schüttgewicht und Zähigkeit hingewiesen. Je höher das Schüttgewicht ist, desto größer ist die Zähigkeit (Abb. 134).

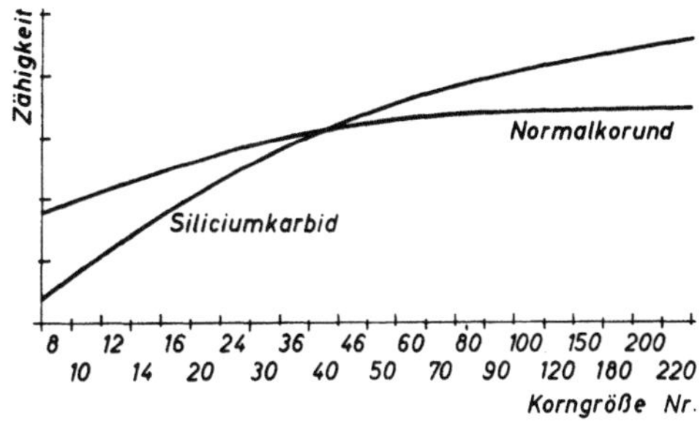

Abb. 133. Zähigkeitswerte in Abhängigkeit von der Korngröße. Das Diagramm zeigt, daß etwa ab Korn Nr. 40 Siliciumcarbid eine höhere Zähigkeit aufweist als die entsprechende Normalkorundsorte. (Nach [1])

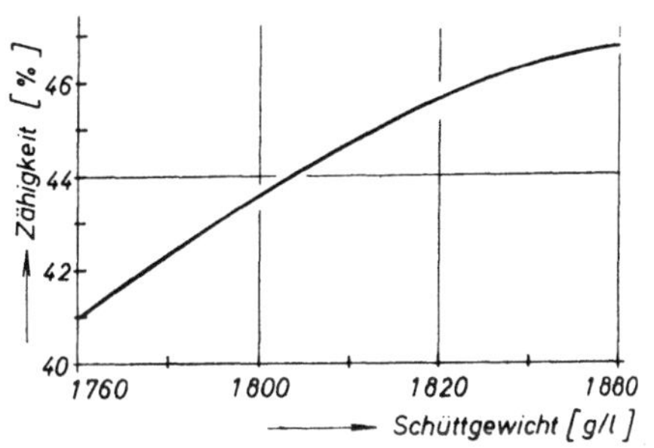

Abb. 134. Abhängigkeit der Kornzähigkeit vom Schüttgewicht. (Nach [1])

Hinzu kommt die Kombination von Härte und Art des Bruchs. Letztere ist von extremer Bedeutung. Man kann dadurch Siliciumcarbid zu den sich selbst schärfenden Schleifmitteln rechnen.

Siliciumcarbid dient zum Sägen und Schleifen aller, auch der härtesten Gesteinsarten in der Naturstein- und der Kunststeinindustrie. Die Glasschleifereien sowie auch die spezielle optische Industrie verwenden Siliciumcarbid. In der metallverarbeitenden Industrie dient Siliciumcarbid als Schleif- und Läppmittel und zu Sandstrahlzwecken. Auch im graphischen Gewerbe wird Siliciumcarbid zum Körnen und Schleifen von Zink- und Aluminiumplatten benutzt.

10.2 Elektrotechnik

Siliciumcarbid ist hier aufgrund seiner Halbleitereigenschaften bekannt. Es ist möglich, durch spezielle Dotierungen einen p- oder n-Typ zu erhalten. Bevorzugt wird der Einbau von Elementen der dritten Gruppe des periodischen Systems. Nach Art und Menge der „Verunreinigungen" läßt sich die Leitfähigkeit des Materials um ca. 6 Zehnerpotenzen variieren.

Von besonderer Bedeutung ist die Verwendung von Siliciumcarbid bei der Erzeugung von spannungsabhängigen Widerständen. Diese werden im Niederspannungsbereich, z. B. Telefonvermittlungsanlagen oder auch im Hochspannungsbereich, z. B. bei Blitzschutzsicherungen, eingesetzt.

Siliciumcarbid als Heizelement. Für Temperaturen von über 1100°C sind nichtmetallische elektrische Heizelemente auf Basis von Siliciumcarbid entwickelt worden. Ihre Anwendungsgrenze liegt nach Singer [134] bei 1575°C. Siliciumcarbid liegt hier nicht in der α-, sondern in der β-Modifikation vor. Als Bindung dienen Graphit und SiO_2. Die Porosität, die bis maximal 18% beträgt, hat einen deutlichen Einfluß auf das Oxidationsverhalten.

Nach N. J. Woronin, W. L. Kusnezow und R. I. Bresker [164] altern SiC-Heizelemente in Argonatmosphäre langsam und können mehr als 300 Stunden bei 1700°C und mehr als 200 Stunden bei 1800°C aushalten. Bei 2000°C ist ihre Lebensdauer 20mal kürzer als bei 1800°C. Eine SiC-„Sublimation" aus dem Heizelement ist zu beobachten. Bis 11% Sauerstoff in Argon zeigen bei 1600°C keinen merklichen Einfluß auf die Geschwindigkeit der Oberflächenoxidation des Heizelements.

Der Wärmedehnungskoeffizient ist niedrig, der spezifische elektrische Widerstand hoch. Beide entsprechen in etwa den Daten von reinem Siliciumcarbid. Die mechanische Festigkeit ist für diesen Anwendungsfall ausreichend.

Wie bei allen SiC-Erzeugnissen, die hohen Temperaturen ausgesetzt werden, muß auch hier mit einer Zersetzung im Laufe der Zeit gerechnet werden. D. h. der SiC-Gehalt nimmt ab, der Anteil an SiO_2 entsprechend zu. Damit ändern sich zwangsweise auch die elektrischen Daten der Heizelemente, da sich die angegebenen elektrischen Größen ändern. Durch chemische und kristallographische Prozesse und Veränderungen im Gefüge nähert sich das Verhalten der Heizelemente dem von hoch-SiO_2-haltigem Material. Bei SiC-Heizelementen ist in jedem Fall mit einer im Verlauf der Zeit eintretenden Zersetzung und einer Volumenzunahme zu rechnen. Dies muß bei der Auslegung der Ofeneinheiten berücksichtigt werden, sonst können leicht mechanische Beschädigungen auftreten.

Da SiC-Heizelemente vor allem in Labormuffelöfen verwendet werden, in denen sehr unterschiedliche Proben geglüht werden müssen, ist ihre Lebensdauer oft ziemlich begrenzt. Besonders anfällig ist dieses Material auf ammoniak-, alkali-, schwefel- und phosphorhaltige Verbindungen, die wahrscheinlich als Mineralisatoren bei der Umsetzung

$$SiC \rightarrow SiO \rightarrow SiO_2$$

zerstörend wirken. Dagegen haben SiC-Heizelemente, die in Röhrenöfen z. B. für die Bestimmung von SiC-Gehalten verwendet werden, aber nicht mit schädlichen Dämpfen in Berührung kommen, eine fast unbegrenzte Lebensdauer.

10.3 Bauindustrie

Siliciumcarbid als Hartstoffzuschlag. Als Zusatzmittel zu vielen anderen Materialien ist Siliciumcarbid als ausgesprochener Hartstoff anzusehen. Solche Zuschläge macht man z. B. zu zementgebundenen Böden, Kunstharz- und Bitumenbelägen, keramischen Platten und Fliesen. In der Bauindustrie wird Siliciumcarbid vielfach zur Herstellung besonders verschleißfester Hartbetonestriche gebraucht, die eine Abriebfestigkeit von 1,5 $cm^3/50\ cm^2$ (nach DIN 51108 gemessen) und eine Druckfestigkeit von mindestens 80 N/mm^2 erreichen müssen.

Durch den Zusatz von Siliciumcarbid erzielt man: erhöhten Gleitschutz – erhöhte Griffigkeit – verringerten Verschleiß – inertes chemisches Verhalten – Frost- und Feuchtigkeitsbeständigkeit – leichte Verarbeitbarkeit und ein mit Pigmenten kombinierbares Verarbeiten.

Siliciumcarbid verträgt sich mit fast allen in Frage kommenden Bindemitteln sehr gut. Einige der hauptsächlichen Anwendungsgebiete sind: Industrie-, Garagen- und andere Böden – Warenlager – Kohlenrutschen – Dammschürzen – Kanalsohlen – Geschiebeschutz für Wasser- und Kläranlagen – Straßenbau – Bahnsteige, Treppen, Rampen – Startbahnen für schwere Düsenmaschinen.

Sehr interessant ist die Verwendung von Siliciumcarbid für den Straßenbau. Soweit bekannt geworden, wurde 1914 bei der Belegung einer Fußgängerrampe schon Siliciumcarbid als Hartstoff einem Zementüberzug beigemischt [166]. Seit 1930, in größerem Umfang seit 1967, versucht man die Härte und die Dauerhaftigkeit von Straßenbelägen durch Einarbeiten von Siliciumcarbid systematisch zu steigern. Die ersten Versuche wurden beim Bau von Betonstraßen durchgeführt. Mittlerweile arbeitet man auch bei Schwarzbelägen (Bitumen und Asphalt) mit Siliciumcarbid.

Das Siliciumcarbid wird entweder von Hand oder maschinell eingestreut, das bringt den Vorteil, daß sich die Konzentration an der Oberfläche befindet, oder es wird untergemischt und verteilt sich in der Masse. Die Korngröße liegt im allgemeinen über 1 mm, meistens bei 5 bis 10 mm. Die Mengenanteile sind recht unterschiedlich, von 1 bis über 10%, wie beispielsweise folgende Anleitungen zeigen: 3 kg 3 bis 6 mm Körnung pro m^2 in heißen Gußasphalt einstreuen. Für Fußgängerrampen wird angegeben: 1,5 kg/m^2 Siliciumcarbid, 0,5 bis 3 mm Körnung auf die heiße Belagsfläche streuen.

Die Vorteile von SiC-Zugaben liegen klar auf der Hand:

1. gute Griffigkeit, auch bei Oberflächennässe,
2. erhöhter Abnutzungswiderstand.

10.4 Weitere Verwendungen von Siliciumcarbid

10.4.1 Raketenwerkstoff [122]

Auf dem werkstofftechnischen Sektor hat die Raketentechnik viele Neuentwicklungen gebracht. Werkstoffe wurden entwickelt, die extremen Bedingungen ausgesetzt werden können. Bekannt ist die Verwendung von Zirkonoxid, Al_2O_3 und auch Graphit. Siliciumcarbid wird als Düsenwerkstoff verwendet, weil es den hohen Temperaturen widersteht und auch resistent ist gegen die Reaktionsprodukte, die bei der Verbrennung der verschiedenen Treibstoffe entstehen. Dabei ist die gute Temperaturwechselbeständigkeit von ebenso großer Bedeutung.

10. 4. 2 Nuklear-Reaktor-Bereich

Neben dem Einsatz von Graphit und Berylliumoxid in Atomreaktoren, die mit hohen Temperaturen arbeiten, kommt auch Siliciumcarbid in Frage. Normal silikatisch gebundene SiC-Erzeugnisse sind in allen Fällen chemisch nicht rein genug. Mehr Aussichten haben Erzeugnisse wie

1. selbstgebundenes Siliciumcarbid,
2. siliconisiertes Siliciumcarbid,
3. nitrid- und oxinitridgebundenes Siliciumcarbid,
4. graphitgebundenes Siliciumcarbid,
5. geschäumtes Siliciumcarbid.

Die thermische Leitfähigkeit des Siliciumcarbids ist beinahe so hoch wie die von Graphit. Die thermische Ausdehnung ist geringer als die von Berylliumoxid und die von Graphit. Die Festigkeit bis 1500°C ist weit günstiger als die von BeO. Dies sind Eigenschaften, die Siliciumcarbid neben Graphit und BeO brauchbar für den Einsatz im Reaktorbetrieb erscheinen lassen. Man wird für diesen Anwendungsfall weitere Forschungsergebnisse abwarten müssen, um endgültige Aussagen treffen zu können.

10. 4. 3 Gasturbine

Die Temperatur innerhalb der Turbine kann durch den Einsatz keramischer Werkstoffe auf über 1000°C gesteigert werden. Es können billigere Brennstoffe verwendet werden, umweltverschmutzende Antiklopfmittel usw. entfallen. Die Korrosion der Schaufeln wird verhindert bzw. durch den Einsatz von Keramik wenigstens stark gebremst.

Die Keramik wird in der Turbine ungewöhnlichen Beanspruchungen ausgesetzt. Es handelt sich um eine Kombination mechanischer, thermischer und chemischer Beanspruchung [47] (Tab. 134). Es treten bei einer Turbine mit einem Durchmesser von 15 cm Drehzahlen von 30 bis 70 000 U/min auf. Dabei wird eine Leistung von 147,2 kW erzielt. Nach Gugel und Leimer [47] kommen als Werkstoffe nur Siliciumcarbid und Si_3N_4 in Frage. Dichte, Biegefestigkeit, linearer thermischer Ausdehnungskoeffizient, Wärmeleitfähigkeit und Temperaturwechselbeständigkeit sind die Hauptkriterien für die Auswahl der Werkstoffe. Die genannten Autoren teilen mit, daß beide Werkstoffe in heißgepreßter Form ihre besten Eigenschaften haben, obwohl noch wichtige Meßwerte für die genannten keramischen Werkstoffe ausstehen, wie z. B. Hochtemperaturkriechmessungen. Nachteilig ist, wie bei allen keramischen Materialien, die große Sprödigkeit von Siliciumcarbid und Si_3N_4. Nicht zuletzt ist es für die Weiterentwicklung der Turbinen unerläßlich, daß die Konstrukteure die Eigenschaften mehr von feuerfesten Materialien, speziell von Siliciumcarbid, in Betracht ziehen, um diesem Material gerechter werdende Konstruktionen entwerfen zu können. Der Keramiker seinerseits muß seine Materialien weiterentwickeln, damit sie den bekannten Beanspruchungen genügen können. Hier ist für Siliciumcarbid noch ein weites Feld offen.

Zur Zeit steht für diesen Anwendungsfall reaktionsgebundenes Siliciumcarbid und Si_3N_4 zur Verfügung. Experimentelle Arbeiten werden ferner durchgeführt an Glas-Keramik, z. B. auf Cordieritbasis [114] (Abb. 135).

		Verbrennungs-kammer	Leit-apparat	Rotor	Regene-rator
mechanisch	statisch	–	–	+	(+)
	dynamisch	–	–	+	(+)
	Erosion	–	(+)	(+)	–
thermisch	Thermoschock	+	+	+	+
	Temperatur-gradient	+	+	+	–
chemisch	Oxidation	+	+	+	+
	Korrosion	+	+	+	+

Abb. 135. Beanspruchung von Gasturbinenbauteilen. (Nach [47])

10.4.4 Einlagerungshärtung

Ein neues Anwendungsgebiet von Siliciumcarbid ist die Einlagerungshärtung von Metallschichten durch ultrafeine SiC-Körner, wie sie heute schon bei der Lauffläche des Wankelmotors praktiziert wird sowie die Herstellung von hochfesten Halbzeugen durch Verwendung von SiC-Whisker [128].

10.4.5 Farben- und Lackindustrie

Für diesen Industriezweig gibt es SiC-Pigment. Es ist indifferent gegen Säuren und Laugen und bewirkt eine gute Korrosion und Abriebfestigkeit des Anstriches, außerdem weist dieses Material auch eine ungewöhnlich gute Benetzbarkeit mit allen Bindemitteln der Lackindustrie auf. Wegen des hohen Brechungsindexes von Siliciumcarbid (ca. 2,6 bis 2,7), s. Abschnitt 2.2.8, verfügen siliciumcarbidhaltige Lacke über eine außerordentlich große Deckkraft [128].

10.4.6 Chemische Industrie

In der chemischen Industrie wird Siliciumcarbid zur Herstellung von Siliciumtetrachlorid verwendet.

10.5 SiC-Whisker

Whisker sind nadelartige Kristalle, die durch das Wachsen an der Spitze der Kristalle – Nadelkristalle – oder an der Basis – Haarkristalle – entstehen. Die Herstellung kann auf verschiedene Wege erfolgen.

1. durch Reaktionen von Kohlenstoff und SiO_2 (SiO) oder Silikaten,
2. durch Reaktionen von Kohlenwasserstoff mit SiO_2,
3. durch Reaktionen von gasförmigen Kohlenstoffverbindungen mit $SiCl_4$

oder ähnlichen Substanzen,

4. durch Zersetzung von gasförmigen Kohlenstoff-Silicium-Verbindungen,
5. durch Umkristallisation von Siliciumcarbid.

Die vereinfachten Reaktionsgleichungen lauten:

1. $SiO + 3\,CO \rightarrow SiC + 2\,CO_2$
2. $2\,CH_4 + SiO \rightarrow SiC + CO + 4\,H_2$.

Bis 1800°C ist mit β-SiC-Entstehung zu rechnen, bei höherer Temperatur mit der von α-SiC.

In CH_3SiCl_3 kommt das Verhältnis Si : C dem Siliciumcarbid am nächsten, es wird deshalb oft als Ausgangsstoff dieser SiC-Bildung verwendet. Coes [19] führt bei der Besprechung der Herstellung der „Fasern" aus, daß die Prozeßabläufe in einem SiC-Zylinder in einer Lanthanatome enthaltenen Atmosphäre vor sich gehen. Da dies ein Hochtemperaturprozeß ist, erhält man α-SiC der Polytypen 6 H und 15 R. Es besteht auch die Möglichkeit, SiC-Whisker bei 1260°C durch die Zersetzung des obengenannten Methyltrichlorsilans (CH_3SiCl_3) in einem Wasserstoffstrom zu erzeugen. Die Herstellung der SiC-Whisker erfolgt vorzugsweise durch eine heterogene Gasphasenreaktion nach dem „VLS-Mechanismus" (VLS = vapor – liquid – solid). Die Whiskerbausteine – Kohlenstoff und Silicium – gelangen in Form von Siliciumchlorid und einem Kohlenwasserstoff in die Gasphase (vapor). Diese gasförmigen Verbindungen gelangen zu einem Legierungströpfchen (liquid), lösen sich darin und reagieren zu Siliciumcarbid (solid), und zwar in Form von Einkristallen. Läuft der Vorgang bei ca. 1400°C ab, entsteht entsprechend dieser Bildungstemperatur β-SiC. Produktionsanlagen für technische Herstellung von Whiskern sind mehrfach beschrieben [45, 86].

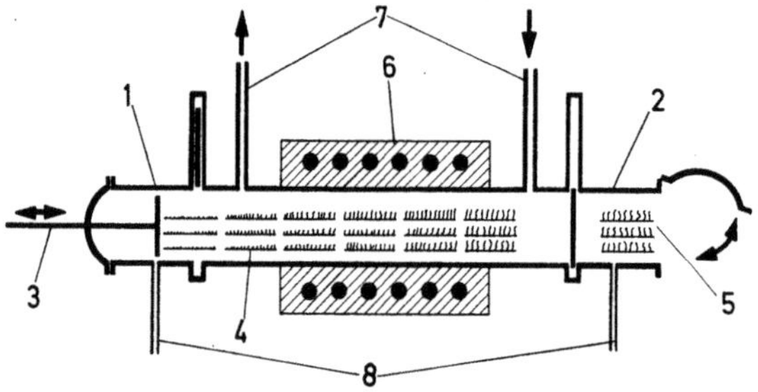

Abb. 136. Prinzip des Lonza-Whisker-Durchlaufofens. *1* Eingangsschleuse mit offenem Schieber und geschlossener Kammer, *2* Ausgangsschleuse mit geschlossenem Schieber und offener Kammer, *3* Vorschubmechanismus, *4* Substratplatten, *5* Whiskerentnahme, *6* Heizung, *7* Reaktionsgasleitung, *8* Vakuumleitung. (Nach [45])

Eine großtechnische Verwertung der Whisker scheitert noch weitgehend am Preis. A. Lipp [86] gibt 1970 an, daß der Preis pro kg SiC-Whisker bei mehreren tausend DM liegt und erwartet einen Preisrückgang auf ca. DM 20,– pro kg. Die ungewöhnliche mechanische Festigkeit der SiC-Whisker bestimmt ihre Verwendung. Ihr Einsatzgebiet ist vor allem das der sogenannten Verbundwerkstoffe. Dies ist eine Kombination einer Materie mit einer Verstärkungskomponente. Für SiC-Whisker kommen als Matrixmaterialien Kunststoffe, Metalle, Gläser und viele keramische Stoffe in Frage.

Billiger, und für den allgemeinen Einsatz augenscheinlich zur Zeit noch besser beurteilt, sind Kohlenstoff-Whisker bzw. Kohlenstoff-Fasern. Die Einsatzmöglichkeiten der letztgenannten sind bekannt (z. B. Flugzeugelemente, Turbinen usw.). Die Einsatztemperatur geht bis 600°C, manchmal sogar bis 700°C. Für höhere Temperaturen wäre Siliciumcarbid natürlich günstiger, aber hier wirkt sich nachteilig aus, daß Siliciumcarbid sich nicht mit allen Werkstoffen verträgt. Es treten besonders mit Schwermetallen Reaktionen ein. So reagieren Fe, Ni, Cr sehr schnell mit SiC-Whiskern.

Eine gute Chance für die Verwendung von SiC-Whiskern besteht in der Kohlekeramik. Der Einsatz von SiC-Whiskern wird aber bis auf weiteres auf Ausnahmefälle beschränkt bleiben.

Tabelle 60. *Zugfestigkeit und E-Modul der bekanntesten keramischen Whisker* [86]

Whisker	Spez. Gewicht p · cm³	Zugfestigkeit kp · mm²	Spez. Zugfestigkeit km	E-Modul kp · mm²	Spez. E-Modul km
SiC	3,21	1000–3000	310–930	50–100000	15500–31000
Al_2O_3	3,97	500–2500	130–650	50–100000	12500–25000
Si_3N_4	3,44	500–1500	150–450	30– 50000	8500–14500
B_4C	2,51	500–1500	200–600	40– 60000	16000–24000

Tabelle 61. *Abmessungen lieferbarer SiC-Modifikationen* [86]

Modifikation	Durchmesser mm	Länge mm	L–D-Verhältnis
α (hexagonal)	10–100	1–60	10– 6000
β (kubisch)	1– 3	1–30	300–30000

Daten eines technischen Merkblattes für β-SiC-Whisker eines Herstellers:

	Typ 1	Typ 2
L–D-Verhältnis	100–200	50–100
Mittlerer Durchmesser		1–4 μm
Zugfestigkeit		700–1000 kp/mm²
E-Modul		$4{,}2–4{,}9 \times 10^4$ kp/mm²

11. Allgemeine Tabellen

11.1 Formeln, Atom- bzw. Molekulargewichte sowie Schmelz-, Zersetzungs- bzw. Umwandlungspunkte einiger wichtiger Stoffe

Tabelle 62

	Formel	Atom- bzw. Molgewicht abgerundet	Schmelzpunkt (Zersetzungs-punkt)°C
Aluminium	Al	27	659
Aluminiumoxid	Al_2O_3	102	2050
Andalusit	$Al_2O_3 \cdot SiO_2$	162	(1350)
Aluminiummonophosphat	$AlH_6(PO_4)_3$	318	
Baddeleyit	ZrO_2 monoklin	123	2687
Berylliumoxid	BeO	25	2525
Böhmit	Al O OH	60	(280)
Borsäureanhydrid	B_2O_3	70	450
Calciumfluorid	CaF_2	78	1378
Cordierit	$2\,MgO \cdot 2\,Al_2O_3 \cdot 5\,SiO_2$	584	(1460)
Cristobalit	SiO_2	60	1725
Cyanit	$Al_2O_3 \cdot SiO_2$	162	(1325)
Diaspor	AlO OH	60	(450)
Eisen, metallisch	Fe	56	1535
Eisen(II)-Oxid	FeO	72	1380
Eisen(III)-Oxid(Hämatit)	Fe_2O_3	160	(1385)
Fayalit	$2\,FeO \cdot SiO_2$	204	(1205)
Forsterit	$2\,MgO \cdot SiO_2$	141	1890
Feldspat–Orthoklas	$K_2O \cdot Al_2O_3 \cdot 6\,SiO_2$	556	(1150)
Feldspat–Albit	$Na_2O \cdot Al_2O_3 \cdot 6\,SiO_2$	524	1118
Feldspat–Anorthit	$CaO \cdot Al_2O_3 \cdot 2\,SiO_2$	278	1553
Gibbsit (Hydrargillit)	$Al(OH)_3$	78	(~ 270)
Graphit	C	12	3700
Kaliophillit	$K_2O \cdot Al_2O_3 \cdot 2\,SiO_2$	316	1750
Kaolinit	$Al_2O_3 \cdot 2\,SiO_2 \cdot 2\,H_2O$	258	(~ 500)
Kohlenstoff	C	12	3800
Leucit	$K_2O \cdot Al_2O_3 \cdot 4\,SiO_2$	436	1680
Magnetit	Fe_3O_4	231	1594
Mullit	$3\,Al_2O_3 \cdot 2\,SiO_2$	426	(1840)
Nephelin	$Na_2O \cdot Al_2O_3 \cdot 2\,SiO_2$	284	1526
Phosphor(V)-Oxid	P_2O_5	142	569

Tabelle 62 (Fortsetzung)

	Formel	Atom- bzw. Molgewicht abgerundet	Schmelzpunkt (Zersetzungs-punkt)°C
Quarz	SiO_2	60	(870)
Schwefeldioxid	SO_2	64	–75
Silicium	Si	28	1410
Sillimanit	$Al_2O_3 \cdot SiO_2$	162	(1545)
Siliciumdioxid (Quarzglas)	SiO_2	60	1725
Siliciumcarbid	SiC	40	(1500–2300)
Soda	Na_2CO_3	106	852
Talkum	$3\,MgO \cdot 4\,SiO_2 \cdot 2\,H_2O$	396	(~ 800)
Titandioxid (Rutil)	TiO_2	80	1855
Tonerde	Al_2O_3	102	2050
Tridymit	SiO_2	60	(1470)
Vanadinpentoxid	V_2O_5	182	670
Wollastonit	$CaO \cdot SiO_2$	116	1540
Zinkoxid	ZnO	81	1975
Zirkonoxid (kubisch)	ZrO_2	123	2715
Zirkonsilikat	$ZrO_2 \cdot SiO_2$	183	1640

Es handelt sich um technisch gebräuchliche Werte, die wissenschaftlich exakten Werte und Berechnungen sind den einschlägigen chemischen, physikalischen und mineralogischen Abhandlungen zu entnehmen.

11.2.1 Natürliche und synthetische für SiC-Feuerfest-Erzeugnisse wichtige Rohstoffe

Tabelle 63

natürliche	synthetische
Schamotte	Siliciumcarbid
Sillimanit	Sintermullit
Cyanit (Disthen)	Schmelzmullit
Andalusit	Tonerde normal calciniert
(Naturkorund)	Tonerde hochcalciniert
Zirkon	Sinterkorund
Ton	Schmelzkorund
Bentonit	Aluminiumhydrat
Kaolin	Kohlenstoff (Graphit)
Feldspat	

11.2.2 Vergleichbare Kornrohdichten, gewonnen an handelsüblichen Körnungen 3 bis 5 mm

Tabelle 64

	Al_2O_3 %	Kornrohdichte g/cm^3
Schamotte	35–50	2,25–2,35
Schieferschamotte	43–45	2,54

Tabelle 64 (Fortsetzung)

	Al_2O_3 %	Kornrohdichte g/cm³
Spezialschamotte	42	2,52
calcinierter Cyanit	63	2,72
Andalusit	61	3,0
Sillimanit–Korund	74	3,35
Sintermullit	73	2,75
Sintermullit	73	2,80
Schmelzmullit	75	2,80
hochcalcinierte Tonerde	99,6	3,65
Edelkorund	99,5	3,50
SiC (kompaktes Korn)	97% SiC	2,97
SiC (stengeliges Korn)	97% SiC	2,59

11.3 Rohdichte feuerfester Baustoffe[1]

Tabelle 65

		g/cm³
Quarzgutstein		1,9–2,1
Silikastein		1,7–1,9
Schamottestein		1,8–2,3
Sillimanitstein		2,4–2,6
Sillimanit-Korundstein		2,4–2,8
Korundstein 90%		2,8–3,0
Korundstein 99%		3,1–3,25
Zirkonstein		3,5–3,9
Magnesitstein		2,8–3,1
Chrommagnesitstein		3,0–3,2
Chromerzstein		3,1–3,3
Forsteritstein		2,5–2,8
Leichtstein		< 1,8
SiC-Steine	50% SiC	2,3
	60% SiC	2,4–2,7
	70% SiC	2,3–2,5
	80% SiC	2,3–2,6
	90% SiC	2,4–2,8
	95% SiC	2,7–2,8
SiC-Stein aus „rekristallisiertem" Siliciumcarbid		2,2–2,9

[1] Technische Prüfdaten von feuerfesten Erzeugnissen sollen immer als statistisch gesicherte Mittelwerte ($\bar{x}$ bzw. μ) mit der Streubreite (s bzw. σ) angegeben werden. Wenn in dieser und den folgenden Tabellen davon abgewichen wird, so nur, um zu zeigen, in welchem Bereich (Größenordnung) die meisten Werte liegen, denn in diesen Tabellen wurden Werte von Erzeugnissen verschiedener Firmen mit gleichem SiC-Gehalt aber oft unterschiedlichen Herstellungsverfahren zusammengefaßt.

11.4 Kaltdruckfestigkeit einiger feuerfester Materialien, Richtwerte

Tabelle 66

	N/mm^2
Silikastein	20,0– 90,0
Saure Schamottesteine	20,0– 60,0
Schamottestein	10,0– 30,0
Halbsillimanitstein	30,0– 60,0
Sillimanitstein	40,0– 80,0
Sillimanit–Korundstein	30,0– 50,0
85% Korundstein	100,0–150,0
90% Korundstein	80,0–120,0
99% Korundstein	40,0– 80,0
SiC-Stein 90 % SiC	80,0–> 200,0
SiC-Stein 80 % SiC	50,0–100,0
SiC-Stein 70 % SiC	50,0–100,0
SiC-Stein 60 % SiC	50,0–100,0
SiC-Stein 50 % SiC	50,0–100,0
SiC.Stein 40 % SiC	30,0– 60,0
Magnesiastein	40,0–110,0
Magnesiachromstein	40,0–100,0
Chrommagnesiastein	20,0– 50,0
Chromerzstein	30,0– 80,0
Schamotte–Feuerleichtstein	3,0– 10,0
Korund–Leichtstein	3,0– 10,0
Vermiculit–Leichtstein	< 1,0

11.5 Spannungs-Verformungsdiagramm einiger feuerfester Baustoffe

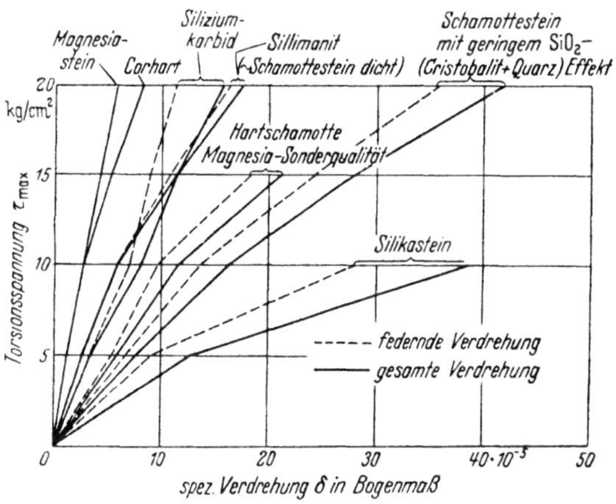

Abb. 137. Spannungs-Verformungsdiagramm verschiedener feuerfester Baustoffe. (Nach [45])

11.6 Lineare Wärmedehnung einiger feuerfester Baustoffe

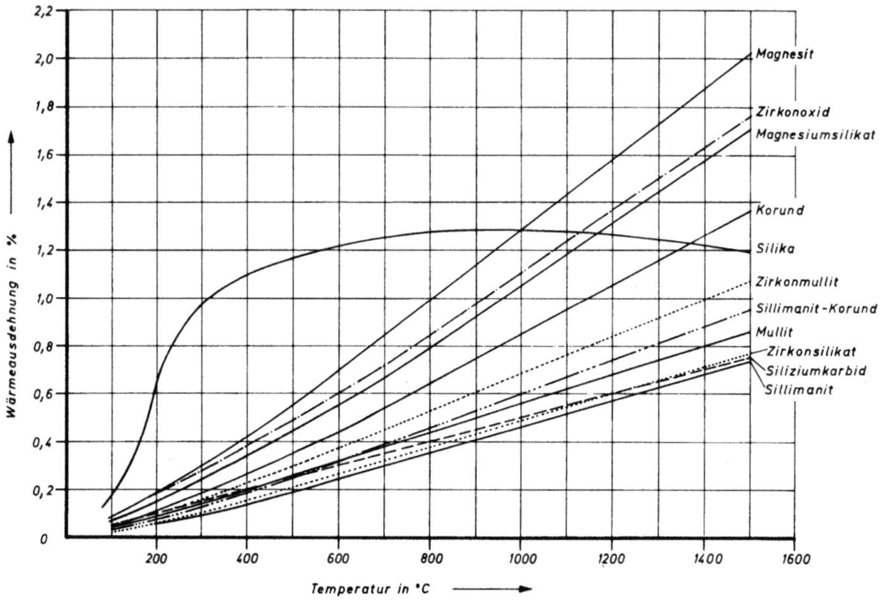

Abb. 138. Lineare Wärmedehnung feuerfester Steine. (Nach [75])

11.7 Temperaturwechselbeständigkeit einiger feuerfester Baustoffe

Tabelle 67

	Abschreckungen in Wasser
Saure Schamottesteine	> 10
Schamottesteine	> 15
Mullitsteine	> 25
Korundsteine	> 15
Siliciumcarbidsteine	> 30
Cordieritsteine	> 30
Zirkonmullitsteine	> 30
	Abschreckungen in Luft
Eisenreiche Magnesiasteine	bis 10
Eisenarme Magnesiasteine	5 bis 20
Chrommagnesiasteine	> 25

Vergleichswerte nach DIN 51 068

11.8 Wärmeleitfähigkeit einiger feuerfester Baustoffe

In vier Diagrammen werden Richtwerte für die Wärmeleitfähigkeit feuerfester Erzeugnisse angegeben. Ein ausführliches Diagramm für feuerfeste SiC-Erzeugnisse ist in Abschnitt 6.4.9 wiedergegeben. Alle Angaben die Wärmeleitfähigkeit betreffend sind etwas unsicher, da in den meisten Fällen die zur Beurteilung notwendigen Daten fehlen, das sind vor allen Dingen die chemische Zusammensetzung und die Rohdichte. Wärmeleitfähigkeit von reinem Siliciumcarbid siehe Tab. 5.

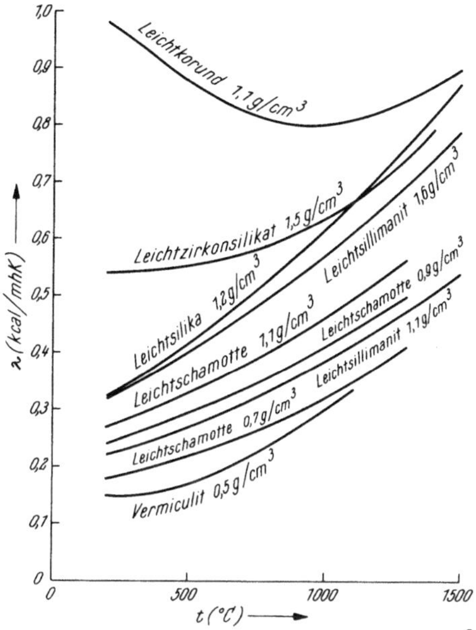

Abb. 139 a. Richtwerte für die Wärmeleitfähigkeit, Leichtsteine

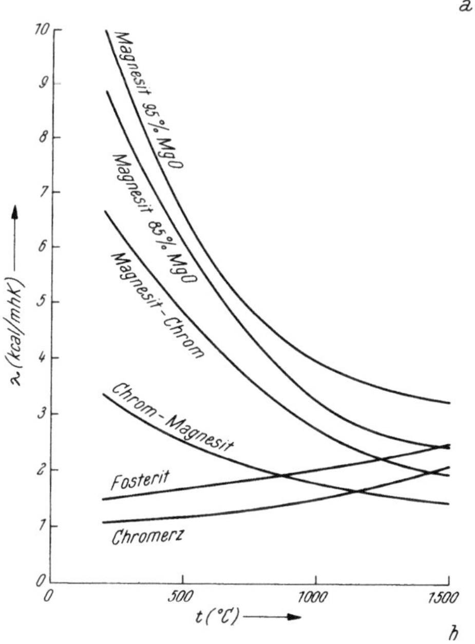

Abb. 139 b. Richtwerte für die Wärmeleitfähigkeit, basische Steine

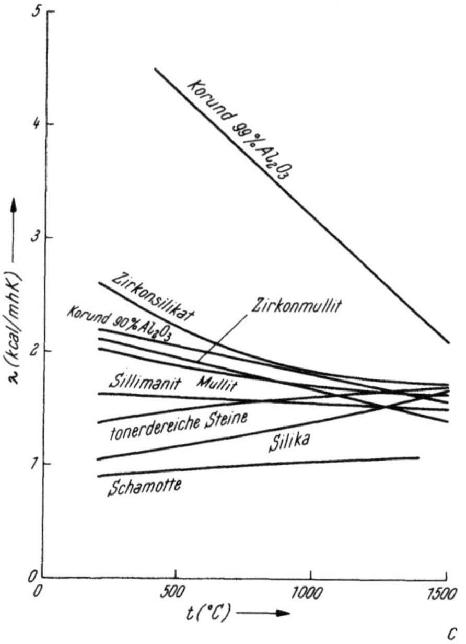

Abb. 139 c. Richtwerte für die Wärmeleitfähigkeit, Sillimanit-, Korund- und Zirkonsteine

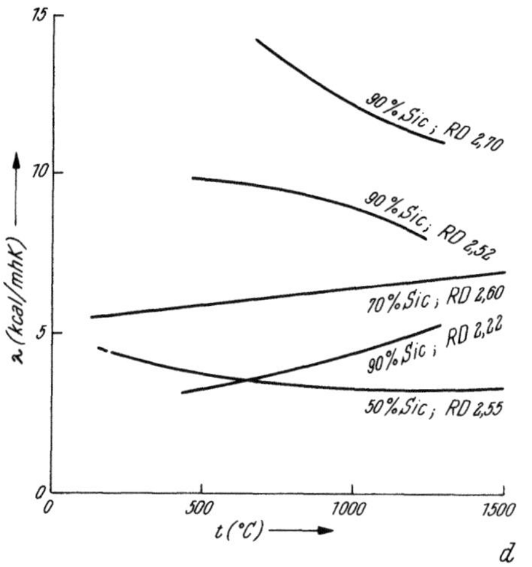

Abb. 139 d. Richtwerte für die Wärmeleitfähigkeit, SiC-Steine

11.9 Mittlere spezifische Wärme einiger feuerfester Baustoffe

Die Kurven wurden nach verschiedenen Literaturangaben [24, 75] zusammengestellt.

1. Schamottesteine
2. Silikasteine
3. Sillimanitsteine
4. Korundsteine
5. Magnesitsteine
6. Forsteritsteine
7. Chromitsteine
8. Zirkonsilikatsteine
9. Zirkonoxidsteine
10. Siliciumcarbidsteine (90% SiC). Einzelne Zahlenangaben s. Abschnitt 6.4.10)
11. Kohlenstoffsteine

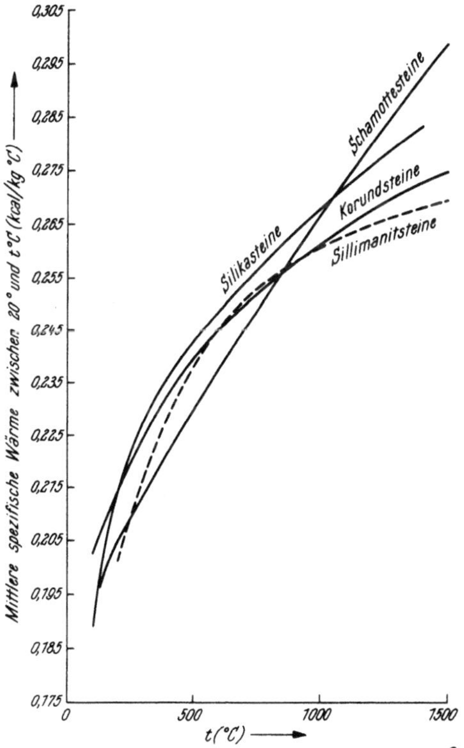

a

Abb. 140 a. Mittlere spezifische Wärme zwischen 20°C und t°C (kcal/kg °C), Silika-, Schamotte-, Sillimanit- und Korundsteine

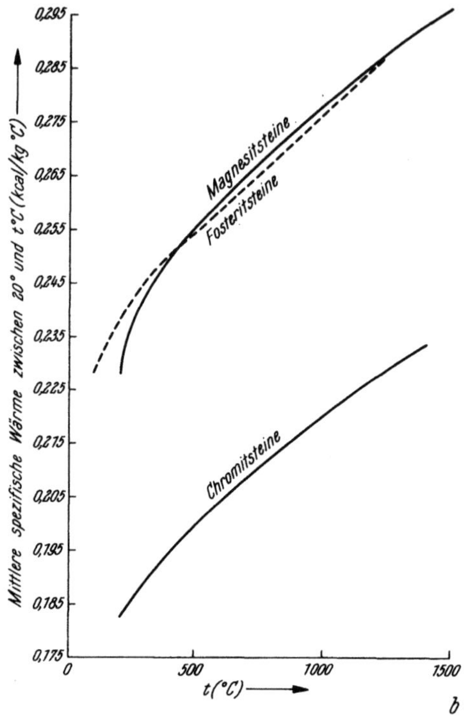

Abb. 140 b. Mittlere spezifische Wärme zwischen 20°C und t°C (kcal/kg °C), basische Steine

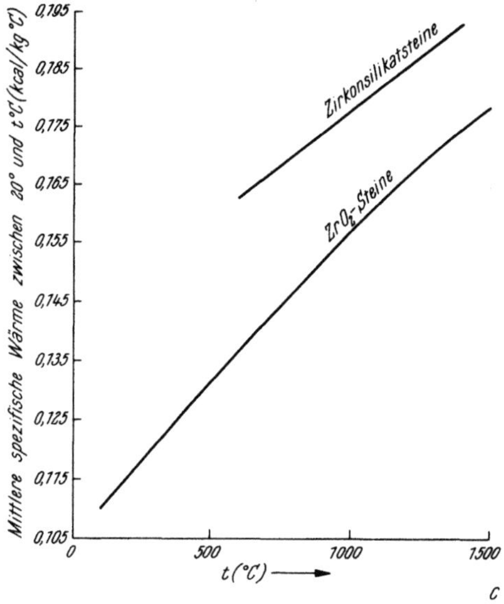

Abb. 140 c. Mittlere spezifische Wärme zwischen 20°C und t°C (kcal/kg °C), zirkonhaltige Steine

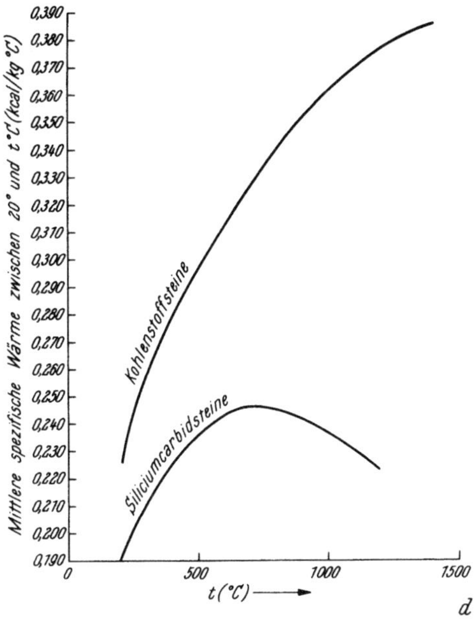

Abb. 140 d. Mittlere spezifische Wärme zwischen 20°C und t°C (kcal/kg °C), Kohlenstoff- und SiC-Steine (90%)

11.10 Kalt- und Heißbiegefestigkeit einiger feuerfester Baustoffe

Die in den Diagrammen (Abb. 141 a–c) wiedergegebenen Kurven stellen grobe Richtwerte dar. Zugrunde liegen Werte von Steinen verschiedener Firmen. Diese Bestimmungen wurden im Laboratorium der Firma Koppers, Fabriken feuerfester Erzeugnisse GmbH, Düsseldorf durchgeführt.

Heißbiegefestigkeit von SiC-Steinen mit verschiedenen SiC-Gehalten, Diagramm Nr. 141 a

1. 90% SiC, Tonbindung
2. 50% SiC, 50% Korund, Tonbindung
3. 75% SiC, korundangereicherte Tonbindung
4. 90% SiC, Tonbindung

Heißbiegefestigkeit von Korundsteinen mit verschiedenen Gehalten an Schmelzkorund, Diagramm Nr. 141 b

1. 99% Schmelzkorund
2. 90% Schmelzkorund
3. 80% Schmelzkorund

Heißbiegefestigkeit von Mullitsteinen, Diagramm Nr. 141 c

1. Stein auf Basis Schmelzmullit
2. Stein auf Basis Sintermullit (Brenntemperatur 1700°C)
3. Stein auf Basis Sintermullit (Brenntemperatur 1500°C)

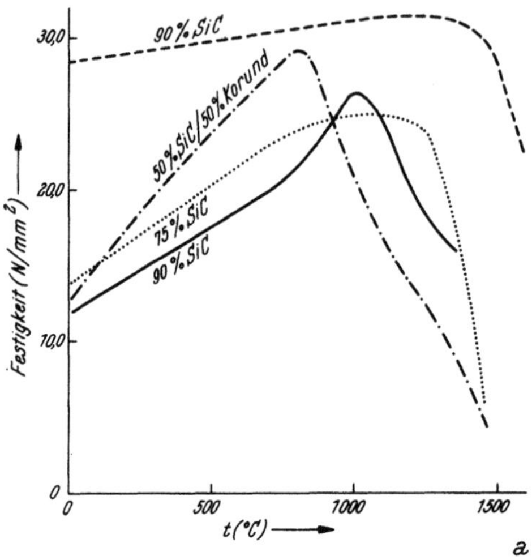

Abb. 141a. Heißbiegefestigkeit von SiC-Steinen

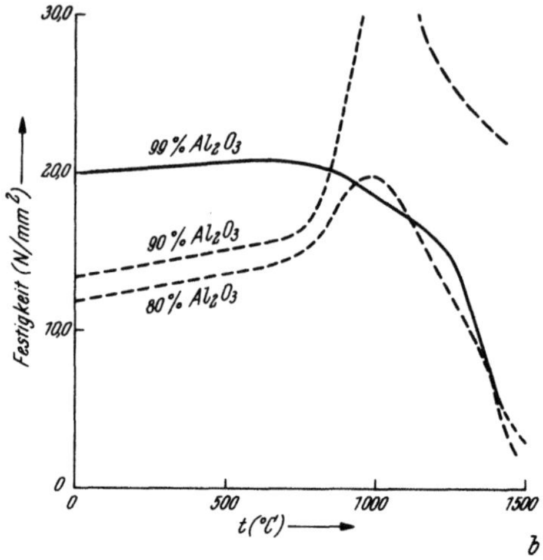

Abb. 141b. Heißbiegefestigkeit von Steinen auf Basis von Schmelzkorund

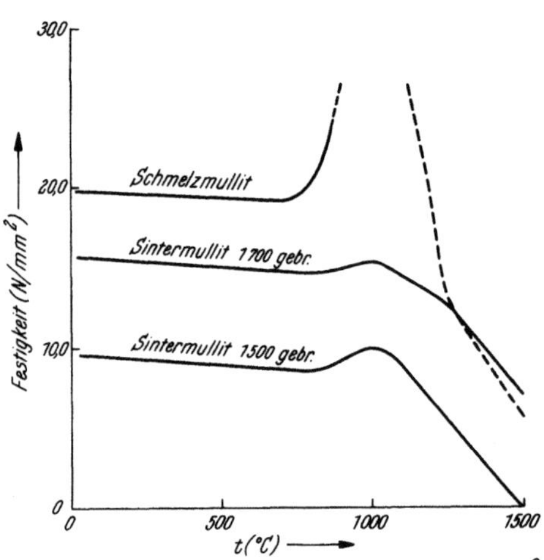

Abb. 141c. Heißbiegefestigkeit von Steinen auf Basis von Sinter- und Schmelzmullit

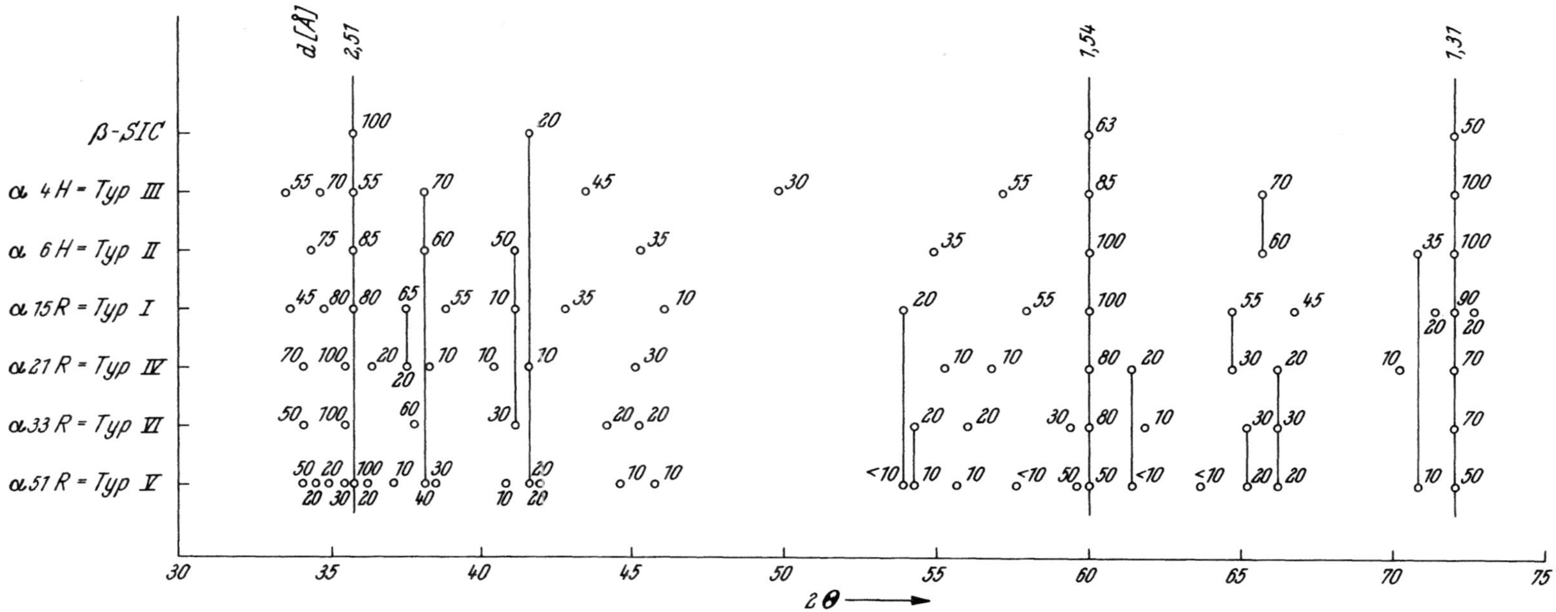

Abb. 142. Reflexverteilung im Winkelbereich 2θ = 33–73° für 7 SiC-Typen als Punktlagen gegen die 2θ-Positionen

Tabelle 68. *Eigenschaften einiger nichtoxidischer Substanzen* [122]

Substanz		Kristallsystem	Schmelztemperatur °C	Dichte (20°C) g/cm³	linearer Ausdehnungskoeffizient (25/1000°C)·10⁶ grd⁻¹	Elastizitätsmodul (20°C)·10⁻⁶ kp/cm²	Wärmeleitfähigkeit (20°C) cal/cm sec grd	elektrischer Widerstand (20°C) Ω · cm
Kohlenstoff	Graphit	hexagonal	3800[1]	2,26	1–5	0,1	0,008–0,55	10^{-3}
	Diamant	kubisch	3800[1]	3,52	1,0	9,0	0,33	10^{+12}
	„glasig"	amorph	–	1,5	2,0	0,2	0,02	–
Carbide	Be_2C	kubisch	2150	2,26	7,4	3,5	0,05	10^{-3}
	B_4C	rhomboedrisch	2450	2,52	6,0	4,5	0,07	400
	SiC	hexagonal	2300[1]	3,21	5,0	4,8	0,14	> 5
	TiC	kubisch	3140	4,93	7,4	3,2	0,07	$7 \cdot 10^{-5}$
	ZrC	kubisch	3420	6,6	6,7	3,9	0,045	$6 \cdot 10^{-5}$
	HfC	kubisch	3890	12,3	6,4	4,0	0,03	$4 \cdot 10^{-5}$
	TaC	kubisch	3880	14,5	6,3	2,9	0,05	$3 \cdot 10^{-5}$
	WC	hexagonal	2780	15,7	5,2	7,3	0,28	$2 \cdot 10^{-5}$
Nitride	BN	hexagonal	3000[1]	2,25	3,8	0,9	0,06	10^{+9}
	BN	kubisch	–	3,45	–	–	–	$> 10^{+10}$
	AlN	hexagonal	2300[1]	3,25	6,0	3,5	0,025	10^{+5}
	Si_3N_4	hexagonal	1900[1]	3,2	2,8	2,2	0,028	10^{+9}
	TiN	kubisch	2950	5,4	9,4	2,6	0,09	$3 \cdot 10^{-5}$
	ZrN	kubisch	2980	7,3	6,5	–	0,045	$2 \cdot 10^{-5}$
Boride	TiB_2	hexagonal	2900	4,5	7,4	3,7	0,065	10^{-5}
	ZrB_2	hexagonal	2990	6,1	6,8	3,5	0,055	10^{-5}
Silicide	Ti_5Si_3	hexagonal	2120	4,3	10,0	–	–	$5 \cdot 10^{-5}$
	$MoSi_2$	tetragonal	2030	6,2	8,5	3,8	0,075	$2 \cdot 10^{-5}$
Sulfide	BaS	kubisch	> 2200	4,3	12	–	–	10^{+6}
	CeS	kubisch	2450	5,9	–	–	0,05	$6 \cdot 10^{-5}$
	ThS	kubisch	> 2200	9,5	10,2	–	–	$2 \cdot 10^{-5}$
Fluoride	CaF_2	kubisch	1360	3,18	25	1,5	0,02	$> 10^{+15}$

[1] Sublimation oder Zersetzung.

11.11 Spezifischer elektrischer Widerstand einiger feuerfester Baustoffe

Bis 500°C besitzen feuerfeste Roh- und Baustoffe außer Kohlenstoff- und SiC-Erzeugnissen, spezifische Widerstandswerte von > 1 Million Ω · cm. Der Widerstand wird kleiner mit steigender Temperatur, bei 1000°C findet man allgemein noch Werte von 10 000 bis 100 000 Ω · cm. Ausnahme: ZrO_2 hat mit 6 bis 7 Ω einen sehr geringen Widerstand für feuerfeste Oxide bei 1700°C.

Kohlenstoff bei 1000°C $3{,}7 \cdot 10^{-3}\ \Omega \cdot cm$

Graphit bei 1000°C $7{,}95 \cdot 10^{-4}\ \Omega \cdot cm$

Siliciumcarbid s. Abschnitt 6.4.11.

11.12 Eigenschaften einiger nichtoxidischer Substanzen (Tab. 68, S. 256)

11.13 Bei Umrechnungen verwendete Faktoren

	vorliegende Einheit	multipliziert mit	ergibt
1.	BTU in $ft^2 \cdot hr \cdot °F$	0,124	kcal/ m h K
2a.	kcal/ m h K	1,16	W/m h K[1]
2b.	kcal/ m h K	4,19	kJ/m h K
3.	°F	$t_0 = 0{,}555\,(T_F - 32)$	°C
4.	pound/cubic foot	0,01602	g/cm^3
5.	pound/sq. in	0,07031	kp/cm^2
6.	kp/cm^2	0,10	N/mm^2

[1] 2 W/m K entsprechen 1,72 kcal/mh°C laut DIN 51 046.

Literaturverzeichnis

1. Abrecht, H., Lukacs, J., Plötz, E.: Über eine Methode zur Bestimmung der Kornzähigkeit von Schleifmittelkörnungen. Ber. DKG **37**, 355–361 (1960).
2. Abrecht, H., Lukacs, J.: Einiges über den Einfluß des Sauerstoffdefizits auf die Eigenschaften von keramisch gebundenen feuerfesten SiC-Körpern. Ber. DKG **43**, 13–15 (1966).
3. Addamiano, A.: Speculations on the Origins of the Polytypism of Siliciumcarbid, aus: Marshall, R. C., Faust jr., J. W., Ryan, C. E.: Silicon Carbide. Columbia, South Carolina: University of South Carolina Press. 1973.
4. Aramaki, S., Roy, R.: The mullite-corundum boundary in the systems $MgO-Al_2O_3-SiO_2$ and $CaO-Al_2O_3-SiO_2$. J. Amer. Ceram. Soc. **42**, 644 (1959). Entnommen aus: Levin, E. M., Robbins, C. R., McMurdie, H. F.: Phase Diagrams for Ceramists, edited and published by The American Ceramic Society, Inc, 4055 N. High Str., Columbus, OH 43214, 1964.
5. ASTM. Publication PD1S-18i. Index (Inorganic) to the Powder Diffraction File, 1968. Published by the Amer. Soc. for Testing and Materials, 1916 Race Street, Philadelphia, PA 19103, bzw. Joint Committee on Powder Diffraction Standards, 1601 Park Lane, Swarthmore, PA 19081.
6. Bauer, J., Fiala, Hrichova, R.: Natural α-silicon carbide. Amer. Mineral. **48**, 620–633 (1963).
7. Baumann jr., H. N.: Relationship of alpha and beta silicon carbide. J. Electrochem. Soc. **99**, 109–114 (1952).
8. Baumhauer, H.: Über die verschiedenen Modifikationen des Carborundums und die Erscheinung der Polytypie. Z. Krist. **55**, 249–259 (1915).
9. Bergbau-Forschung GmbH, Forschungsinstitut des Steinkohlenbergbauvereins, Frillendorfer Straße 351, D-4300 Essen 1.
10. Blankenburg, H. J.: Einfluß von Mineralisatoren auf das Schmelzen von Quarzsand zu Kieselgut und auf dessen Rekristallisation. Silikattechnik **17**, 313–316 (1966).
11. Bley, F.-D.: Tunnelofen für den Glattbrand von Geschirrporzellan, Ingenieur-Arbeit, Ingenieurschule Selb, 1964.
12. Bobrievitsch, A. P., Bondarenno, M. N., Gnevuschev, M. A., Krasov, L. M., Smirnov, G. J., Jurkevitsch, R. K.: Almaznyje Mestorozdenija Jakuti (Diamantvorkommen in Jakutien). Moskau: Izvest. Akad. 1959.
13. Bosch, H., Wohlleben, K., Patzak, I.: Einfluß von Eisen und Ferrosilizium auf das Verhalten von SiC-Erzeugnissen. Tonind. Ztg. **93**, 363–367 (1969).
14. Brückner, R.: Einige Besonderheiten der vertikal bevorzugten Korrosion („Lochfraß"). Glastechn. Berichte **40**, 371–378 (1967).
15. Burke, J. J., Gorum, A. E., Katz, R. N.: Ceramics for high-performance applications. Proceedings of the Second Army Materials, Technology Conference at Hyannis, Massachusetts, November 13–16, 1973. Army Materials and Mechanics Res. Center, Watertown, Mass.: Brook Hill Publ. Comp. 1974.
16. Busby, T. S., Barker, G.: Simulative Studies of Upward Drilling. J. Amer. Ceram. Soc. **49**, 441–446 (1966).
17. Carborundum Werke GmbH, D-4000 Düsseldorf.
18. Carroll, P., O'Connor, J. R., Smiltens, J. (Hrsg.): Silicon Carbide. Oxford-London-New York-Paris: Pergamon Press. 1960.

19. Coes jr., L.: Abrasives. Applied Mineralogy, Vol. 1. Wien: Springer. 1971.
20. D'Ans-Lax: Taschenbuch/Chemiker und Physiker, 3. Aufl. Berlin-Heidelberg-New York: Springer. 1967.
21. D'Eye, R. W. M., Shennan, J. V.: Wissenschaftlicher Durchbruch bei superharten keramischen Stoffen. Keram. Zeitschr. **22**, 752–753 (1970).
22. Dial, R. E., Magsen, G. E.: Corrosion resistence of dense, impermeable silicon carbide. Corrosion – Nat. Ass. of Corr. Engineers **17**, 35–38 (1961).
23. Dial, R. E.: Refractories for coal gasification and liquefaction processes. Industrial Heating **41**, 53–61 (1974).
24. Didier Werke AG, D-6200 Wiesbaden, Firmenkatalog 1974.
25. Didier Werke AG, D-6200 Wiesbaden, Didier Feuerfest Technik 1974.
26. Dietzel, A., Jagodzinski, M., Scholze, H.: Untersuchungen an technischem Siliciumcarbid, Forschungsbericht des Wirtschafts- und Verkehrsministeriums Nordrhein Westfalen 685. Köln und Opladen: Westdeutscher Verlag. 1959.
27. Dietzel, A., Jagodzinski, M., Scholze, H.: Thermodynamische, röntgenographische, ultraspektroskopische und chemische Untersuchungen an technischem Siliciumcarbid. Ber. DKG **37**, 524–537 (1960).
28. DIN-Normen des Deutschen Normenausschusses (DNA). Deutsches Institut für Normung, Burggrafenstraße 4–7, D-1000 Berlin 30.
29. Dohr, H., Wiebke, G.: Erfahrungen beim Zerkleinern von Siliciumcarbid in der Borcarbidreibschale. Tonind. Ztg. **87**, 87–88 (1963).
30. Dynamidon-Koppers Industriekeramik GmbH, Wiesenstraße 61, D-4000 Düsseldorf 11.
31. Elektroschmelzwerk Kempten GmbH, Herzog Wilhelm Straße 16, D-8000 München 2.
32. Endell, K., Müllensiefen, W.: Über elastische Verdrehung und plastische Verformung feuerfester Steine bei 20°C und bei höheren Temperaturen. Ber. DKG **14**, 16–28 (1933).
33. Ervin, G.: Oxydationsverhalten von Siliciumcarbid. J. Amer. Soc. **41**, 347–352 (1958).
34. Faust jr., J. W.: The Etching of Silicon Carbide, Silicon Carbide. New York: Pergamon Press. 1960.
35. Faust jr., J. W., Liaw, H. M.: Tables of Etchants for SiC. Aus: Marshall, R. C., Faust jr., J. W., Ryan, C. E.: Silicon Carbide, Appendix I. Columbia, South Carolina: University of South Carolina Press. 1973.
36. Feldhaus, F. M.: Die Technik der Vorzeit, der geschichtlichen Zeit und der Naturvölker, 2. Aufl. München: H. Moos Verlag. 1965.
37. Felten, R. P.: Siliciumnitrid – eine Literaturübersicht. Sprechsaal **107**, 92–110 (1974).
38. FEPA. Federation Européenne des fabricants de produits abrasifs. Sieb-Spezifikation für Schleifmittelkorn aus geschmolzenem Aluminiumoxid und Siliciumcarbid für gebundene Schleifkörper. Herausgegeben vom Fachverband Elektrokorund- und Siliciumcarbid-Hersteller e. V. D-6000 Frankfurt/Main.
39. Fitzer, E., Ebi, R.: Kinetic Studies on the Oxidation of Silicon Carbide. Aus: Marshall, R. C., Faust jr., J. W., Ryan, C. E.: Silicon Carbide. Columbia, South Carolina: University of South Carolina Press. 1973.
40. Formstecher, M., Ryskevic, (Ryshkewitch) E.: Chemie Minerale – Préparation du bore cristallisé pur et mesure de sa dureté. Compt. rend. **221**, 747–749 (1945).
41. Frank, H.: Verfahren zur Herstellung einer feuerfesten im wesentlichen aus Siliciumcarbid bestehenden Masse. Auslegeschrift 1043192, Kl. 80b 8/11, Internat. Kl. C 04b,K 24594 IVc/80 b.
42. Freund, H.: Handbuch der Mikroskopie in der Technik. Band IV, Teil 5, Frankfurt/Main: Umschau. 1974.
43. Fuchs, E. W.: Siliciumcarbidmasse im Einsatz in Dampferzeugern, in Müllverbrennungsanlagen und in Hochöfen. Der Maschinenschaden **44**, 205–215 (1971).
44. Fuchs, H.: Siliciumcarbid. Chemie-Ing. Techn. **46**, 139–142 (1974).

45. Gnehm, C., Schnell, C. R.: Whisker-Technologie. Neue Zürcher Zeitung 4. 6. 1974, Nr. 253.
46. Gugel, E., Schuster, P., Senftleben, G.: Untersuchung über die Verschlackung von Siliciumcarbid-Werkstoffen im Hochofen. Stahl und Eisen **92**, 144–149 (1972).
47. Gugel, E., Leimer, G.: Keramik in der Gasturbine. Ber. DKG **50**, 151–155 (1973).
48. Gulden, T. D.: Deposition and Microstructure of Vapor-Deposited Silicon Carbide. J. Ceram. Soc. **51**, 424–427 (1968).
49. Haase, Th.: Versuch einer allgemeinen Theorie der Bildsamkeit keramischer Massen. Silikattechnik **3**, 256–267 (1952).
50. Harders, F., Kienow, S.: Feuerfestkunde. Berlin-Göttingen-Heidelberg: Springer. 1960.
51. Fa. Karl August Heimsoth, Industrie- und Tunnel-Ofenbau GmbH, D-3200 Hildesheim.
52. Herbert, D. B.: Applications for silicon carbide refractories. Metall Progress **86**, 87–92 (1964).
53. Herrmann, A. G., Knake, D.: Coulometrisches Verfahren zur Bestimmung von Gesamt-Karbonat und Nichtkarbonat-Kohlenstoff in magnetischen, metamorphen und sedimentären Gesteinen. Z. Anal. Chem. **266**, 196–201 (1973).
54. Hönigschmid,O.: Karbide und Silizide. Halle a. S.: W. Knapp. 1914.
55. Hofer, F.: Polytypie – Bestimmungen von SiC-Kristallen. Fortschritte der Mineralogie **2**, 170–179 (1970).
56. Hoffmann, H.: Über die Zerstörung der Siliciumcarbidsteine im Temperaturbereich 900–1100°C. Dissertation Braunschweig (1934).
57. Hoffmann, W., Laves, F.: Zur Polytypie und Polytropie von Tridymit. Naturwiss. **51**, 335 (1964).
58. Hofmeister, G.: Die Verwendung von Brennhilfsmitteln in der Ferritindustrie. Sprechsaal **16**, 361–368 (1963).
59. Insley, H., Fréchette, D. V.: Microscopy of Ceramics and Cements. New York: Academic Press Inc. 1955.
60. ISO. Internationale Normen des Fachausschusses der Internationalen Normenorganisation – ISO – (ISO/TC 33 – Feuerfeste Erzeugnisse)
61. Jagodzinski, M.: Fehlordnungserscheinungen und ihr Zusammenhang mit der Polytypie des Siliciumcarbids. N. Jb. Min. Mh. 49–65 (1954).
62. Jagodzinski, M.: Wachstum – bzw. Umwandlungspolytypie beim SiC und ZnS. N. Jb. Min. Mh. 209–225 (1954).
63. Jorgenson, P. J., Wachsworth, M. E., Cutler, J. B.: Effects of oxygen partial pressure on oxidation of silicon carbide. J. Amer. Ceram. Soc. **43**, 209–212 (1960). Effects of water vapor on oxidation of silicon carbide. J. Amer. Ceram. Soc. **44**, 258–261 (1961).
64. Kelley, K. K.: Contributions to the data on theoretical metallurgy high temperature heat content, heat-capacity and entropy. Data for Inorganic Compounds. Bull. U. S. Bur. Mines 476 (1949).
65. Kelley, K. K.: Contributions to the data on theoretical metallurgy. XI. Entrepies of Inorganic Substances Revision (1948) of Data and Methods of Calculation. Bull. U. S. Bur. Mines 477 (1950).
66. Kern, E. L., Hamil, D. W., Deem, H. N., Sheeks, H. D.: Thermal properties of β-Silicon Carbide. Mat. Res. Bull. **21**, 25 (1969).
67. Kieffer, A. R., Gugel, E., Ettmayer, P., Schmidt, A.: Beitrag zur Frage der Phasenstabilität von Siliciumcarbid. Ber. DKG **43**, 621–623 (1966).
68. Kieffer, A. R., Ettmayer, P., Gugel, E., Schmidt, A.: Phase stability of silicon carbide in the tenary system Si–C–N. Mat. Res. Bull. spec. issue zu **4**, 153–165 (1969).
69. Kirsch, H.: The mechanisme of corrosion by fuel impurities. London WC 2: Johnson and Littler, published by Butterworths. 1963.
70. Klockmanns Lehrbuch der Mineralogie, 15. Aufl. Neu herausgegeben von P. Ramdohr und H. Strunz. Stuttgart: F. Enke. 1967.
71. Knippenberg, W. F.: Growth phenomena in silicon carbide. Philips Res. Rep. **18**, 161–274 (1963).

72. Konopicky, K.: Feuerfeste Baustoffe. Düsseldorf: Stahleisen m.b.H. 1957.
73. Konopicky, K., Wohlleben, K., Patzak, I.: Studien zu den Verunreinigungen im Siliciumcarbid. Ber. DKG **42**, 50–54 (1965).
74. Konopicky, K., Patzak, I., Dohr, H.: Studien über die chemischen und mineralogischen Verschiebungen der Begleitkomponente des Siliciumcarbids (Einfluß des Temperaturgefälles im hergestellten Block). II. Glas-Email-Keramo-Technik **23**, 81–87 (1972).
75. Koppers: Handbuch der Brennstofftechnik, herausgegeben von der Heinrich Koppers GmbH, D-4300 Essen, 1953.
76. Koppers-Wistra Ofenbaugesellschaft, Wiesenstraße 134, D-4000 Düsseldorf 11.
77. Krassotkina, N. J. und Mitarb.: Beständigkeit von Siliciumcarbid gegen Fluß-, Salpeter- und Schwefelsäure, Ogneupory **33**, 49–54 (1968).
78. Kraus, E. H., Slawson, C. B.: Variation of hardness in the diamond. Am. Mineralogist **24**, 661–676 (1939).
79. Krupp-Koppers GmbH, Moltkestraße 29, D-4300 Essen 1.
80. Kruse, D., Sprenger, R., Wecht, P., Wilkendorf, E.: Verfahren zur Herstellung eines für die Errichtung bzw. Auskleidung von gemuffelten Öfen, insbesondere von Koksöfen, geeigneten Siliciumcarbidsteines. Offenlegungsschrift Nr. 2 217 271.0.
81. Lea, A. L.: Silicon carbide and its use as a refractory material. Trans. Brit. Ceram. Soc. **40**, 93–118 (1941).
82. Lea, A. L.: The oxidation of silicon carbide refractory materials. J. Soc. of Glass Techn. **33**, 27–50 (1949).
83. Lee, J. G., Cutler, I. B.: Formation of silicon carbide from rice hulls. Ceram. Bull. **54**, 195–198 (1975).
84. Lely, I. A.: Darstellung von Einkristallen von Siliciumcarbid und Beherrschung von Art und Menge der eingebauten Verunreinigungen. Ber. DKG **32**, 229–250 (1955).
85. Lepere, K.: Qualitätskontrolle bei der Abnahme feuerfester Stoffe. Keram. Zeitschr. **26**, 580–582 (1974).
86. Lipp, A.: SiC-Whisker, das Verstärkermaterial der Zukunft. Feinwerktechnik **74**, 350–357 (1970).
87. Lonza-Werke, Elektrochemische Fabriken GmbH, Werk Waldshut, D-7890 Waldshut (Baden) bzw. Lonza AG, CH-4000 Basel.
88. Lukacs, J., Abrecht, H.: Einige Beobachtungen an feuerfesten SiC-Körpern in verschiedenen Gasatmosphären. VIII. Internat.Congress Kopenhagen, 169 (1962). Published by the Organizing Committee of the VIII. Internat. Ceramic Congress.
89. Lukacs, J.: Einfluß der Granulometrie. Radex Rundschau H. 6, 334–340 (1964).
90. Majdič, A.: Feuerfeste Baustoffe zwischen Hersteller und Verbraucher. Abhandlungen des XIII. Internat. Keram. Kongresses Amsterdam, 217–229 (1974). Published by the Organizing Committee of the XIII. International Ceramic Congress, Amsterdam 1974.
91. Marshall, R. C., Faust jr., J. W., Ryan, C. E.: Silicon Carbide. Columbia, South Carolina; University of South Carolina Press. 1973.
92. Mason, B.: Exterrestrial Mineralogy. Amer. Min. **52**, 320 (1967).
93. Mehrwald, K. H.: Entwicklungstendenzen der technischen SiC-Herstellung. Ber. DKG **47**, 244–248 (1970).
94. Mötzing, R.: Über ein Vorkommen von Moissanit (Alpha-SiC) im Kalilager „Flöz Staßfurt". Bergakademie **20** (1968).
95. Moissan, H.: Nouvelles recherches sur la meteorite de Cañon Diablo. C. R. Acad. Sic. Paris **139**, 773–780 (1904).
96. Moissan, H.: Der elektrische Ofen (aus Hönigschmid s. dort), S. 326.
97. Müller, K., Rebesch, H.: Siliciumnitrid – korrosionsfest und gegen Aluminium beständig. Silikattechnik **17**, 279–282 (1966).

98. National Bureau of Standards (NBS) Washington, D. C. 20234, U. S. A. Standard Nr. 112 verwendet.
99. O'Connor, J. R., Smiltens, J. (Hrsg.): Silicon Carbide. Oxford-New York-Paris: Pergamon Press. 1960. Entnommen aus: Salmang/Scholze: Die physikalischen und chemischen Grundlagen der Keramik. Berlin-Heidelberg-New York: Springer. 1965.
100. Fa. Dr. C. Otto und Comp. GmbH, D-4630 Bochum-Dahlhausen.
101. Padurow, N. N.: Ätzfiguren des Karborunds. N. Jb. Min. Monatsh. **48**, 144–150 (1945–48/II 21)
102. Patzak, I.: Was ist „Schimmel", der bei der großtechnischen Herstellung von Siliciumcarbid entsteht? Ber. DKG **47**, 50–52 (1970).
103. Patzak, I., Wohlleben, K., Konopicky, K.: Studien über die chemische mineralogische Verschiebung der Begleitkomponenten des Siliciumcarbid. Glas-Email-Keramo-Technik **22**, 2–9 (1971).
104. Pirani, M.: Elektrotechnik. Berlin-Göttingen-Heidelberg: Springer. 1960.
105. PRE: Feuerfeste Erzeugnisse. Arbeiten und Empfehlungen der Fédération Européenne des Fabricants de Produits Réfractaires. DEC: A 13-N/El E2, 1972.
106. Preussag AG, D-3380 Goslar 1.
107. Preussag AG: Zink „Harz", Zinkgewinnung im Hüttenwerk „Harz".
108. Rabenau, A.: Siliciumnitrid, ein keramisches Material für hohe Temperaturen. Ber. DKG **40**, 6–12 (1963).
109. Ramdohr, P.: Die Erzmineralien und ihre Verwachsungen. Berlin: Akademie. 1950.
110. Ramsdell, L. S.: Studies on silicon carbide. Amer. Mineral. **32**, 64–82 (1947).
111. Reerink, W., Beck, K.-G, Echterhoff, H.: Auslegeschrift 2 019 078, Aktenzeichen P 20 19078.7-24, Int. Cl. C10b, 29/02, C04b, 35/18, Deutsche Kl. 10a, 13, 80b, 8/07.
112. Regis, A. J., Sand, L. B.: Natural cubic (β) silicon carbide. Bull Geol. Soc. Am. **69**, 1633 (1958).
113. Renkey, A. L., Engelhardt, H.-P.: Auslegeschrift 24 14 965, Aktenzeichen P 24 14 965.3-45, Int. Kl. C 04b 35–66.
114. Restall, J. E., Gostelow, C. R.: Keramik für Gasturbinen. Proc. Brit. Ceram. Soc. **22**, 117–127 (1973).
115. Reuter, B., Knoll, H.: Über farbloses kubisches Siliciumcarbid. Naturw. **34**, 372 (1947).
116. Richardson, F. D.: The thermodynamics of metallurgical carbids and of carbon in iron. J. Iron Steel Inst. **53**, 175 (1953).
117. Ridgway, R. R., Ballard, A. H., Bailey, B. L.: Hardness values for Electrochemical products. Trans. Am. Electrochem. Soc. **63**, 23 ff (1933).
118. Routschka, G.: Die Prüfung der Bau- und Reparaturmassen im Spiegel der Literatur. Keram. Ztg. **20**, 643–649 (1968).
119. Routschka, G., Majdič, A.: Feuerfeste Baustoffe für die Zementindustrie im Spiegel der Literatur. Zement–Kalk–Gips **10**, 469–485 (1974).
120. Ruff, O.: Die Bildung und Zersetzung von Siliciumcarbid. Trans. Amer. Electrochem. Soc. **68**, 87–109 (1935).
121. Ryshkewitch, E.: Oxide Ceramics. New York and London: Academic Press. 1960.
122. Salmang/Scholze: Die Keramik, 5. Aufl. Berlin-Heidelberg-New York: Springer. 1968.
123. Samsonov, G. V.: High Temperature Materials. New York: Plenum Press. 1964.
124. Schaffer, P. T. B.: Effect of cristal orientation on hardness of silicon carbide. J. Amer. Ceram. Soc. **47**, 466 (1964).
125. Schaffer, P. T. B.: Effect of Crystal Orientation on Hardness of Beta Silicon Carbide. J. Amer. Ceram. Soc. **48**, 601 (1965).
126. Schmidt, H. J.: Neuere Untersuchungen an Stampfmassen für Schmelzkammerfeuerungen. VGB Kraftwerktechn. Mitteilung der VGB **52**, 429–435 (1972).
127. Schneiderhöhn, H.: Erzmikroskopisches Praktikum. Stuttgart: E. Schweitzerbartsche Verlagsbuchhandlung. 1952.

128. Schoy, G.: Siliciumcarbid und seine Verwendung. Keram. Zeitschr. **24**, 314–316 (1972).
129. Schützenberger, P.: Beitrag zur Geschichte und Zusammensetzung des Siliciumcarbids. Compt. rend. **92**, 1508 (1881), compt. rend. **114**, 1089–1093 (1892).
130. Schuller, D.: Der Einfluß der Ofenatmosphäre und des oxidativen Zersetzungsverhaltens von Siliciumcarbid auf die Schwarzverfärbung von Porzellan unter besonderer Beachtung des Einflusses von Wasserdampf. Sprechsaal **105**, 898–900 (1972).
131. Schuster, P., Gugel, E., Hennicke, H. W.: Zusammenhang zwischen temperaturabhängiger Änderung des dynamischen Elastizitätsmoduls und dem Gefüge keramischer Mehrphasenstoffe. Science of Ceramics 6. Edited DKG (1973).
132. Schuster, P., Gugel, E.: Ursache und Art der Schwarzverfärbung. Sprechsaal **106**, 361–366 (1973).
133. Searle, A. B.: Refractory Materials. London: Charter Griffin & Co. Ltd. 1950.
134. Singer, F., Singer, S.: Industrielle Keramik, Bd. III. Berlin-Heidelberg-New York: Springer. 1969.
135. Sosmann, R. B.: New and old phases of Silica. Trans. Brit. Ceram. Soc. **54**, 657 (1955).
136. Stahl und Eisen **95**, 370 (1975). Armco Steel Corporation, Referat.
137. Stavrik, Z., Hue, M.: Crystar, rekristallisiertes Siliciumcarbid. Keram. Zeitschr. **27**, 122–125 (1975).
138. Steel Times **202**, 702–704 (1974), Referat. Entnommen aus: Stahl und Eisen **95** (1975).
139. Suzuki, H.: Die Rolle des Wasserdampfes und der Einfluß von Farbe und Modifikation auf die Oxidation von SiC-Pulver, II. J. Ceram. Ass. Japan 157–164 (1959). Der Einfluß von Verunreinigungen auf die Oxidation von SiC-Pulver, III. J. Ceram. Ass. Japan 189–195 (1959). Der Einfluß von Bindemitteln aus dem System $K_2O-Al_2O_3-SiO_2$ auf die Oxidation von SiC-Körpern. J. Ceram. Ass. Japan 251–257 (1959).
140. Täuber, A.: SiC-Brennhilfsmittel –kritisch betrachtet. Tonind. Ztg. **94**, 416–417 (1970).
141. Thibault, N. W.: Morphological and structural kristallography and optical properties of Silicon Carbid (SiC). Am. Mineralogist **29**, 249–278 (1944).
142. Thibault, N. W.: α-Silicon Carbid Type 51R. Am. Mineralogist **33**, 588–599 (1948).
143. Trojer, F.: Die oxidischen Kristallphasen. Stuttgart: E. Schweitzerbartsche Verlagsbuchhandlung. 1963.
144. Ullmann: Enzyklopädie der technischen Chemie, Bd. 15. Weinheim: Verlag Chemie. 1964.
145. Varley, E. R.: Sillimanit. London: Overseas Geological Surveys. 1965.
146. Verband der Deutschen Feuerfest-Industrie e. V., D-5300 Bonn.
147. Fa. H. Wachenfeld, D-4000 Düsseldorf 11.
148. Fa. R. Wachenfeld, D-4000 Düsseldorf 30.
149. Washburn, M. E.: Hochfeuerfeste Erzeugnisse aus oxinitridgebundenem Siliciumcarbid. Keram. Zeitschr. **15**, 203–205 (1963).
150. Washburn, M. E., Love, R. W.: A silicon carbide refractory with a complex nitride bond containing silicon oxynitride. Ceram. Bull. **41**, 447–449 (1962).
151. Washburn, M. E., Bart, R. K.: Thermal conductivity of silicon carbide refractories. Ceram. Bull. **44**, 555–558 (1965).
152. Wecht, P.: Zusammenhänge zwischen Mineralbestand und Prüfdaten von Magnesitsteinen. Ber. DKG **37**, 252–254 (1960).
153. Wecht, P.: Lichtmikroskopische Untersuchungen an technischem Siliciumcarbid. Published by the Brit. Ceram. Soc. London: International Ceramic Congress. 1960.
154. Wecht, P.: Untersuchungen an Siliciumcarbid und keramischen SiC-Produkten. Techn. Mitt. **55**, 27–33 (1962).
155. Wecht, P.: Mikroskopie der technischen Siliciumcarbide. Erschienen in: Handbuch der Mikroskopie in der Technik, Bd. IV, Teil 3. Hrsg. Dr. H. Freund. Frankfurt: Umschau. 1965.
156. Wecht, P.: Feuerfeste Zirkon- und zirkonhaltige Materialien mit Rohdichte 3,9 g/cm^3. Glas-Email-Keramo-Technik **23**, 363–367 (1972).

157. Wecht, P.: Dünne keramische Schutzschichten. Elektro-Anzeiger **27**, 446–449 (1974).
158. Weiss, A. und A.: Zur Kenntnis der faserigen Siliciumdioxidmodifikationen. Zeitschrift für anorg. u. allgem. Chemie **276**, 95–112 (1954).
159. Wiebke, A.: Die Oxidation von Siliciumcarbid. Ber. DKG **37**, 219–226 (1960).
160. Wilck, K.: Erfahrungen mit einem 4-stufigen Wärmetauschofen mit Planetenkühlern. Zement-Kalk-Gips **12**, 564–566 (1971).
161. Wilkendorf, E.: Untersuchungen an $Al_2O_3 \cdot SiO_2$-Mineralien als Rohstoffe für feuerfeste Erzeugnisse. Dissertation. Aachen: Fakultät Bergbau und Hüttenwesen der Rhein. Westf. TH, 1962.
162. Wilkendorf, E.: Patentschrift, Int. Cl. C 04b, Deutsche Kl. 80b–8/11, Nr. 1 278 922, Aktenzeichen P 12 78 922.9–45 (K 48781).
163. Woodbury, R. S.: History of the grinding machine. Cambridge, Mass. 1959.
164. Woronin, N. J., Kuszenow, W. L., Bresker, R. J.: Lebensdauer von SiC-Heizelementen in Argonatmosphäre bei hohen Temperaturen. Ogneupory **32**, 33–36 (1967).
165. Zeppelin, H. v.: Zur Bildung des Siliciumcarbids im Achesonofen. Schweiz. Arch. **34**, 19–29 (1968).
166. Zschokke, W.: Erfahrungen beim Einbau synthetischer Hartstoffe und deren Auswirkung auf die Verschleißfestigkeit von Betonstraßen. 2. Europäisches Symposium über Betonstraßen, 13. – 15. 6. 1973, Bern.

Namenverzeichnis

Sachverzeichnis

IBM-Composersatz: Springer-Verlag Wien;
Umbruch und Offsetdruck: Ferdinand Berger & Söhne OHG,
A-3580 Horn, NÖ.

GPSR Compliance

The European Union's (EU) General Product Safety Regulation (GPSR) is a set of rules that requires consumer products to be safe and our obligations to ensure this.

If you have any concerns about our products, you can contact us on ProductSafety@springernature.com

In case Publisher is established outside the EU, the EU authorized representative is:

Springer Nature Customer Service Center GmbH
Europaplatz 3
69115 Heidelberg, Germany

Batch number: 10584556

Printed by Printforce, the Netherlands